国家出版基金项目

|雷达技术丛书|

# 雷达天线结构设计与制造技术

段宝岩　杜敬利　段学超　著

电子工业出版社
Publishing House of Electronics Industry
北京·BEIJING

## 内 容 简 介

雷达天线结构是一类特殊的精密机械结构，其设计宗旨是保障电性能的实现。本书以雷达天线的机电耦合技术为主线，阐述了面向电磁性能的雷达天线结构设计理论方法与制造技术。全书共 12 章，包括绪论、雷达天线机电耦合技术、基于机电耦合技术的雷达天线结构设计、雷达天线结构基本形式与服役载荷、反射面天线结构设计、空间可展开天线结构设计、雷达天线的环境适应性设计、雷达天线电气互联技术、面向波束指向精度的雷达天线机械结构与控制集成设计、雷达天线转动平台与基础设计、雷达机械结构机电集成制造技术、雷达天线超精密加工与装配技术。书中还给出了一些应用机电耦合理论与方法的典型天线工程案例。

本书可作为高等院校电子机械工程专业教师、研究生及高年级本科生的教材或参考书，也可供从事雷达天线设计、生产、维修等工作的技术人员参考。

未经许可，不得以任何方式复制或抄袭本书之部分或全部内容。
版权所有，侵权必究。

图书在版编目（CIP）数据

雷达天线结构设计与制造技术 ／ 段宝岩，杜敬利，段学超著. -- 北京：电子工业出版社，2024.12.
（雷达技术丛书）. -- ISBN 978-7-121-49796-4
Ⅰ. TN957.2
中国国家版本馆 CIP 数据核字第 2025NJ7708 号

责任编辑：冯　琦　　文字编辑：徐　萍
印　　　刷：河北迅捷佳彩印刷有限公司
装　　　订：河北迅捷佳彩印刷有限公司
出版发行：电子工业出版社
　　　　　北京市海淀区万寿路 173 信箱　邮编 100036
开　　本：720×1 000　1/16　印张：19.5　字数：415 千字
版　　次：2024 年 12 月第 1 版
印　　次：2024 年 12 月第 1 次印刷
定　　价：135.00 元

凡所购买电子工业出版社图书有缺损问题，请向购买书店调换。若书店售缺，请与本社发行部联系，联系及邮购电话：（010）88254888，88258888。
质量投诉请发邮件至 zlts@phei.com.cn，盗版侵权举报请发邮件至 dbqq@phei.com.cn。
本书咨询联系方式：（010）88254434。

# "雷达技术丛书"编辑委员会

主　　任：王小谟　张光义
副主任：左群声　王　政　王传臣　马　林　吴剑旗　刘九如
　　　　　鲁耀兵　刘宏伟　曹　晨　赵玉洁
主　　编：王小谟　张光义
委　　员：（按姓氏笔画排序）
　　　　　于大群　于景瑞　弋　稳　文树梁　平丽浩　卢　琨
　　　　　匡永胜　朱庆明　刘永坦　刘宪兰　齐润东　孙　磊
　　　　　邢孟道　李文辉　李清亮　束咸荣　吴顺君　位寅生
　　　　　张　兵　张祖稷　张润逵　张德斌　罗　健　金　林
　　　　　周文瑜　周志鹏　贲　德　段宝岩　郑　新　贺瑞龙
　　　　　倪国新　徐　静　殷红成　梅晓春　黄　槐　黄培康
　　　　　董亚峰　董庆生　程望东　等

# 总 序

雷达在第二次世界大战中得到迅速发展,为适应战争需要,交战各方研制出从米波到微波的各种雷达装备。战后美国麻省理工学院辐射实验室集合各方面的专家,总结第二次世界大战期间的经验,于 1950 年前后出版了雷达丛书共 28 本,大幅度推动了雷达技术的发展。我刚参加工作时,就从这套书中得益不少。随着雷达技术的进步,这 28 本书的内容已趋陈旧。20 世纪后期,美国 Skolnik 编写了《雷达手册》,其版本和内容不断更新,在雷达界有着较大的影响力,但它仍不及麻省理工学院辐射实验室众多专家撰写的 28 本书的内容详尽。

我国的雷达事业,经过几代人 70 余年的努力,从无到有,从小到大,从弱到强,许多领域的技术已经进入国际先进行列。总结和回顾这些成果,为我国今后雷达事业的发展做点贡献是我长期以来的一个心愿。在电子工业出版社的鼓励下,我和张光义院士倡导并担任主编,在中国电子科技集团有限公司的领导下,组织编写了这套"雷达技术丛书"(以下简称"丛书")。它是我国雷达领域专家、学者长期从事雷达科研的经验总结和实践创新成果的展现,反映了我国雷达事业发展的进步,特别是近 20 年雷达工程和实践创新的成果,以及业界经实践检验过的新技术内容和取得的最新成就,具有较好的系统性、新颖性和实用性。

"丛书"的作者大多来自科研一线,是我国雷达领域的著名专家或学术带头人,"丛书"总结和记录了他们几十年来的工程实践,挖掘、传承了雷达领域专家们的宝贵经验,并融进新技术内容。

"丛书"内容共分 3 个部分:第一部分主要介绍雷达基本原理、目标特性和环境,第二部分介绍雷达各组成部分的原理和设计技术,第三部分按重要功能和用途对典型雷达系统做深入浅出的介绍。"丛书"编委会负责对各册的结构和总体内容进行审定,使各册内容之间既具有较好的衔接性,又保持各册内容的独立性和完整性。"丛书"各册作者不同,写作风格各异,但其内容的科学性和完整性是不容置疑的,读者可按需要选择其中的一册或数册阅读。希望此次出版的"丛书"能对从事雷达研究、设计和制造的工程技术人员,雷达部队的干部、战士以及高校电子工程专业及相关专业的师生有所帮助。

"丛书"是从事雷达技术领域各项工作专家们集体智慧的结晶,是他们长期工作成果的总结与展示，专家们既要完成繁重的科研任务，又要在百忙中抽出时间保质保量地完成书稿，工作十分辛苦，在此，我代表"丛书"编委会向各分册作者和审稿专家表示深深的敬意！

  本次"丛书"的出版意义重大，它是我国雷达界知识传承的系统工程，得到了业界各位专家和领导的大力支持，得到了参与作者的鼎力相助，得到了中国电子科技集团有限公司和有关单位、中国航天科工集团有限公司和有关单位、西安电子科技大学、哈尔滨工业大学等各参与单位领导的大力支持，得到了电子工业出版社领导和参与编辑们的积极推动，借此机会，一并表示衷心的感谢！

中国工程院院士
2012 年度国家最高科学技术奖获得者

2022 年 11 月 1 日

# 前　言

作为雷达整体的一个重要组成部分，雷达机械结构发挥着不可替代的重要作用。它不仅是雷达电性能实现的载体和保障，而且往往制约着雷达电性能的实现与提高，这是因为雷达是一类机电紧密结合的装备。

雷达机械远不同于一般的常规机械，其设计与制造自然有其本身固有的特征与规律。经过长期的研究与实践，人们认识到：雷达机械结构的设计与制造，需从如何保证电性能的角度展开，雷达机械结构具有鲜明的机电耦合特征。同时，随着雷达向着高频段、高增益、高功率、宽频带、快响应、高指向精度的方向发展，机电之间呈现出紧耦合的特征。

机电耦合技术，包括电磁场、结构位移场与温度场的场耦合理论模型，机械结构因素对电性能的影响机理，以及基于场耦合理论模型与影响机理的机电集成设计和制造技术。

本书较为系统地阐述了雷达与天线结构的机电耦合设计的理论、方法与技术，尤其是机电耦合技术在雷达机械设计与制造中的应用。

本书著者长期从事电子机械工程的教学与科研工作，致力于电子装备机电耦合技术及应用的研究。本书内容是著者及其团队多年研究成果的展示、长期应用实践体会的总结。本书共 12 章，其中，第 1~4 章由段宝岩执笔，第 5~8 章由杜敬利执笔，第 9~12 章由段学超执笔。

因著者学术水平所限，书中难免存在不足、缺点甚至错误，敬请指正。

著　者

2022 年 6 月

# 目 录

**第1章 绪论** ································································································ 001

1.1 概述 ···························································································· 002
1.2 雷达分类及典型代表 ······································································· 002
    1.2.1 雷达分类 ············································································ 002
    1.2.2 雷达典型代表 ······································································ 004
1.3 天线分类及典型代表 ······································································· 011
    1.3.1 按结构形式分类 ··································································· 011
    1.3.2 按工作波长分类 ··································································· 017
1.4 天线发展趋势 ················································································ 018
    1.4.1 大型天线 ············································································ 018
    1.4.2 移动通信天线 ······································································ 021
1.5 面临的科学与技术挑战 ···································································· 022
参考文献 ······························································································ 025

**第2章 雷达天线机电耦合技术** ········································································ 027

2.1 概述 ···························································································· 028
2.2 场耦合理论模型 ············································································· 028
    2.2.1 雷达反射面天线 ··································································· 028
    2.2.2 雷达有源相控阵天线 ····························································· 034
2.3 机械结构因素对电性能的影响机理 ···················································· 043
    2.3.1 雷达反射面天线 ··································································· 043
    2.3.2 雷达有源相控阵天线 ····························································· 046
    2.3.3 雷达平板裂缝天线 ································································ 050
参考文献 ······························································································ 065

**第3章 基于机电耦合技术的雷达天线结构设计** ·················································· 066

3.1 概述 ···························································································· 067
3.2 从机电分离设计到机电耦合设计 ······················································· 067

- 3.3 机电耦合设计 ········································································· 070
  - 3.3.1 雷达反射面天线 ····························································· 070
  - 3.3.2 雷达座架与伺服系统 ······················································ 074
- 3.4 基于设计元的机电耦合优化设计 ·············································· 085
- 参考文献 ······················································································· 086

# 第 4 章 雷达天线结构基本形式与服役载荷 ········································· 089

- 4.1 概述 ······················································································ 090
- 4.2 雷达天线结构基本形式 ··························································· 090
  - 4.2.1 基本组成 ········································································ 091
  - 4.2.2 极轴天线 ········································································ 093
  - 4.2.3 波导天线 ········································································ 094
  - 4.2.4 偏馈天线 ········································································ 095
  - 4.2.5 星载可展开天线 ······························································ 096
- 4.3 雷达天线主要服役载荷 ··························································· 097
  - 4.3.1 风荷 ·············································································· 097
  - 4.3.2 冰雪 ·············································································· 100
  - 4.3.3 自重 ·············································································· 101
  - 4.3.4 温度 ·············································································· 102
  - 4.3.5 惯性载荷 ········································································ 104
  - 4.3.6 其他载荷 ········································································ 106
  - 4.3.7 组合载荷 ········································································ 106
- 参考文献 ······················································································· 108

# 第 5 章 反射面天线结构设计 ································································ 109

- 5.1 概述 ······················································································ 110
- 5.2 反射面天线结构形式 ······························································· 110
- 5.3 反射面天线的保型设计 ··························································· 113
  - 5.3.1 严格保型设计 ·································································· 113
  - 5.3.2 近似保型设计 ·································································· 114
  - 5.3.3 保电性能设计 ·································································· 115
- 5.4 大型主动反射面天线结构 ························································ 116
- 5.5 QTT 110m 反射面天线的结构保型设计 ··································· 119
  - 5.5.1 等柔度支托结构 ······························································ 120

  5.5.2 反射体结构 ……………………………………………………………… 121
  5.5.3 俯仰整体结构 …………………………………………………………… 121
  5.5.4 天线结构设计结果 ……………………………………………………… 122
 5.6 反射面天线背架的索桁组合结构设计 ………………………………………… 124
  5.6.1 索桁组合结构拓扑优化的数学描述 …………………………………… 125
  5.6.2 天线结构优化实例 ……………………………………………………… 128
 参考文献 …………………………………………………………………………… 130

## 第6章 空间可展开天线结构设计 ………………………………………………… 132
 6.1 概述 …………………………………………………………………………… 133
 6.2 空间可展开天线结构特点 …………………………………………………… 133
 6.3 常见的可展开天线结构形式 ………………………………………………… 134
 6.4 力学分析与设计要点 ………………………………………………………… 138
  6.4.1 空间可展开天线设计 …………………………………………………… 138
  6.4.2 空间可展开天线的力学分析 …………………………………………… 139
 6.5 可展开天线综合设计平台 …………………………………………………… 143
  6.5.1 基本框架与流程 ………………………………………………………… 144
  6.5.2 软件平台关键技术 ……………………………………………………… 145
  6.5.3 综合设计平台的应用效果 ……………………………………………… 148
 参考文献 …………………………………………………………………………… 151

## 第7章 雷达天线的环境适应性设计 ……………………………………………… 152
 7.1 概述 …………………………………………………………………………… 153
  7.1.1 环境条件分类 …………………………………………………………… 153
  7.1.2 典型环境类型 …………………………………………………………… 154
 7.2 散热与热控设计 ……………………………………………………………… 156
  7.2.1 热设计基础 ……………………………………………………………… 156
  7.2.2 热设计仿真技术 ………………………………………………………… 158
  7.2.3 雷达电子设备冷却方式 ………………………………………………… 158
 7.3 雷达天线的振动设计 ………………………………………………………… 159
  7.3.1 振动对天线电性能的影响 ……………………………………………… 159
  7.3.2 常用的减/隔振措施 …………………………………………………… 162
 7.4 电磁兼容设计 ………………………………………………………………… 165
  7.4.1 电磁兼容设计的基本内容 ……………………………………………… 165

7.4.2　电磁兼容测试技术 166
　　　7.4.3　电磁兼容设计实例 166
　7.5　典型案例 169
　参考文献 174

# 第 8 章　雷达天线电气互联技术 175

　8.1　概述 176
　8.2　电子封装与电气互联 176
　　　8.2.1　封装技术 176
　　　8.2.2　电气互联 178
　8.3　天线的 3S 设计 184
　8.4　毫米波封装天线（AiP） 189
　8.5　太赫兹波段片上天线（AoC） 192
　参考文献 195

# 第 9 章　面向波束指向精度的雷达天线机械结构与控制集成设计 196

　9.1　概述 197
　9.2　雷达天线伺服系统机械结构设计 197
　　　9.2.1　集成设计要点 198
　　　9.2.2　结构优化设计 200
　9.3　伺服系统设计 203
　　　9.3.1　机械结构因素对伺服性能的影响 204
　　　9.3.2　伺服系统典型负载分析与综合 207
　　　9.3.3　传动机构设计 210
　　　9.3.4　角位移检测系统设计 213
　9.4　面向波束指向精度的集成设计 215
　　　9.4.1　波束控制系统类型 215
　　　9.4.2　集成设计方法 215
　　　9.4.3　集成设计案例 217
　参考文献 220

# 第 10 章　雷达天线转动平台与基础设计 221

　10.1　概述 222
　10.2　转动平台与基础的结构形式 222
　　　10.2.1　天线座的分类与组成 223

  10.2.2 方位-俯仰型转动平台 ………………………………………… 224
  10.2.3 X-Y 型天线座 …………………………………………………… 226
  10.2.4 极轴型转动平台 ………………………………………………… 228
  10.2.5 三轴型转动平台 ………………………………………………… 229
 10.3 转动平台与基础精度分析 …………………………………………………… 231
  10.3.1 天线座轴系误差对目标测角精度的影响 …………………… 231
  10.3.2 轴系误差分析 …………………………………………………… 235
 10.4 转动平台与基础的创新结构设计 …………………………………………… 237
  10.4.1 冗余虚拟轴转动平台 ………………………………………… 237
  10.4.2 并驱式转动平台 ………………………………………………… 239
  10.4.3 自举升转动平台 ………………………………………………… 247
 参考文献 …………………………………………………………………………… 249

## 第 11 章　雷达机械结构机电集成制造技术 …………………………………… 250

 11.1 概述 …………………………………………………………………………… 251
 11.2 雷达机械结构机电集成制造技术现状 ……………………………………… 251
  11.2.1 雷达装备制造特点 …………………………………………… 251
  11.2.2 雷达装备制造技术体系发展现状 …………………………… 254
 11.3 雷达机电集成制造技术发展趋势 …………………………………………… 265
 参考文献 …………………………………………………………………………… 270

## 第 12 章　雷达天线超精密加工与装配技术 …………………………………… 272

 12.1 概述 …………………………………………………………………………… 273
 12.2 雷达天线加工与装配技术特点 ……………………………………………… 273
  12.2.1 雷达天线精密加工及典型案例 ……………………………… 273
  12.2.2 雷达天线超精密加工 ………………………………………… 278
  12.2.3 雷达天线装配 …………………………………………………… 280
 12.3 QTT 110m 天线案例 ………………………………………………………… 284
  12.3.1 QTT 110m 天线概述 ………………………………………… 284
  12.3.2 QTT 110m 天线主动主反射面零部件的精密加工与装配 …… 285
 12.4 共形承载天线案例 …………………………………………………………… 289
 参考文献 …………………………………………………………………………… 294

# 第 1 章
# 绪 论

**【概要】**

本章首先概述了雷达与天线，阐述了天线对雷达的极端重要性；然后论述了雷达的分类及典型代表，讨论了天线的分类及典型代表；最后探讨了天线的发展趋势，指出了雷达天线面临的科学与技术挑战。

## 1.1 概述

"雷达"一词是英文 Radar（Radio Detection and Ranging，无线电探测和测距）的音译，指的是一种利用电磁波探测目标的电子装备。雷达诞生于 20 世纪初，从第二次世界大战开始，就一直受到各国的高度重视。雷达通过发射电磁波对目标进行照射并接收其回波（基于外辐射源的除外），由此获得目标的距离、距离变化率（径向速度）、方位、高度，以及目标的类别、型号（即具有目标识别能力）等信息。雷达最基本的作用有两个：一是发现目标，二是测量目标参数。

无论从结构还是从功能方面来讲，雷达与天线都是不可分割的。因为天线是雷达的"眼睛"和"耳朵"，没有天线，雷达就无法正常发挥作用。天线的主要任务是完成信号接收与发射。一般来讲，天线可分为主动的与非主动的，射电天文应用的天线是非主动的，只接收而不发射电磁波；雷达天线则是主动的，因其同时完成接收与发射电磁波的任务。

## 1.2 雷达分类及典型代表

### 1.2.1 雷达分类

雷达的一个重要任务，就是探测各种远距离目标：一是武器平台类目标（巡航导弹、反辐射导弹、激光制导炸弹、隐身飞机、战斗机、轰炸机、武装直升机、无人机）；二是情报侦察与电子对抗类目标（预警机、电子战飞机、侦察通信卫星、无人侦察机）；三是远距离地面及海面目标（舰队、地面军事设施、导弹发射场、后勤基地）。另外，雷达也广泛地应用于气象观测、民航航行管制、机场安全监视、遥感测绘、船舶航行、港口管制、汽车防撞和资源勘探等经济、社会领域。

雷达的应用非常广泛（图 1-1），种类也非常多。因此，很难使用一种单一的标准对其进行分类，可大体从以下几个不同角度，对其进行粗略划分。

**1. 雷达体制**

从体制上讲，可将雷达分为相参或非相参雷达、单脉冲雷达、脉冲压缩雷达、机械扫描雷达、频率扫描雷达、相控阵雷达、数字阵列雷达、二坐标雷达、三坐标雷达、MIMO（多输入多输出）雷达等。

图 1-1　雷达主要应用示意图

**2. 雷达功能**

军用雷达按照功能可分为预警雷达、目标指示雷达、火控制导雷达、炮位侦校雷达、测高雷达、战场监视雷达、无线电测高雷达、气象雷达、航行管制雷达、导航雷达及防撞和敌我识别雷达等。民用雷达按功能划分，则有空中交通管制雷达、内河与港口管制雷达和气象雷达等。对其中的每一种雷达还可以进行细分，例如空中交通管制雷达中又包括航路管制雷达、进场雷达等。

**3. 使用平台**

从服役平台看，雷达可分为陆基、海基、空基、天基四种类型，具体有地面雷达、舰载雷达、机载雷达和星载雷达等。每一种雷达都可按作用或承担任务的不同进行细分。其中，地面雷达又可按其功能的不同分为对空监视雷达、引导与目标指示雷达、卫星监视与导弹预警雷达、超视距雷达、火控雷达、导弹制导雷

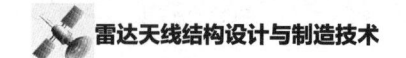

达和精密跟踪测量雷达等。机载雷达则包括机载预警雷达、机载火控雷达、轰炸雷达、机载测高雷达、机载气象雷达和机载空中侦察雷达等。

#### 4. 雷达信号类别

根据雷达信号采用的是脉冲信号还是连续波信号，可将其分为脉冲雷达与连续波雷达。脉冲雷达可按不同的雷达信号调制方式进一步分为脉冲压缩雷达、噪声雷达和频率捷变雷达等。采用调频连续波（FMCW）信号的雷达称为调频连续波雷达。采用相参信号与非相参信号的雷达则分别称为相参雷达与非相参雷达。按信号瞬时带宽的宽窄，雷达又可分为窄带雷达和宽带雷达。

#### 5. 信号处理方式

根据信号处理方式，可以将雷达分为动目标显示雷达、脉冲多普勒（PD）雷达、频率分集雷达、极化分集雷达和合成孔径雷达等。

#### 6. 天线波束扫描方式

从天线波束扫描方式看，雷达可分为机械扫描雷达、电扫描雷达和机电混合扫描雷达。

#### 7. 工作频段

从工作频段看，雷达可分为短波雷达、米波雷达、分米波雷达、微波雷达、毫米亚毫米波雷达和太赫兹雷达等。

### 1.2.2 雷达典型代表

在常用雷达中，最具有代表性的包括监视雷达、精密跟踪测量雷达、制导雷达、激光雷达、超视距雷达、机载雷达和合成孔径雷达，以及作为雷达主要承载平台的预警机、浮空平台等。同时，民用雷达的功能也在不断拓展。

#### 1. 监视雷达

监视雷达是指在给定的空域内，以一定数据率发现并测量本空域（一般为大气层内空域）内所有目标的雷达，是防空系统装备的主要搜索雷达，不属于跟踪雷达。监视雷达的主要探测对象为飞机、战术导弹、巡航导弹等。监视雷达是应用最早、使用最广泛的雷达。

监视雷达按用途可分为警戒雷达、引导雷达、低空雷达、目标指示雷达、航路监视雷达和场面监视雷达等。

目前，常用的重要监视雷达包括下面三种。

① 三坐标雷达：指在一次扫描中同时获得指定空域内所有目标的方位、距离与高度三个坐标数据的雷达。三坐标雷达的设计还需考虑节约资源，处理好空域、精度及数据率之间矛盾的问题。

② 双基地雷达：指发射站与接收站分置并相隔相当距离的一种雷达系统，具有收发分置、接收站无源被动接收、充分利用侧向散射能量等特点，可分为合作式和非合作式，能适当克服单基地雷达在遇到电子干扰、隐身目标、低空突防、反辐射导弹等威胁时的诸多难题。其应用有战术区域防御用双/多基地雷达、反隐身栅栏雷达、星载空中监视双基地雷达（如美国西风技术、巡逻兵计划）、基于外辐射源的双基地雷达（如美国"寂寞哨兵"雷达）。

③ 稀布阵综合脉冲孔径雷达：指稀疏布阵并由全数字波束形成的工作在VHF频段的一种雷达。它既具有米波雷达在反隐身及抗反辐射导弹方面的优势，又克服了普通米波雷达角分辨率差、测角精度低及反侦察能力差等缺点。该雷达实际上是一种典型的多输入多输出（MIMO）雷达。图1-2所示为美国"寂寞哨兵"雷达和我国稀布阵综合脉冲孔径雷达。

美国"寂寞哨兵"雷达

我国稀布阵综合脉冲孔径雷达

图1-2 美国"寂寞哨兵"雷达和我国稀布阵综合脉冲孔径雷达

### 2. 精密跟踪测量雷达

跟踪雷达的主要功能是对目标坐标及其轨迹进行实时精确的测量，并对目标未来位置作出准确预测。现代跟踪雷达除上述功能外，还要求具备在恶劣电磁环境条件下对多目标进行高分辨测量、目标特征测量、目标成像和目标识别的能力。

跟踪雷达广泛应用于军事、经济、社会等诸多领域。在军事领域，跟踪雷达可用于武器控制，用来对被射击目标进行跟踪测量，为武器系统提供目标的实时、前置位置数据,以控制武器发射,又称为火控雷达,如美国的地基雷达(XBR)、宙斯盾、爱国者,以及俄罗斯的C-300(图1-3)。此外,跟踪雷达也常应用于靶场测量、空间探测等。

地基雷达(XBR)

宙斯盾

爱国者

C-300

图1-3 跟踪雷达典型代表

目前,常用的跟踪雷达包括单脉冲精密跟踪雷达、相控阵跟踪测量雷达、炮位侦察与校射雷达和连续波跟踪测量雷达。

### 3. 制导雷达

制导雷达系统是一种由各类探测、控制、数据传输、通信等设备集成的防空导弹武器系统中的地面设备,其主要任务是对来袭的目标进行探测、跟踪和识别,并全程控制拦截导弹。

目前,制导雷达按照制导方式的不同,可分为指令制导雷达、寻的制导雷达、复合制导雷达;按照任务的不同,可分为中近程雷达、中远程雷达。制导雷达由目标指示雷达、跟踪制导雷达、指挥控制中心、数字通信系统、导弹发射控制车、导弹及其制导控制系统等组成,其主要作战对象是高性能飞机(中远程轰炸机、战斗机、高超音速飞行器、武装直升机、高性能无人机)、地—地导弹、战术导弹(空—地导弹、反舰导弹、反辐射导弹、巡航导弹)等。

未来防空导弹武器系统对制导雷达提出了更高要求,包括拦截多种空中目标

（如隐身轰炸机、战斗机、侦察机、预警机、电子干扰机、无人机、巡航导弹、战术弹道导弹、精确制导炸弹等）的能力，反隐身、抗干扰、抗摧毁和抗硬杀伤的能力，同时要承担对目标的宽带成像识别等任务，具有雷达组网及综合信息融合能力，并同步发展空基、天基武器拦截系统。

### 4. 激光雷达

激光雷达是通过发射激光束来探测目标的位置、速度等特征量的雷达。激光雷达将测量功能与搜索、跟踪相结合，对被探测目标在一定空间和时间内的运动特性，按照先宏观、后微观的顺序进行探测。

激光雷达具有精确测量与跟踪的优势，不仅能保证己方雷达在复杂电磁环境中工作并提高适应性，而且能对对方的光电对抗（包括光电侦察、光电干扰、光电防御、光电隐身及屏蔽）采取反制措施。

激光雷达主要包括测距激光雷达、测速激光雷达、微脉冲激光雷达和成像激光雷达，如图 1-4 所示。

测距激光雷达

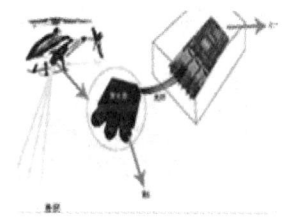
测速激光雷达

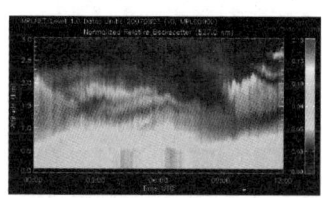
微脉冲激光雷达

成像激光雷达

图 1-4　激光雷达典型代表

### 5. 超视距雷达

超视距雷达属于特种体制雷达，它运用波束弯曲原理，不受地球曲率影响，能重点探测以雷达站为基准的水平视线以下的目标。

超视距雷达根据传播方式可分为天波、地波和微波大气波导超视距雷达等。

其中，天波、地波超视距雷达规模大、设备多，多以陆地和岸基为主；微波大气波导超视距雷达多以舰载为主，但受海面所处地理位置和环境因素的影响，在时间可用度方面不如天波和地波超视距雷达。超视距雷达主要包括高频天波超视距雷达、高频地波超视距雷达、大气波导传播超视距雷达及微波超视距雷达，如图1-5所示。

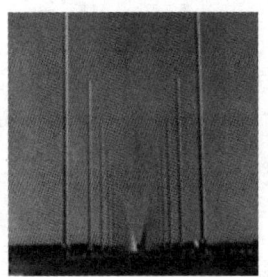
高频天波超视距雷达

高频地波超视距雷达

大气波导传播超视距雷达

微波超视距雷达

图1-5 超视距雷达典型代表

超视距雷达对于远距离探测低空、海面目标具有重要作用，能实现地平线以下、远程、大区域探测目标任务，具有与其他雷达不同的特性，能解决低空与海面目标突防的探测难题。除在地面部署更多低空补盲雷达外，采用超视距雷达是一种成本较低、经济实惠的好办法。

### 6. 机载雷达

机载雷达能够实时、主动地获取探测信息。由于平台升空，各类机载预警雷达、机载搜索与监视雷达克服了地球曲率对雷达观察视距的限制，增加了对低空入侵飞机、低空巡航导弹及水面舰船的观察距离，给防空系统和各级作战指挥系统提供了更长的准备时间。机载雷达主要包括脉冲多普勒雷达、机载预警雷达、机载火控雷达、机载战场侦察雷达、直升机机载雷达和无人机机载雷达，如图1-6所示。

脉冲多普勒雷达

机载预警雷达

机载火控雷达

机载战场侦察雷达

直升机机载雷达

无人机机载雷达

图 1-6　各种机载雷达示意图

### 7. 预警机

预警机即空中指挥预警飞机,它是拥有整套远程警戒雷达系统,用于搜索、监视空中或海上目标,并可引导和指挥己方飞机执行作战任务的飞机。预警机面临的主要挑战有:更高、更严、更复杂的要求;在平台、机载雷达、敌我识别(IFF)/二次雷达、红外与激光、无源电子侦察设备等方向上需要改进和加强;无人机预警是未来的一个重要发展方向。

### 8. 浮空平台

浮空平台一般是指其比重小于空气、依靠大气浮力升空的飞行器。雷达技术的发展已经不能只局限于雷达技术本身的突破,还要为雷达寻找更为丰富的承载平台,以更好地发挥其功用。相对于机载和星载平台,浮空平台具有滞空时间长、效费比高等优点。随着相关制造、材料、控制和载荷等方面技术的进步,浮空平台的应用前景将会更加广阔,并将扮演越来越重要的角色。目前,浮空平台应用主要有气球载雷达系统和预警飞艇,如图 1-7 所示。

### 9. 民用雷达

民用雷达包括气象雷达、航行管制雷达、遥感测绘雷达、测速雷达等,如

图 1-8 所示。其中，气象雷达和航行管制雷达需求十分旺盛。

气球载雷达系统

预警飞艇

图 1-7　气球载雷达系统和预警飞艇

气象雷达

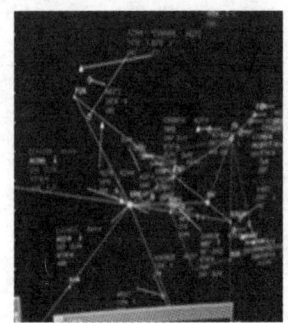
航行管制雷达

测速雷达

遥感测绘雷达

图 1-8　民用雷达典型代表

① 气象雷达：观察天气或气象的雷达，用于判断暴风雨和云层的位置及其移动路线。国际上，雷达技术先进的国家都充分利用相关研究成果，研制不同制式、多功能风廓线雷达，建立国家风廓线雷达网，以提高对大气污染物输送、灾害性天气监测预警及人工影响天气的能力，并提高数值预报、临近天气预报的准确度。

② 航行管制雷达：分为一次雷达和二次雷达。其中，一次雷达是主动探测雷达，与传统的电磁雷达一样不需要飞机应答即可通过电磁波探测飞机的位置、速

度和方向；二次雷达是被动探测雷达，通过收发飞机上的应答机编码、飞机航表数据和呼叫飞行员来达到空中管制的目的。

③ 其他民用雷达：如汽车防撞雷达，见图 1-9（a），它通过雷达传感器来探测汽车周围的环境和目标，为自动驾驶和安全驾驶提供有力的信息支撑，现在已经在部分高端汽车上得到应用；安防雷达，见图 1-9（b），相对于红外、光学等安防设备，安防雷达具有全天候、全天时与高可靠性的优点；遥感测绘雷达，它可以获得广域高精度三维数字地形信息，在资源普查、农作物监测、地图更新、灾害监测预报等方面具有广阔的应用前景。

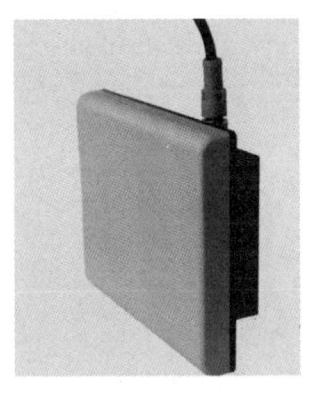

（a）汽车防撞雷达　　　　（b）安防雷达

图 1-9　汽车防撞雷达和安防雷达

## 1.3　天线分类及典型代表

天线是电子装备中不可或缺的重要载体，对雷达更是如此，它把传输线上的导行波变换成能在自由空间中传播的电磁波，或者进行相反的变换。天线一般都具有可逆性，即同一副天线既可用作发射天线，也可用作接收天线。

自从 1894 年波波夫发明无线电天线以来，天线已经广泛应用于航空、航天、航海、天文、探测、通信及能量传输与转换上，其形式也越来越丰富。

### 1.3.1　按结构形式分类

从结构形式、波长等不同的角度看，天线有不同的分类。就结构形式而言，天线可分为如下三种。

1. 线天线

线天线多工作于短波或超短波频段，其工作频率一般不超过 10GHz。例如，

图 1-10 所示的架设于两山头之间的某对潜艇通信线天线，图 1-11 所示的桅杆线天线，以及图 1-12 所示的"马刀"线天线。

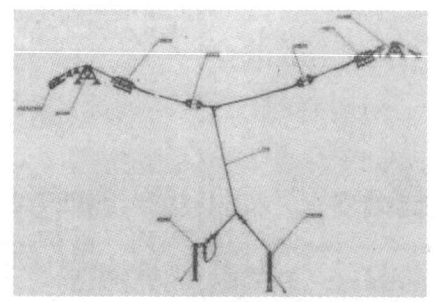
（a）整体结构示意图

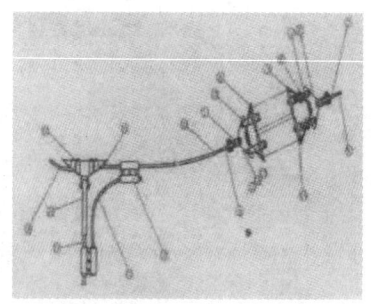
（b）与某山头相连的绝缘子串

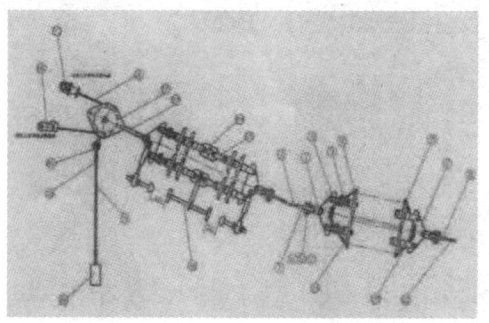
（c）顶线绝缘子串

图 1-10 某对潜艇通信线天线

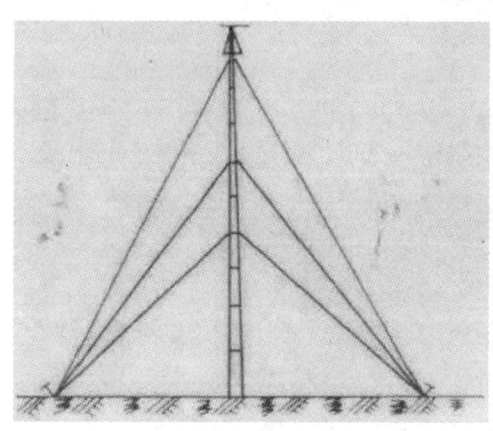

图 1-11 某柔索——桅杆线天线

图 1-12 某机载"马刀"线天线

### 2. 面天线

面天线的工作频段要高于线天线，一般可从 L、S、C 频段到毫米波甚至亚毫米波。面天线使用较多的两种典型形式为卡塞格伦（图 1-13）与格里高利

（图 1-14）方式，如正在建设中的 QTT 110m 双反射面天线，中低频段采用卡塞格伦方式，而高频段则采用格里高利方式。自从格罗特·雷伯在其后花园中建造了世界上第一台用于天文观测的抛物反射面天线起，已有许多面天线建成并投入使用（图1-15）。

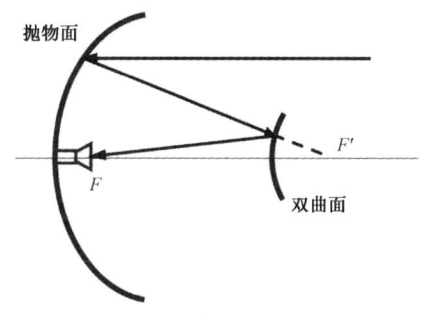

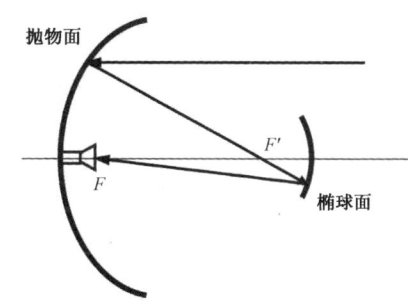

（主反射面的焦点与双曲面的右侧焦点重合，双曲面的左侧焦点与主反射面的顶点重合，馈源位于主反射面顶点）

（主反射面的焦点与椭球面的近区焦点重合，放置馈源的主面顶点与椭球面的远区焦点重合）

图 1-13　卡塞格伦反射面天线　　　　图 1-14　格里高利反射面天线

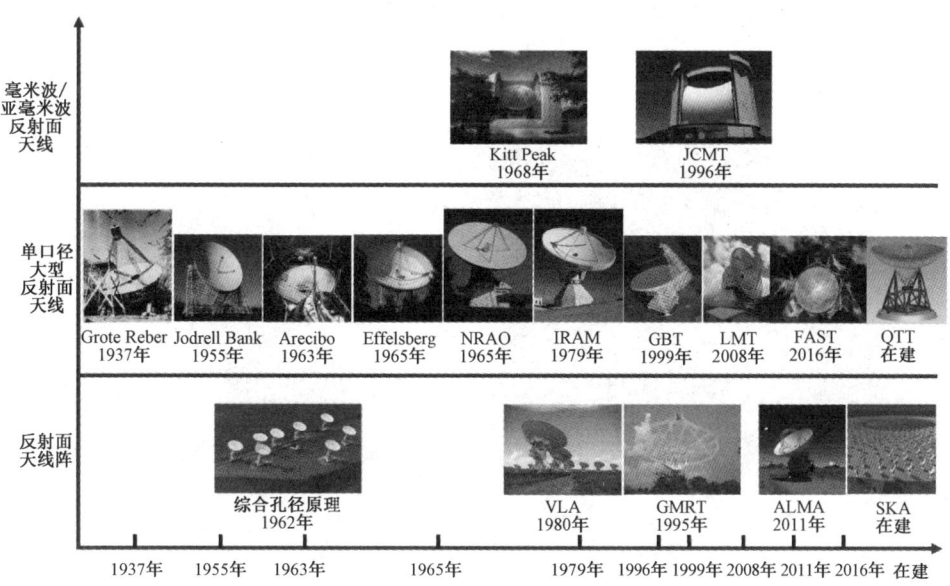

图 1-15　面天线发展历程及代表性案例

图1-15 中列出的面天线，在雷达、通信和射电天文等应用领域曾经或正在发挥着重要的、不可替代的作用。

射电天文中的面天线具有大口径、高精度的特点，下面介绍两个国内陆基全球最大口径的面天线 FAST 500m 和 QTT 110m。

FAST 500m 射电望远镜为非全可动类面天线。所谓非全可动，就是利用天然的喀斯特地貌建造主反射面，即反射面不动，馈源做扫描运动。世界上另一面同类型的天线是曾经位于波多黎各的 Arecibo 望远镜，口径为 305m，但已于 2020年 12 月坍塌。

建设新一代大射电望远镜（Large radio Telescope，LT）的计划是世界天文学家于 1993 年在日本京都大会上提出的，并得到了中、美、英、法等十个国家的一致支持。位于贵州省平塘县的中国天眼 FAST 500m（球面）射电望远镜（图 1-16），工作频率为 130MHz～8.8GHz。其馈源及支撑与驱动系统的变革式创新设计中，以六根大跨度的柔性悬索代替刚性结构，每根悬索由一套伺服系统驱动，六套伺服系统由一台中央控制计算机负责协调控制，从而将美国 Arecibo 式的 500m 口径天线的馈源及支撑与驱动系统的自重由近万吨降至 30 吨，具有颠覆性；同时，采用主动主反射面的思想，即 500m 的球反射面由约 4500 个小的三角形面板拟合而成，每个小三角形面板背面有三个驱动器使其可按要求改变姿态，从而可使被照明的 300m 口径部分实时变成抛物面，线馈源带宽受限的问题得以解决。该射电望远镜不但尺寸超大（口径为 500m），而且大跨度的六根悬索属于超柔结构。为实现馈源毫米级的动态定位精度要求，特在馈源舱内安装精调 Stewart 平台。再者，为减轻对精调平台的压力，又在馈源舱与精调平台间加入了 A/B 轴。

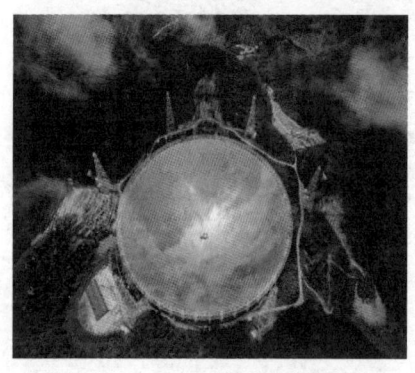 

（a）FAST 整体鸟瞰图　　　　　　（b）馈源舱-柔性悬索驱动图

图 1-16　FAST 500m 射电望远镜现场实物照片

QTT 110m 天线则是建造中的世界上口径最大的全可动（方位-俯仰）面天线的代表，它位于新疆昌吉自治州奇台县，如图 1-17 所示。预计 QTT 项目的天线重量将达到 6000 余吨，高度超过 35 层楼，工作频率为 30MHz～115GHz。和以 FAST 为代表的非全可动射电望远镜不同，这类全可动的射电望远镜观测范围更广，可用于追踪，提高了接收灵敏度。此类典型的全可动射电望远镜还包括美国的 100m×110m GBT（Green Bank Telescope）、德国的 Effelsberg 100m 口径射电望远镜，以及我国佳木斯的 66m S/X 双频段天线与新疆喀什的 35m S/X/Ka 三频段天线。

面天线还被广泛应用于空间雷达、通信、电子侦察、导航、遥感等领域，如星载可展开面天线。星载天线一般具有大口径和可自动展开两个特性。在大口径方面，因为距离远、卫星接收的信号微弱，星载天线必须具有高增益的特性，加之为满足多功能、多波段、大容量、高功率的需求，星载天线不可避免地趋于

图 1-17 在建的世界口径最大全可动反射面天线 QTT（效果图）

大口径化；在可展开方面，由于现有火箭整流罩尺寸与发射费用的限制，要求星载天线不仅轻而且收拢后体积还要小，因此星载天线必须做成可展开的，即发射时收拢，入轨后自动展开到位。

### 3. 阵列天线

阵列天线是由许多独立辐射单元按照一定方式组成辐射阵面而形成的天线，其辐射方向图由所有独立的辐射阵元的阵中方向图相干相加而成。图 1-18 列出了阵列天线的发展历程及服役于陆、海、空、天领域的代表性案例的实物图。

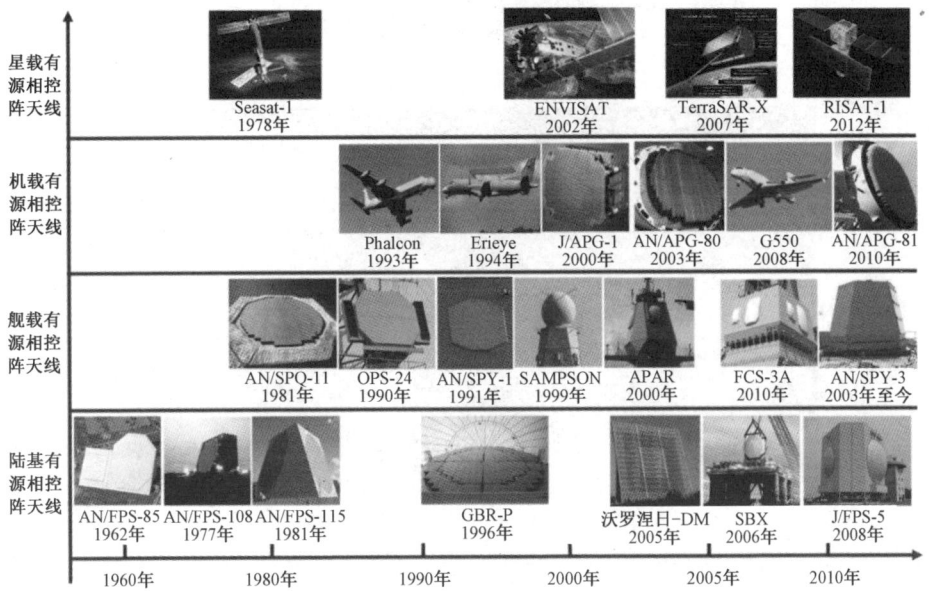

图 1-18 阵列天线发展历程及代表性案例

图 1-19 所示为美国 1996 年研制成功的陆基 GBR-P 有源相控阵天线，工作在 X 频段，有 16896 个辐射单元，阵面口径为 13.2m。图 1-20 所示则为某机载平板裂缝天线。

图 1-19　陆基 GBR-P 有源相控阵天线

（a）整体图

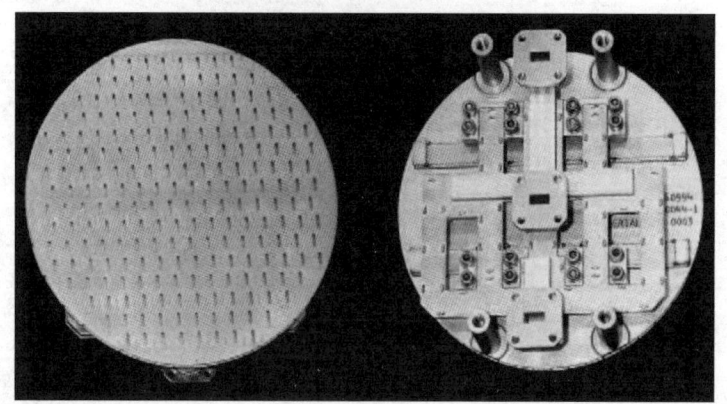

正面（辐射面）　　　　　　　　　　　背面

（b）天线的正、背面图

图 1-20　某机载平板裂缝天线

阵列天线在空间也有广阔的应用前景，如天基预警阵列雷达天线，这时的主要关注点，一是面密度应尽可能低，二是 T/R 组件的微小型化，三是 T/R 组件的低能耗。中国电子科技集团公司第 14 研究所研制的瓦片式 T/R 组件在这方面具有竞争优势。

### 1.3.2 按工作波长分类

从工作波长的角度看，天线又可分为以下几种。

#### 1. 长波与超长波天线

长波天线的工作频率范围是 30～300kHz，由于长波在地球上传播时，具有传播条件较为稳定、衍射效应较强、在介质中趋肤深度较大等特性，因此它能传播较长的距离。超长波天线也称超低频通信天线，工作波长为 $10^6$～$10^7$m（频率为 30～300Hz），通信稳定可靠，可传输低速电报；但发信设备和天线系统庞大，信道频带很窄，通信速率极低，只适合岸台对深潜潜艇的单向发信。

#### 2. 短波与超短波天线

工作于短波波段（1～30MHz）的发射和接收天线，统称为短波天线。短波的传输按传输路径不同主要分为两种：一种是通过电离层反射，称为天波。由于太阳活动会对电离层造成一定的影响，因此以这种方式传输的波长也要随太阳活动的强弱发生变化。另一种是贴地表传输的地波。这种传输方式因受相对介电常数和电导率的影响而发生损耗。海水的相对介电常数和电导率都比较大，损耗较小，所以在海事通信中有较多运用。

工作于超短波波段（30～300MHz）的发射和接收天线，统称为超短波天线。超短波主要靠空间波传播。这种天线的形式很多，其中应用最多的分为全向和定向两种形式，以及垂直和水平两种极化方式的天线。全向垂直极化天线包括鞭状、J 式、伞状、单锥/双锥状、四振子组合天线等；定向天线分为垂直和水平两种极化方式，常用天线包括八木天线、十字八木天线、对数周期天线、对数周期组合天线、"蝙蝠翼"电视发射天线等。

#### 3. 微波、毫米/亚毫米波、太赫兹天线

工作于米波、厘米波、毫米波等波段的发射和接收天线，统称为微波天线。微波主要靠空间波传播，为增大通信距离，天线架设得较高。在微波天线中，应用较广的有抛物面天线、喇叭抛物面天线、喇叭天线、透镜天线、开槽天线、介

图 1-21 某民用 5G 微波天线

质天线、潜望镜天线等。

与光波相比，毫米波利用大气窗口（毫米波与亚毫米波在大气中传播时，由于气体分子谐振吸收所致的某些衰减为极小值的频率）传播时的衰减小，受自然光和热辐射源影响小。毫米波天线分为喇叭天线、微带天线与漏波天线。图 1-21 所示为某民用 5G 微波天线。

太赫兹天线利用频率为 0.1～10THz（波长介于微波与红外波之间，即 0.03～3mm）的电磁波进行工作。太赫兹天线具有高频和超短脉冲（皮秒量级）特性，使其具有很高的空间分辨率和时间分辨率。

## 1.4 天线发展趋势

### 1.4.1 大型天线

大型天线呈现出以下五个趋势。

#### 1. 超大型单口径高频段全可动天线

目前世界最大的单口径天线无疑是中国天眼 FAST 500m 射电望远镜天线。需指出的是，它存在两个弱点：一是非全可动，即主反射面不动，只有馈源移动，这导致观测范围受限。二是对地域地形有特殊要求，即必须是喀斯特（岩溶）地貌，地面呈锅的形状；但喀斯特地质存在天然的地下暗河。

为使天线具有更大的观测扫描范围，发展大型全可动天线势在必行，比如新疆奇台的 QTT 110m 天线（图 1-17），云南景东的 JDT 120m 天线（图 1-22）。

新疆奇台 QTT 110m 天线的主要技术指标如下：

工作频率：150MHz～117GHz

主面精度：≤0.2mm（RMS）

副面精度：≤0.1mm（RMS）

指向精度：2.5"（5"盲指）

云南景东 JDT 120m 天线的主要技术指标如下：

图 1-22 景东 JDT 120m 天线效果图

工作频率：1～6GHz

面型精度：≤2mm（RMS）

副瓣电平：17dB

指向精度：10"

### 2. 高频段主动反射面天线

对于大口径反射面天线，自重是主要载荷之一，当要求的频段很高时，反射面由许多小的面板组成，每块小面板由三个驱动器驱动，可根据需要调整位姿，以便进一步补偿自重变形。目前，已有多部大口径反射面天线采用了该技术，如意大利撒丁岛 64m 天线（图 1-23）、中国上海天马 65m 天线（图 1-24）、美国绿岸 GBT 100m×110m 天线（图 1-25），以及正在建造的中国 QTT 110m 天线。

图 1-23　意大利撒丁岛 64m 天线

图 1-24　上海天马 65m 天线

图 1-25　美国绿岸 GBT 100m×110m 天线

以我国 QTT 110m 天线为例，对于 0.15～60GHz 频段，整个 110m 口径采用常规主反射面；对于 60～117GHz 频段，在 60m 口径以内，采用主动主反射面。

### 3. 超大规模综合孔径天线

除大型单口径天线外，大型综合孔径天线是另一个颇具发展前景的方向。此时，所追求的不再是单孔径天线，而是由众多小孔径天线组成的综合阵列天线，这时的难度由单纯的大天线研制转向众多天线间的信息综合与信息处理，这在计算机与信息处理技术高速发展的今天，已能够解决。

该类天线的一个典型代表就是平方公里阵（Square Kilometer Array，SKA）综合孔径天线［图 1-26（a）］。该项目是一个国际合作项目，由澳大利亚、加拿大、德国、印度、意大利、荷兰、英国、南非、新西兰、瑞典和中国 11 个国家共同出资建设，天线选址将分别在澳大利亚与南非。具体技术指标如下：

在低频段，采用对数周期阵列进行组阵，工作频率范围为 50～350MHz，天线数目为131072（512 组×256），阵组间距≤38m。

而在中高频段，采用反射面阵列，工作频率为 350MHz～15.35GHz，天线数目为 200，天线口径为 15m［图 1-26（b）］。

（a）综合孔径　　　　　　　　　（b）15m 口径反射面

图 1-26　平方公里阵（SKA）综合孔径天线

### 4. 大口径高频段星载可展开天线

除陆基、机（船）载天线外，随着人类进入大宇航时代，空间天线逐步成为新的发展方向，包括大型反射面与有源相控阵天线。对大型空间可展开天线的要求是，高频段（高精度）、高增益（大口径）、轻重量、高收纳比，其实现难度要大得多。各国纷纷加大投入，着力发展该类天线。例如，美国 50m 口径空间侦察天线（图 1-27）已在轨服役；正在研制中的三棱柱有源相控阵天线（图 1-28），其长度达 300m，三角形边长为 3m，三面分别是有源相控阵天线、光伏电池阵及热辐射阵。

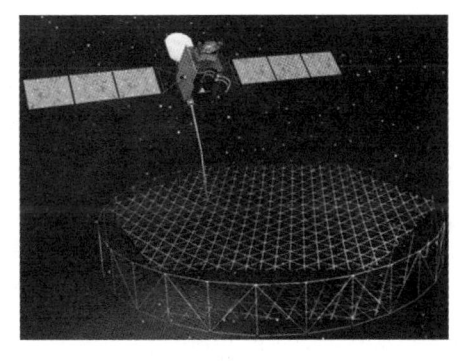

图 1-27　美国 50m 口径空间侦察天线 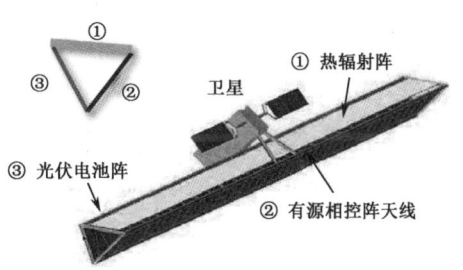　　图 1-28　美国空间 300m 有源相控阵天线

#### 5. 大口径高功率微波无线传能天线

该类天线包括两种，一是连续高功率微波传能天线，二是脉冲高功率微波发射天线。

值得指出的是，发射天线可以是相控阵列天线，也可以是反射面阵列天线；接收天线可以是阵列接收整流天线，也可以是反射面阵列（由反射面天线和回旋波整流构成），如图 1-29 所示。

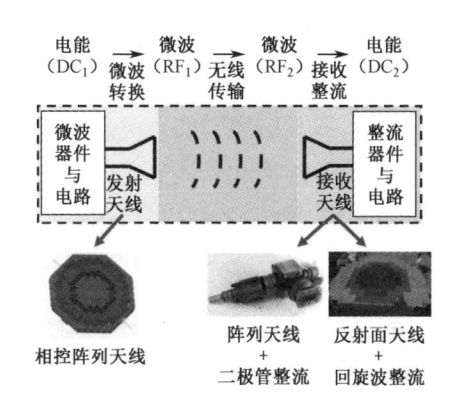

发射与接收天线可根据需要，均在空间或地面，也可分别在空间与地面。均在空间时，发射天线起到空间充电桩的作

图 1-29　连续高功率微波无线传能示意图

用，接收天线在卫星上；均在地面时，则可为边疆岛屿、灾区及移动平台实施远距离微波输电；第三种情况，则是从遥远的空间向地面进行微波高功率输电。

为验证该项技术的可行性，特在西安电子科技大学建造了地面演示验证装置，将在 1.5 节予以简介。

### 1.4.2 移动通信天线

移动通信领域对于天线的使用最为频繁，这一领域基本上以十年为一个技术更替周期向前发展。自 20 世纪 80 年代以来，移动通信网络经历了以 AMPS 为代表的 1G 网络，以 GSM 为代表的 2G 网络，以 CDMA2000、WCDMA、TD-SCDMA 为代表的 3G 网络，以及以 TD-LTE 和 FDD-LTE 为代表的 4G 网络这四个阶段，目前正处于 5G 技术发展阶段。其发展趋势主要包括以下三个方面。

1. 天线的小型化和宽带化

小型化需求主要是由于超大规模集成电路和微波集成电路的快速发展及各种新材料和新工艺的应用而产生的。所谓小型化，是指天线尺寸有较大的减小，而天线的性能并未有多少下降。宽带化是指同一副天线最好能够满足多个标准下不同频段的使用需求，而且实现效率高、损耗小，并在覆盖的多个频段上保持性能的稳定。未来无线移动通信系统设备将向着多功能一体化、小型集成化、模块化、智能化的方向发展。

2. 天线的智能化和分布化

未来移动通信建网原则将变得十分复杂，比如室内覆盖将以容量接入和光纤系统为主要技术手段，城区覆盖将以具有智能控制的分布式街道站为主要方式，农村和郊区仍沿用现在的宏基站方式。为确保通信，满足通信需求的多样化，需要引入具有智能控制的有源分布式天线，以解决各分布式系统之间的顺畅衔接、干扰抑制、容量调配等问题，从而促进移动通信天线向智能化、分布化方向发展。采用分布化和智能化技术，对分布于各处的天线单元进行智能控制，协调每个单元的发射功率、调整的时间和频次，从而控制它们之间的相互干扰，大幅降低传统天线的发射功率，增大系统容量，实现按需覆盖，有效解决目前用户增长和频谱资源有限之间的矛盾。

3. 天线的有源化

随着 2G 向 3G，乃至 4G（包括 LTE）、5G 发展，移动通信网络面临以下三个困难：第一，如何应对日益增长的智能终端数据流量带来的压力，即如何提高吞吐量；第二，如何降低网络的建设与维护成本；第三，如何降低网络的运行能耗，减少电磁污染，实现绿色智能网络。有源天线能适应更加灵活的无线资源管理，提高通信基站的性能，更有效地利用频谱资源，满足提高流量、降低成本、节能减排的要求。有源天线技术已成为解决通信网络以上困难的重要技术途径，是通信网络发展的必然趋势。

此外，移动通信领域将出现美化天线、绿能天线等新型天线技术。

## 1.5 面临的科学与技术挑战

雷达天线的发展，虽已取得了可喜的进展，并带来了可观的效益，但其理论、方法、技术与应用研究方兴未艾，新型雷达的不断出现，对雷达结构尤其是各类超大天线结构的设计与制造提出了新的挑战。

### 1. 机电耦合技术

雷达的属性决定了其结构设计的宗旨是保证电性能的成功实现。为此，机电耦合技术是源头，这也是雷达结构设计不同于一般结构设计的根本缘由。

### 2. 柔性结（机）构控制技术

雷达波束指向精度是雷达极为关键的技术指标之一，而该精度的实现，取决于机械结构与伺服系统的性能。随着雷达天线口径的不断增大，加之对天线自重的限制，反射体的柔性不可忽视，而这将直接影响天线的指向精度。对星载可展开天线，这一问题更为严峻。为此，需深入进行多柔体动力学分析，以及柔性结（机）构控制的理论、方法与技术的研究。

### 3. 极端环境

随着科学技术的飞速发展，高性能电子装备将被应用于许多以前未曾涉足的地域与疆界，如深空、深海、地球三极（南北极、珠峰）等，这些地方的服役环境之恶劣，不言而喻。譬如，空间中的高低温（±200℃）、失重、辐照等，深海中的超高压力，地球三极的超低温，等等。在设计并制造可应对这些恶劣环境正常工作的高性能电子装备时，现有机电耦合理论与方法可能不再奏效，需深入研究新的场耦合理论模型以及非线性因素对电性能的影响机理。

### 4. 极端频率

基于大通信容量、高传输速率及高分辨率的需求，电子装备的工作频率不断提升，从微波、毫米波向亚毫米波甚至太赫兹波的方向发展。当前米波、厘米波的探测雷达已经相对成熟，毫米波在通信系统中也得到广泛应用，正在研发的高速短距传输设备的频率可达数十吉赫（GHz），更高频率的太赫兹（THz）应用研究已初见端倪，射电天文领域观测的电波频段可达上百吉赫。例如前文提到的正在建造的世界最大全可动 QTT 110m 射电望远镜，它要求反射面的面型精度高达 0.2mm（RMS），指向精度高达 2.5 角秒，这对于面积有 26 个篮球场大小、30 层楼高、5500 吨重的庞然大物而言，难度是难以想象的。设计这样的超高精密、超大口径的全可动双反射面天线，机电分离技术是毫无办法的；即使是机电耦合技术，也将面临前所未有的巨大挑战。无疑，深化机电耦合的场耦合理论模型与影响机理研究势在必行。又如下一代测雨空间可展开天线，要求工作在太赫兹频段，如 427THz。极端频率的另一种情况是极低频段，如用于反隐身探测的米波雷达，用于对潜通信、大地探测的低频与超低频天线。对上述极高、极低频段的电子装备，现有机电耦合理论与方法能否胜任，需进行深入细致的研究。一般而言，至少需要一定程度的改进，以深化现有机电耦合技术，甚至需要开展全新的探索。

### 5. 极端功率

对未来电子装备的另一项要求是极高功率。一是连续高功率微波无线传能技术，不仅对发射与接收整流天线的设计和制造提出了前所未有的挑战，更对高效率功放以及高功率与高效率整流设备提出了新的要求，其中的机电耦合问题众多，许多问题都有待突破。二是空间太阳能电站（Space Solar Power Station，SSPS），从高倍聚光分系统、光电转换分系统、微波转换与发射分系统，均存在大量的多场耦合理论与方法问题有待研究和突破。图1-30 所示为西安电子科技大学基于连续高功率微波无线传能的欧米伽空间太阳能电站（OMEGA-SSPS）地面演示验证装置，它可模拟全链路、全系统的无限能量传输，包括从光能收集到微波无线发射、微波接收与整流，已经取得了可喜的阶段性成果。三是电子战，如极高功率微波脉冲武器、高功率雷达对抗等，均需要适用于极高功率的微波天线。

显然，本书阐述的机电耦合理论模型与影响机理及设计理论和方法，对这类高功率的电子装备不一定有效，亟待进一步深入探讨和研究。

(a) 演示验证系统状态一

图 1-30  OMEGA-SSPS 地面演示验证装置

（b）演示验证系统状态二　　　　　　（c）演示验证系统状态三

图 1-30　OMEGA-SSPS 地面演示验证装置（续）

# 参 考 文 献

[1] PADULA S L, ADELMAN H M, M. C. Bailey, et al. Integrated structural electromagnetic shape control of large space antenna reflectors[J]. AIAA journal, 1989, 27(6):814-819.

[2] ZONG Y L. Surface configuration design of cable-network reflectors considering the radiation pattern[J]. IEEE Transactions on Antennas and Propagation, 2014, 62(6):3163-3173.

[3] WANG C S, DUAN B Y, ZHANG F S, et al. Coupled structural-electromagnetic-thermal modelling and analysis of active phased array antennas[J]. IET Microwaves, Antennas & Propagation, 2010, 4(2):247-257.

[4] RAHMAT-SAMII Y, GALINDO-ISRAEL V. Shaped reflector antenna analysis using the Jacobi-Bessel series[J]. IEEE Transactions on Antennas and Propagation, 1980, 28(4):425-435.

[5] DUAN D W, RAHMAT-SAMII Y. A generalized diffraction synthesis technique for high performance reflector antennas[J]. IEEE Transactions on Antennas and Propagation, 1995, 43(1):27-40.

[6] LIAN P Y, DUAN B Y, WANG W, et al. A pattern approximation method for

[7] HOFERER R, RAHMAT-SAMII Y. Subreflector shaping for antenna distortion compensation: an efficient Fourier-Jacobi expansion with GO/PO analysis[J]. IEEE Transactions on Antennas and Propagation, 2003, 50(12):1676-1687.

[8] SMITH W T, BASTIAN R J. An approximation of the radiation integral for distorted reflector antennas using surface-error decomposition[J]. IEEE Transactions on Antennas and Propagation, 1997, 45(1):5-10.

[9] WANG C S, ZHENG F, ZHANG F S. On divided-fitting method of large distorted reflector antennas based Coons surface[C]. Proceedings of IEEE Radar Conference, 2008:1-5.

[10] GONZALEZ-VALDES B, MARTINEZ-LORENZO J, C. Rappaport, et al. A New Physical Optics Based Approach to Subreflector Shaping for Reflector Antenna Distortion Compensation[J]. IEEE Transactions on Antennas and Propagation, 2013, 61(1):467-472.

[11] YANG D W, ZHANG S X, LI T J, et al. Preliminary design of paraboloidal reflectors with flat facets[J]. Acta Astronautica, 2013, 89(8):14-20.

[12] MARTINEZ-LORENZO J A, PINO A G, VEGA I, et al. Icara: Induced-current analysis of reflector antennas[J]. IEEE Antennas and Propagation Magazine, 2005, 47(2): 92-100.

[13] 段宝岩. 柔性天线结构分析、优化与精密控制[M]. 北京：科学出版社，2005.

[14] 李耀平，秦明，段宝岩. 高端电子装备制造的前瞻与探索[M]. 西安：西安电子科技大学出版社，2017.

[15] 段宝岩. 电子装备机电耦合研究的现状与发展[M]. 中国科学（信息科学），2015, 45(1):1-14.

[16] 段宝岩. 空间太阳能发电卫星的几个理论与关键技术问题[J]. 中国科学（技术科学），2018, 48(11):1207-1218.

# 第 2 章
# 雷达天线机电耦合技术

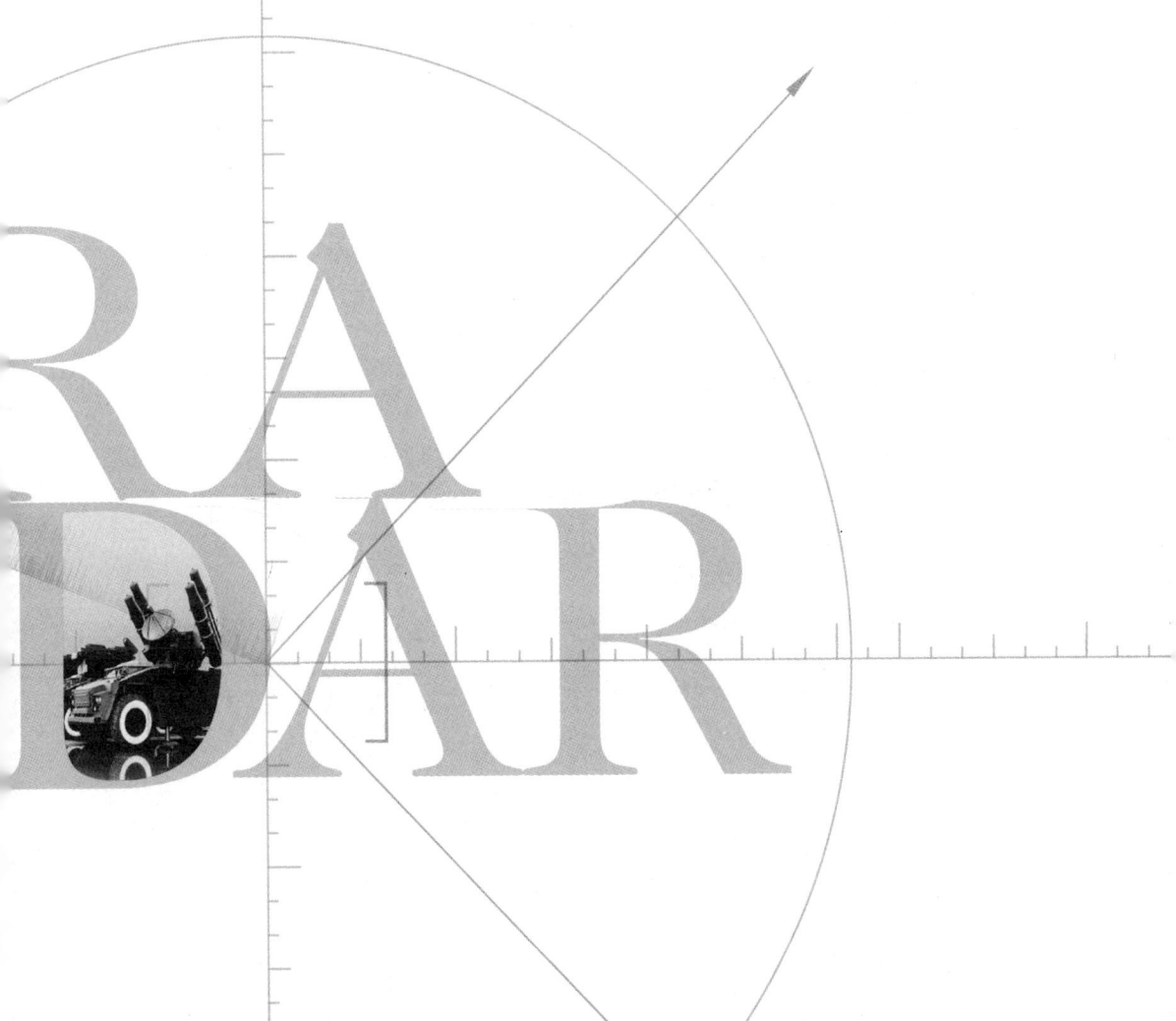

**【概要】**

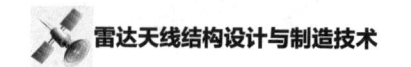

本章阐述了雷达天线机电耦合技术的基础知识。首先，论述了雷达反射面天线和有源相控阵天线的场耦合基本理论，建立了多种误差情况下的位移场、电磁场、温度场间的场耦合理论模型；其次，分别分析了反射面天线、有源相控阵天线和平板裂缝天线中各种机械结构因素对天线电性能的影响机理，并导出了定量关系式。

## 2.1 概述

雷达与天线的结构设计不同于一般常规机械结构设计，主要体现在两方面。一是需考虑电性能的实现情况，因其目的是保障电磁性能的成功实现，这就要求天线结构应实现电磁性能意义下的结构参量（如质量、惯量、刚度、强度、特征尺寸等）的最佳分布。二是天线结构的主要矛盾不是强度而是刚度，设计中首先达到约束边界的往往是反射面的面型精度，而与材料的强度极限还离得很远。为此，在利用非线性规划进行结构设计时，可暂不考虑强度（如拉应力、剪应力等）的约束，而作强度校核处理。

## 2.2 场耦合理论模型

雷达天线主要包括两大类，即反射面天线与阵列天线，而阵列天线又包括有源相控阵天线与平板裂缝天线。下面对这两大类分别进行介绍。

### 2.2.1 雷达反射面天线

对于图 2-1 所示的理想前馈式反射面天线（其中 $xOy$ 为等相位口径面，$f$ 为焦距，反射面的直径为 $2a$），可得到由馈源发出的电磁波经反射面反射后到达口径面的电磁场矢量分布，进而由口径场的幅度分布（因这时的相位相同），获得反射面天线的辐射远场方向图：

$$E(\theta,\phi) = \iint_A E_0(\rho',\phi') \exp\left[jk\rho'\sin\theta\cos(\phi-\phi')\right]\rho'\mathrm{d}\rho'\mathrm{d}\phi' \quad (2\text{-}1)$$

$$E_0(\rho',\phi') = \frac{f(\xi,\phi')}{r_0} \quad (2\text{-}2)$$

式中，$(\theta,\phi)$ 为远区观察方向；$A$ 为反射面投影到 $xOy$ 平面的口径面；$f(\xi,\phi')$ 为馈源初级方向图，$k$ 为与波长 $\lambda$ 对应的波常数，$k = 2\pi/\lambda$。对于工程中经常使用的双反射面天线，可应用等效馈源法，将馈源和副反射面等效为一个在副反射面虚焦点上的馈源。

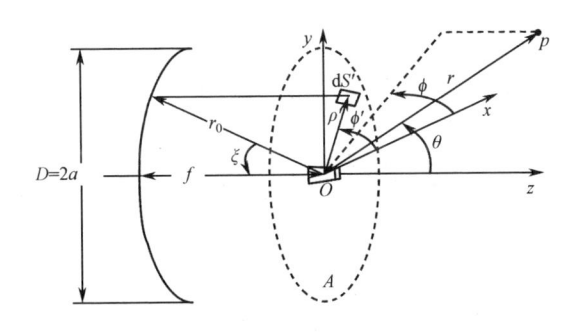

图 2-1 前馈式反射面天线的几何关系

经分析可知,电磁场中与结构相关的主要因素包括反射面面板、馈源位姿等。而外部载荷的作用会引起反射面变形、馈源位置偏移和姿态偏转等结构位移场变化。由此可知,影响电性能的主要因素包括反射面误差、馈源位置与指向误差。下面分别介绍各种误差与口径面电磁场幅相分布之间的关系,旨在给出反射面天线存在各种误差情况下的位移场与电磁场的场耦合关系模型。

**1. 主反射面变形的影响**

主反射面误差由两部分构成,即随机误差和系统误差。随机误差主要是在面板、背架及中心体的制造、装配等过程中产生的误差。随机误差有三种描述方式:一是根据具体的加工工艺,从众多数据中统计出随机分布的均值与方差,假定一种合理的分布,即可得出其具体的分布函数;二是基于均值与方差,由计算机随机生成分布函数;三是应用分形函数直接描述加工造成的幅度、频度和粗糙度,进而产生相应的分布函数。不论通过哪一种方式,都将产生的分布函数(不妨记为 $\Delta z_r$)叠加到系统误差(不妨记为 $\Delta z_s$)上,进而作为统一误差参与电性能计算。

系统误差是天线自重、环境温度以及风等外部载荷作用下所引起的天线反射面变形,为确定性误差。系统误差可通过对结构的有限元分析获得。

由于反射面位于馈源的远区,因此,由馈源发出后经反射面到达口径面的电磁场矢量分布,在主反射面误差较小的情况下,对口径面电磁场幅度的影响可忽略不计,而认为只引起口径面相位误差。主反射面误差可采用轴向误差或法向误差来表示,为方便讨论,特采用轴向误差。由图 2-2 可知,当反射面某处不存在误差 $\Delta z$ 时,电磁波走的路径是 $OCABD$,而当存在误差 $\Delta z$ 时改走路径 $OBD$,两者大约相差 $CAB$($C$ 为点 $B$ 作垂线与 $OA$ 的交点),因而两者的光程差为

$$\tilde{\Delta} = AB + AC = \Delta z(1+\cos\xi) = 2\Delta z\cos^2(\xi/2) \tag{2-3}$$

由此可得主反射面误差影响下的口径面相位误差为

$$\varphi = 2\pi \frac{\tilde{\Delta}}{\lambda} = k\tilde{\Delta} = \frac{4\pi}{\lambda} \Delta z \cos^2(\xi/2) \tag{2-4}$$

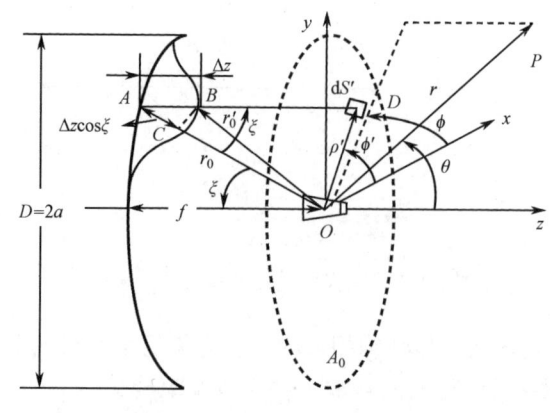

图 2-2 主反射面误差示意图

主反射面的面型误差包含随机误差和系统误差,即

$$\Delta z = \Delta z_r(\gamma) + \Delta z_s[\delta(\beta)] \tag{2-5}$$

式中,$\gamma$ 为制造、装配等过程中引起的随机误差;$\delta(\beta)$ 为天线结构位移,$\beta$ 为天线结构设计变量,包括结构尺寸、形状、拓扑、类型等参数。

于是,式(2-4)变为

$$\varphi = \frac{4\pi}{\lambda} \{\Delta z_r(\gamma) + \Delta z_s[\delta(\beta)]\} \cos^2(\xi/2) = \varphi_r(\gamma) + \varphi_s[\delta(\beta)] \tag{2-6}$$

$$\begin{cases} \varphi_r(\gamma) = \dfrac{4\pi}{\lambda} \Delta z_r(\gamma) \cos^2(\xi/2) \\ \varphi_s[\delta(\beta)] = \dfrac{4\pi}{\lambda} \Delta z_s[\delta(\beta)] \cos^2(\xi/2) \end{cases} \tag{2-7}$$

当有主反射面误差时,口径面不再是等相位面,天线在轴线方向上的辐射场将不再彼此同相,合成场强将减弱,因而天线增益会下降。根据能量守恒定律,包含在主瓣上的能量会减少,而其他方向的能量则相应地增加,因而旁瓣电平就会升高。上面给出了随机误差和系统误差同时存在时,主反射面误差与口径面相位误差的函数关系。将此相位误差信息引入电磁场分析模型中,便可得到主反射面误差对反射面天线电性能影响的数学模型。于是,式(2-1)变为

$$E(\theta,\phi) = \iint_A E_0(\rho',\phi') \exp[jk\rho'\sin\theta\cos(\phi-\phi')] \cdot$$

$$\exp\{j\varphi_s[\delta(\beta)] + \varphi_r(\gamma)\} \rho' d\rho' d\phi' \tag{2-8}$$

## 2. 馈源位置误差的影响

反射面天线在外部载荷的影响下，除主反射面变形外，还会产生馈源的位置偏移和姿态偏转。因此，馈源的位置和指向误差对电性能的影响也需考虑。

馈源位置误差，即馈源相位中心位置发生的改变。当馈源相位中心位置误差较小时，位置误差对口径面电磁场幅度的影响可忽略不计，而认为只引起口径面的相位误差。设馈源位置误差为 $\boldsymbol{d}$，观察图 2-3（a），则有

$$\boldsymbol{r}_0' = \boldsymbol{r}_0 - \boldsymbol{d}\left[\delta(\beta)\right] \approx \boldsymbol{r}_0 - \hat{\boldsymbol{r}}_0 \boldsymbol{d}\left[\delta(\beta)\right] \tag{2-9}$$

式中，$\hat{\boldsymbol{r}}_0$ 为 $\boldsymbol{r}_0$ 方向的单位矢量。

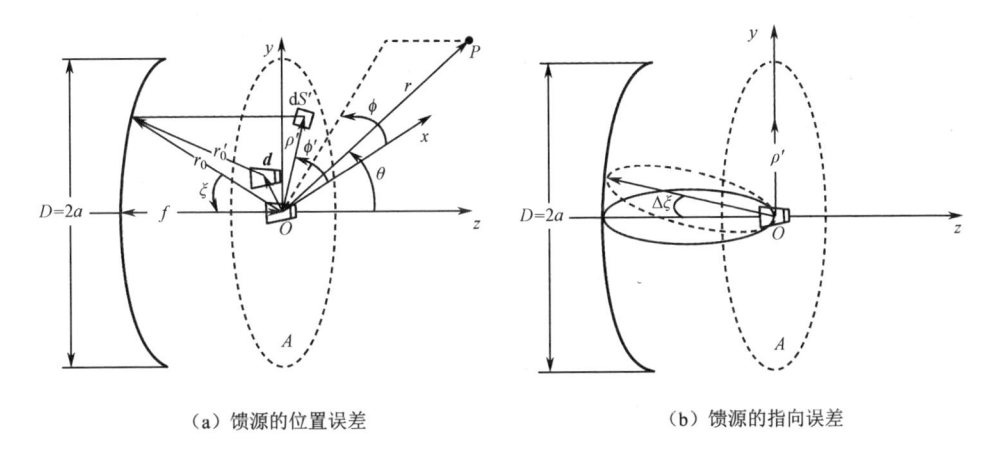

（a）馈源的位置误差　　　　　　　（b）馈源的指向误差

图 2-3　馈源的位置误差和指向误差

由此可得馈源位置误差影响下的口径面相位误差为

$$\varphi_f\left[\delta(\beta)\right] = k\hat{\boldsymbol{r}}_0 \boldsymbol{d}\left[\delta(\beta)\right] \tag{2-10}$$

馈源相位中心位置误差同样会带来口径面的相位误差，当馈源存在沿轴线方向的误差（纵向误差）时，引起的口径面相位误差是对称的，类似于出现平方相位偏差，则远场的最大辐射方向不变，增益降低，旁瓣电平升高，主瓣宽度增加。当馈源存在垂直于轴线方向的误差（横向误差）时，口径面的相位误差接近于线性相位偏差，天线方向图主瓣最大辐射方向将偏离轴线一定角度，这时方向图变得不对称，靠近轴线一边的旁瓣电平将明显升高，而另一边的旁瓣电平将减小，但主瓣宽度变化不大，增益损失较小。将此相位误差信息引入电磁场分析模型中，便可得到馈源位置误差对反射面天线电性能影响的数学模型，即式（2-1）变为

$$E(\theta,\phi) = \iint_A E_0(\rho',\phi')\exp\left[jk\rho'\sin\theta\cos(\phi-\phi')\right] \cdot$$

$$\exp\left\{j\varphi_f\left[\delta(\beta)\right]\right\}\rho'\mathrm{d}\rho'\mathrm{d}\phi' \tag{2-11}$$

### 3. 馈源指向误差的影响

馈源指向误差，可理解为馈源的初级方向图发生偏移。当馈源与负 $z$ 轴方向存在指向误差 $\Delta \xi$ 时，依据图 2-3（b）中的馈源指向误差几何关系，可知新的指向角度为

$$\xi' = \xi - \Delta \xi [\delta(\beta)] \tag{2-12}$$

受天线结构位移场的影响，馈源方向图 $f(\xi, \phi')$ 在 $\phi'$ 方向将同样存在指向误差 $\Delta \phi'$，即

$$\tilde{\phi}' = \phi' - \Delta \phi' [\delta(\beta)] \tag{2-13}$$

将馈源方向图 $f(\xi, \phi')$ 中的变量 $\xi$、$\phi'$ 分别换为式（2-12）和式（2-13）中的 $\xi'$、$\tilde{\phi}'$，便可得到馈源指向误差影响下的馈源方向图：

$$f_0(\xi', \tilde{\phi}') = f_0\{\xi - \Delta \xi[\delta(\beta)], \phi' - \Delta \phi'[\delta(\beta)]\} \tag{2-14}$$

馈源角度误差将带来口径面的幅度误差，天线的最大辐射方向不会改变，反而旁瓣电平将升高。馈源位置误差会带来口径面场分布的相位误差，而馈源角度误差将会引起口径面场分布的幅度误差。由于馈源的两种误差对电磁场的影响关系不同，故可叠加起来得到馈源误差与电磁场的关系模型，即在馈源误差的影响下，口径面上的归一化场分布为

$$E_0 = \frac{f_0\{\xi - \Delta \xi[\delta(\beta)], \phi' - \Delta \phi'[\delta(\beta)]\}}{r_0} \exp\{j\varphi_f[\delta(\beta)]\} \tag{2-15}$$

将此馈源误差信息引入电磁场的分析模型中，便可得到馈源误差对反射面天线电性能影响的数学模型。此时，式（2-1）又可写为

$$E(\theta, \phi) = \iint_A \frac{f_0\{\xi - \Delta \xi[\delta(\beta)], \phi' - \Delta \phi'[\delta(\beta)]\}}{r_0} \exp[jk\rho' \sin\theta \cos(\phi - \phi')] \cdot$$
$$\exp\{j\varphi_f[\delta(\beta)]\} \rho' d\rho' d\phi' \tag{2-16}$$

### 4. 电磁场-位移场场耦合理论模型

综上所述，可将反射面天线的电磁场与位移场的场耦合理论模型表示为

$$E(\theta, \phi) = \iint_A \frac{f_0\{\xi - \Delta \xi[\delta(\beta)], \phi' - \Delta \phi'[\delta(\beta)]\}}{r_0} \exp[jk\rho' \sin\theta \cos(\phi - \phi')] \cdot$$
$$\exp\{j[\varphi_f(\delta(\beta)) + \varphi_s(\delta(\beta)) + \varphi_r(\gamma)]\} \rho' d\rho' d\phi' \tag{2-17}$$

式中，$f_0\{\xi - \Delta \xi[\delta(\beta)], \phi' - \Delta \phi'[\delta(\beta)]\}$ 为反射面结构位移引起的馈源指向误差对口径场幅度的影响；$\varphi_f[\delta(\beta)]$ 为馈源位置误差对口径场相位的影响；

$\varphi_s[\delta(\beta)]$ 为主反射面表面变形对口径场相位的影响；$\varphi_r(\gamma)$ 为反射面随机误差对口径场相位的影响。

**5. 双反射面天线**

前面讨论的是前馈式单反射面天线的机电两场耦合模型，对于同样有着广泛应用的卡式双反射面天线，其机电两场耦合建模过程类似，唯一的区别就是要确定双反射面天线的等效相位中心。为此，在图 2-4 中，将馈源与副反射面视为等效到 $O$ 点的辐射源。

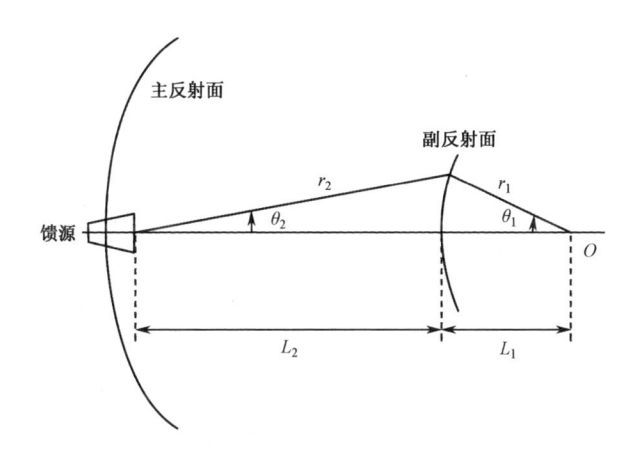

图 2-4 双反射面天线

假设馈源的辐射方向图为 $f(\theta_2)$，等效后的辐射方向图为 $f(\theta_1)$，由功率守恒条件可得

$$|f_E(\theta_1)| = \frac{L_2}{L_1}\sqrt{\frac{\sin\theta_2 \mathrm{d}\theta_2}{\sin\theta_1 \mathrm{d}\theta_1}}|f_E(\theta_2)| \quad 0 \leq \theta_1 \leq \theta_m \quad (2\text{-}18)$$

$$|f_H(\theta_1)| = \frac{L_2}{L_1}\sqrt{\frac{\sin\theta_2 \mathrm{d}\theta_2}{\sin\theta_1 \mathrm{d}\theta_1}}|f_H(\theta_2)| \quad 0 \leq \theta_1 \leq \theta_m \quad (2\text{-}19)$$

式中，$\theta_m$ 为 $\theta$ 的最大值。

因为

$$\begin{cases} \mathrm{d}s = r_1^2 \sin\theta_1 \mathrm{d}\theta_1 \mathrm{d}\varphi = r_2^2 \sin\theta_2 \mathrm{d}\theta_2 \mathrm{d}\varphi \\ r_1 \sin\theta_1 = r_2 \sin\theta_2 \end{cases}$$

故

$$|f_E(\theta_1)| = \frac{L_2 r_1(\theta_1)}{L_1 r_2(\theta_2)}|f_E(\theta_2)| \quad (2\text{-}20)$$

$$|f_H(\theta_1)| = \frac{L_2 r_1(\theta_1)}{L_1 r_2(\theta_2)}|f_H(\theta_2)| \tag{2-21}$$

若副反射面位于馈源的远场，并设初级馈源的辐射场为球面波，则等效到 $O$ 点的相位方向图为

$$\exp[-jkr_2(\theta_2) + jkr_1(\theta_1)] \tag{2-22}$$

上述等效方法对双曲副面或修正型副面的机电耦合模型都是适用的。

### 2.2.2 雷达有源相控阵天线

有源相控阵天线（Active Phased Array Antenna，APAA）被广泛应用于陆、海、空、天领域的雷达、通信、探测等系统中，稍后将述及的某大型有源相控阵天线，为机动式陆基防空反导雷达的有源相控阵天线，它工作在 X 波段，对阵面平面度、指向精度、多目标等都有很高的要求，因要求雷达波束实现全方位扫描，故采用机械扫与电扫相结合的方式。就雷达的阵面面型精度而言，有两个途径需要认真考虑，一是从右上角开始的由单元到模块、由模块到子阵、由子阵到大阵的制造与组装过程中引起的误差，二是从左下角开始的由轮轨到座架、由座架到背架、由背架到大阵过程中引起的误差。

同时，阵面中存在着大量的发热器件，其中还有对温度特别敏感的发射与接收 T/R 组件。阵面温度分布的不均匀将影响天线阵面的相位控制精度。而复杂的工作环境载荷（振动、冲击等）和温度分布都将引起结构变形，从而使阵面辐射阵元的方向图及相互间的互耦效应发生变化，最终导致天线电性能达不到要求，甚至无法实现。下面论述有源相控阵天线（APAA）电磁场、位移场、温度场间的场耦合理论模型的建立问题。

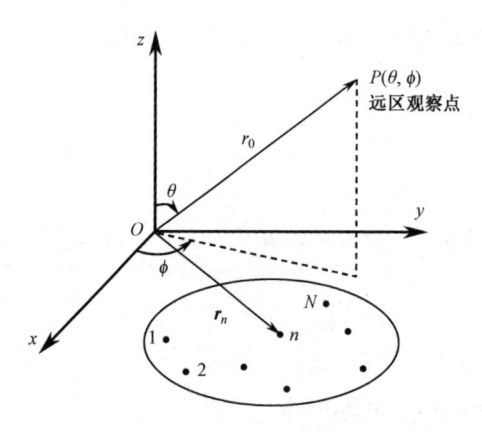

图 2-5　APAA 阵列空间坐标关系

如图 2-5 所示，设 APAA 辐射阵元总数为 $N$，第 $n$ 个辐射阵元激励电流为 $I_n \exp(j\varphi_{I_n})\hat{\tau}_n$，其中 $\hat{\tau}_n$ 为单元极化单位矢量，$I_n$ 与 $\varphi_{I_n}$ 分别为幅度与相位。若第 $n$ 个辐射阵元的阵中方向图为 $f_n(\theta,\phi)$，位置矢径为 $\mathbf{r}_n = x_n\mathbf{i} + y_n\mathbf{j} + z_n\mathbf{k}$，则在远区观察方向 $P(\theta,\phi)$，可将有源相控阵天线的场强表示为

$$E(\theta,\phi) = \sum_{n=1}^{N} A_n f_n(\theta,\phi) I_n \exp(j\varphi_{I_n}) \tag{2-23}$$

式中，$A_n$ 为阵元 $n$ 的空间相位因子，观察方向 $P(\theta,\phi)$ 的单位矢量为 $\hat{r}_0 = (\sin\theta\cos\phi, \sin\theta\sin\phi, \cos\theta)^T$。

式（2-23）中假定 APAA 为理想阵面且不计阵元间互耦时的远场方向图。实际上，APAA 中不仅存在着系统误差与随机误差，且单元间存在着互耦作用。就系统误差而言，环境载荷（风、雪）、自重、温度等，将导致阵面发生变形($\delta$)，致使辐射阵元产生位置偏移与指向偏转。至于随机误差 $\gamma$，包括以下内容：一是图 2-6（a）所示的某大型有源相控阵天线由单元（T/R 组件）到模块、到子阵、再到阵面的制造与装配误差 $\gamma_1$；二是图 2.6（b）所示的单通道中法兰连接不连续、波导内壁面粗糙、T/R 组件性能温漂引起的误差 $\gamma_2$。至于互耦，不仅阵元间（不妨设为 $n$、$m$ 间）存在互耦 [图 2-6（c）]，而且互耦系数 $C_{nm}$ 与系统误差和随机误差均有关系。

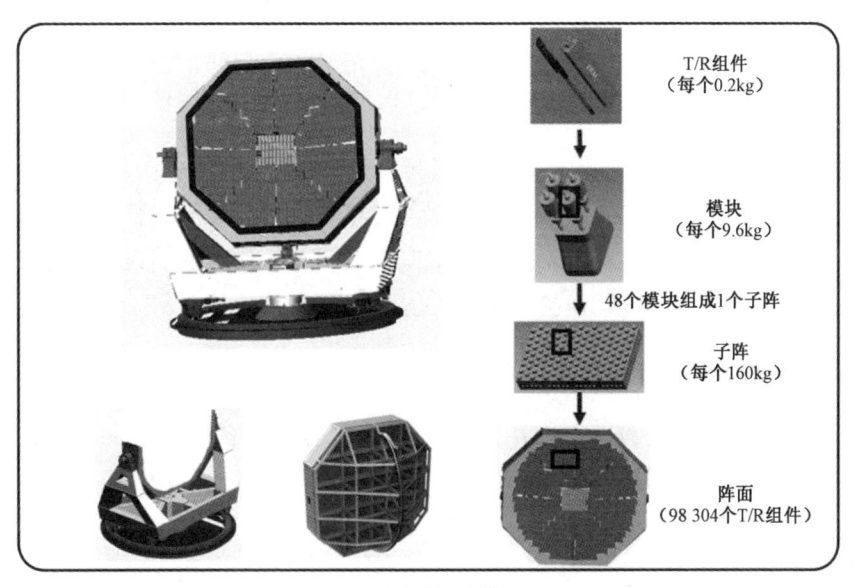

（a）组阵原理

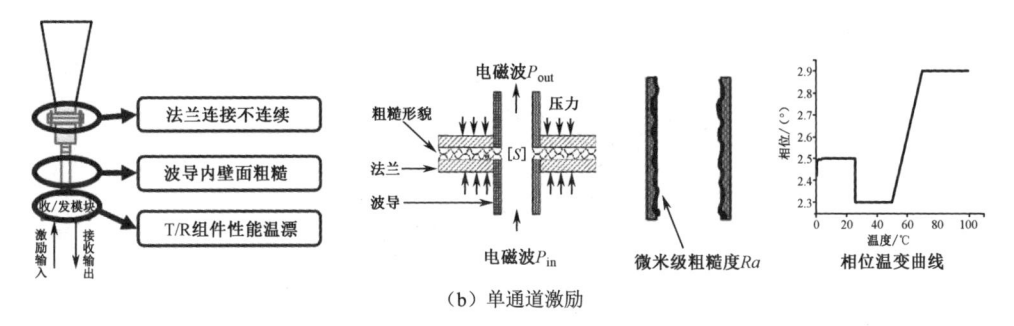

（b）单通道激励

图 2-6 某大型有源相控阵天线的组阵原理、单通道激励与互耦示意图

（c）互耦

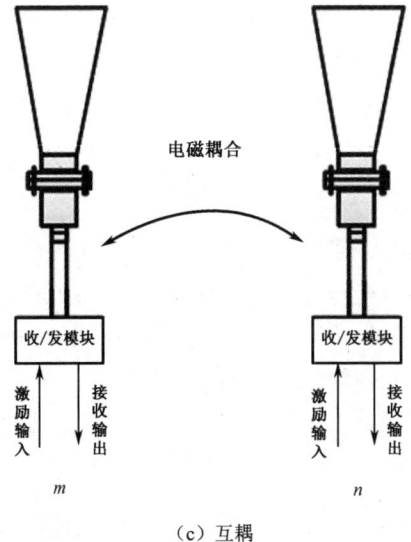

图 2-6 有源相控阵天线的组阵原理、单通道激励与互耦示意图（续）

为此，首先分析辐射阵元的位置偏移和指向偏转（包括系统误差与随机误差）对天线电性能的影响；其次，分析随机误差对单通道辐射性能与整个阵面性能的影响；再次，阐述系统误差和随机误差对阵元互耦特性的影响；最后，建立综合阵面结构位移场、电磁场、温度场的 APAA 的场耦合理论模型。

**1. 辐射阵元位置与姿态偏差的影响**

不失一般性，不妨设图 2-7 中的第 $n$ 号阵元的位置偏移量为 $\Delta r_n$，指向偏转（最大辐射方向的改变）为 $\xi_{\theta n}$ 和 $\xi_{\phi n}$。

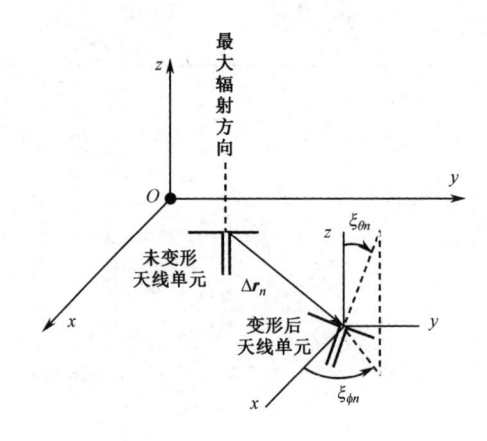

图 2-7 辐射单元位置偏移和指向偏转的几何示意图

理想情况下，式（2-23）中第 $n(n=1,2,\cdots,N)$ 个辐射单元的空间相位因子为

$$A_n = \exp(\mathrm{j}k\boldsymbol{r}_n\hat{\boldsymbol{r}}_0) \tag{2-24}$$

若其位置偏离设计值为 $\Delta \boldsymbol{r}_n$，则空间相位因子变为

$$\begin{aligned} A'_n &= \exp\left\{\mathrm{j}k\left[\boldsymbol{r}_n + \Delta\boldsymbol{r}_n\left(\delta(\beta,T)\right)\right]\hat{\boldsymbol{r}}_0\right\} \\ &= \exp(\mathrm{j}k\boldsymbol{r}_n\hat{\boldsymbol{r}}_0)\exp\left\{\mathrm{j}k\Delta\vec{\boldsymbol{r}}_n\left[\delta(\beta,T)\right]\hat{\boldsymbol{r}}_0\right\} \\ &= A_n \exp\left\{\mathrm{j}\varphi'_n\left[\delta(\beta,T)\right]\right\} \end{aligned} \tag{2-25}$$

式中，$\delta(\beta,T)$ 为由载荷引起的位移，$\beta = (\beta_1, \beta_2, \cdots, \beta_{Nd})$ 为结构设计变量，$T$ 为天线阵面温度分布。

当第 $n$ 个辐射阵元分别旋转 $\xi_{\theta n}[\delta(\beta,T)]$ 和 $\xi_{\phi n}[\delta(\beta,T)]$ 且不考虑相互耦合效应时，将影响阵中方向图，具体为

$$f'_n[\theta,\phi,\delta(\beta,T)] = f_n\left\{\theta - \xi_{\theta n}[\delta(\beta,T)], \phi - \xi_{\phi n}[\delta(\beta,T)]\right\} \tag{2-26}$$

**2. 辐射阵面制造与装配误差的影响**

需要指出的是，影响阵元空间相位因子与阵中方向图的因素，除上面提到的系统误差外，还有随机误差 $\gamma_1$（其产生途径有两个，一是来自座架、背架机械结构的制造精度与装配误差，二是来自单元—模块—子阵—阵面的制造与装配过程产生的误差），可表示为

$$\begin{aligned} \gamma_1 &= \boldsymbol{S}_0 + \Delta\boldsymbol{S}_1 + \Delta\boldsymbol{S}_2 + \Delta\boldsymbol{S}_3 \\ &= \Delta\varsigma\boldsymbol{n} + \left(\tilde{\boldsymbol{V}}^e + \Delta\boldsymbol{S}_0\right)\boldsymbol{B}(u,w) + \boldsymbol{R}_{hd}\boldsymbol{V}_{hd}\boldsymbol{h}_{hd} + \\ &\quad \boldsymbol{K}^{-1}f(\boldsymbol{S}_1,\Delta\boldsymbol{S}_2) + \boldsymbol{T}_{m,n}\boldsymbol{\Gamma}(\boldsymbol{P}_{m,n}) \end{aligned} \tag{2-27}$$

式中，$\Delta\boldsymbol{S}_1 = \left[\Delta\boldsymbol{S}_1^{1,1}, \Delta\boldsymbol{S}_1^{1,2}, \cdots, \Delta\boldsymbol{S}_1^{m,n}\right]$，$\Delta\boldsymbol{S}_1^{m,n} = \left[\boldsymbol{T}_{m,n}, \boldsymbol{P}_{m,n}\right]^{\mathrm{T}}$，$m=1,2,\cdots,M$，$n=1,2,\cdots,N$；$\Delta\boldsymbol{S}_2 = \boldsymbol{p}_{hd}(u,w) = \boldsymbol{p}_{id}(u,w) + \boldsymbol{C}_{hd}(u,w)\boldsymbol{h}_{fd}(u,w)$，$\boldsymbol{p}_{id}(u,w)$ 表示整数维表面分量，$\boldsymbol{C}_{hd}(u,w)$ 表示混合维表面关联系数，$\boldsymbol{h}_{fd}(u,w)$ 表示分数维高度；$\Delta\boldsymbol{S}_3 = \Delta\varsigma\bar{\boldsymbol{n}}$，$\Delta\boldsymbol{S}_3$ 为因基础支撑误差累积而产生的拼接型面随机误差 $\Delta\varsigma$ 在各辐射阵元法向 $\boldsymbol{n}$ 的投影；$\tilde{\boldsymbol{V}}^e$ 与 $\boldsymbol{B}(u,w)$ 分别为双三次 B 样条曲面的控制顶点与基函数；$\boldsymbol{T}_{m,n}$ 为子阵的定位面旋量；$\boldsymbol{P}_{m,n}$ 表示与各旋量相对位置的变换向量国；$\boldsymbol{K}$ 表示刚度矩阵；$f$ 为装配力。

于是，式（2-25）和式（2-26）可进一步分别写为

$$A''_n = A_n \exp\left\{\mathrm{j}\varphi'_n[\delta(\beta,T),\gamma_1]\right\} \tag{2-28}$$

$$f''_n[\theta,\phi,\delta(\beta,T),\gamma_1] = f_n\left\{\theta - \xi_{\theta n}[\delta(\beta,T),\gamma_1], \phi - \xi_{\phi n}[\delta(\beta,T),\gamma_1]\right\} \tag{2-29}$$

至此，式（2-23）可进一步写为

$$E(\theta,\phi) = \sum_{n=1}^{N} A_n \exp\{j\varphi'_n[\delta(\beta,T),\gamma_1]\} \cdot \\ f_n\{\theta - \xi_{\theta n}[\delta(\beta,T),\gamma_1], \phi - \xi_{\phi n}[\delta(\beta,T),\gamma_1]\} I_n \exp(j\varphi I_n) \quad (2\text{-}30)$$

### 3. 辐射阵元制造与装配误差的影响

如前所述，对单辐射通道而言，其结构对电性能影响的因素，主要是法兰连接不连续、波导内壁面粗糙及 T/R 组件性能温漂 [图 2-6（b）]，分别阐述如下。

1）波导法兰连接不连续

波导在传输电磁波的过程中，遇到法兰连接时，传输特性将受到影响，因相互连接的法兰面不可避免地存在误差（粗糙度）。这一制造误差，导致接触面之间存在图 2-8（a）所示的三种情况，即金属与金属间的直接接触 MM、非接触 Air 及氧化物的绝缘层 MIM。为导出等效阻抗，特建立图 2-8（b）所示的阻抗模型，$R_{MM}$ 与 $R_{MIM}$ 分别为对应处的电阻。进而，可导出沿电磁波传输方向法兰面接触结构单位深度时的物理量，其中电感为

$$L = \mu_0(d/l_w) \quad (2\text{-}31)$$

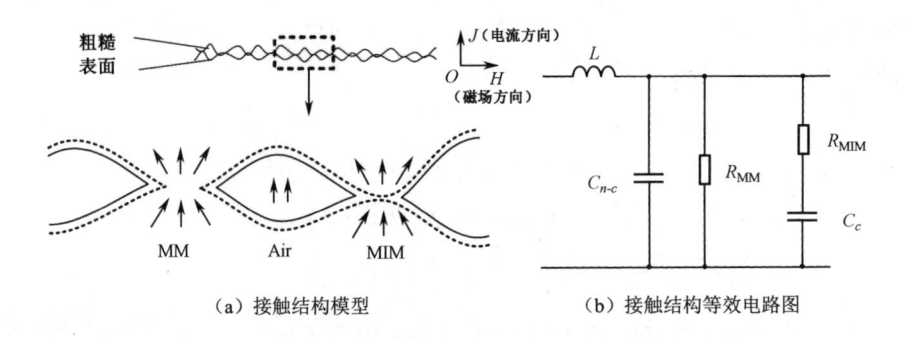

（a）接触结构模型

（b）接触结构等效电路图

图 2-8 等效阻抗模型建立示意图

氧化物绝缘层的电容为

$$C_c = \varepsilon l_w A_{MIM}/t \quad (2\text{-}32)$$

未接触部分的空气电容为

$$C_{n\text{-}c} = \varepsilon_0 (l_w/d) \quad (2\text{-}33)$$

以上公式中，$d$ 为法兰面两侧间的平均间距，在螺栓力 $F$ 作用下，$d$ 会随之改变，上面提到的单位深度对应 $d=1$；$l_w$ 为波导矩形横截面的边长；$\mu_0$ 为空气磁导率；$\varepsilon$ 与 $\varepsilon_0$ 分别为实际介电常数与空气介电常数；$t$ 与 $A_{MIM}$ 分别为氧化物绝缘层的

厚度与面积。

于是，等效阻抗为

$$Z_c = \sqrt{\frac{j\omega L}{j\omega C_{n-c} + \dfrac{1}{R_{MM}} + \dfrac{1}{R_{MIM} + 1/(j\omega C_c)}}} \qquad (2\text{-}34)$$

**2）波导内壁面粗糙度的影响**

一般而言，金属波导内壁面的粗糙度与加工工艺密切相关。若通过机械拉制而成，则粗糙度为微米级，故粗糙表面高度的均方根（rms）恰与吉赫频段的趋肤深度基本相当，这将引起传输功率损耗与相位延迟。如何定量描述这一影响呢？可以这样考虑，即将粗糙金属表面等效为电导率渐变的多层光滑薄层的叠加，采用分层媒质模型对电磁场在粗糙表面内的分布加以分析，进而得到粗糙表面的等效阻抗（图 2-9），最终获得内壁面粗糙度对波导传输特性的影响（图 2-10 和图 2-11）。图 2-10 描述的是在电导率不变时，内壁粗糙表面均方根误差分别对 $S_{21}$ 值（左图）与相位滞后（右图）的影响情况；而图 2-11 则描述了波导内壁面粗糙度不变时，电导率分别对 $S_{21}$ 值（左图）与相位滞后（右图）的影响情况。

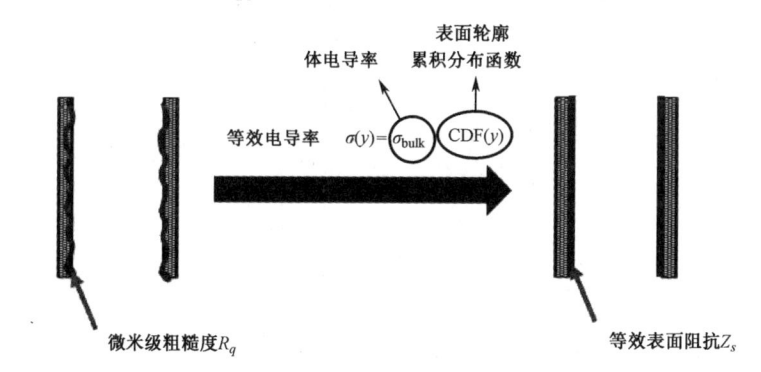

图 2-9　波导内壁面粗糙度等效示意图

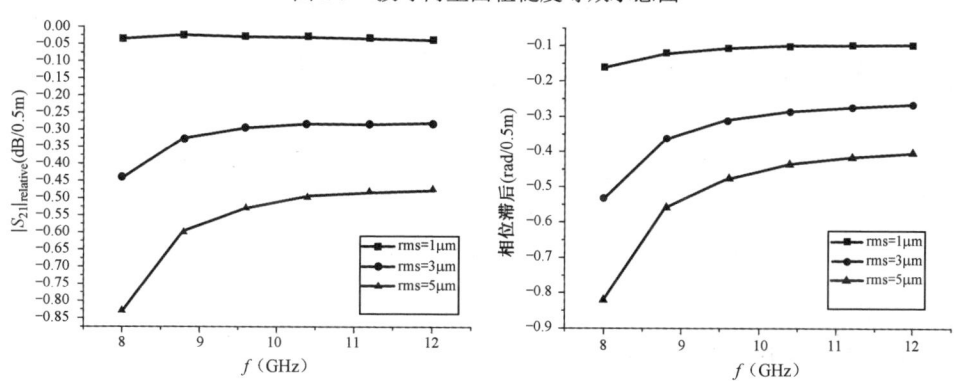

图 2-10　相同电导率下不同内壁粗糙度对传输性能的影响

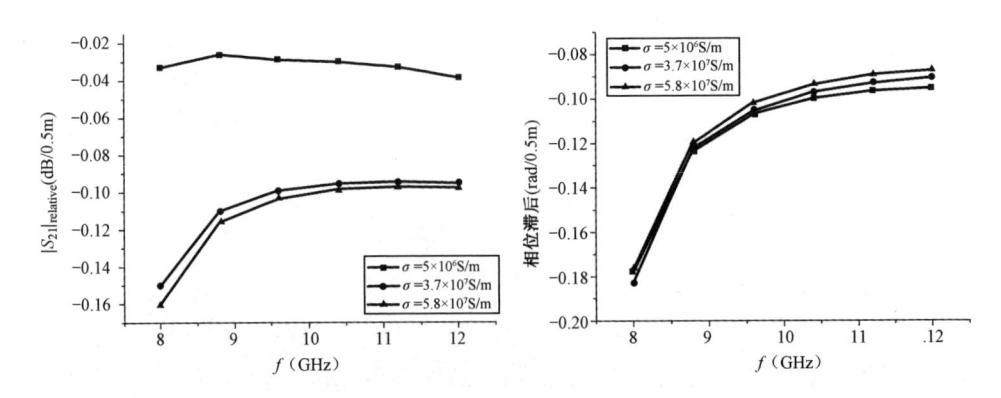

图 2-11　相同粗糙度下不同金属电导率对传输性能的影响

3）T/R 组件性能温漂的影响

T/R 组件是有源相控阵天线中极为重要的组成部分，包括功率放大器、移相器、电源等。当阵面温度分布不均时，众多组件的传输性能不一致将导致天线整体的辐射性能下降。这里，以曲线的方式给出了 T/R 组件输出激励的幅度、相位与温度的关系（图 2-12），用以研究器件传输性能温漂对天线辐射性能的影响。

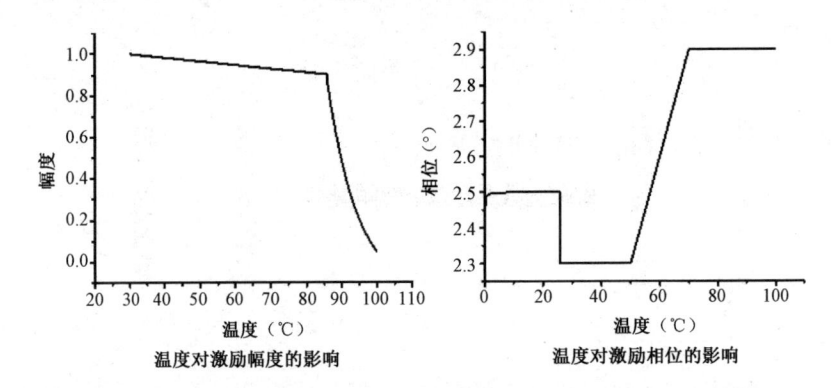

温度对激励幅度的影响　　　　温度对激励相位的影响

图 2-12　T/R 组件性能温漂曲线

需要指出的是，温度场 $T$ 与随机误差 $\gamma_2$ 将影响各辐射阵元本身辐射电流的幅度 $I_n(T,\gamma_2)$ 与相位 $\exp[j\varphi_{I_n}(T,\gamma_2)]$，从而场强式（2-30）又可写为

$$E(\theta,\phi) = \sum_{n=1}^{N} A_n \exp\left\{j\varphi'_n\left[\delta(\beta,T),\gamma_1\right]\right\} \cdot \\ f_n\left\{\theta - \xi_{\theta n}\left[\delta(\beta,T),\gamma_1\right], \phi - \xi_{\phi n}\left[\delta(\beta,T),\gamma_1\right]\right\} \cdot \\ I_n(T,\gamma_2)\exp\left[j\varphi_{I_n}(T,\gamma_2)\right] \quad (2\text{-}35)$$

4）辐射阵元间互耦效应的影响

阵列中的辐射元因存在相互间的互耦效应，致使辐射元在阵列环境与孤立环

境中所表现出来的电磁特性迥异。互耦产生的机理、途径及定量计算，是有源相控阵天线设计中一个不可忽视的问题。

设阵元 $m$ 除受阵列外部入射电场的作用外，还受其余阵元的电磁散射作用（图 2-13），两部分之和才是阵元在阵列环境中受到的总电场，即

$$E_{\text{inc}}^m = E_m^0 + \sum_{\substack{n=1 \\ n \neq m}}^{N} E_{mn} \tag{2-36}$$

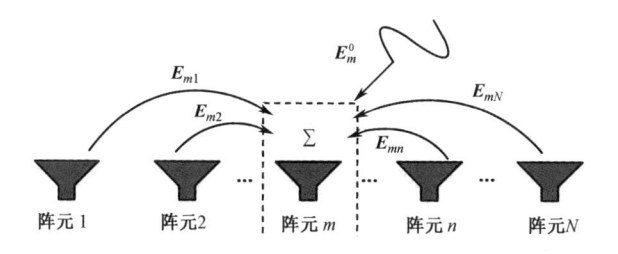

图 2-13 阵元在阵列中的电磁环境

互耦效应计算有多种方法，如偶极子方法等。由特征模理论可知，当工作频率与结构确定时，阵元的各阶特征模就是确定的，该阵元的电性能即可表示为各阶模式（Mode）的线性组合（图 2-14），如同结构的位移可表示为结构特征向量的线性组合一样。因此，相应的各阶特征模式激励系数的确定就成为关键。

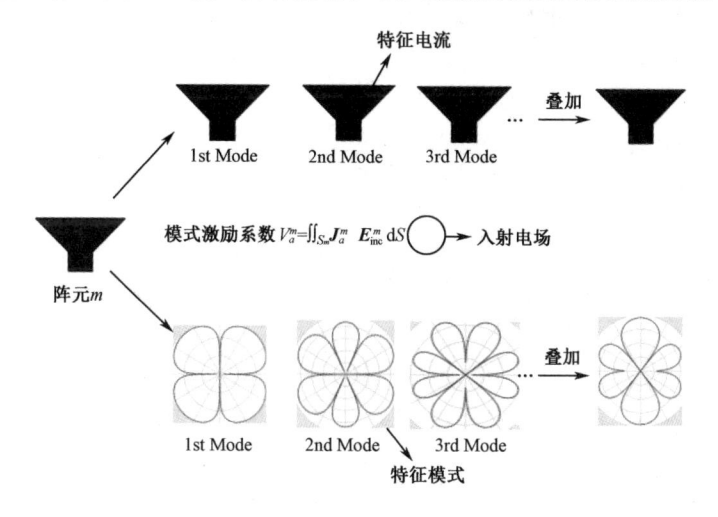

图 2-14 阵元电磁特性的模式分解示意图

不同阵元间的互耦可从模式耦合的角度入手（图 2-15），若以不同模式之间的电磁反应来度量模式耦合的强度，则可建立阵元在阵列环境中的模式耦合平衡方程，即

$$V = V_0 + C\Lambda V \tag{2-37}$$

式中，$V_0$ 为全阵元初始模式激励系数列阵，$V$ 为全阵元阵中模式激励系数列阵，$\Lambda$ 为与阵元特征值相关的对角矩阵，$C$ 为模式耦合矩阵。矩阵 $C$ 的元素计算如下：

$$C_{ab}^{mn} = -\mathrm{j}\omega\mu \int_{S_m}\int_{S_n} \chi_{ab}^{mn} g[r_{nm}(\gamma_1,\delta,T),\delta(\beta,T)]\,\mathrm{d}S\mathrm{d}S \tag{2-38}$$

其中，$\mathrm{j}$ 为虚数单位，$\omega$ 为角频率，$\mu$ 为磁导率，$\chi_{ab}^{mn}$ 为与模式电流相关的参量，$g[r_{nm},\delta(\beta,T)]$ 为标量格林函数，它与阵元相对位矢 $r_{nm}$ 及结构位移场 $\delta$ 相关，同时，$r_{nm}$ 又与 $\gamma_1$、$\delta$ 及 $T$ 有关。阵元互耦系数可表示为

$$C_{nm}(\gamma_1,\delta,T) = \begin{cases} 1 & m=n \\ \left(\sum_{b=1}^{M}\sum_{a=1}^{M} \dfrac{I_b^c I_a^c}{1+\eta_b^2} \dfrac{C_{ba}^{nm}}{1+\mathrm{j}\eta_a}\right) \Big/ \left(\sum_{b=1}^{M} \dfrac{(I_b^c)^2}{1+\eta_b^2}\right) & m \neq n \end{cases} \tag{2-39}$$

其中，$\eta_a$ 为特征值，$I_a^c$ 为阵元端口模式电流强度。

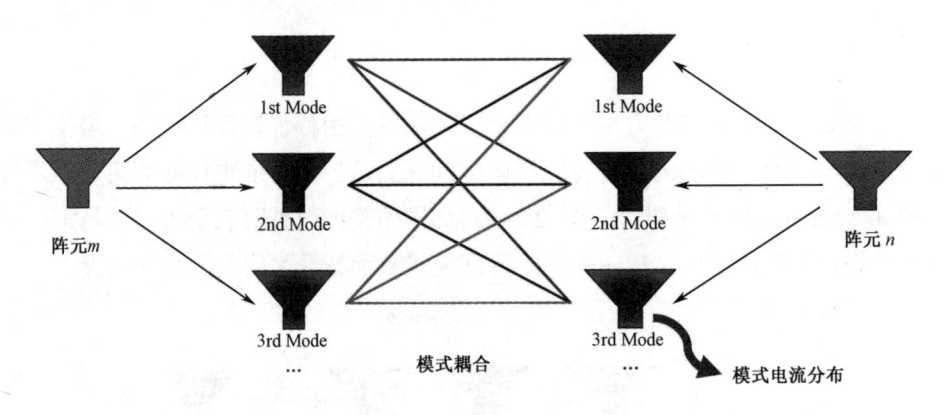

图 2-15 特征模式耦合示意图

如上所述，辐射阵元总数为 $N$，每个阵元的主要电流特征模总数为 $M$，为得出电流模式，可将阵元进行网格剖分，不妨设网格节点总数为 $N_e$。一般而言，$M \ll N_e$。

因电流模式仅与辐射阵元的结构本身有关，与端口激励和环境无关，就如同工程结构的模态只与结构本身有关一样，故对不同的辐射阵元（图 2-16），只需计算出其主要电流模式，在进行整个辐射阵的辐射特性计算时，就不需要再进行阵元的有限元网格剖分了。因此，其计算工作量 $O[(NM)^3]$ 远小于全波法的计算工作量 $O((NN_e)^3)$，这是维数明显降低所致。

5）电磁场—位移场—温度场场耦合理论模型

综上所述，当考虑辐射元之间的互耦效应时，可进一步将有源相控阵的电磁场-位移场-温度场的场耦合理论模型式（2-35）表示为

贴片天线　　　　蝶形天线　　　　喇叭天线

图 2-16　几种典型的辐射阵元形式

$$E(\theta,\phi) = \sum_{n=1}^{N}\left\{\sum_{m=1}^{N}C_{nm}\left[\delta(\beta,T),T,\gamma_1\right]I_m(T,\gamma_2)\exp\left[\mathrm{j}\varphi_{I_m}(T,\gamma_2)\right]\right\}\cdot$$
$$f_n\left\{\theta-\xi_{\theta n}\left[\delta(\beta,T),\gamma_1\right],\phi-\xi_{\phi n}\left[\delta(\beta,T),\gamma_1\right]\right\}\cdot \quad (2\text{-}40)$$
$$A_n\exp\left\{\mathrm{j}\varphi_n'\left[\delta(\beta,T),\gamma_1\right]\right\}$$

利用上述 APAA 的机电热三场耦合模型，对其进行结构、热、电磁耦合分析，进而可进行 APAA 的耦合设计，实现电性能意义下的最佳结构刚度分布、液冷流道的最优拓扑布局。换句话说，就是使 APAA 系统能够在相同的电性能指标要求下，降低对冷却系统、结构加工精度、焊接精度与装配精度的要求。而在相同的冷却系统参数和结构精度要求下，能够提高冷却效率，从而降低结构重量、环控要求，提高 APAA 的综合性能。

## 2.3　机械结构因素对电性能的影响机理

### 2.3.1　雷达反射面天线

#### 1. 数据收集与挖掘

为得到反射面天线结构因素对电性能的影响机理，首先收集和整理了大量的工程测试数据和现场实验数据，并以规定的格式建立数据仓库。收集的工程测试数据覆盖了 9m、12m、13m、16m 四种口径及 C、Ku 两个频段的反射面天线，其中包括 9m C 频段天线 6 台、9m Ku 频段天线 6 台、12m C 频段天线 20 台、13m Ku 频段天线 6 台、16m C 频段天线 4 台，以及 16m C/Ku 双频段天线 5 台。收集的工程测试数据包括实测电性能（增益、第一副瓣电平、效率等），以及相对应的机械结构因素（单块面板精度、总装配精度、副反射面支撑位置、副反射面撑腿投影面积、副反射面支架的横截面几何尺寸等）。

另外，利用 3.7m Ku 波段反射面天线，设计实验系统并进行结构因素和电性能的实际测试。其基本过程为，将反射面分成若干环和区，通过加装不同厚度的垫片以产生不同的变形，而后测量各面型误差（包括单块面板精度、加垫片厚度和垫片的位置）与相应的远场方向图，以反映结构因素对电性能的影响情况。为尽可能涵盖工程中可能出现的误差分布，使电性能测试结果真正反映结构因素对电性能的影响情况，在实验中考虑了圆环域、扇形域，以及对称和非对称等反射面变形情况。实际测试得到了 109 组数据，为影响机理的建立和验证奠定了基础。

## 2. 影响机理分析模型的建立

由反射面天线理论可知，其口径场分布与远场分布互为傅里叶变换对的关系（图 2-17），天线的远场方向图可描述为

$$E(\theta,\phi) = \iint_A E_0(\rho',\phi')\exp\left[jk\rho'\sin\theta\cos(\phi-\phi')\right]\rho'd\rho'd\phi' \qquad (2-41)$$

式中各量含义见本章 2.2.1 节。

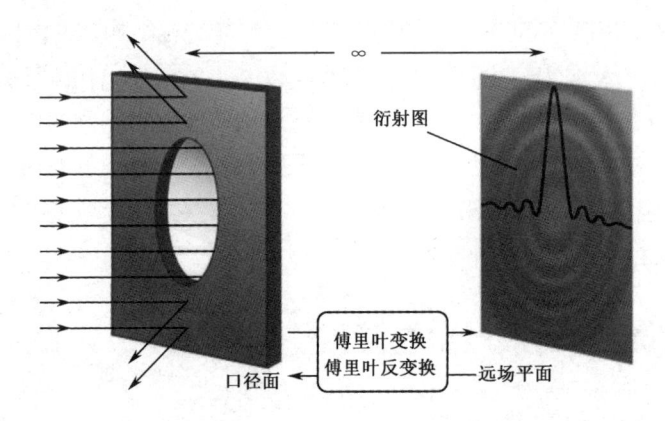

图 2-17 口径场与远场的关系

若口径场存在相位误差，则对口径面 $A$ 的电场积分需要知道相位误差的函数表达式，这往往很难得到。为此，需将口径面进行离散化处理。如图 2.18 所示，根据反射面板分块情况对口径面划分网格，不妨设面板共有 $N$ 圈，每圈有 $K_n$ 块面板，每块面板有 $P_n$ 个网格单元，每个网格中心点对应的口径面相位误差为 $\varphi_{n,i,k}^a$。

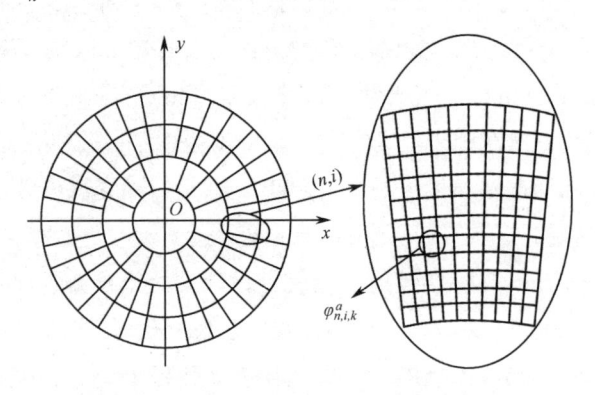

图 2-18 对应反射面板划分口径面示意图

远区电场为各小单元处口径场傅里叶变换的叠加，即

$$E(\theta,\phi) = \sum_{n=1}^{N}\sum_{i=1}^{K_n}\sum_{k=1}^{P_n} E_{n,i,k}\exp(\mathrm{j}\varphi_{n,i,k}^a) \qquad (2\text{-}42)$$

其中

$$E_{n,i,k} = \iint_{A(n,i,k)} E_0(\rho',\phi')\exp\left[\mathrm{j}k\rho'\sin\theta\cos(\phi-\phi')\right]\rho'\mathrm{d}\rho'\mathrm{d}\phi' \qquad (2\text{-}43)$$

则远场辐射方向图为

$$P = EE^* = \sum_{n=1}^{N}\sum_{m=1}^{N}\sum_{i=1}^{K_n}\sum_{j=1}^{K_m}\sum_{k=1}^{P_n}\sum_{l=1}^{P_m} E_{n,i,k}E_{m,j,l}\exp\left[\mathrm{j}(\varphi_{n,i,k}^a - \varphi_{m,j,l}^a)\right] \qquad (2\text{-}44)$$

大中型天线反射面多采用分块面板方式，每块面板与背架之间有四个连接点，其中三个独立点（$A$、$B$、$C$）用于调整，第四点（$D$）用于加固。由于测量与调整设备的精度限制及各种人为因素影响，面板空间位置会偏离其理想状态（图 2-19）。这些装配误差将导致天线口径场的相位误差，从而影响天线的远场方向图。因为面板在调试和安装过程中其表面变形微小，可以忽略，故面板装配时的偏移过程可视为刚体移动，面板安装点偏移量与口径面相位误差之间存在一定关系。

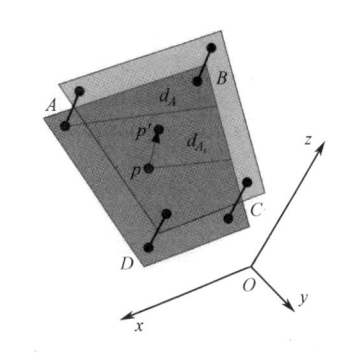

图 2-19 面板偏移的空间位置示意图

如前所述，反射面一共由 $\Sigma$ 块面板组成，第 $k$ 块面板共有 $P_k$ 个节点。依据刚体面板的假设，设第 $k$ 块面板上三个安装点 $A$、$B$、$C$ 的法向偏移量分别为 $a_A$、$a_B$ 和 $a_C$，则此偏移引起的第 $n$ 块面板上的第 $i$ 个单元对应的口径面相位误差为

$$\varphi_i^k = \boldsymbol{B}_i^k \boldsymbol{a}^k \qquad (2\text{-}45)$$

式中，$\boldsymbol{B}_i^k$ 为第 $k$ 块面板的偏移量与第 $i$ 个相位误差的转换矩阵；$\boldsymbol{a}^k = \left[a_A, a_B, a_C\right]^\mathrm{T}$，为第 $k$ 块面板的三个调整点的偏移量。

对于单块面板上 $P_k$ 个节点的相位误差 $\boldsymbol{\varphi}^k = \left[\varphi_1^k, \varphi_2^k, \cdots, \varphi_{P_k}^k\right]^\mathrm{T}$，转换矩阵为 $\boldsymbol{B}^k = \left[B_1^k, B_2^k, \cdots, B_{P_k}^k\right]^\mathrm{T}$，从而整个反射面的所有面板的相位误差为 $\boldsymbol{\varphi} = \left[\varphi^1, \varphi^2, \cdots, \varphi^\Sigma\right]^\mathrm{T}$，调整向量 $\boldsymbol{a} = \left[a^1, a^2, \cdots, a^\Sigma\right]^\mathrm{T}$，转换矩阵为

$$\boldsymbol{Q} = \begin{bmatrix} B^1 & 0 & \cdots & 0 \\ 0 & B^2 & \cdots & 0 \\ \vdots & \vdots & & \vdots \\ 0 & 0 & \cdots & B^\Sigma \end{bmatrix}$$

那么,有

$$\varphi = Qa \quad (2\text{-}46)$$

其中,$\varphi = \{\varphi_i\}$,为面板偏移引起的与所有表面节点对应的口径面相位误差;$Q$ 为联系面板偏移量与口径面相位误差的整体转换矩阵,其对角分块矩阵为相应的单块面板的转换矩阵 $B^k$;$a = \{a_j\}$ 为定义在编号为 $j$ 的安装点之上的面板偏移向量。

将式(2-46)与式(2-44)联立,即得面板装配误差对天线辐射方向图的影响关系式:

$$\begin{cases} P = EE^* = \sum_{n=1}^{N}\sum_{m=1}^{N}\sum_{i=1}^{K_n}\sum_{j=1}^{K_m}\sum_{k=1}^{P_n}\sum_{l=1}^{P_m} E_{n,i,k} E_{m,j,l} \exp\left[j\left(\varphi_{n,i,k}^a - \varphi_{m,j,l}^a\right)\right] \\ \varphi = Qa \end{cases} \quad (2\text{-}47)$$

### 2.3.2 雷达有源相控阵天线

对于 GBR 这类机扫与电扫相结合的波束大范围扫描的有源相控阵天线,其辐射阵面的随机误差 $\gamma_1$ 由以下因素产生:一是来自单元—模块—子阵—阵面组装过程中,各层面的制造精度与装配随机误差;二是从实现全方位、高精度运动的轨道滚轮到支撑座架,再到实现大范围、高精度俯仰运动的俯仰轴系,最后到支撑整个阵面的背架结构的制造精度与装配误差。显然,阵面随机误差 $\gamma_1$ 取决于三个面的情况,分别是基础支撑曲面、离散阵元曲面及介于二者之间的拼接共形曲面。自然,误差的数学表征也取决于这三个面的随机误差的合理且简洁的数学描述。

**1. 多层共形曲面的分解与精度传递**

1)多层共形曲面的分解

针对有源相控阵天线阵面的制造与装配误差的产生根源及其对天线性能的影响,特构建包括基础支撑曲面、拼接共形曲面与离散阵元曲面在内的多层曲面精度分解模型:①基础支撑曲面 $\Delta S_1$,其任务是实现对各子阵的支撑,重点考虑桁和梁定位误差、背架位姿等结构误差传递累积误差对阵面支撑的影响,可采用旋量簇表征方法来建立基础支撑曲面的精度表征模型。②拼接共形曲面 $\Delta S_2$,主要实现 T/R 组件的定位功能,重点考虑壁板拼焊、拼焊变形、热处理变形、子阵拼接变形等误差对曲面拼接精度的影响。特建立混合维表征模型,这样既能表征阵面的整数维误差,又可描述各子阵的分数维误差。③离散阵元曲面 $\Delta S_3$,该曲面一般由大量离散 T/R 组件装配而成,需重点考虑螺栓连接、焊接等装配工艺对阵元位置偏差与指向偏差的影响。

2）多层共形曲面精度的关联传递

建立包括基础支撑曲面-拼接共形曲面-离散阵元曲面三层共形曲面的几何精度传递链（图 2-20）。具体步骤：一是采用关联映射方法将基础支撑曲面上连接点的偏差叠加到拼接共形曲面整数维部分，对变动后的拼接共形曲面整数维部分进行双三次 B 样条拟合，并与分数维部分进行关联叠加，以实现基础支撑曲面的几何偏差向拼接共形曲面的传递；二是采用投影法将离散阵元曲面中的离散阵元投影到拼接共形曲面上，确定离散阵元在拼接共形曲面中的对应点，通过对应点坐标叠加，获取最终功能形面的几何精度。

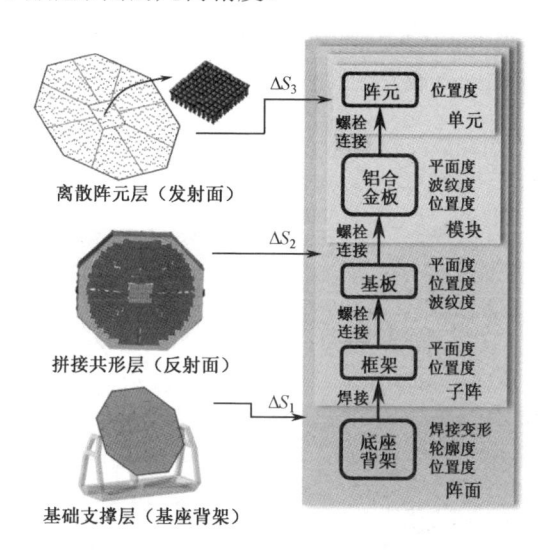

图 2-20 功能形面多层曲面精度关联叠加

于是，辐射阵面的制造与装配带来的随机误差可表示为

$$\begin{aligned}\gamma_1 &= S_0 + \Delta S_1 + \Delta S_2 + \Delta S_3 \\ &= \Delta\varsigma n + \left(\tilde{V}^e + \Delta S_0\right)B(u,w) + R_{hd}V_{hd}h_{hd} + \\ &\quad K^{-1}f\left(S_1, \Delta S_2\right) + T_{m,n}\Gamma\left(P_{m,n}\right)\end{aligned} \quad (2\text{-}48)$$

式中，$\Delta S_1 = \left[\Delta S_1^{1,1}, \Delta S_1^{1,2}, \cdots, \Delta S_1^{m,n}\right]$，$\Delta S_1^{m,n} = \left[T_{m,n}, P_{m,n}\right]^T$，$m = 1, 2, \cdots, M$，$n = 1, 2, \cdots, N$；$\Delta S_2 = p_{hd}(u,w) = p_{id}(u,w) + C_{hd}(u,w)h_{fd}(u,w)$，$p_{id}(u,w)$ 表示整数维表面分量，$C_{hd}(u,w)$ 表示混合维表面关联系数，$h_{fd}(u,w)$ 表示分数维高度；$\Delta S_3 = \Delta\varsigma n$，$\Delta S_3$ 为因基础支撑误差累积而产生的拼接曲面随机误差 $\Delta\varsigma$ 在各辐射阵元法向 $n$ 的投影；$\tilde{V}^e$ 与 $B(u,w)$ 分别为双三次 B 样条曲面的控制点与基函数；$T_{m,n}$ 为子阵的定位面旋量；$P_{m,n}$ 表示与各旋量相对位置的变换向量；$K$ 表示刚度矩阵；$f$ 为装配力。

通过精度的曲面分解与精度关联，可定量表征阵面支撑骨架加工误差、子阵面拼接误差、阵元装配位姿误差等不同误差作用下辐射形面的精度。

**2. 基础支撑曲面的精度表征**

基础支撑曲面本身由多个子阵定位面拼接装配在支撑底架上，其结构存在离散性，单纯采用现有的旋量模型难以完整描述多子阵拼接形成的基础支撑曲面的整体精度。为此，提出基于旋量簇的精度表征模型，即在基准参考系下，根据各子阵支撑面的几何特征分别建立旋量模型，并根据各子阵的相对空间位置，建立各旋量的相对位置变换向量，将在各自参考系下的旋量模型转换至同一参考系下，用于描述基础支撑曲面的离散几何特性，进而实现多子阵定位面的旋量簇精度表征（图 2-21）。

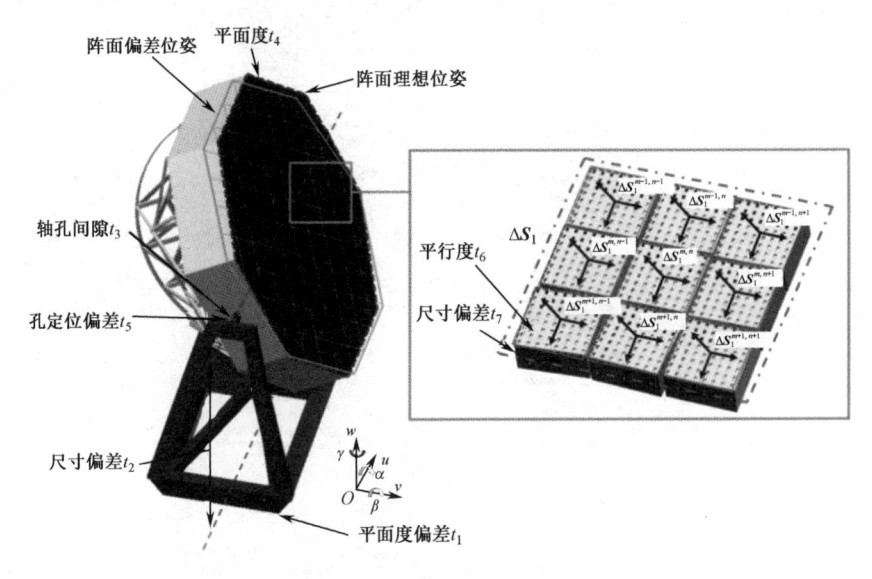

图 2-21 基础支撑曲面表征

**3. 拼接共形曲面的精度表征**

阵面拼接结构既包含整体阵面拼接误差等整体偏差，又包含各子阵面板波纹度等细节误差，该误差难以用规则的整数维来描述，也难以单纯用不规则的分数维来描述。为克服此困难，需在整体上表达拼接共形曲面整数维信息的同时，也能精确地表达拼接共形曲面的分数维细节，以便更完整地表征拼接共形曲面的表面精度特性。

（1）整数维部分 $p_{id}(u,w)$。

采用双三次 B 样条曲面表征整数维表面分量，包括子阵拼接精度、整体阵面变形等。将测量获取的阵面拼接偏差与整体阵面变形转化为曲面型值点矩阵，采用最小二乘法获得整数维曲面的控制点矩阵 $V$，进而建立双三次 B 样条曲面。

$$p_{id}(u,w) = \sum_{i=0}^{m}\sum_{j=0}^{n} V_{ij} N_{i,4}(u) N_{j,4}(w) \tag{2-49}$$

（2）分数维部分 $h_{fd}(u,w)$。

采用分形函数表征分数维表面分量，包括表面粗糙度、波纹度等。通过对 A-B 函数进行坐标变化与归一化处理，使分数维分量在与整数维分量相同的 $(u,w)$ 空间中统一表达。$h_{fd}(u,w)$ 为定义在 $(u,w)$ 空间中的分数维表面的高度场特征函数：

$$h_{fd}(u,w) = L\sqrt{\ln\gamma/M} \sum_{m=1}^{M}\sum_{n=0}^{n_{\max}} \gamma^{(D-3)n} \cdot$$

$$\left\{\cos\varphi_{m,n} - \cos\left[\frac{2\pi\gamma^n}{L}\sqrt{\left(p_{id}(u,w)\big|_x\right)^2 + \left(p_{id}(u,w)\big|_y\right)^2}\cdot\right.\right.$$

$$\left.\left.\cos\left(\arctan^{-1}\left(\frac{p_{id}(u,w)\big|_y}{p_{id}(u,w)\big|_x}\right) - \frac{\pi m}{M}\right) + \varphi_{m,n}\right]\right\} \tag{2-50}$$

式中，$p_{id}(u,w)\big|_x$ 与 $p_{id}(u,w)\big|_y$ 分别为整数维任意点的坐标值；$h_{fd}(u,w)$ 为该点在分数维粗糙表面上的高度值；$D$（$2<D<3$）为粗糙表面的分数维维数；$\gamma$（$\gamma>1$）为表征粗糙表面频谱密度的尺度参数；$M$ 为构造表面时叠加轮廓峰的数量；$\varphi_{m,n}$ 为 $[0,2\pi]$ 中的随机相位；$L = \max(L_u, L_w)$，为整数维分量的单方向长度；$n$ 为累加次数，且 $n_{\max} = \text{int}|\lg n_0/\lg\gamma|$，$n_0 = \max(u_s^{-1}, w_s^{-1})$，为整数维分量的单方向最大采样点数。

（3）混合维模型 $p_{hd}(u,w)$。

通过分数维的维数 $D$、分数维粗糙度 $G$ 及控制顶点网格面积 $A_V$，可将混合维影响因子 $R_{hd}$ 与混合维偏离虚拟控制点 $V_{hd}$ 表示为

$$\begin{cases} R_{hd} = \left[G/\sqrt{A_V}\right]^{D-2} \\ V_{hd}(u,w) = \left(\dfrac{P_{wu}(u,w)_x}{|P_{wu}(u,w)|}, \dfrac{P_{wu}(u,w)_y}{|P_{wu}(u,w)|}, \dfrac{P_{wu}(u,w)_z}{|P_{wu}(u,w)|}\right) \end{cases} \tag{2-51}$$

进而，构造出混合维表面关联系数 $C_{hd}$

$$C_{hd}(u,w) = R_{hd} V_{hd}(u,w) \frac{G^{D-2}}{|P_{wu}(u,w)| A_V^{D/2-1}} \cdot$$

$$\left[P_{wu}(u,w)_x, P_{wu}(u,w)_y, P_{wu}(u,w)_z\right] \tag{2-52}$$

至此，可将拼接共形曲面的混合维模型表示为

$$p_{hd}(u,w) = p_{id}(u,w) + C_{hd}(u,w)h_{fd}(u,w)$$ （2-53）

也就是前面所说的 $\Delta S_2$。

### 4. 离散阵元曲面的精度表征

一般而言，辐射阵面的离散点阵数量庞大，通常由多个子阵拼接组成，不同子阵的阵元误差对整体电性能的影响并不相同。传统采样方法中由于忽略了不同子阵对性能影响的差异性，导致大规模离散阵元的位置误差采样效率低，精度表征效果差。为解决此问题，特提出电性能幅值加权的分块分域采样方法，能够在较低的采样工作量基础上，精确地估计各子阵离散阵元几何误差的分布类型与分布参数，进而精确估计辐射大阵所有离散阵元的误差，实现离散阵元曲面的精度表征。这样，可以解决传统均匀采样方法难以考虑不同子阵、不同区域阵元对电性能影响不同的情况。

### 2.3.3 雷达平板裂缝天线

平板裂缝天线由多层薄壁波导腔体构件组成，包括激励波导、耦合波导与辐射波导，通过将这三个薄壁腔体件焊接（盐浴焊或真空钎焊）而成型。对平板裂缝天线中作为微波传输通道的波导有严格的尺寸、位置及形状精度要求。实际制造过程中，对波导加工精度的要求虽然很高，但通过高精度的加工中心，精度不难实现。遗憾的是，前面的高精度往往被后面的热加工焊接成型过程给"吃"掉了。也就是说，保证平板裂缝天线高加工精度的主要矛盾是后面的焊接成型过程，而不是前面的波导加工。因此，合理选择热加工工艺，以保证平板裂缝天线加工精度及其电性能要求，已成为一个关键的技术问题。

从公开报道的文献看，大多数研究是集中在工艺、焊接接头等单方面的研究，也有学者对天线焊接时的工装受力和工艺进行了分析。但对平板裂缝天线焊接的热变形和残余应力分布及其对电性能影响的研究却鲜见报道。为此，下面针对大型机载平板裂缝天线的热加工过程进行数值模拟，以研究不同的降温曲线、焊料及工装方式对天线结构最终的焊接变形和残余应力的影响情况，以及焊接变形对天线电性能的影响。

#### 1. 影响焊接变形的因素

影响天线焊接效果的因素主要有降温曲线、焊料及工装方式。这些因素都将导致天线焊接后产生结构变形，进而对天线电性能产生影响。下面就焊接过程中

的主要工艺因素对焊接变形的影响加以说明。

（1）物性参数变化趋势不同。

不同的降温曲线下，波导结构材料（主要为铝合金）的物性参数变化趋势不同。由于热膨胀系数在热加工过程中随该曲线变化，导致焊接过程中天线结构应力分布不均匀，累积形成残余变形。

（2）焊料与铝合金的物性参数不同。

在焊接过程中，由于焊料和铝合金的热膨胀系数不同，将在两者间产生较大的应力分布，从而引起焊接变形。同时，焊料的熔点决定了焊接温度，也将影响到焊接变形。

（3）工装方式不同。

在高温阶段，铝合金会出现软化，工装在一定程度上减小了天线结构的软化变形。然而，不同的工装方式，导致天线结构在焊接过程中的受力情况也不一样，会影响天线结构的最终焊接变形。

**2. 焊接过程数值分析**

平板裂缝天线的焊接分析包括三个方面，分别是热分析、结构（弹塑性）分析及电性能分析，三者是相互依存的。

热分析中，涉及热传导与热对流分析。热传导的有限元分析模型 $\Gamma_t$ 包括 420991 个三角形壳单元（母材 325499 个，焊料 95492 个）与 194908 个节点。节点坐标 $X_{\Gamma_t} \in \Gamma_t$ 在迭代中随着温度的改变而改变。

结构分析中的有限元分析模型 $\Gamma_s$ 与 $\Gamma_t$ 相似，不同之处在于，结构分析中的模型采用的是壳单元，而与 $\Gamma_t$ 对应的是热传导单元，节点坐标为 $X_{\Gamma_s}$。在结构分析中，需引入弹塑性分析与生死单元技术。

在每一迭代步中，热分析与结构分析的弹塑性分析交替进行。在第 $k$ 步，基于热分析的有限元分析模型 $\Gamma_t$ 得到温度分布后，传递给基于结构分析的有限元分析模型 $\Gamma_s$，通过弹塑性分析后得到位移 $\delta^k$ 与应力。然后，可得第 $k+1$ 步的坐标 $X_{\Gamma_s}^{k+1} = X_{\Gamma_s}^k + \delta^k$，进而得到 $X_{\Gamma_t}^{k+1} = X_{\Gamma_s}^{k+1}$。这样迭代计算，直至降温曲线的最后一步。

当得到残余应力与变形后，便可计算包括增益、副瓣电平等在内的平板裂缝天线的电性能参数。

综上所述，可将焊接过程的分析归结为如下流程图（图 2-22）。

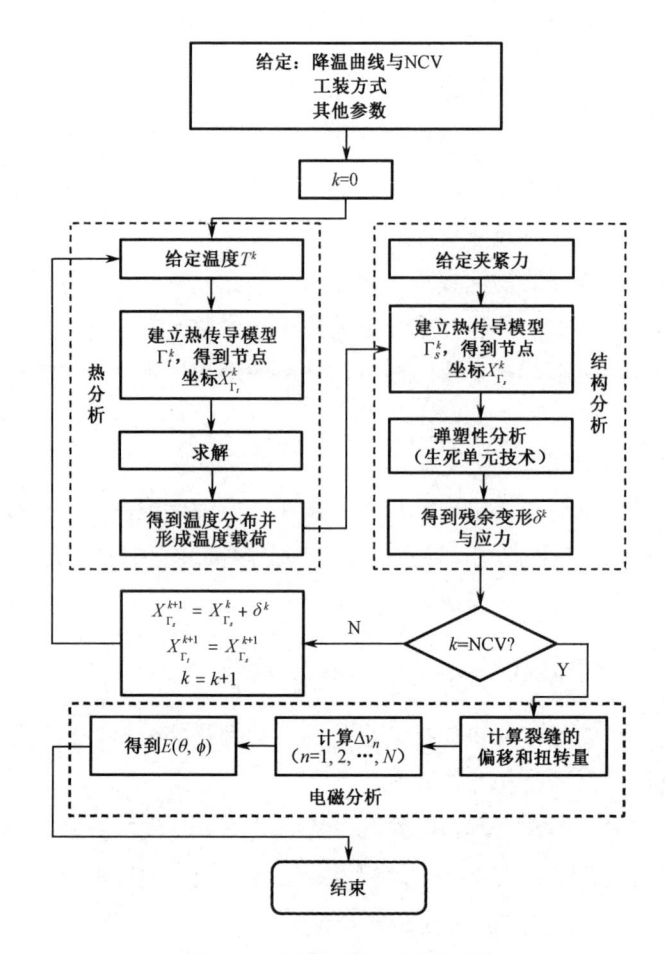

图 2-22 焊接过程分析流程图

给定降温曲线和划分时间步数 NCV、工装方式及其他参数：

① 令 $k = 0$。

② 基于已知温度 $T^k$ 与热传导模型 $\Gamma_t^k(X_{\Gamma_t}^k)$，得到热分布。

③ 基于热载荷与工装，由 $\Gamma_s^k(X_{\Gamma_s}^k)$ 得到变形 $\delta^k$。

④ 如果 $k = \mathrm{NCV}$，计算出缝的偏移与扭转量 $r_n + \Delta r_n$（$n=1,2,\cdots,N$），转步骤⑤；否则，令 $k = k+1$，$X_{\Gamma_s}^{k+1} = X_{\Gamma_s}^k + \delta^k$，$X_{\Gamma_t}^{k+1} = X_{\Gamma_s}^{k+1}$，转步骤②。

⑤ 基于已知的位移与应力，由式（2-54）计算缝辐射电压 $v_n + \Delta v_n$（$n=1,2,\cdots,N$），进而基于式（2-55）得到天线的增益、副瓣电平等电性能参数。

（1）热弹塑性有限元处理技术。

热弹塑性有限元法可以用来在焊接热循环过程中动态地记录材料的力学行为，详尽地掌握焊接残余应力和变形的产生及发展过程，是预测焊接变形的最重要和适应性最强的方法。应用热弹塑性有限元法进行分析,可以得到详尽的残余应力和变形在焊接过程中的变化情况。

焊接热弹塑性分析包括如下四个基本关系:应力—应变关系(本构关系)、应变—位移关系(相容性条件)、相应边界条件及平衡条件。在进行热弹塑性分析时作如下假定:材料的屈服服从米塞斯屈服准则,塑性区内的行为服从流动法则并显示出应变硬化,弹性应变、温度应变与塑性应变是可分的,与温度有关的机械性能、应力应变在微小的时间增量内线性变化。

(2)生死单元技术。

在焊接过程中,焊料在温度超过熔点时会熔化成液态,此时焊料在模型中失去刚度贡献,焊料单元被认为是"死亡单元"。单元生死选项并非真正的删除或重新加入单元,死亡单元在模型中依然存在,只是在刚度矩阵中将对应的影响项乘以一个很小的数(如 ANSYS 默认设置为 "1e–6",即 $1\times 10^{-6}$),使求解时其单元载荷、刚度、质量、阻尼、比热等接近 0。而当温度降低到焊料的熔点以下时,焊料开始凝固,单元在有限元模型中"出生","单元出生"并不是将新单元添加到模型中,而是将以前"死亡"的单元重新激活。当一个单元被激活后,其单元载荷、刚度、质量等将被恢复为上一步的值。这个过程是一个材料从无到有的过程,数值结果说明,使用有限元生死单元技术可以很好地模拟这个过程。

在模拟焊接过程中,建模时须建立完整的有限元模型,即包括母材和焊料在内的整体模型。开始计算时先将焊料单元"杀死",待焊接过程的温度下降到焊料熔点时,再让这些单元"出生"。对焊料熔化过程中焊料的单元采用生死单元技术处理,可得到焊料在温度曲线下的应力和应变情况。

### 3. 基于机电耦合模型的电性能分析

平板裂缝天线经过焊接后,其结构将产生塑性应变及热应变等,这些应变都将引起天线结构变形。由于本书中未计入波导、缝隙在机加工等过程中引入的随机误差,通过焊接过程的数值模拟,得到的是天线结构受热加工过程引起的系统误差。从平板裂缝天线的电磁传播和辐射机理角度看,结构系统误差一方面影响了波导中电磁传播的路径,另一方面影响了电磁辐射空间的阵面边界。

在波导的电磁传播路径上,馈电网络变形主要为天线阵面辐射缝的面内偏移和偏转等系统误差,进而影响辐射缝电压分布。由于天线模型本身比较大,直接计算天线结构变形后的缝电压工作量太大,同时,考虑到影响电性能的系统误差中的主要矛盾是辐射缝在面内的偏移和偏转(图 2-23),故采用如下方法进行。

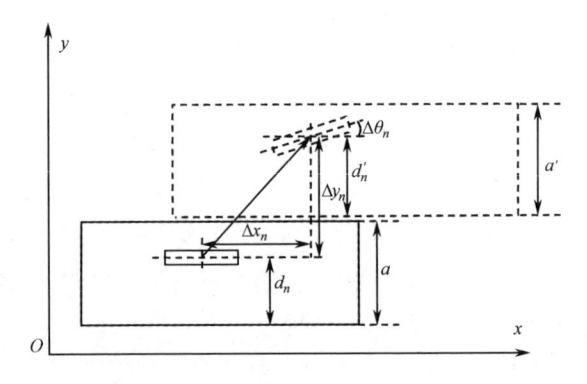

图 2-23　辐射缝在波导中的变形示意图

设变形前后辐射缝到所在波导边的距离分别为 $d_n$ 与 $d'_n$，变形后辐射缝偏转角度为 $\Delta\theta_n$，则导致缝电压的变化量为

$$\Delta v = v'_n - v_n = \frac{8.10}{a}\left\{\frac{\cos\left[\dfrac{\pi}{2}\cos(i'-\Delta\theta_n)\right]}{\sin(i'-\Delta\theta_n)}\exp\left(\frac{\mathrm{j}\pi d'_n}{a'}\right)+\right.$$

$$\left.\frac{\cos\left[\dfrac{\pi}{2}\cos(i'+\Delta\theta_n)\right]}{\sin(i'+\Delta\theta_n)}\exp\left(-\frac{\mathrm{j}\pi d'_n}{a'}\right)\right\}- \qquad (2\text{-}54)$$

$$\frac{32.40}{\lambda}\cos\left(\frac{\pi}{2}\cos i\right)\cos\left(\frac{\pi d_n}{a}\right)$$

式中，$v_n$ 和 $v'_n$ 分别为变形前后第 $n$ 个辐射缝电压；$\lambda$ 为工作波长；$a$ 与 $a'$ 分别为变形前后辐射缝所在波导的宽度；$i=\arcsin[\lambda/(2a)]$，$i'=\arcsin[\lambda/(2a')]$。

在天线电磁辐射的边界上，结构变形主要为天线阵面上辐射缝的空间偏移和偏转等系统误差（图 2-24）。辐射缝的偏移引起单元间的空间相位误差，偏转引起单元方向图变化，进而对天线电性能产生影响。结合辐射缝电压受馈电网络变形的影响关系式（2-54），天线结构远场方向图可表示为

$$\begin{aligned}E(\theta,\phi)=\sum_{n=1}^{N}(v_n+\Delta v_n)f_n(\theta-\xi_{\theta n},\phi-\xi_{\phi n})\cdot\\ \exp\left[\mathrm{j}k(r_n+\Delta r_n)(\sin\theta\cos\phi,\sin\theta\sin\phi,\cos\theta)\right]\end{aligned} \qquad (2\text{-}55)$$

式中，$f_n(\theta-\xi_{\theta n},\phi-\xi_{\phi n})$ 为第 $n$ 个辐射缝的单元方向图；$\xi_{\theta n}$ 和 $\xi_{\phi n}$ 为第 $n$ 个辐射缝的偏转量；$\theta$、$\phi$ 为空间点的观察方向；$k$ 为电波传播常数；$r_n$ 与 $\Delta r_n$ 分别为第 $n$ 个辐射缝的初始位置与偏移量。

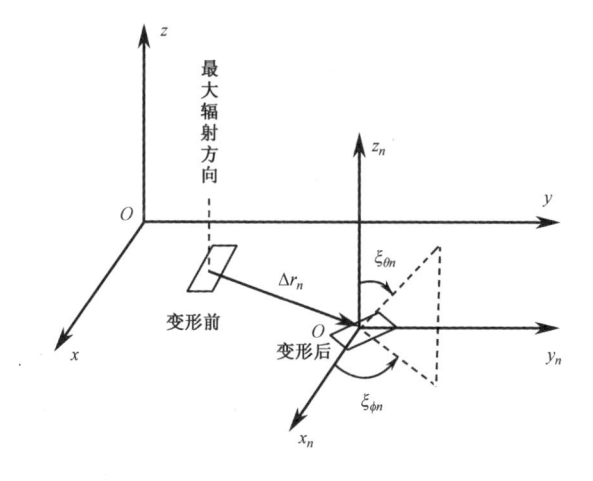

图 2-24 天线缝隙变形前后的几何关系

### 4. 某机载平板裂缝天线数值分析与讨论

现针对某机载平板裂缝天线，进行焊接过程和电性能分析。该天线（图 1-20）整体尺寸为 900mm×900mm×15mm，包含激励层、耦合层及辐射层，且各层波导壁厚均为 1mm，其中 32 根激励波导上各开有一个激励缝，辐射波导阵面上开有 1172 个辐缝，为多层空腔薄壁结构。

采用壳单元建立该天线结构的有限元模型，共包含 420991 个单元和 194908 个节点，其中母材部分的单元总数为 325499 个，钎料部分单元总数为 95492 个，钎料填充位置如图 2-25 所示。数值模拟中使用的铝合金和钎料的物性参数见表 2-1 与和表 2-2。

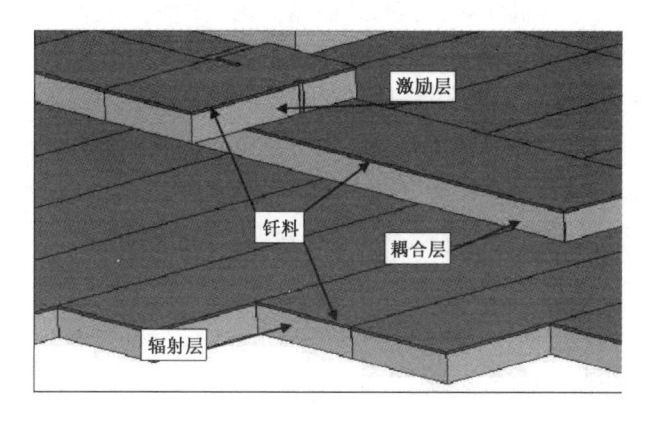

图 2-25 钎料填充位置

表 2-1 铝合金的物性参数

| 温度/℃ | 线膨胀系数/<br>($10^{-6}$℃$^{-1}$) | 导热系数/<br>(W·m$^{-2}$·℃$^{-1}$) | 比热/<br>(J·kg$^{-1}$·℃$^{-1}$) | 密度/<br>(Mg·m$^{-3}$) | 泊松比 | 弹性模量/<br>GPa |
|---|---|---|---|---|---|---|
| 20 | 23.9 | 201 | 903 | 2.7 | 0.33 | 50 |
| 200 | 24.8 | 213 | 985 | 2.7 | 0.33 | 35 |
| 400 | 26.9 | 208 | 1210 | 2.7 | 0.33 | 10 |
| 600 | 29.7 | 210 | 1398 | 2.7 | 0.33 | 0.05 |

表 2-2 钎料的物性参数

| 温度/℃ | 线膨胀系数/<br>($10^{-6}$℃$^{-1}$) | 导热系数/<br>(W·m$^{-2}$·℃$^{-1}$) | 比热/<br>(J·kg$^{-1}$·℃$^{-1}$) | 密度/<br>(Mg·m$^{-3}$) | 泊松比 | 弹性模量/<br>GPa |
|---|---|---|---|---|---|---|
| 20 | 22.7 | 190 | 890 | 2.7 | 0.28 | 30 |
| 200 | 23.6 | 195 | 950 | 2.7 | 0.28 | 10 |
| 400 | 25.8 | 198 | 1000 | 2.7 | 0.28 | 0.5 |
| 600 | 27.6 | 200 | 1100 | 2.7 | 0.28 | 0.02 |

（1）不同降温曲线的影响

焊接结束后的总应变主要包括塑性应变、热应变及相变应变的残余量之和，由于这些应变都受到热载荷的影响，故通过改变降温曲线，可以研究降温过程中降温曲线对这些应变的影响，以及变形对相应天线电性能的影响。不同降温曲线通过使天线在降温过程中改变其周围环境温度来实现。因此，只要设定不同的时间-环境温度曲线，就能实现天线的不同降温曲线。焊接时一般将保温温度控制在低于母材固相线温度而高于焊料液相线温度的范围内。温度过高易产生母材熔蚀缺陷，温度过低易出现钎焊强度低，甚至焊料不全熔。钎焊保温时间以工件达到焊料液相线温度后 2min 左右为宜。保温时间过短，焊料不饱满圆滑，甚至不完全熔化；保温时间过长，则易出现焊料漫流或漏焊等问题。当然，保温与冷却时间同时受到零件大小、工装的影响。此处设计了三条降温曲线，如图 2-26 所示。

由图 2-26 可见，曲线 1 是在 2100s 内从 600℃降至室温的降温过程；曲线 2 是在 1200s 内降至 530℃，然后在 2400s 内从 530℃降至室温的降温过程；曲线 3 则是在 2400s 内降至 530℃，然后在 3100s 内从 530℃降至室温的降温过程。从曲线 1 到曲线 3，降温速度逐步变慢。曲线 2 和曲线 3 在高温阶段的降温速度较慢，是为了使天线在高温时的温差较小，以免对晶相产生影响。不同的降温曲线将影响材料晶相的生长，进而引起天线在降温过程中的物性参数发生变化。目前，许多工程材料尚缺乏高温时的各种物性参数，经过试验测得当冷却速率增大时，材料热膨胀系数增大。针对图 2-26 的降温曲线假设了几组不同的热膨胀系数，如图 2-27 所示。

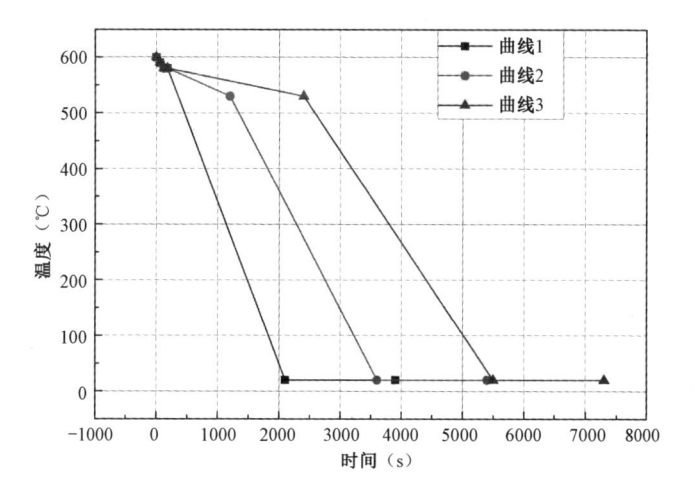

图 2-26 降温曲线

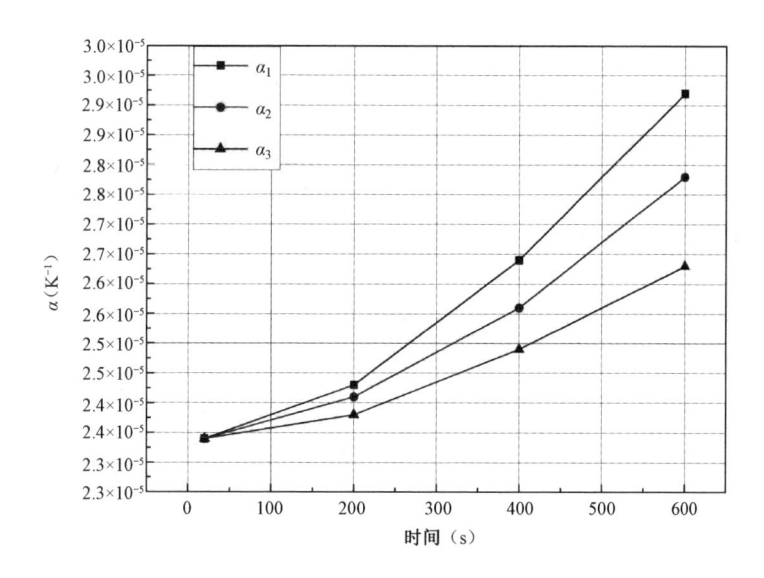

图 2-27 母材热膨胀系数 $\alpha$ 随温度的变化

在图 2-27 中，$\alpha_1$、$\alpha_2$、$\alpha_3$ 分别为降温曲线 1、2、3 对应的母材热膨胀系数。不同降温曲线的降温过程在整个模型上产生的温差如图 2-28 所示。

由图 2-28 可见，降温最快的曲线 1 产生的最大温差达到 1.9℃，而降温最慢的曲线 3 产生的最大温差只有 1.1℃，即降温曲线越平缓，最大温差越小，可以使模型中的温度梯度更均匀。从降温曲线 1 和 3 的温差曲线不难发现，延长降温时间，降温曲线会变缓，这样可使天线内部的热量通过传导扩散到散热表面，对天线内部的温度下降比较有利。

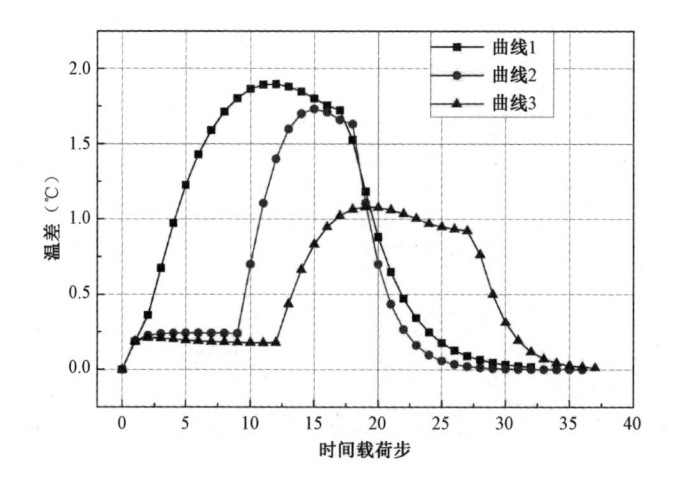

图 2-28　不同降温曲线在模型上产生的温差

天线结构在降温过程中，最大应力随着焊料的凝固而增加，在温度降到室温时，应力达到最大值。高温阶段的最大应力会随着降温曲线的变化而变化，高温阶段的降温时间比较长，焊料的凝固时间也较长，因此同样的最大应力出现的时间也发生了变化（图 2-29）。

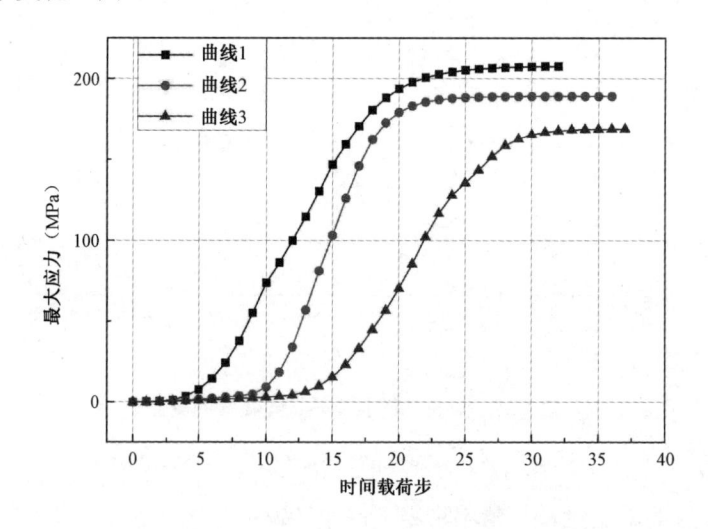

图 2-29　不同降温曲线在模型上产生的最大应力

在不同降温曲线下，天线钎焊后的最终残余应力、变形及辐射面均方根误差（RMS）见表 2-3。

表2-3  不同降温曲线下天线的最终残余应力、变形及辐射面均方根误差

| 降温曲线 | 最终残余应力（MPa） | $z$方向最大位移（mm） | $z$方向RMS（mm） |
|---|---|---|---|
| 1 | 207.54 | 0.616 | 0.3435 |
| 2 | 189.03 | 0.561 | 0.3127 |
| 3 | 168.81 | 0.501 | 0.2796 |

由表2-3可知，降温越慢，天线结构在整个降温过程中的温度分布越均匀，这样能明显改善天线焊接后的残余应力和变形。譬如，降温最快的曲线1对应的最终残余应力为207.54MPa，降温最慢的曲线3对应的最终残余应力为168.81MPa，减小了18.7%。同时，降低降温速率，对改善变形也很明显。比如，相对曲线1而言，曲线3对应的阵面法向最大位移减小了0.115mm，改善了18.7%，表面均方根误差则减小了0.0639mm，改善了18.6%。

从天线结构变形中提取出辐射缝的面内偏移量和偏转量，并应用式（2-53）可计算出缝电压的变化量。表2-4给出了降温曲线2下的情况，其中天线工作频率为10GHz。

表2-4  降温曲线2下的辐射缝信息

| 辐射缝信息 | | 最大值 | 平均值 |
|---|---|---|---|
| 面内偏移量（mm） | $x$向 | 0.0165 | 0.0073 |
| | $y$向 | 0.0082 | 0.0033 |
| 面内偏转量（rad） | | $3.433\times10^{-5}$ | $1.194\times10^{-5}$ |
| 缝电压变化量 | 幅度（V） | 0.0730 | 0.0036 |
| | 相位（rad） | 0.9838 | 0.0227 |

由表2-4可知，平板裂缝天线焊接后结构变形引起的面内偏移量较小，尤其是辐射缝的面内偏转量，几乎可以忽略，这与辐射缝位于同层波导有关。结合表2-3的法向（$z$方向）位移信息，应用式（2-54）可得天线远场方向图的变化情况，增益损失和最大副瓣电平情况见表2-5。

表2-5  不同降温曲线下的电参数

| 降温曲线 | 增益损失（dB） | 最大副瓣电平（dB） | |
|---|---|---|---|
| | | $H$面 | $E$面 |
| 1 | 0.0229 | 0.3415 | −0.0439 |
| 2 | 0.0207 | 0.2868 | −0.0295 |
| 3 | 0.0178 | 0.2287 | −0.0283 |

由表 2-5 可知，降温过程变慢，最终的阵面均方根误差减小，天线电性能也相应变好，与理论一致。因此，随着降温曲线变缓，天线的电性能变好，降温曲线 3 的增益损失比降温曲线 1 改善了 22.3%。

（2）不同焊料的影响

选用合理的焊料能提升焊接后天线的强度并减小变形。为此，特选取三组焊料 Bal86SiMg、Bal88SiMg 及 Bal89SiMg，它们的热膨胀系数与母材分别相差约 15%、10%、5%。在进行焊接模拟分析时，采用了三种不同的焊料热膨胀系数，见表 2-6。其中低胀是指焊料的热膨胀系数低于母材的热膨胀系数，热膨胀系数比分别为 15%、10%、5%。对不同的热膨胀系数比，分析结果见表 2-7。

表 2-6 焊料的热膨胀系数

| 温度/℃ | 焊料热膨胀系数/（$10^{-5}K^{-1}$） | | |
|---|---|---|---|
| | 低胀 15% | 低胀 10% | 低胀 5% |
| 20 | 2.03 | 2.15 | 2.27 |
| 200 | 2.11 | 2.23 | 2.36 |
| 400 | 2.29 | 2.42 | 2.56 |
| 600 | 2.53 | 2.67 | 2.82 |

表 2-7 不同热膨胀系数比下的最终残余应力和变形

| 热膨胀系数比 | $z$ 方向最大变形（mm） | $z$ 方向 RMS 误差（mm） | 最大应力（MPa） |
|---|---|---|---|
| 低胀 15% | 0.616 | 0.3435 | 207.68 |
| 低胀 10% | 0.568 | 0.3167 | 191.63 |
| 低胀 5% | 0.520 | 0.2898 | 175.56 |

由表 2-7 可知，$z$ 方向最大变形和表面均方根误差均随着热膨胀系数比的减小而减小；这是由于热膨胀系数差异越小，降温过程中焊料与母材的收缩量越趋于一致，使得结构变形越小。在焊料热膨胀系数接近母材热膨胀系数时，由于焊料的收缩量变大，焊料受到的压应力随之减小。

不同热膨胀系数比的情况下，焊接后的天线增益损失和最大副瓣电平情况列于表 2-8。

表 2-8 不同热膨胀系数比下的电参数

| 热膨胀系数比 | 增益损失（dB） | 最大副瓣电平（dB） | |
|---|---|---|---|
| | | $H$ 面 | $E$ 面 |
| 低胀 15% | 0.0167 | 0.3431 | −0.0335 |
| 低胀 10% | 0.0148 | 0.2560 | −0.0389 |
| 低胀 5% | 0.0130 | 0.1994 | −0.0188 |

由表 2-8 可知，随着热膨胀系数比的减小，天线的增益损失和最大副瓣电平减小，如低胀 5%时的增益损失比低胀 15%时的相应增益损失下降了 22.2%。这说明降低热膨胀系数比可有效改善焊接后的天线电性能。

（3）不同工装方式的影响

工装方式也是影响焊接后结构变形的关键因素之一。由图 2-30 所示的工装示意图可知，通常平板裂缝天线的辐射层阵面置于云母之上，弹簧的夹紧力施加到其背面，具体包括辐射层、耦合层及激励层的背面。根据弹簧夹紧力在天线背面施加的位置和方式，特设计了三种工装方式，分别如图 2-31～图 2-33 所示。

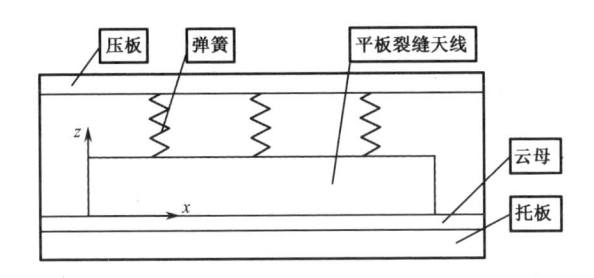

图 2-30 天线焊接过程中的工装示意图

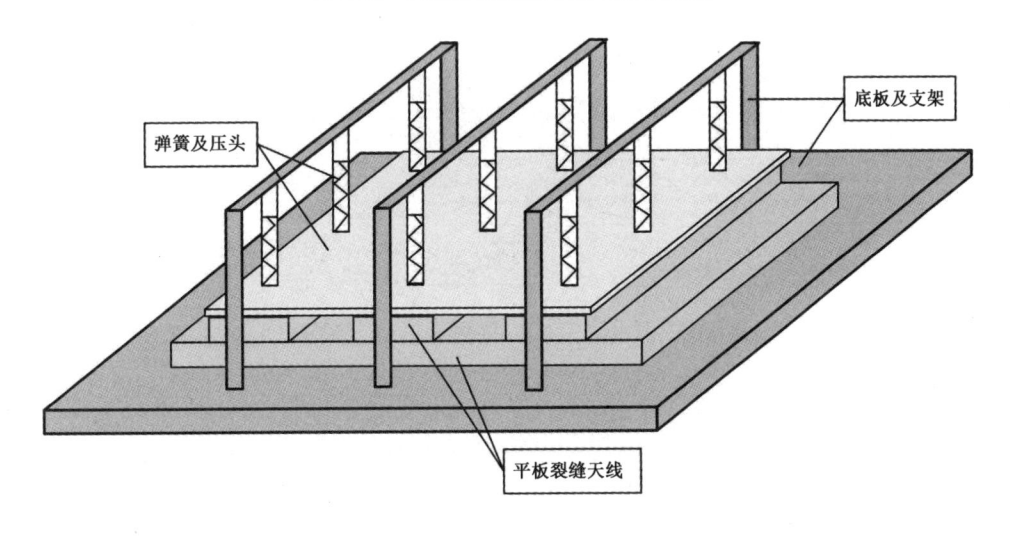

图 2-31 工装方式 1

在图 2-31 所示的工装方式 1 中，通过连接弹簧的平面钢板将夹紧力施加到平板裂缝天线的背面。由于激励层所在位置高于其他波导层，因此夹紧力仅施加到激励层的背面。而仅压激励层会导致焊接面积比较大的辐射层没有被压紧，容易出现虚焊问题。这里主要用这种工装方式与其他方式作比较。

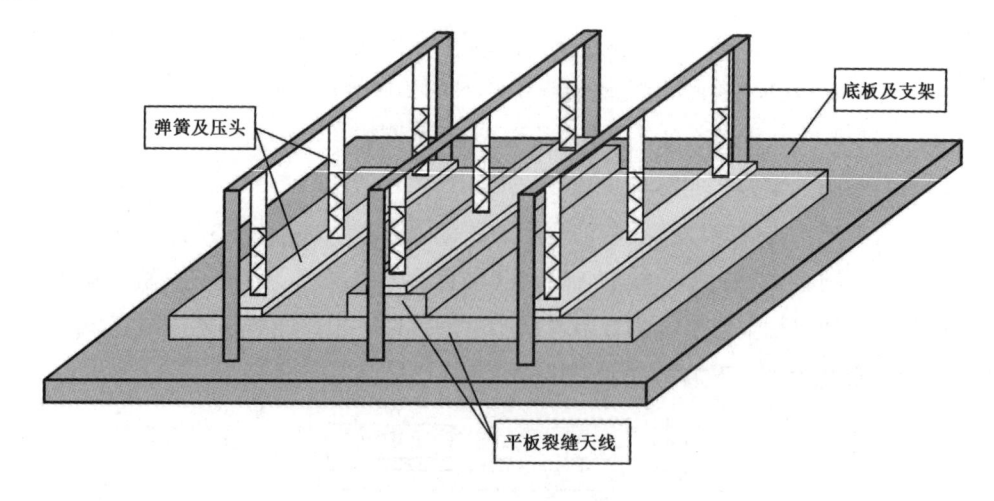

图 2-32　工装方式 2

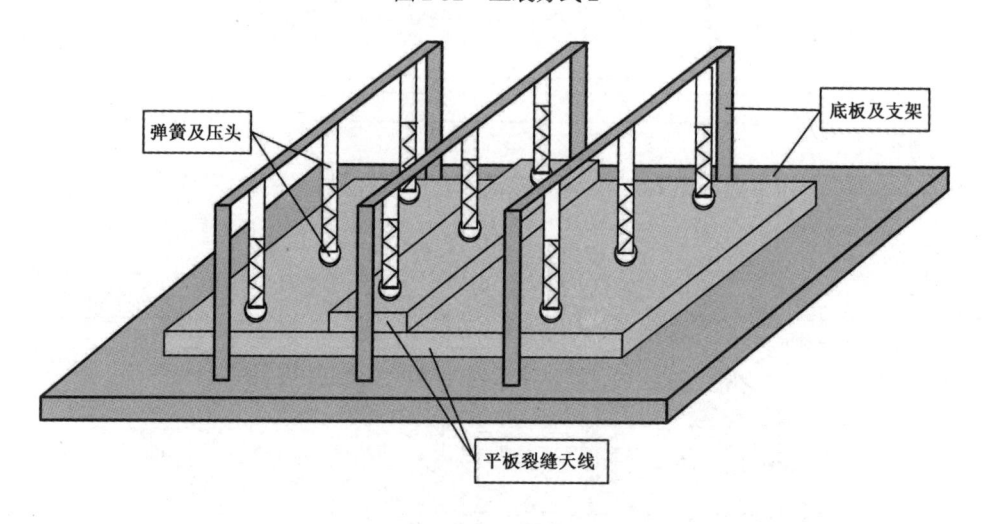

图 2-33　工装方式 3

将工装方式 1 的钢板拆分成多块，部分钢板可置于辐射层背面，形成工装方式 2（图 2-32）。这样夹紧力不仅施加在激励层背面，还施加在辐射层背面，可使工件背面受力较为均匀。

进一步将工装方式 2 的多块钢板拆分成多个小圆板，每个弹簧连接一个小圆板，形成工装方式 3（图 2-33）。由于天线的受力面积相对于工装方式 2 减少，因此其受力情况不如工装方式 2 均匀。在这三种工装方式中，当支架刚度不够时，可以添加横梁来加强刚度。由于这三种工装方式的压头都与装在支架上的弹簧连在一起，因此不会影响熔盐的流动。

根据有关文献，选取弹簧夹紧力为 0.5～10kPa，分别为 2.5kPa、5kPa、7.5kPa、

10kPa 四种。

在进行焊接模拟时，降温曲线为图 2-26 中的曲线 1，热膨胀系数比为低胀 15%，不同工装方式的分析结果见表 2-9～表 2-12。

表2-9 工装方式 1 不同夹紧力下的变形

| 压力（MPa） | 残余应力（MPa） | 最大变形（mm） | 表面 RMS（mm） |
| --- | --- | --- | --- |
| 0.0025 | 206.97 | 0.169 | 0.0544 |
| 0.0050 | 206.97 | 0.169 | 0.0544 |
| 0.0075 | 206.97 | 0.169 | 0.0544 |
| 0.0100 | 210.20 | 0.182 | 0.0580 |

表2-10 工装方式 2 不同夹紧力下的变形

| 压力（MPa） | 残余应力（MPa） | 最大变形（mm） | 表面 RMS（mm） |
| --- | --- | --- | --- |
| 0.0025 | 205.96 | 0.169 | 0.0544 |
| 0.0050 | 205.96 | 0.169 | 0.0544 |
| 0.0075 | 205.96 | 0.169 | 0.0544 |
| 0.0100 | 209.01 | 0.171 | 0.0551 |

表2-11 工装方式 3 不同夹紧力下的变形（7 个压头）

| 压力（MPa） | 残余应力（MPa） | 最大变形（mm） | 表面 RMS（mm） |
| --- | --- | --- | --- |
| 0.0025 | 210.04 | 0.171 | 0.0551 |
| 0.0050 | 210.04 | 0.171 | 0.0551 |
| 0.0075 | 210.04 | 0.171 | 0.0551 |
| 0.0100 | 210.20 | 0.182 | 0.0580 |

表2-12 工装方式 3 不同夹紧力下的变形（18 个压头）

| 压力（MPa） | 残余应力（MPa） | 最大变形（mm） | 表面 RMS（mm） |
| --- | --- | --- | --- |
| 0.0025 | 210.04 | 0.171 | 0.0551 |
| 0.0050 | 210.04 | 0.171 | 0.0551 |
| 0.0075 | 210.04 | 0.171 | 0.0551 |
| 0.0100 | 210.20 | 0.182 | 0.0580 |

由表 2-9～表 2-12 可知：

① 在夹紧力小于 0.01MPa 时，天线焊接后的效果都是比较理想的，最终天线辐射面的表面均方根误差都能保持在 0.055mm 左右。在夹紧力达到 0.01MPa 时，天线焊接后的最大变形和表面均方根误差出现明显变化，因此在使用工装方式 2 或 3 时，最大夹紧力应控制在 0.0075MPa 左右。

② 在夹紧力相同的情况下，使用工装方式 2 或 3 两种不同的压头分布，受力均匀的工装方式 2 的计算结果较好。

③ 在同一种工装方式下，增加压头的数量并不一定能改善天线焊接效果。当把工装方式 2 视为工装方式 3 增加压头的情况时，只有当天线受力分布均匀时，才能改善天线的焊接效果。

(4) 各因素的影响比重分析

通过分析各工艺因素在焊接过程中对焊接结果的影响比重可知，在实际焊接过程中控制这些关键工艺因素，能够改善焊接后的天线结构变形，降低对天线电性能的影响。为此，设定各工艺因素影响焊接变形最小时的参数为最优工况，并将其作为基准工况。然后分别改变各参数至最差参数，计算焊接后的天线表面均方根误差值，与基准工况的表面均方根误差进行对比，求得各因素的影响量和比重。模拟过程中选择了表 2-13 所示的不同工况参数，得到天线焊接后的表面均方根误差（RMS）、影响量及比重。

表 2-13 不同工况参数

| 工 况 | 降温曲线 | 热膨胀系数比 | 工装方式 | RMS（mm） | 影响量（mm） | 比重 |
| --- | --- | --- | --- | --- | --- | --- |
| 基准工况 | 3 | 5% | 2 | 0.0363 | — | — |
| 工况 1 | 3 | 5% | 3 | 0.0364 | 0.003 | 5.2% |
| 工况 2 | 1 | 5% | 2 | 0.0465 | 0.029 | 50% |
| 工况 3 | 3 | 15% | 2 | 0.0448 | 0.026 | 44.8% |

各工况下表面 RMS 值的影响量计算公式为

$$\Delta x_i = \sqrt{x_i^2 - x_0^2}, \quad i = 1, 2, 3 \tag{2-56}$$

式中，$x_0$ 为基准工况的 RMS 值，$x_i$ 为第 $i$ 个工况的 RMS 值。

影响量给出的比重计算公式为

$$\omega_i = \frac{\Delta x_i}{\sum_{i=1}^{3} \Delta x_i} \times 100\%, \quad i = 1, 2, 3 \tag{2-57}$$

由表 2-13 可知，降温曲线对天线的焊接变形影响最大，约占 50%；热膨胀系数比次之，约占 44.8%；而工装方式的影响最小。因此，在降温过程中控制降温曲线和选择合适的焊料，可明显改善天线焊接后的残余应力与变形，进而改善其电性能。

通过对平板裂缝天线焊接工艺的数值模拟，获得了不同降温曲线、热膨胀系数比和工装方式等工艺因素对天线结构焊接后变形、残余应力及天线电性能的影响结果，同时分析了不同工艺因素对焊接变形的影响比重，这些结果对平板裂缝天线阵面结构的工艺参数的选择具有一定参考价值。

需要指出的是，上述结果是基于三层波导在机加工本身不存在误差的情况下得出的，这不符合工程实际。因此，下一步工作应在模型中加入各层波导的加工误差，研究可在多大程度上降低对波导加工精度的要求，从而降低制造成本。

## 参 考 文 献

[1] 段宝岩. 电子装备机电耦合理论、方法及应用[M]. 北京：科学出版社, 2011.

[2] 肖志城, 朱敏波, 宋立伟, 等. 平板裂缝天线热加工误差数值仿真及其对天线电性能的影响[J]. 电子机械工程, 2014, 30(5):41-47.

[3] 谭建荣, 刘振宇, 等. 制造精度和装配误差对功能型面性能的影响机理[R]. 国家自然科学基金重大项目课题三总结报告, 2020-7-20.

[4] 段宝岩, 王伟, 等. 功能型面精确设计与性能保障的科学基础[R]. 国家自然科学基金重大项目总结报告, 2020-7-20.

# 第 3 章
# 基于机电耦合技术的雷达天线结构设计

**【概要】**

本章阐述了基于机电耦合技术的雷达天线结构设计理论与方法。首先，回顾并论述了机电耦合技术的发展历程，阐述了机电耦合的必要性与重要性；其次，通过多个工程案例的成功应用，说明采用机电耦合技术能够有效提高雷达天线、雷达座架与伺服系统的性能；最后，介绍了基于设计元的机电耦合优化设计方法。

## 3.1 概述

雷达天线的性能包括电磁性能与机械结构性能，其设计宗旨是保证与追求电磁性能，机械结构设计是电磁性能与机械结构性能实现的源头。

雷达天线结构设计包括反射体结构设计、支撑座架设计及伺服系统设计，反射体结构设计的水平决定着天线的面型精度、刚度与灵巧性。支撑座架是支撑反射体的重要基础，又是联系反射体与伺服系统的桥梁和纽带，对天线的方位-俯仰扫描跟踪性能的实现发挥着至关重要的作用。伺服系统的设计质量不仅决定着雷达波束的指向精度，而且与波束扫描跟踪的速度密切相关。

雷达天线的支撑座架与伺服控制关系紧密，两者相互影响、相互作用，不可分割，伺服带宽一般是支撑座架固有频率的三分之一，而支撑座架的结构性能又与伺服控制的力或力矩密切相关。

雷达天线的设计宗旨是实现电磁性能，机械结构设计是为此服务的。因此，需在第 2 章关于场耦合理论模型与非线性结构因素对电性能影响机理的基础上，进一步研究机电一体化的设计理论与方法。

## 3.2 从机电分离设计到机电耦合设计

既然雷达与天线是一种典型的机电紧密结合的系统，设计人员就应始终不忘设计的宗旨是保障、实现与提高电性能，因机械与电磁、计算机技术的发展有一个过程，因而雷达与天线结构设计也经历了机电一体化技术的由分离到综合、再到耦合的发展历程。

机电一体化技术是机械与电子交叉融合、重点应用的典型代表，机电一体化（Mechatronics）概念最早出现于 20 世纪 70 年代，其英文是将 Mechanics 与 Electronics 两个词掐头去尾组合而成的，体现了机械与电磁（气）技术不断交叉融合的内涵演进和发展趋势。

伴随着机电一体化概念的提出和技术的发展，相继出现了诸如机-电-液一体化、流-固-气一体化、生物-电磁一体化等概念，虽然说法不同，但实质上还是机电一体化，目的都是研究不同物理系统或物理场之间的相互关系，从而提高系统或设备的整体性能。

高性能复杂机电装备的机电一体化设计从出现至今，经历了机电分离、机电综合、机电耦合三个不同的发展阶段。在高精度与高性能电子装备的发展过程中，这三个阶段的特征体现得尤为突出。

机电分离（Independent between Mechanical and Electronic Technologies，IMET），指电子装备的机械结构设计与电磁设计分开、独立进行，但彼此间的信息可实现在（离）线传递、共享，即机械结构、电磁性能的设计仍在各自领域独立进行，但在边界或域内可实现信息的共享与有效传递。例如，反射面天线的结构与电磁设计、有源相控阵天线的温度-结构-电磁设计等。

需要指出的是，这种信息共享在设计层面上仍是机电分离的，故传统分离设计固有的诸多问题依然存在，最明显的有两个：一是电磁设计人员提出的对机械结构设计与制造精度的要求往往太高，时常超出机械的制造加工能力；而机械结构技术人员因缺乏对电磁知识的深入了解，只能千方百计地设法加以满足，带有一定的盲目性。二是在工程实际中，有时又出现奇怪的现象，即机械结构技术人员费了九牛二虎之力制造出的满足精度要求的产品，又时常出现电性能不满足需求的情况；相反，机械制造精度未达到要求的产品，电性能又是满足需求的。原因何在？往往知其然而不知其所以然。因此，在实际的工程中，只好采用备份的办法，最后由电测来决定选用哪一个。这两个问题的长期存在，导致电子装备的性能低、研制周期长、成本高、结构笨重，成为长期制约电子装备性能提升并影响下一代装备研制推进的一个瓶颈。

随着电子装备工作频段的不断提高，机电之间的相互影响越发明显，机电分离设计遇到的问题越发多起来，矛盾也更加突出。于是，机电综合（Syntheses between Mechanical and Electronic Technologies，SMET）的设计概念出现了。机电综合是机电一体化的较高层次，它比机电分离前进了一大步，主要表现在两个方面：一是建立了同时考虑机械、电磁、热等性能的综合设计的数学模型，可在设计阶段有效消除某些缺陷与不足；二是建立了一体化的有限元分析模型，如在高密度机箱机柜分析中，可共享相同几何空间的电磁、结构、温度的数值分析模型。

以广泛应用的有源相控阵天线（APAA）为例，可将机电热综合优化设计描述为如下所示的非线性规划问题：

$$\begin{aligned}&\text{find}\quad \boldsymbol{X}=(x_1,x_2,\cdots,x_{\text{nux}})^{\text{T}}\\&\text{min}\quad f=\alpha_1 G(\boldsymbol{X})+\alpha_2 W(\boldsymbol{X})\end{aligned} \qquad (3\text{-}1)$$

$$\text{s.t.} \quad g_{\text{sll}}(\pmb{X}) = E_{\text{sll}}(\pmb{X}) - \overline{E} \leqslant 0 \tag{3-2}$$

$$g_i(\pmb{X}) = \delta_i(\pmb{X}) - \overline{\delta}_i \leqslant 0, \quad i = 1, 2, \cdots, \text{nu}\delta \tag{3-3}$$

$$g_e(\pmb{X}) = \sigma_e(\pmb{X}) - [\sigma_e] \leqslant 0, \quad e = 1, 2, \cdots, \text{nu}\sigma \tag{3-4}$$

$$g_T(\pmb{X}) = \max_j \{T_j(\pmb{X}) | j = 1, 2, \cdots, \text{nu}T\} - \overline{T}_{\max} \leqslant 0 \tag{3-5}$$

$$g_{T\text{rms}}(\pmb{X}) = \sqrt{(\sum_{j=1}^{\text{nu}T} T_j^2)/\text{nu}T} - \overline{T}_{\text{rms}} \leqslant 0 \tag{3-6}$$

$$x_i \in (\underline{x}_i, \overline{x}_i), \quad i = 1, 2, \cdots, \text{nu}x \tag{3-7}$$

式中，设计向量 $\pmb{X}$ 可能包括结构（尺寸、形状、拓扑与类型）、电磁（激励电压或电流的幅度与相位）、热、制造与装配误差等可变参量，目标函数包括天线增益 $G(\pmb{X})$、自重 $W(\pmb{X})$，$\alpha_i(i=1,2)$ 为权系数，$E_{\text{sll}}$ 与 $\overline{E}$ 分别为副瓣电平的实际值与容许值，$\delta_i$ 与 $\overline{\delta}_i$ 分别为结构约束点位移的实际值与容许值，$\sigma_e$ 与 $[\sigma_e]$ 分别为第 $e$ 个单元应力的实际值与容许值，式（3-5）与式（3-6）分别为天线阵面最高温度与均方根温度的约束，$T_j$ 与 $\overline{T}_{\max}$ 分别为第 $j$ 个节点的温度值与最高温度容许值，$\overline{T}_{\text{rms}}$ 为阵面平均温度的容许值，$\underline{x}_i$ 与 $\overline{x}_i$ 分别为第 $i$ 个设计变量的上、下限，$\text{nu}x$、$\text{nu}\delta$ 与 $\text{nu}\sigma$ 分别为设计变量、位移约束与应力约束的总数。

显然，该模型为综合优化设计，并非基于耦合模型的优化设计。原因是，虽说上述非线性规划问题中考虑了电磁与结构性能，但缺乏可定量描述电磁与结构之间制约关系的数学表达式，即

$$\phi(E, \delta, T) = 0 \tag{3-8a}$$

或

$$E = \varphi(\delta, T) \tag{3-8b}$$

以有源相控阵天线为例，式（3-8b）具体为本书第 2 章中的式（2-40）。

同时，随着电子装备呈现出高频段、高增益、高密度、小型化、快响应、高指向精度的发展趋势，机电之间呈现出强耦合的特征。于是，机电综合已难以满足要求，如何迎接这一重大挑战呢？机电耦合（Coupling between Mechanical and Electronic Technologies，CMET）应运而生，从而使机电一体化技术迈入机电耦合的新阶段。

机电耦合是比机电综合更进一步的理性机电一体化，其特点主要包括两个方面：一是分析中不仅可实现机械、电磁、热的自动分析与仿真，而且可保证不同学科间信息传递的完备性、准确性与可靠性；二是从数学上导出了基于物理量耦合的多物理系统的耦合理论模型，探明了非线性机械结构因素对电性能的影响机理，其设计是基于该耦合理论模型和影响机理的。可见，机电耦合与机电综合相比具有本质的不同，前者有了质的飞跃（表 3-1）。

表 3-1 机电一体化技术发展、演进的三个阶段

| 三个阶段 | 设 计 层 面 | 分 析 层 面 |
|---|---|---|
| 机电分离 | 人工协调 | 信息共享 |
| 机电综合 | 综合设计模型 | 信息共享 |
| 机电耦合 | 综合设计模型,机电耦合理论模型与影响机理 | 信息共享 |

从机电分离设计到机电综合设计,再到机电耦合设计,机电一体化技术发生了鲜明的代际演进,为高端复杂装备的设计与制造提供了理论依据和关键技术支撑。复杂装备制造的未来发展,将不断趋于多物理场、多介质、多尺度、多元素的深度融合,机械、电气、电子、电磁、光学、热学等融为一体,巨系统、极端化、精密化将成为新的趋势,与此相伴而生的以机电耦合理论与技术为突破口的设计与制造技术必将迎来前所未有的更大挑战。

随着新一代电子技术、信息技术、新材料、新工艺等技术与学科的快速发展,未来高性能电子装备的发展将呈现出两大特征:一是极端频率,如对潜通信等极低频段,天基微波辐射天线等应用的毫米波、亚毫米波乃至太赫兹频段;二是极端环境,如南北极、深空与临近空间、深海等。这些都对机电耦合理论与技术提出了新的挑战。为此,亟待开展如下研究。

第一,复杂高端电子装备所涉及的电磁场、结构位移场、温度场的场耦合理论模型(Electro-Mechanical Coupling, EMC)的建立。因为它们之间存在着相互影响、相互制约的关系,需探明它们之间的影响与耦合机理,厘清多场、多域、多尺度、多介质的耦合机制,多工况、多因素的影响机理,并表示为定量的数学关系式。

第二,复杂高端电子装备存在的非线性机械结构因素(结构参数、制造精度)与材料参数,对电子装备的电磁性能影响明显,亟待探明这些非线性因素对电性能的影响规律,进而发现它们对电性能的影响机理(Influence Mechanism, IM)。

第三,机电耦合设计理论与方法。需综合分析耦合理论模型与影响机理的特点,进而提出基于耦合理论模型与影响机理的电子装备机电耦合设计的理论与方法,其中将包含机、电、热各自的分析模型,以及它们之间的数值分析网格间的滑移等难点的处理。

## 3.3 机电耦合设计

### 3.3.1 雷达反射面天线

1. 机电耦合优化设计的数学描述

基于 3.2 节的思路,可将反射面天线机电耦合优化设计用数学描述为

## 第 3 章 基于机电耦合技术的雷达天线结构设计

$$\text{find} \quad \boldsymbol{\beta} = (\beta_1, \beta_2, \cdots, \beta_{N_d})$$

$$\min \quad W \text{ or } -\text{Gain and } E_{\text{side}} \tag{3-9}$$

$$\text{s.t.} \quad \text{Gain}(\boldsymbol{\beta}) \geq G^0 \text{ and } E_{\text{side}} \leq E_{\text{side}}^0 \text{ or } W(\boldsymbol{\beta}) \leq W_{\max} \tag{3-10}$$

$$\sigma_i(\boldsymbol{\beta}) \leq \sigma_{\max}, \quad i = 1, 2, \cdots, N_m \tag{3-11}$$

$$\beta_{k\min} \leq \beta_k \leq \beta_{k\max}, \quad k = 1, 2, \cdots, N_d \tag{3-12}$$

式中，$\boldsymbol{\beta}$ 为结构（尺寸、形状、拓扑、类型）设计变量，$W$ 为天线自重，$\text{Gain}(\boldsymbol{\beta})$ 与 $G^0$ 分别为天线增益的实际值与最低容许值，$E_{\text{side}}$ 与 $E_{\text{side}}^0$ 分别为第一副瓣电平的实际值与容许值，电性能的计算应用前面第 2 章反射面天线机电场耦合模型得出，$\sigma_i$ 和 $\sigma_{\max}$ 分别为第 $i$ 个单元应力的实际值和容许值，$N_m$ 为结构有限元模型的单元总数，$\beta_{k\min}$ 和 $\beta_{k\max}$ 分别为第 $k$ 个设计变量 $\beta_k$ 的下、上限值。

注意，应用场耦合模型与影响机理时，反射面表面的随机误差是这样确定的：根据具体的加工工艺路线，得到均值与方差，认为同一环上的面板具有相同的均值与方差，而后由计算机随机生成基于均值和方差的随机误差，并将该误差与归一化后的系统变形误差叠加起来，再参与机电场耦合模型电性能的计算。

### 2. 数值仿真与工程应用

为验证机电场耦合模型的正确性以及它与 Ruze 公式相比的优越性，特将其应用于某 7.3m 船载天线和 40m 陆基天线中，得到了合理而满意的结果。

**例 3-1** 某 7.3m 船载反射面天线（图 3-1）。

该圆抛物反射面天线被广泛应用于卫星地面站、船及车辆上，它既是一种单收站，也是收转站。该天线工作在 S/X 频段，焦径比为 0.347，保精度与保强度风速分别为 20m/s 与 55m/s，服役环境温度范围为 -45～60℃，要求反射面面型精度优于 0.5mm（RMS）。

该天线反射面为由背架结构支撑的壳构成。背架结构包括 3 圈环梁和 16 根辐射梁，辐射梁围绕中心体均匀分布。反射面由铝板制成且分为 16 块面板。在结构分析中，反射面被视为壳单元。为增强反射面刚度，采用 Z 形铝合金梁作为加强筋。整个天线的有限元模型包括 25427 个节点和 4705 个单元（896 个梁单元和 3809 个壳单元）。

图 3-1 某 7.3m 船载反射面天线

考虑以下6种工况：

① 仰天自重；

② 仰天自重和20m/s 风侧吹；

③ 仰天自重和30m/s 风侧吹；

④ 指平自重；

⑤ 指平自重和20m/s 风正吹；

⑥ 指平自重和30m/s 风正吹。

表3-2 给出了基于有限元变形分析的由场耦合模型、Ruze 公式及 FEKO 软件得出的增益下降系数的计算结果。表3-3 给出了天线指向误差与增益损失情况。

表3-2 某7.3m 圆抛物反射面天线增益下降系数的计算结果

| 工 况 | FEKO 结果（%） | 场耦合模型结果（%） | Ruze 公式结果（%） |
| --- | --- | --- | --- |
| ①仰天自重 | 99.9839 | 99.9903 | 99.9183 |
| ②仰天自重+20m/s 风侧吹 | 98.9441 | 99.4554 | 97.3601 |
| ③仰天自重+30m/s 风侧吹 | 93.6204 | 97.5648 | 89.0493 |
| ④指平自重 | 99.8895 | 99.9631 | 99.7533 |
| ⑤指平自重+20m/s 风正吹 | 94.2360 | 98.1153 | 89.8645 |
| ⑥指平自重+30m/s 风正吹 | 86.0814 | 90.8139 | 58.2770 |

表3-3 某7.3m 圆抛物反射面天线指向误差与增益损失情况

| 工 况 | 指向误差$\phi_x$（°） | 指向误差$\phi_y$（°） | 增益损失（dB） |
| --- | --- | --- | --- |
| ①仰天自重 | 0.0255 | −0.0007 | −0.0004 |
| ②仰天自重+20m/s 风侧吹 | 0.0284 | 0.1073 | −0.0237 |
| ③仰天自重+30m/s 风侧吹 | 0.0638 | 0.2414 | −0.1071 |
| ④指平自重 | 0.0001 | −0.0001 | −0.0016 |
| ⑤指平自重+20m/s 风正吹 | 0.0135 | −0.0006 | −0.0826 |
| ⑥指平自重+30m/s 风正吹 | −0.0216 | −0.0004 | −0.4185 |

由表3-2 可知，天线仰天且处在工况①、②及③时，系统误差随着风速的增加而增大，导致随机误差所占的比重逐渐减小。结果是场耦合模型和 Ruze 公式得出的增益下降系数的差逐渐增大，从 0.0720%到 2.0953%再到 8.5155%。

当天线指平且处在工况④、⑤及⑥时，系统误差随着风速的增加而增大，导致随机误差所占的比重逐渐减小。结果是场耦合模型和 Ruze 公式得出的增益下降系数的差逐渐增大，从 0.2098%到 8.2508%再到 32.5369%。

此外，在相同的系统误差与随机误差情况下，应用场耦合模型得到的增益下降系数要比应用 Ruze 公式得到的增益下降系数高，且前者得出的结果更接近应用全波 FEKO 得出的值。

**例 3-2** 探月 40m 陆基圆抛物反射面天线（图 3-2）。

该反射面天线工作在 S/X 频段，焦径比为 0.33，保精度风速为 20m/s，保强度风速为 40m/s，服役环境温度范围为-10~50℃，反射面面型精度要求优于 0.6mm（RMS）。

反射面为板网组合结构，中心部分为板，外部为网。反射面分为 9 环 464 块，背架由中心体和框架结构组成，16 根辐射梁围绕中心体均匀分布，6 个平面环梁与交叉杆连接。结构有限元模型包括 65475 个节点和 143748 个单元，其中梁单元 16917 个，壳单元 126342 个。

图 3-2 探月 40m 陆基圆抛物反射面天线

在与 7.3 m 天线相同的 6 种工况下，由场耦合模型、Ruze 公式及全波 FEKO 得到的天线增益下降系数计算结果见表 3-4，指向误差与增益损失情况见表 3-5。

表 3-4 探月 40m 圆抛物反射面天线增益下降系数计算结果

| 工 况 | FEKO 结果（%） | 场耦合模型结果（%） | Ruze 公式结果（%） |
| --- | --- | --- | --- |
| ①仰天自重 | 99.6321 | 99.8799 | 97.7304 |
| ②仰天自重+20m/s 风侧吹 | 97.9510 | 99.4633 | 95.2294 |
| ③仰天自重+30m/s 风侧吹 | 93.7996 | 97.5748 | 85.0986 |
| ④指平自重 | 99.3769 | 99.7836 | 97.0041 |
| ⑤指平自重+20m/s 风正吹 | 95.8517 | 98.2508 | 87.8503 |
| ⑥指平自重+30m/s 风正吹 | 87.4024 | 92.2684 | 57.0322 |

表 3-5 探月 40m 圆抛物反射面天线指向误差与增益损失情况

| 工 况 | 指向误差 $\phi_x$（°） | 指向误差 $\phi_y$（°） | 增益损失（dB） |
| --- | --- | --- | --- |
| ①仰天自重 | 0.0001 | -0.0001 | -0.0052 |
| ②仰天自重+20m/s 风侧吹 | -0.0072 | -0.0288 | -0.0234 |
| ③仰天自重+30m/s 风侧吹 | -0.0162 | -0.0647 | -0.1066 |
| ④指平自重 | 0.0271 | 0.0001 | -0.0094 |
| ⑤指平自重+20m/s 风正吹 | 0.0274 | 0.0001 | -0.0767 |
| ⑥指平自重+30m/s 风正吹 | 0.0276 | 0.0001 | -0.3495 |

由表 3-4 可知，天线仰天且处在工况①、②及③时，系统误差随着风速的增加而增大，随机误差所占的比重逐渐减小。结果是场耦合模型和 Ruze 公式得出的增益下降系数的差逐渐增大，从 2.7795%到 10.4005%再到 35.2362%。

当天线指平且处在工况④、⑤及⑥时，系统误差随着风速的增加而增大，随机误差所占的比重逐渐减小。结果是场耦合模型和 Ruze 公式得出的增益下降系数的差逐渐增大，从 2.1495%到 4.2339%再到 12.4762%。

此外，在相同的系统误差与随机误差情况下，应用场耦合模型得到的增益下降系数要比应用 Ruze 公式得到的增益下降系数高，且前者得出的结果更接近应用全波 FEKO 得出的值。

还有一点需要指出的是，实际工程中的天线不会有如此高的增益下降系数。之所以高，是因为只考虑了主反射面的系统误差与随机误差，此处的目的是对场耦合模型与 Ruze 公式进行比较。

从以上结果可以得出：第一，对相同的系统误差与随机误差，场耦合模型比 Ruze 公式得出的增益下降系数要高，因为场耦合模型将两种误差都考虑进去了，而 Ruze 公式只考虑了随机误差。此外，场耦合模型在考虑随机误差时，不像 Ruze 公式那样只考虑一个均方根值，而是将反射面随机误差的分布情况也考虑进去了。反过来，对于相同的电性能，场耦合模型比 Ruze 公式对反射面误差的要求要低，即降低了制造成本。显然，这对反射面天线的设计与制造具有重要的理论意义与工程应用价值。第二，与 Ruze 公式相比，场耦合模型更为重要的优点是，将电性能表征为结构设计变量（如结构的尺寸、形状、拓扑及类型）的函数，可实现电性能意义下的最佳结构刚度分布，从而使机电耦合优化设计在理论上成为可能。

### 3.3.2 雷达座架与伺服系统

雷达天线伺服系统包括机械结构（天线座）和相应的控制系统，二者是紧密相关的。机械结构不仅是实现伺服性能的载体，而且往往制约着伺服跟踪性能的实现与提高。遗憾的是，在伺服系统的传统设计中，一直沿袭着结构与控制分离的途径进行，即分别设计机械结构和控制系统，再通过反复迭代、调校达到所要求的性能指标。这种设计方法的缺陷是，在进行结构设计时对控制的作用缺乏深入的分析，而在进行控制设计时又忽略了结构因素的影响，因此设计出的系统难以实现总体性能的最优。

随着对雷达天线伺服系统性能要求的不断提高，传统的结构与控制分离的设计方法越来越难以奏效，为此，有必要将结构设计和控制设计纳入一个统一的框架进行，追求总体性能最优，这就是结构与控制集成设计。

## 1. 结构分系统设计方法

结构设计旨在设计满足伺服性能要求的机械结构。为得到优良的伺服跟踪性能，一般要求机械结构质量轻、刚度高，而这些要求往往是自相矛盾的。为此，引入结构优化，即对质（惯）量分布、传动形式及拓扑结构进行优化设计，在保证刚度要求的情况下使质量或体积最小。

在机构的运动过程中，其构型随时间不断变化。为此，可将其提炼为一个多工况（不妨设为 nul 种工况）的结构优化问题 PI（图 3-3）。

图 3-3 雷达天线伺服系统的结构优化设计

PI：

$$\text{find} \quad \boldsymbol{d} = (d_1, d_2, \cdots, d_{n_1})^{\text{T}}$$

$$\min \quad f(a, b, \boldsymbol{d}) = \sum_{i=1}^{n_2} W_i \rho_i \tag{3-13}$$

$$\text{s.t.} \quad -f_{\text{re1}}(\boldsymbol{d}) = -\left[\left(\sum_{i=1}^{\text{nul}} f_{\text{re}i}^2\right)/\text{nul}\right]^{\frac{1}{2}} \leqslant -\overline{f}_{\text{re1}} \tag{3-14}$$

$$\sigma_{ej} \leqslant [\sigma], \quad e = 1, 2, \cdots, n_3; j = 1, 2, \cdots, \text{nul} \tag{3-15}$$

$$\delta_{ij} \leqslant \overline{\delta}_i, \quad i = 1, 2, \cdots, n_4; j = 1, 2, \cdots, \text{nul} \tag{3-16}$$

同时，还必须满足动力微分方程：

$$\boldsymbol{M}_j \ddot{\boldsymbol{\delta}}_j + \boldsymbol{E}_j \dot{\boldsymbol{\delta}}_j + \boldsymbol{K}_j \boldsymbol{\delta}_j = \boldsymbol{Z}_j, \quad j = 1, 2, \cdots, \text{nul} \tag{3-17}$$

式中，$n_1$、$n_2$、$n_3$ 及 $n_4$ 分别为雷达天线伺服系统的结构分系统的设计变量、构件、应力约束及位移约束总数，$a$ 与 $b$ 分别为简单结构参数（如主体尺寸、材料等）和依赖于控制的结构设计要素（如驱动力等）；式（3-13）为结构自重，$W_i$ 为第 $i$ 个构件的质量，$\rho_i$ 为第 $i$ 个构件的材料密度；式（3-14）为机构第一阶固有频率约束，nul 工况即为机构的 nul 个典型位置，$f_{\text{re}i}$ 为第 $i$ 个典型位置的结构基频，$\overline{f}_{\text{re1}}$ 为机构第一阶固有频率的最小容许值；式（3-15）和式（3-16）分别为应力约束和位移约束，其中，$\sigma_{ej}$ 与 $[\sigma]$ 分别为第 $j$ 个工况下第 $e$ 个单元应力的实际值与最大容许值，$\delta_{ij}$ 与 $\overline{\delta}_i$ 分别为第 $j$ 个工况下第 $i$ 个位移约束的实际值与最大容许值；式（3-17）为第 $j$ 个工况下结构应满足的动力微分方程，其中 $\boldsymbol{M}_j$、$\boldsymbol{E}_j$、$\boldsymbol{K}_j$ 分别为结构在第 $j$ 个工况下对应的质量矩阵、阻尼矩阵及刚度矩阵，$\ddot{\boldsymbol{\delta}}_j$、$\dot{\boldsymbol{\delta}}_j$、$\boldsymbol{\delta}_j$ 及 $\boldsymbol{Z}_j$ 分别为第 $j$ 个工况下结构的加速度、速度、位移及载荷列阵。

求解非线性规划问题 PI，可得设计变量的最优值和与之对应的依赖于结构的控制设计要素 $V$（包括 $M$、$E$、$K$、$f_{\text{rel}}$ 等），作为控制增益优化设计的基础。

### 2. 控制分系统设计方法

控制分系统设计的目的是在结构给定的前提下设计满足性能要求的控制系统。一般而言，对控制系统具有稳、快、准的要求，即所设计的控制器作用在被控对象上以后应在保证稳定的前提下，快速、准确地跟踪目标。为此，可引入控制器优化设计方法，即对控制器增益变量 $p$ 进行优化设计，使系统具有优良的伺服跟踪性能，同时得到依赖于控制的结构设计要素 $B$（如驱动力等）。于是该问题可描述为一个非线性规划问题 PII（图 3-4）。

图 3-4 雷达天线伺服系统的最优控制增益设计

PII：　　　find　　$\boldsymbol{p} = (p_1, p_2, \cdots, p_{\text{NUP}})^{\text{T}}$

　　　　　min　　$J(u, V, Z(\boldsymbol{p})) = \int_0^{T_0} e^2(t)\mathrm{d}t$　　　　(3-18)

　　　　　s.t.　　$\text{Re}[\text{pole}_i] < 0, \quad i = 1, 2, \cdots, \text{NUI}$　　　　(3-19)

　　　　　　　　$t_s \leqslant t_s^+$　　　　(3-20)

　　　　　　　　$\varsigma \leqslant \varsigma_{\max}$　　　　(3-21)

　　　　　　　　$Z \leqslant Z_{\max}$　　　　(3-22)

　　　　　　　　$Y(t) = \phi(t)e(t)$　　　　(3-23)

　　　　　　　　$Z(t) = Z(e(t), p_i)$　　　　(3-24)

　　　　　　　　$e(t) = Y(t) - Y_d(t)$　　　　(3-25)

　　　　　　　　$\dot{V}(t) \leqslant 0$　　　　(3-26)

式中，$p_i$ 为第 $i$ 个控制增益变量，NUP 为增益设计变量总数，$T_0$ 为数字控制系统的采样周期，$e(t)$ 与 $t_s$ 分别为跟踪误差与调节时间，$\varsigma$ 为超调量。显然，目标函数 $J$ 反映了对跟踪性能"快"与"准"的要求。式（3-19）为系统的稳定性约束，NUI 为系统的极点总数。$\phi(t)$ 可理解为在时域中反映输入 $Y_d(t)$ 和输出 $Y(t)$ 关系的"传递函数"，$Z(t)$ 为控制器在时域中的驱动力或力矩，$Y_d(t)$ 为控制目标。$\dot{V}(t)$ 为构造的李雅普诺夫函数 $V(t)$ 的导数，其负定的目的是保证控制系统的稳定性。

$$V(t) = \frac{1}{2}f_1(M_1, \dot{\theta}_1^2) + \frac{1}{2}f_2(M_2, \dot{\theta}_2^2) + \frac{1}{2}f_3(M_3, V^2) \quad (3\text{-}27)$$

## 3. 结构与控制集成设计方法

对于高性能雷达伺服系统，即使分别对结构和控制进行优化设计，也很难达到所要求的性能指标，因上述方法不能保证所设计的伺服系统在总体上是最优的。可能的结果是在依据结构优化设计的结果进行控制设计时，难以获得满足性能指标的解，或者得到与结构优化设计相矛盾的设计要素 $B$。为此，进行结构与控制的集成优化设计就成为必然，即将结构优化和控制优化综合起来。具体地讲，就是对给定的结构参数 $a$ 和控制参数 $u$，通过寻求最优的综合性能指标 $H$ 找到结构设计变量 $d$ 和控制增益变量 $p$ 的最优值。从而，可将问题描述为非线性规划问题 PIII（图 3-5）。

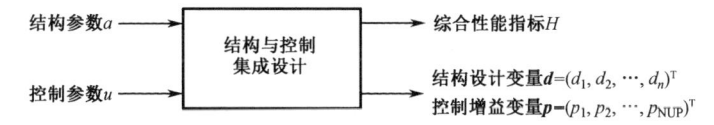

图 3-5 雷达天线伺服系统的结构与控制集成优化设计

PIII：

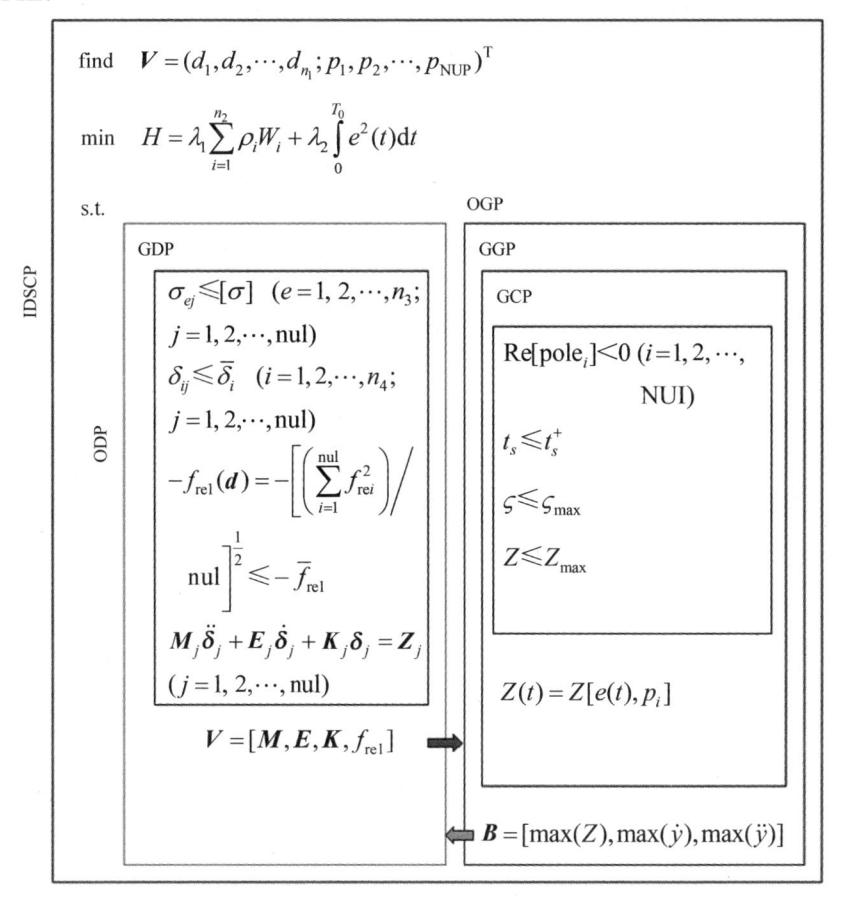

find $\quad V = (d_1, d_2, \cdots, d_{n_1}; p_1, p_2, \cdots, p_{\text{NUP}})^{\text{T}}$

min $\quad H = \lambda_1 \sum_{i=1}^{n_2} \rho_i W_i + \lambda_2 \int_0^{T_0} e^2(t) \mathrm{d}t$

s.t.

IDSCP

ODP / GDP:
- $\sigma_{ej} \leqslant [\sigma]$ $(e = 1, 2, \cdots, n_3; j = 1, 2, \cdots, \text{nul})$
- $\delta_{ij} \leqslant \bar{\delta}_i$ $(i = 1, 2, \cdots, n_4; j = 1, 2, \cdots, \text{nul})$
- $-f_{\text{re1}}(d) = -\left[\left(\sum_{i=1}^{\text{nul}} f_{\text{re}i}^2\right) \Big/ \text{nul}\right]^{\frac{1}{2}} \leqslant -\bar{f}_{\text{re1}}$
- $M_j \ddot{\delta}_j + E_j \dot{\delta}_j + K_j \delta_j = Z_j$ $(j = 1, 2, \cdots, \text{nul})$

$V = [M, E, K, f_{\text{re1}}]$

OGP / GGP / GCP:
- $\text{Re}[\text{pole}_i] < 0$ $(i = 1, 2, \cdots, \text{NUI})$
- $t_s \leqslant t_s^+$
- $\varsigma \leqslant \varsigma_{\max}$
- $Z \leqslant Z_{\max}$

$Z(t) = Z[e(t), p_i]$

$B = [\max(Z), \max(\dot{y}), \max(\ddot{y})]$

其中，GDP 为一般结构设计问题，要求满足应力、位移、固有频率及动力微分方程等约束；ODP 为最优结构设计问题，要求在满足 GDP 约束的情况下寻求最优结构设计。类似地，GCP 为一般控制问题，要求满足稳定性、调整时间、超调量及驱动力（矩）等非线性约束；GGP 为一般控制增益问题，通过选择控制增益变量 $p$，在满足 GCP 约束的情况下，求出驱动力（矩）供结构设计使用；OGP 为最优控制增益问题，即在满足 GCP 与 GGP 约束的情况下，通过优选控制增益变量，寻求跟踪"快"与"准"的目标；IDSCP 为结构与控制的集成设计问题，即在满足结构优化 ODP 与控制优化 OGP 中所有约束的情况下，通过同时优选结构变量与控制增益因子，以实现结构的轻量化和控制的稳、准、快为目标。$V$ 和 $B$ 为集成优化模型中的信息交互部分。$V$ 为依赖于结构的控制设计要素，它不同于控制增益变量 $p$；$B$ 为依赖于控制的结构设计要素，它不同于结构设计变量 $d$。

上述模型由两部分组成，即最优结构设计问题（ODP）和最优控制增益问题（OGP）。而 ODP 内部又包括一般结构设计问题（GDP）。OGP 则包括一般控制增益问题（GGP）与一般控制问题（GCP）。结构与控制的联系是通过依赖于结构的控制设计要素 $V=[M,E,K,f_{rel}]$ 和依赖于控制的结构设计要素 $B=[\max(Z),\max(\dot{y}),\max(\ddot{y})]$ 来保障。在集成优化中，结构自重与反映控制性能的双目标函数通过加权系数转化为单目标函数，加权因子由设计者依据各单目标的重要程度来确定，并满足 $\lambda_i \geqslant 0$（$i=1,2$）与 $\sum_{i=1}^{2} \lambda_i = 1$。

由于优化模型中的目标函数与约束函数均为设计变量的高次非线性函数，且需进行多柔体系统的分析与设计，难度很大。另外，若是变结构，传递函数方法不再适用，控制的稳定性约束如何处理也是一个难点。可见，问题 PIII 是一个非常复杂的高度非线性规划问题，直接求解非常困难。为此，将目标函数和约束函数（除动力微分方程与稳定性约束外）分别作为二阶、一阶泰勒级数展开，使其转化为一个序列二次规划问题（SQP），可调用 Lemke 方法求解。

问题 PIII 含有结构因素与控制增益因子两类设计变量，它们的量纲与量级不同，有可能导致问题呈病态，影响收敛性。为此，对其进行归一化处理。

还有一个问题需注意，就是变结构与不变结构。对于变结构，需要在时域进行。这时，将机构部分转化为多工况结构问题，动力微分方程与稳定性约束作为校核用，不进入优化迭代。而对于不变结构，则可在频域上进行，可采用传递函数的方法。这时，机构部分自然就是结构问题，为单一工况问题，动力微分方程分析与稳定性分析作为校核用，不进入优化迭代。

## 4. 数值仿真与实验验证

为验证所提方法的可行性和有效性,特将其应用于多个典型例子,取得了满意的结果。考虑到篇幅所限,下面给出三个例子,第一个例子为数值模拟结果,另外两个例子同时具有数值模拟结果和实物验证。

**例 3-3** 曲柄连杆机构式反射面天线(图 3-6)。

在图 3-6 所示的曲柄 $OA$ 上施加控制力矩 $Z$,在连杆 $AB$ 上选取某个位置 $\alpha$ 安装天线,$\alpha\beta$ 对应其指向。目的是通过调整控制力矩和结构设计,使天线能准确地跟踪目标。$\theta$ 的变化范围为 $10°\sim 80°$。

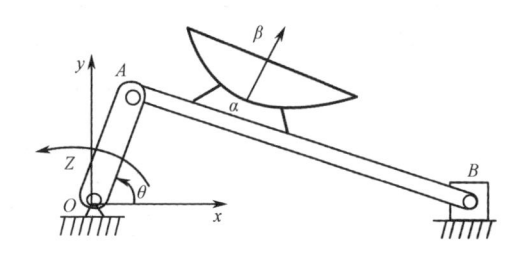

图 3-6 某曲柄连杆机构式反射面天线

曲柄和连杆均为空心圆管,$r_1$、$r_2$ 分别为曲柄和连杆的横截面中径,$w_1$、$w_2$ 分别为壁厚。PID 控制器的比例、积分及微分增益分别为 $p_1$、$p_2$、$p_3$。在动力学建模中,视曲柄为刚体,连杆为弹性体,其弹性变形为简支梁前 $n_e$ 阶振形的叠加,本例取 $n_e=3$。

在优化中,$\lambda_1=\lambda_2=0.5$,$Z_{\max}=100\text{N}\cdot\text{m}$,$t_s^+=0.15\text{s}$,$\varsigma_{\max}=10\%$,$\overline{f}_{\text{rel}}=10\text{Hz}$,$[\sigma]=150\text{MPa}$,典型工况数 NUL 取 2,分别为 $\theta_1=40°$,$\theta_2=70°$。

集成与分离优化设计的结果对比见表 3-6,图 3-7 与图 3-8 所示分别为前 0.2s 的运动仿真和驱动力矩的对比曲线,因为 0.2s 以后两者的差别不大。可见,集成优化设计的结果要明显优于分离优化设计的结果,如调整时间 $t_s$ 减少了 13.5%(由 0.074s 到 0.064s),固有频率 $f_{\text{rel}}$ 提高了 58%(由 11.5189Hz 到 18.2Hz),总质量下降了 30.58%(由 0.268933kg 到 0.1867kg)。

表 3-6 曲柄连杆机构式反射面天线的集成与分离优化设计结果对比

| | 参数 | 下界 | 上界 | 初始值 | 分离最优值 | 集成最优值 |
|---|---|---|---|---|---|---|
| 设计变量 | $r_1$/mm | 5 | 15 | 8 | 14.958 | 7.407 |
| | $r_2$/mm | 2 | 8 | 4 | 2 | 3.175 |
| | $w_1$/mm | 1 | 6 | 2 | 1 | 1 |
| | $w_2$/mm | 0.5 | 3 | 2 | 0.5 | 0.5 |
| | $p_1$ | 0 | 60 | 22 | 48.3182 | 58.7571 |
| | $p_2$ | 0 | 60 | 15 | 0 | 14.5971 |
| | $p_3$ | 0 | 15 | 2 | 0.8362 | 0.9245 |

续表

| 参　数 | | 下　界 | 上　界 | 初　始　值 | 分离最优值 | 集成最优值 |
|---|---|---|---|---|---|---|
| 性态指标约束 | $t_s$（s） | 0 | 0.15 | 0.064 | 0.074 | 0.064 |
| | $\varsigma$ | 0 | 10% | 5.85% | 10% | 9.16% |
| | $\sigma_{\max}$（MPa） | 0 | 150 | 23 | 150 | 147 |
| | $f_{\text{rel}}$（Hz） | 10 | | 23.56 | 11.5189 | 18.2 |
| 目标函数 | 质量（kg） | | | 0.627313 | 0.268933 | 0.1867 |
| | $J/(\text{rad}^2 \cdot \text{s})$ | | | 0.073244 | 0.019872 | 0.0163 |

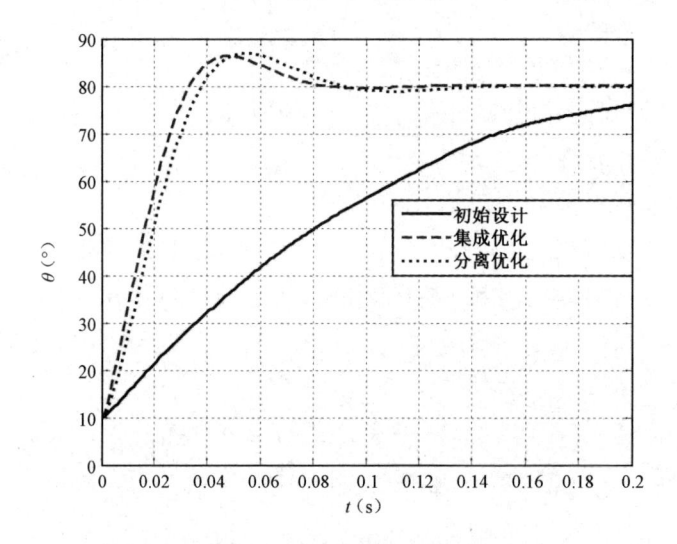

图 3-7　集成与分离优化设计的运动仿真对比

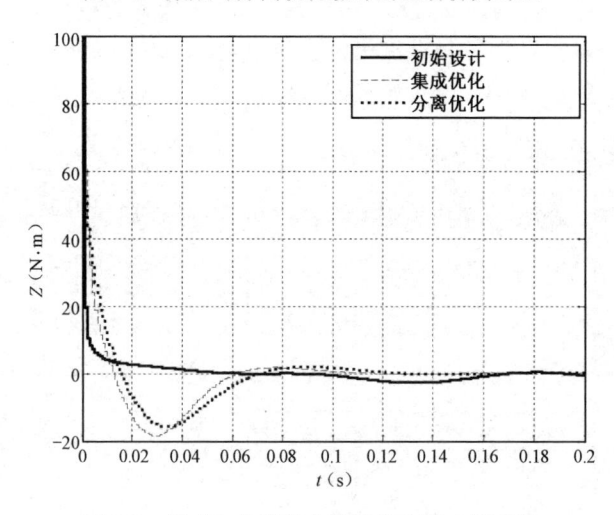

图 3-8　集成与分离优化设计的驱动力矩对比

**例 3-4** 伺服实验台（图 3-9）。

考虑图 3-9（a）所示的由齿轮减速器构成的伺服系统，将其简化为图 3-9（b）所示的二轴三惯量系统，设等效到电机轴上的转动惯量分别为 $J_1$、$J_2$ 与 $J_3$，相应轴的扭转刚度分别为 $k_1$ 与 $k_2$，阻尼系数为 $b_1$ 与 $b_2$，三个轴承处的摩擦系数为 $d_1$、$d_2$ 与 $d_3$。

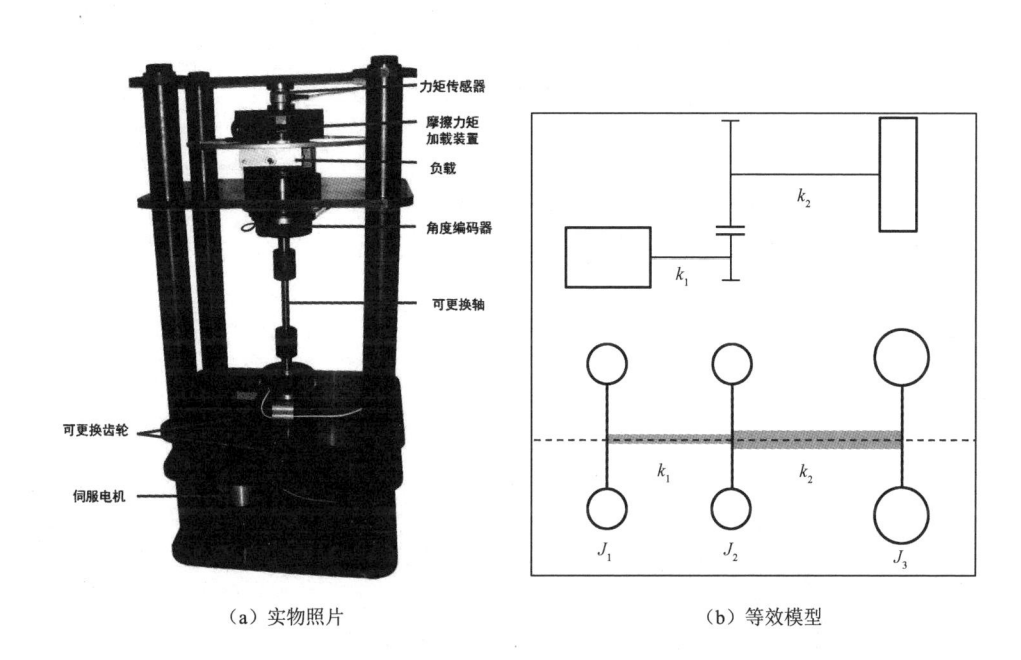

（a）实物照片　　　　　　　　（b）等效模型

图 3-9　某伺服实验台

设负载和电机已定，受外形几何参数的限制，电机轴和负载轴的轴距已定，控制器采用传统的 PID。要求设计相应的结构与控制参数（包括负载轴长度 $L$、半径 $R$，主动轴半径 $r$，减速比 $i$，PID 控制增益 $p_1$、$p_2$ 和 $p_3$），使系统在满足性能指标（单位阶跃响应下的超调量 $\varsigma_{\max} \leqslant 2\%$，调节时间 $t_s \leqslant 0.3\mathrm{s}$）要求的前提下，具有总体最优的性能。

当采用相同的初始值（伺服实验台的初始设计）时，分别进行分离优化设计和集成优化设计，应用序列二次规划法求解，结果见表 3-7，相应系统的单位阶跃响应如图 3-10 所示。

表 3-7 某伺服实验台的集成与分离优化设计结果对比

| 参数 | | 上界 | 下界 | 初始值 | 分离优化 | 集成优化 |
|---|---|---|---|---|---|---|
| 设计变量 | $R$（m） | 0.02 | 0.005 | 0.010 | 0.008 | 0.009 |
| | $L$（m） | 0.05 | 0.01 | 0.027 | 0.010 | 0.010 |
| | $i$ | 12.0 | 2.00 | 6.625 | 6.228 | 11.950 |
| | $r$（m） | 0.01 | 0.002 | 0.005 | 0.003 | 0.002 |
| | $p_1$ | 2.0 | 0.01 | 0.102 | 0.605 | 0.437 |
| | $p_2$ | 0.01 | 0.0001 | 0.001 | 0.007 | 0.002 |
| | $p_3$ | 1.2 | 0.001 | 0.082 | 0.416 | 0.198 |
| 性能指标约束 | $\tau_{max}$（N·m） | 1.0 | −1.0 | 0.102 | 1.000 | 1.000 |
| | $t_s$（s） | 0.3 | 0.0 | 0.23 | 0.097 | 0.07 |
| | $\varsigma$（%） | 2.0 | 0.0 | 3.50 | 2.001 | 1.999 |
| | $\sigma_{max}$（MPa） | 30.0 | 0.0 | 0.2546 | 30.001 | 19.760 |
| | $f$（Hz） | | 12.0 | 18.68 | 12.000 | 12.001 |
| 目标函数 | $J$（rad$^2$·s） | | | 0.0577 | 0.0158 | 0.0103 |
| | 质量（kg） | | | 8.8279 | 7.9586 | 8.8012 |

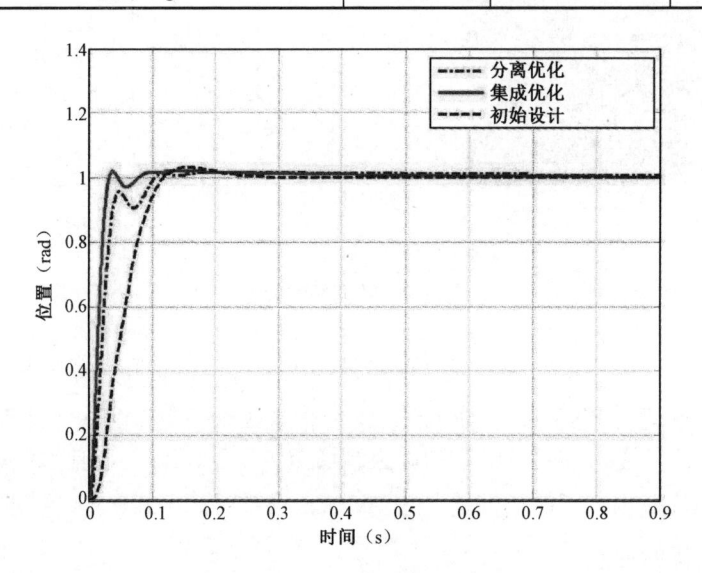

图 3-10 系统的单位阶跃响应

由表 3-7 可知，与分别单独设计相比，集成设计的累积跟踪误差减小了 34.8%（由 0.0158rad$^2$·s 到 0.0103 rad$^2$·s），而质量仅增加了 10.59%（由 7.9586kg 到 8.8012kg），表明集成设计的总体性能更优。

为说明结果的合理性，特对初始参数下的数值结果在实验台上进行了实物验证。图 3-11 所示为采用初始设计时实测的单位阶跃响应和仿真结果的对比。由于未考虑电机和伺服放大器的动态特性与制造精度,实验结果与仿真结果存在一定差异(最大误差<5%)。需要指出的是,若要做针对优化结果的实验,则需特别定做齿轮、轴及相应的结构,不太现实。不过,初始参数下的实验也说明了模型建立的准确性。

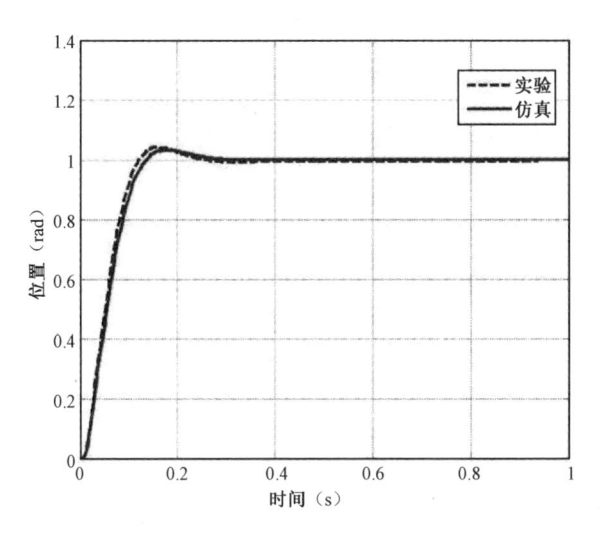

图 3-11 系统单位阶跃响应(初始设计)的仿真与实验结果对比

**例 3-5** 某探月 40m 天线方位回转系统(图 3-12)。

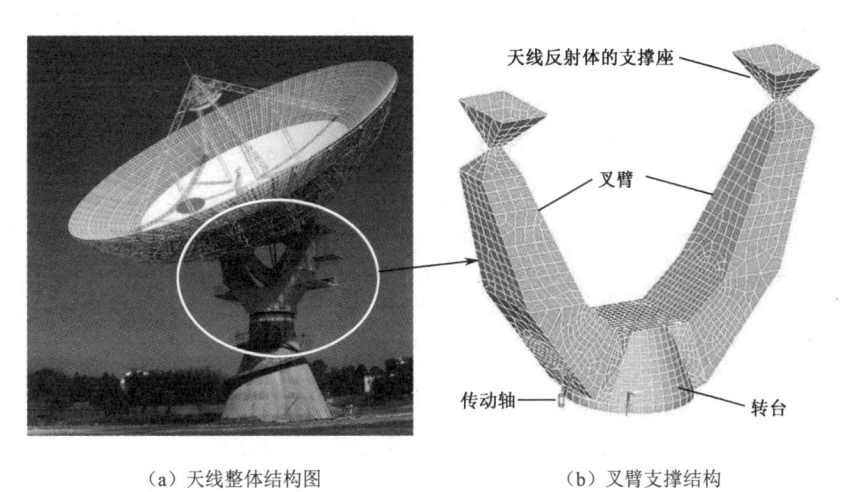

(a)天线整体结构图　　(b)叉臂支撑结构

图 3-12 探月 40m 圆抛物反射面天线方位回转系统结构图

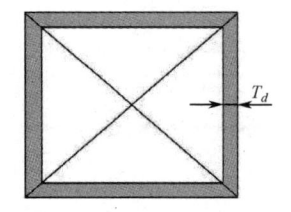

（c）天线反射体支撑座横截面结构示意图 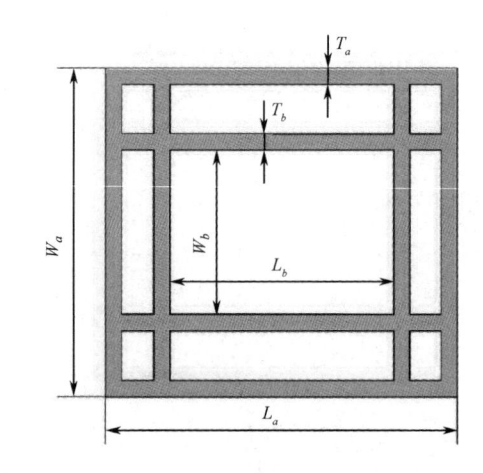　　　　（d）叉臂横截面结构示意图

图 3-12　探月 40m 圆抛物反射面天线方位回转系统结构图（续）

该探月 40m 天线方位回转系统的天线反射体通过支撑座安装在叉臂上，方位伺服电机产生的驱动力矩经减速器、传动轴及齿圈作用在转台上，从而带动天线反射体绕方位轴旋转。天线反射体重 65t，要求其跟踪精度优于 30″（角秒）。假定方位回转系统的叉臂结构形式、外部尺寸和减速比已定，优化设计的目的是通过调整控制力矩和结构设计，使天线跟踪性能提高和方位回转系统的重量降低。结构设计变量包括：叉臂箱形结构的外圈壁厚 $T_a$、叉臂箱形结构的内圈壁厚 $T_b$、转台结构的壁厚 $T_c$、天线支撑座的壁厚 $T_d$、传动轴半径 $R$。控制设计变量为 PID 控制器的三项增益系数 $p_1$、$p_2$、$p_3$。

在优化中，取 $Z_{max}=18\,000\mathrm{N\cdot m}$，$t_s^+ = 2.0\mathrm{s}$，$\varsigma_{max}=2\%$，$\overline{f}_{rel}=5\mathrm{Hz}$，$[\sigma]=30\mathrm{MPa}$。集成与分离优化设计的结果见表 3-8。图 3-13 为阶跃响应对比曲线。可见，通过集成优化设计，调整时间 $t_s$ 减少了 14.3%（由 1.89s 到 1.62s），固有频率 $f_{rel}$ 提高了 22.37%（由 6.87Hz 到 8.407Hz），累积跟踪误差减小了 16.13%（由 0.0031 到 0.0026），总质量增加了 0.42%（由 77.905t 到 78.239t）。显然，集成优化设计的结果明显优于分离优化设计的结果。

表 3-8　探月 40m 天线方位回转系统的集成与分离优化设计结果

| | 参　数 | 上　界 | 下　界 | 初　始　值 | 分离优化 | 集成优化 |
|---|---|---|---|---|---|---|
| 设计变量 | $T_c$（m） | 0.20 | 0.01 | 0.050 | 0.0121 | 0.0151 |
| | $T_a$（m） | 0.20 | 0.01 | 0.050 | 0.0113 | 0.0112 |
| | $T_b$（m） | 0.20 | 0.01 | 0.030 | 0.0136 | 0.0133 |
| | $T_d$（m） | 0.20 | 0.01 | 0.030 | 0.0125 | 0.0122 |

续表

| 参数 | | 上界 | 下界 | 初始值 | 分离优化 | 集成优化 |
|---|---|---|---|---|---|---|
| 设计变量 | $R$（m） | 0.01 | 0.002 | 0.005 | 0.0028 | 0.0034 |
| | $p_1$ | 0.3 | 0.01 | 0.0312 | 0.0373 | 0.0436 |
| | $p_2$ | 0.003 | 0.00 | 0.00001 | 0.00001 | 0.0000 |
| | $p_3$ | 0.3 | 0.01 | 0.0415 | 0.0592 | 0.0695 |
| 性态指标约束 | $t_s$（s） | 2.0 | 0.0 | 5.31 | 1.890 | 1.620 |
| | $\varsigma$（%） | 2.0 | 0.0 | 4.1 | 2.000 | 2.000 |
| | $\sigma_{max}$（MPa） | 30.0 | 0.0 | 12.971 | 29.999 | 30.000 |
| | $f_{rel}$（Hz） | | 5.0 | 9.058 | 6.870 | 8.407 |
| 目标函数 | 质量（t） | | | 158.11 | 77.905 | 78.239 |
| | $J$（$\deg^2 \cdot s$） | | | 0.0042 | 0.0031 | 0.0026 |

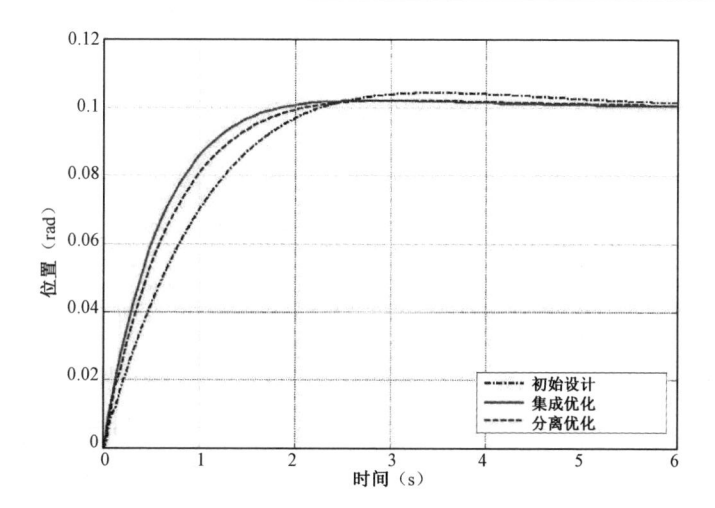

图 3-13  探月 40m 天线方位轴阶跃响应曲线

上述结果说明，结构与控制分离优化设计很难甚至无法获得最优的总体性能，集成优化设计可有效地解决此问题，故集成优化设计尤其适用于伺服系统的方案设计。

## 3.4 基于设计元的机电耦合优化设计

多物理场耦合问题的优化设计是建立在 CMFP 的数学模型及求解策略与方法基础上的。上面讨论了几种典型电子装备的机电耦合优化设计问题，并部分得到了应用。然而，更高一个层面应是建立基于统一设计向量的多物理场耦合系统的优化设计模型，现阐述如下。

上述思想可采用模块化的方法来实现。在给出的优化模块和场分析模块基础上,通过设计元(Design Element)建立模块间的联系。

为此,特引入统一的设计向量 $\boldsymbol{X}=(x_1,x_2,\cdots,x_{\text{nus}})^{\text{T}}$,并建立机电热耦合问题的整体优化模型:

$$\text{find} \quad \boldsymbol{X}=(x_1,x_2,\cdots,x_{\text{nus}})^{\text{T}}$$

$$\min \quad z(\boldsymbol{X}), \quad \boldsymbol{X} \in \mathbf{R}^{n_x} \tag{3-28}$$

$$\text{s.t.} \quad g_i(\boldsymbol{X}) \leqslant 0, \quad g_i \in \mathbf{R}^{n_g}, \quad i=1,2,\cdots,m \tag{3-29}$$

$$h_j(\boldsymbol{X}) \leqslant 0, \quad h_j \in \mathbf{R}^{n_h}, \quad j=1,2,\cdots,n \tag{3-30}$$

$$\boldsymbol{X}^L \leqslant \boldsymbol{X} \leqslant \boldsymbol{X}^U \tag{3-31}$$

式中,$z(\boldsymbol{X})$ 为目标函数,$g_i(\boldsymbol{X})$ 与 $h_j(\boldsymbol{X})$ 分别为非线性的不等式与等式约束,$\boldsymbol{X}^L$、$\boldsymbol{X}^U$ 为统一设计向量 $\boldsymbol{X}$ 的下、上界。

首先,统一设计向量 $\boldsymbol{X}$ 是各物理场中设计参数的集合,为减少统一设计向量数,提高优化分析效率,引入的设计元将与各物理场的设计参数有机地联系起来。

其次,场分析模块采用一种五场耦合分析模型,除结构、电磁、热的分析模型外,还增加了机-电与机-热网格的运动信息模型,即

$$S(\boldsymbol{X},\boldsymbol{U},\boldsymbol{X}_e,\boldsymbol{X}_t)=0 \quad \text{位移场} \tag{3-32}$$

$$E(\boldsymbol{X},\boldsymbol{V},\boldsymbol{X}_e)=0 \quad \text{电磁场} \tag{3-33}$$

$$R(\boldsymbol{X},\boldsymbol{U},\boldsymbol{X}_e)=0 \quad \text{结构与电磁} \tag{3-34}$$

$$T(\boldsymbol{X},\boldsymbol{W},\boldsymbol{X}_t)=0 \quad \text{温度场} \tag{3-35}$$

$$D(\boldsymbol{X},\boldsymbol{U},\boldsymbol{X}_t)=0 \quad \text{结构与温度} \tag{3-36}$$

式中,$\boldsymbol{U}$、$\boldsymbol{V}$、$\boldsymbol{W}$ 分别为结构位移场节点的位移向量、电磁场节点的电磁向量及温度场节点的温度向量,$\boldsymbol{X}_e$、$\boldsymbol{X}_t$ 分别为电磁场、温度场的网格位移向量。式(3-34)与式(3-36)分别描述了结构位移场与电磁场之间、结构位移场与温度场之间信息的传递。注意,这里的统一设计向量 $\boldsymbol{X}$ 是提供给优化模型的。

至此,针对雷达天线机电耦合优化设计的整体框架便可给出。当然,还需考虑优化模型的求解方法、设计元的实现方法、耦合模型的求解方法,以及性能对设计变量导数公式的推导等。

# 参 考 文 献

[1] RUZE J. The effect of aperture errors on the antenna radiation pattern[J]. Nuovo Cimento, 1952, 9(3):364-380.

[2] RUZE J. Antenna tolerance theory: a review[J]. Proc. IEEE, 1966, 54(4):633-642.

[3] WANG H S C. Performance of phased-array antennas with mechanical errors[J].

IEEE Trans. Aerospace Electronic Systems, 1992, 28:535-545.

[4] LEVY R. Structural Engineering of Microwave Antennas for Electrical, Mechanical, and Civil Engineers[M]. New York: IEEE Press, 1996.

[5] LIU J S, HOLLAWAY L. Integrated structure-electromagnetic optimization of large reflector antenna systems[J]. Structural Optimization, 1998, 16(1):29-36.

[6] KÄRCHER H J. Ideas for future large single dish radio telescopes[J]. SPIE Astronomical Telescopes Instrumentation. 2014, 9145:1-11.

[7] 段宝岩. 电子机械现状与发展[J]. 电子机械工程, 2004, 20(3):14-20.

[8] 段宝岩, 宋立伟. 电子装备机电热多场耦合问题初探[J]. 电子机械工程, 2008,24(3):1-7.

[9] DUAN B Y, WANG C S. Reflector antenna distortion analysis using MEFCM[J]. IEEE Transactions on Antennas Propagation, 2009, 57(10):3409-3413.

[10] ZHANG S X, DUAN B Y, BAO H, et al. Sensitivity analysis of reflector antennas and its application on shaped Geo-Truss unfurlable antennas[J]. IEEE Trans. Antennas Propagation, 2013, 61(11):5402-5407.

[11] 段宝岩. 电子装备机电耦合研究的现状与发展[J]. 中国科学：信息科学, 2015,45(1):1-14.

[12] HADDADI A, GHORBANI A. Distorted reflector antennas: analysis of radiation pattern and polarization performance[J]. IEEE Transactions on Antennas Propagation, 2016, 64(10):4159-4167.

[13] ZARGHAMEE M, ANTEBI J. On the surface accuracy and beam position of Cassegrain antennas[J]. Antennas and Propagation Society International Symposium, 1984, 22:777-779.

[14] LOU S X, DUAN B Y, WANG W, et al. Analysis of finite antenna arrays using the characteristic modes of isolated radiating elements[J]. IEEE Transactions on Antennas and Propagation, 2019, 67(3):1582-1589.

[15] 鲁加国, 王岩. 后摩尔时代, 从有源相控阵天线走向天线阵列微系统[J]. 中国科学：信息科学, 2020,50:1091-1109.

[16] 汤晓英. 微系统技术发展和应用[J]. 现代雷达, 2016,38(12):45-50.

[17] 向伟玮. 微系统与 SiP、SoP 集成技术[J]. 电子工艺技术, 2021,42(7):187-191.

[18] 王文捷, 邱盛, 王健安, 等. 毫米波天线集成技术研究进展[J]. 微电子学, 2019,49(4):551-557.

[19] 张跃平. 封装天线技术发展历程回顾[J]. 中兴通讯技术, 2017,23(6):41-49.

[20] 张跃平. 封装天线技术最新进展[J]. 中兴通讯技术, 2018,24(5):47-53.

[21] 沈国策, 周骏, 陈继新, 等. 新型硅基 3D 异构集成毫米波 AiP 相控阵列[J]. 固体电子学研究与进展, 2021,41(5):323-329.

[22] 仝福成. 基于 CMOS 的太赫兹片上天线研究与设计[D]. 镇江：江苏大学, 2018.

[23] 管佳宁, 徐雷钧, 白雪, 等. 基于 CMOS 工艺的太赫兹探测器[J]. 半导体技术, 2018,43(6):414-418.

# 第 4 章
# 雷达天线结构基本形式与服役载荷

**【概要】**

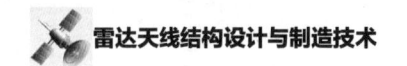

本章阐述了雷达天线结构的基本形式与服役载荷。首先，介绍了雷达天线结构的基本形式，包括极轴天线、波束波导天线、偏馈天线及星载可展开天线；其次，阐述了雷达天线的主要服役载荷，包括风荷、冰雪、自重、温度、惯性载荷等；最后，指出服役中这些载荷往往同时存在，形成组合载荷。

## 4.1 概述

雷达天线结构是实现雷达波束扫描与跟踪的载体，其设计的宗旨是保证电性能，这在前面章节已分别作了阐述。雷达天线结构本身的设计问题，涉及概念与布局设计、结构形式的选取、各种服役载荷的数学表征与定量描述、确定性与不确定性载荷的处理，以及基于主要矛盾与矛盾主要方面分析的多种载荷的合理组合问题。本章将对此展开深入而系统的探索与研究。

## 4.2 雷达天线结构基本形式

图 4-1 所示为一个 34m 口径的方位俯仰式的、带有滚轮轨道装置的卡塞格伦天线结构，它是目前正在服役的许多天线中的一个典型例子。其中，"滚轮轨道装置"指的是方位控制装置，它处于整个装置的基座处，由钢制平面轨道和只能在该轨道上滚动的滚轮组构成。"方位俯仰式"表明同时存在彼此正交的两个转轴：方位转轴和俯仰转轴。天文学家所谓的纬度方位装置（Alt-Az Mount）中隐含地用海拔高度代替了俯仰量。卡塞格伦系统是指天线的副反射面位于主反射面与焦点之间的微波光学系统，且副面口径应不

图 4-1 某 34m 口径天线

小于波长的 10 倍；与之相反，格里高利系统则是指副反射面位于主反射面焦点外侧的微波光学系统。这一特点除给格里高利天线带来一些光学上的限制条件外，还带来了另外一个缺点，即必须提供一个更长的结构体来支撑副反射面。因此，迄今为止卡塞格伦天线仍较为通用。

卡塞格伦和格里高利天线系统的馈源均位于主反射面上方，而且通常情况下由馈源结构支撑定位。由于这两种天线都采用了除主反射面外的副反射面，因此

都属于双反射面系统。需要指出的是，与卡塞格伦天线相配的是双曲面，而与格里高利天线相配的是椭球面。因对高频段而言，副反射面的面型精度要求很高，一般是主反射面精度的 3 倍，故高频时多用格里高利天线，中低频时用卡塞格伦天线。中国新疆 QTT 110m 望远镜天线就采用了这种双模式。第三种雷达天线系统不需要副反射面，其馈源位于焦点处（焦点馈源）。前两种情况下的副反射面及第三种情况下的馈源都由一定的杆系结构支撑，这种支撑结构通常为三腿或四腿支撑，且四腿装置是最普遍的。

### 4.2.1 基本组成

图 4-2 所示为 34m 口径方位俯仰式天线结构的侧视图。它是一个双反射面系统，包含一个与主反射面（抛物面）相连的卡塞格伦副反射面，该结构关于图面所在的截面对称。

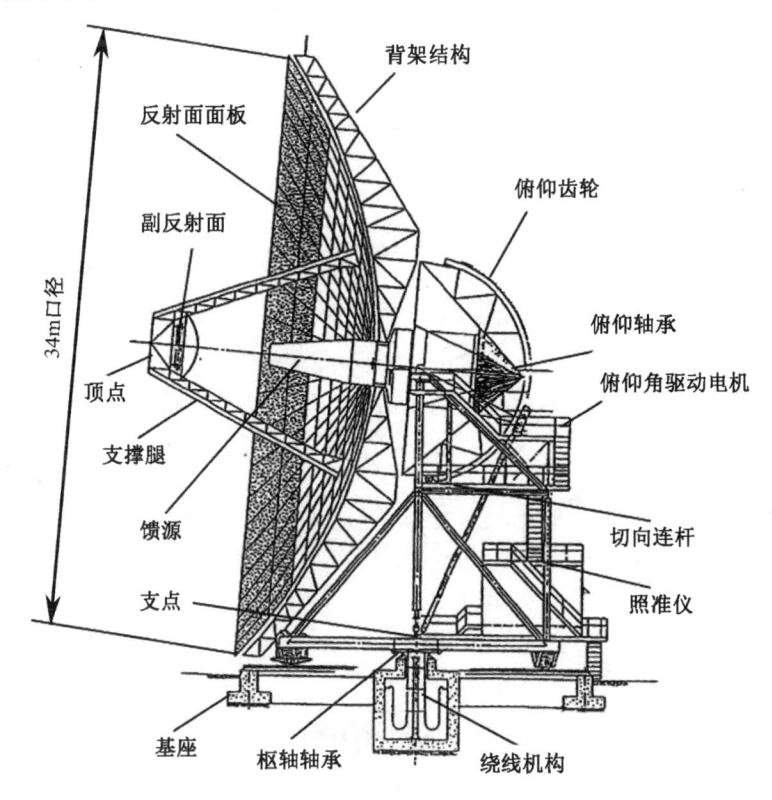

图 4-2 某 34m 口径方位俯仰式天线结构侧视图

**1. 转动装置**

如图 4-2 所示，天线转动装置由反射面面板、背架结构、副反射面、馈源、副反射面的四腿支撑结构及俯仰齿轮构成，其中俯仰齿轮可以绕天线的俯仰轴旋转。

反射面面板：图 4-2 所示天线的微波反射面是由 500 块高精度面板构成的，它们都属于无源构件。这些面板由独立的可调支架定位。因此，装配过程中可做到高精度定位。

背架结构：背架结构是一个三维桁架或刚架结构，它为面板支撑结构提供基础，为作用在系统上的外部环境载荷及自重载荷提供支撑，是一个关键性部件。另外，馈源及副反射面的四腿支撑结构的底座也靠背架结构支撑。

副反射面：副反射面通过一个定位装置固定于四腿支撑结构的顶端。该装置可以调整副反射面的位置，以弥补背架结构及其支撑结构在载荷作用下产生的偏差。

馈源：当发射微波时，它将能量直接传递给副反射面；当接收微波时，它又将副反射面上传递来的能量收集起来。该微波系统的另外两个主要能量通道为副反射面与主反射面之间的通道，以及从主反射面到空间的通道。微波能量通道在发射和接收两种模式下实质上是相同的，只是方向恰好相反。

四腿支撑结构：图 4-2 中的四腿支撑结构直接与天线的背架结构在反射面上连接在一起。每个支撑腿的截面都为梯形，其中，平面桁架部分构成较宽的边，而实体板构成较窄的边。所有的支撑腿均通过一个三维桁架结构于顶点处连接在一起。

俯仰齿轮：俯仰齿轮与背架结构连接，在俯仰驱动器与控制系统的支配下可确定俯仰角。俯仰齿轮边缘处带有齿并与俯仰驱动器的小齿轮相啮合。该小齿轮位于由俯仰驱动电机驱动的齿轮箱的输出端。天线的俯仰驱动器由与俯仰齿轮相切的一个连杆支撑，该连杆的另一端通过一个支点支撑于照准仪上。俯仰齿轮内侧靠近边缘的地方装有混凝土、钢或铅制的平衡物，其具体材料选取取决于两个方面：其一为可利用的空间大小，其二为用以平衡旋转结构所需要的相对于俯仰轴力矩的大小。

## 2. 照准仪与方位驱动器

照准仪位于俯仰轴承、俯仰驱动器及其齿轮的下面。整个可转动结构均由位于俯仰轴两端的俯仰轴承及俯仰齿轮上的小齿轮支撑。

如图 4-2 所示，照准仪上有一个滑轮轨道式的方位轴承系统，它提供了绕垂直方向转轴的转动。照准仪由可以在钢轨上滚动的滑轮车组在其拐角处支撑，而这些钢轨高精度地固定于坚固的圆形混凝土基座上。方位驱动器由一组或几组电机、刹车、减速器及输出齿轮构成，位于一个（或几个）滑轮车上。由于一般情况下滑轮轨道装置不能承受侧向力,故通常都采用中心枢轴来保证照准仪基底的侧向稳定性。天线枢轴位于混凝土基座中心的一个凹槽上方,该凹槽中有一个电缆缠绕装置,当方位转动时,它将自动协调相关的电缆、微波光缆及导管的运动。

另外一种常用的方位驱动系统采用一个位于基座上的大直径方位轴承,该基座通常由钢筋混凝土制成,而且具有一定的高度,以确保在低俯仰角情况下天线的边缘也能够与地面保持一定的距离。由于该驱动系统的基座高度补偿了部分高度要求,故其照准仪要比滑轮轨道装置驱动系统的照准仪略低。图 4-3 所示为美国宇航局(NASA)在加利福尼亚金石(Goldstone California)建造的口径为 70m 的天线。对于中型尺寸的天

图 4-3 NASA 深度空间项目 70m 天线

线,如口径为 25m 的天线,方位轴承可采用一种无摩擦的钢辊轴承,这主要取决于能够制造、运输并现场装配的最大轴承尺寸因素。当天线口径非常大时,如口径为 100m 量级的全可动天线,方位驱动器一般采用静压式轴承。此时,照准仪被置于漂浮在油层上的密封钢垫上,一个单独的径向轴承抵消了作用于转动装置上的侧向载荷,对应的俯仰驱动器由装配在照准仪平台上的电机和齿轮箱构成,每个齿轮箱的输出齿轮直接与俯仰齿轮相啮合。

精密的轴间角传感器(如编码器)经常被用于完成俯仰角与方位角的定位,其他较为常用或受重视的定位设备还有陀螺仪及各种三角定位设备。

### 4.2.2 极轴天线

时角赤纬轴(HA-Dec)天线是方位俯仰式(Az-El)天线的另一种形式,其时角轴是最外层的轴,也称为极轴,根据在地球上不同的半球位置指向北极或南极;时角轮或极轮位于垂直于极轴的平面内,平行于赤道面。赤纬轴是最内层的轴,装在时角轮上。赤纬轴与极轴正交而不相交。天线转动装置除以赤纬轴为枢轴转动外,另外一个包括赤纬轮在内的转动则是通过时角轴绕极轴的转动传递过来的。天线转动装置中心位置(赤纬轮的中部)的定位轴位于与赤道面平行的一个平面内。HA-Dec 天线的定位特征示于图 4-4 中,$\phi$ 为区域纬度,$t$ 为时角(时角轮的转角),$\delta$ 为赤纬角(赤纬轮的转角,图示天线赤纬角置于零度)。天球上某一目标的

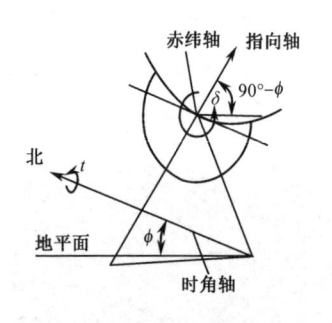

图 4-4 HA-Dec 天线定位示意图

位置由 $t$ 与 $\delta$ 联合确定。

从时角赤纬轴坐标系向方位俯仰轴坐标系转换时，俯仰角 $\alpha$ 满足

$$\sin\alpha = \sin\delta\sin\phi + \cos\delta\cos\phi\cos t \quad (4\text{-}1)$$

方位角 $A$（从子午线算起向北为正）为

$$\cos A = \frac{\sin\delta\sin\phi + \cos\delta\cos\phi\cos t}{\cos\alpha} \quad (4\text{-}2)$$

相反，如果已知区域的纬度与方位角，则相应的赤纬角和时角可分别由以下两式得到：

$$\sin\delta = \sin\phi\sin\alpha + \cos\phi\cos\alpha\cos A \quad (4\text{-}3)$$

$$\cos t = \frac{\sin\alpha - \sin\delta\sin\phi}{\cos\delta\cos\phi} \quad (4\text{-}4)$$

图 4-5 所示为 34m 口径的 HA-Dec 天线实物图。时角轮几乎完全处于正面位置，其顶端支撑着赤纬轴。赤纬轴正好占据了极轴上方中央部分时角轮的剩余空间。

XY 天线是 HA-Dec 天线的一种变形，当其极轴位于水平线上时，两者完全等价。对于追踪天球的飞行目标而言，XY 天线有时要比 Az-El 系统好，因为追踪天球对于 Az-El 系统来说是比较困难的。在许多 Az-El 天线的设计中也出现过第三根轴，也就是另外一根横向仰角轴，用来克服其"天球追踪"的困难。

图 4-5 34m 口径 HA-Dec 天线

在早期，天文学家比较喜欢 HA-Dec 天线结构，因为使用该天线时避免了由 Az-El 坐标系到天文坐标系的转换。然而，HA-Dec 天线的复杂结构同时也带来了很明显的缺陷。随着计算机功能的日益强大，到 20 世纪 60 年代，坐标系之间的转换已变得非常容易。

### 4.2.3 波导天线

波导天线是 Az-El 卡塞格伦天线光学系统的一种变形，其馈源位于照准仪的底部或者地下的一个小空间内，另外还有一些辅助的平面镜和曲面镜将微波能量

导入到馈源上。这些辅助镜中除一块与天线表面靠得最近的镜子需要随着转动结构绕赤纬轴旋转外,其他都固定在照准仪上。波导天线的优点主要是其馈源易于维护与更换,而且馈源处于受保护的密闭环境中。其不足是,由于反射次数增加以及从副反射面到馈源之间的光路增长,使微波效率损失增加。另外,使这些辅助镜面准确定位也是比较困难的。波导天线是否适用取决于天线设计所要实现的微波功能。图 4-6 为一个波导天线光路分布示意图,其中镜面 M1 随着主反射面绕赤纬轴一起旋转,其他所有的辅助镜面都固定在照准仪上。

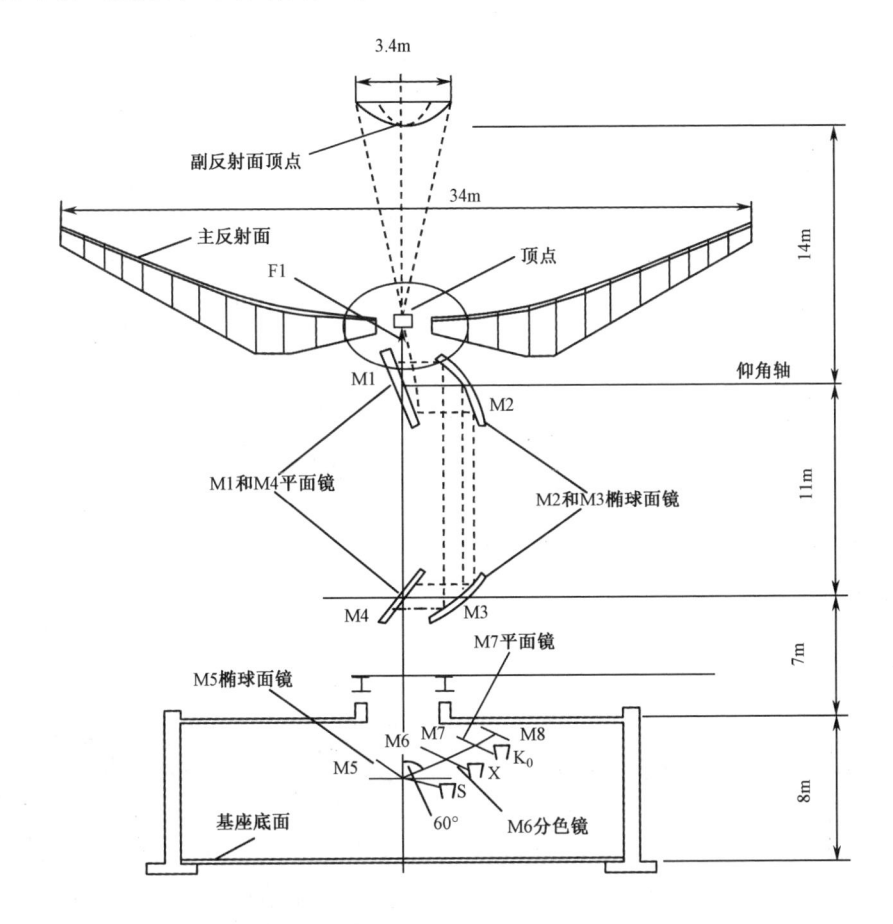

图 4-6 波导天线光路分布示意图

### 4.2.4 偏馈天线

传统的卡塞格伦天线的主反射面部分,因受副反射面及其支撑结构的遮挡,致使天线的有效面积缩小,从而引起天线的效率下降 3%~8%。偏馈天线中副反射面及其支撑部件都位于天线口径的外侧,从而消除了阴影对天线效率的影响,如图 4-7 所示。

这种结构形式的缺陷在于天线结构的不对称性，导致不易于设计、制造及装配。因此，在应用此结构形式的天线时，必须在微波效率的提高与偏馈结构缺陷这两个方面进行权衡。

### 4.2.5 星载可展开天线

以上介绍的均是置于地面的天线，20 世纪中叶，人们开始进行星载可展开天线的研制工作，现已有许多天线随同卫星被送上太空。卫星运行轨道包括地球同步与半同步轨道、大椭圆轨道及近地轨道等。图 4-8 描述了卫星围绕地球在不同轨道运行的情况。

星载天线工作在太空，它必须首先由运载火箭送上天，到达预定轨道后，解锁装置被自动解开，天线便可自动展开成预定的反射面形状。在火箭发射过程中，天线要收拢起来，如图 4-9（a）所示；进入预定轨道后，自动展开成图 4-9（b）所示的工作状态。在图 4-9（b）中，圆形结构为周边桁架式网状天线结构，它与卫星相连接，两个长方形结构为太阳能电池板，中间为卫星主体部分。图 4-10 给出了某通信卫星及其展开天线在太空轨道上工作的状况。

图 4-7 偏馈天线

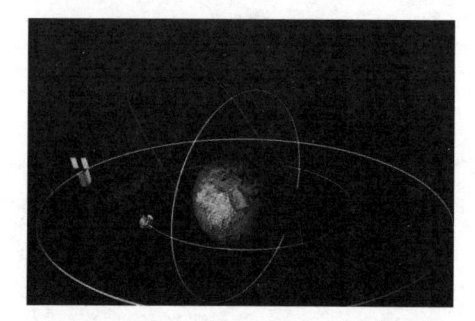

图 4-8 卫星运行轨道示意图

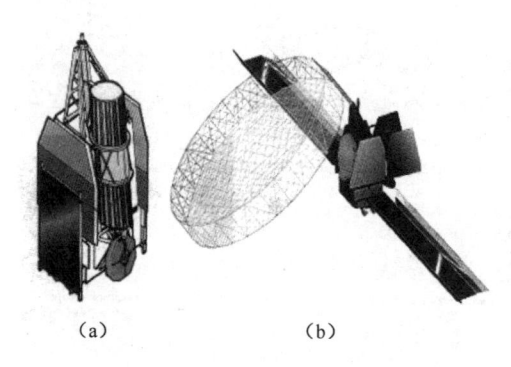

图 4-9 某侦察卫星天线结构的收拢（a）和展开（b）状态图

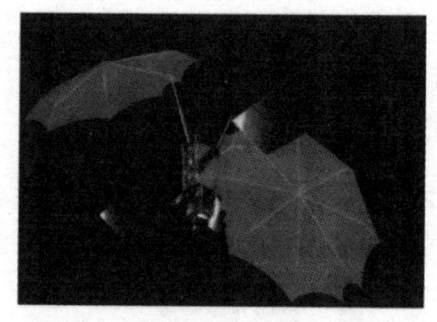

图 4-10 某通信卫星及其展开天线在太空轨道上工作的状况

星载天线的另一特点是不需要方位俯仰驱动系统，其姿态由卫星系统决定。因为太空无地球引力作用，也就不需要地面天线所需的方位与俯仰驱动系统，其朝向可通过调整卫星姿态来实现。

## 4.3 雷达天线主要服役载荷

天线的载荷与其服役环境有关，服役环境不外乎陆、海、空、天四大类。一般可将载荷分为风荷、冰雪、自重、温度载荷、惯性载荷等。

### 4.3.1 风荷

风荷是工作于露天的陆、海基天线的主要载荷之一。风荷不仅会引起天线面型精度的下降，还有可能导致天线的破坏。尤其是大型反射面天线，风荷会引起座架、反射面及背架结构的变形，影响反射面的面型精度，进而引起偏焦、指向偏差。风荷还会引起索（网）、桅杆等柔性天线的动力响应，发生风致颤振等现象，导致天线毁坏。

在设计天线时，需确定两个敏感风荷，即保刚度风荷与保强度风荷。所谓保刚度风荷，是指天线能正常工作的风荷，在此风力作用下，天线的面型精度、电性能均能满足要求；至于后者——保强度风荷，则指在此风力作用下，天线不被破坏。因天线是以刚度为主要矛盾的结构系统，故保强度风荷远高于保刚度风荷。

风荷包括稳态风与脉动风两种成分。对于大口径面天线，稳态风是主要矛盾；而对于索式长波天线、FAST 500m 超大口径索网式天线、大型桅杆天线，则脉动风是主要矛盾。

对于以稳态风为主要载荷的面天线而言，因为天线所受到的风力与风速的平方成正比，故风速确定就成为首先要考虑的问题。

针对雷达天线结构设计，下面几点需要认真考虑。

**1. 最大风速的确定**

确定最大风速的合理周期是年。按照《建筑结构荷载规范》，高层建筑和高耸结构抗风安全设计最大风速的重现期一般取 30 年，重要结构可取 50 年或 100 年。空旷平坦地面以上 10m 高度处，统计重现期为 30 年的 10min 平均最大风速 $\bar{V}_{max}$ 与基本风压 $w_0$($kN/m^2$) 之间满足关系

$$\mu_{w_0} k_0 w_0 = \frac{1}{2}\rho \bar{V}_{max}^2 \qquad (4-5)$$

式中，$\mu_{w_0}$ 是地面粗糙度对基本风压 $w_0$ 的修正系数（表 4-1）；$\rho = 1.225 \text{kg/m}^3$，是空气密度；$k_0$ 是重现期系数，对应 30 年、50 年和 100 年，$k_0$ 分别取 1、1.1 和 1.2。

表 4-1 中，A 类地貌为海面、海岛、海岸、湖岸、沙漠；B 类地貌为田野、乡村、丛林、丘陵、房屋比较稀疏的中小城镇和大城市郊区；C 类地貌为有密集建筑群的大城市市区。$\alpha$ 和 $H_G$ 的含义将在后面阐述。

表 4-1  地貌类别与相关参数

| 地 貌 类 别 | A | B | C |
| --- | --- | --- | --- |
| 修正系数 $\mu_{w_0}$ | 1.379 | 1 | 0.731 |
| 地面粗糙度指数 $\alpha$ | 0.12 | 0.16 | 0.20 |
| 梯度风高 $H_G$ (m) | 300 | 350 | 400 |

5 级风风速范围是 8.0～10.7m/s，此时有叶的小树摇摆，内陆的水面有小波；8 级风风速范围是 17.2～20.7m/s，此风速下，微枝折毁，人向前行感到阻力甚大；10 级风风速范围是 24.5～28.4m/s，此风速陆上少见，可使树木拔起，建筑物摧毁；12 级风风速范围是 32.7～36.9m/s，此时海浪滔天，陆上绝少，捣毁力极大。

根据雷达服役地方，可由式（4-5）和表 4-1 推算出 30 年一遇的最大风速、100 年一遇的最大风速。

### 2. 随机风速的模拟

风的顺风向时程曲线中包含两种成分：一是长周期部分，其周期常在 10min 以上；二是短周期部分，只有几秒钟。如果舍去初始阶段附近严重的不平稳范围，风非常接近平稳随机过程。对风的记录分析表明，每一样本函数的概率分布几乎相等，因而脉动风是经常被进一步作为各态历经随机过程来近似考虑的。如果能够取得一条有代表性的足够长度的风速记录，就能简便地分析出它的各种概率特性。

实际中常把风分解为平均风和脉动风，将高度 z 处的风速表示为

$$v(z,t) = \bar{V}(z) + V(z,t) \tag{4-6}$$

式中，$\bar{V}(z)$ 表示平均风速，$V(z,t)$ 表示脉动风速。从风速记录样本可以看出，脉动风速对于平均风速而言几乎是对称分布的，符合正态分布规律。因而常将脉动风近似作为零均值的高斯平稳随机过程。

### 3. 平均风速

由于地表摩擦的原因，近地风的风速随着离地面高度的减小而降低。只有离

地面一定高度以上的地方，风才不受地表的影响，在气压梯度的作用下自由流动，达到梯度速度。达到梯度速度的高度叫梯度风高度 $H_G$，也称为大气边界层厚度。$H_G$ 受地貌的影响情况见表 4-1。在梯度风高度以下，平均风速沿高度变化的规律可用指数函数来描述，即

$$\bar{V}(z) = \bar{V}_{10}\left(\frac{z}{10}\right)^{\alpha} \tag{4-7}$$

式中，$\bar{V}_{10}$ 表示 10m 高度处的平均风速；$\alpha$ 为地面粗糙度指数，见表 4-1。B 类地貌的 $H_G = 350$m，即在 B 类地区，且在 350m 以下，平均风速可用式（4-7）来模拟。

### 4. 脉动风速

描述脉动风速的 Davenport 谱为

$$S_v(f) = 4k\bar{V}_{10}^2 \frac{x^2}{f(1+x^2)^{4/3}} \quad x = \frac{L_v^* f}{\bar{V}_{10}} \tag{4-8}$$

式中，湍流整体尺寸 $L_v^* = 1200$m，$k$ 是地面粗糙度系数。由式（4-8）可知，脉动风速的均方值为

$$\psi_v^2 = R_v(0) = \int_{-\infty}^{\infty} S_v(f) \mathrm{d}f = 6k\bar{V}_{10}^2 \tag{4-9}$$

从而可导出脉动风速的均方差

$$\sigma_v = \sqrt{\psi_v^2 - \mu^2} = \sqrt{6k}\bar{V}_{10} \tag{4-10}$$

地面粗糙度系数 $k$ 对有少量树木的开阔草地取 0.005，对有灌木和高树的地貌取 0.015，此处取 0.0125。由式（4-10），指定某一平均风速，即可得对应的脉动风速均方差。下面给出几个典型风速所对应的均方差（表 4-2）。

表 4-2 脉动风速的均方差

| $\bar{V}_{10}$ (m·s$^{-1}$) | 2 | 5 | 10 | 17 | 27 | 33 |
|---|---|---|---|---|---|---|
| $\sigma_v$ | 0.548 | 1.369 | 2.739 | 4.656 | 7.394 | 9.037 |

Davenport 谱在高频处（$f > 0.05$Hz）过高估计了湍流能量，而这个频率范围对柔性高耸结构来说有重要意义。为此，可采用沿高度变化修正的 Davenport 风速谱，称为 Maier 谱

$$S_v(z,f) = \frac{2x^2}{(1+3x^2)^{4/3}} \frac{\sigma_v^2}{f} \quad x = \frac{L_v^* f}{\bar{V}(z)} \tag{4-11}$$

脉动风速互功率谱密度函数可写成复极坐标形式

$$\begin{cases} S_{xy}(f) = \sqrt{S_{xx}(f)S_{yy}(f)}\cosh(f)\exp[i\psi(f)] \\ \cosh(f) = \exp\left[-\dfrac{C_z f \Delta z}{\overline{V}(z)}\right] \\ \overline{V}(z) = \overline{V}_{10}\left(\dfrac{z}{10}\right)^{0.16} \\ \psi(f) = \begin{cases} \dfrac{\pi}{4}\dfrac{f\Delta z}{\overline{V}(z)}, & \dfrac{f\Delta z}{\overline{V}(z)} \leqslant 0.1 \\ -10\pi\dfrac{f\Delta z}{\overline{V}(z)} + 1.25, & 0.1 < \dfrac{f\Delta z}{\overline{V}(z)} \leqslant 0.125 \\ 随机数, & \dfrac{f\Delta z}{\overline{V}(z)} > 0.125 \end{cases} \end{cases} \quad (4\text{-}12)$$

由式（4-6）～式（4-8），可建立风速谱密度函数矩阵

$$\boldsymbol{S}(\omega) = \begin{bmatrix} S_{11}(\omega) & \cdots & S_{1n}(\omega) \\ \vdots & & \vdots \\ S_{n1}(\omega) & \cdots & S_{nn}(\omega) \end{bmatrix} = \boldsymbol{H}(\omega)\boldsymbol{H}^*(\omega)^\mathrm{T} \quad (4\text{-}13)$$

至此，可将待模拟的风速表示为

$$v_j(t) = \overline{V}_j + \sum_{m=1}^{j}\sum_{l=1}^{N}|H_{jm}(\omega_l)|\sqrt{2\Delta\omega}\cos\left[\omega_l t + \psi_{jm}(\omega_l) + \theta_{ml}\right] \quad (4\text{-}14)$$

式中，第一项 $\overline{V}_j$ 为第 $j$ 个高度处的平均风速，第二项为模拟的脉动风速；$N$ 为风速功率谱在频率范围内等分的段数；$\Delta\omega$ 为频率增量；$\psi_{jm}(\omega_l)$ 为不同高度作用点之间的相位角，具体模拟时用式（4-12）中的 $\psi(f)$ 导出；$\theta_{ml}$ 为 $0\sim 2\pi$ 之间均匀分布的随机数，以避免在模拟过程中产生周期性。

进一步，可导出作用在结构上的风压为

$$w(z,t) = \frac{1}{2}\rho v^2(z,t) = \frac{\rho}{2}[\overline{V}(z) + V(z,t)]^2 \quad (4\text{-}15)$$

### 4.3.2 冰雪

冰雪载荷也是一种需谨慎对待并应加以重视的载荷。这种载荷多发生于空气湿度较大的地区，特别是在初冬或冬末，当气温急剧下降且有雾或下毛毛雨时，往往有积冰现象发生，这在气象学上被称为雾凇、雨凇。雾凇是疏松微粒结构的冰所组成的雪花状冻结物，密度较小；雨凇则是一种紧密的玻璃状冰层，也就是一般所说的"裹冰"。

裹冰是必须认真对待的载荷，因发生裹冰时往往伴随着颇为强烈的风。例如，我国内蒙古地区有一雷达天线，采用板网组合面板结构，因反射面的网孔被冰层

覆盖，故被大风吹倒。当时的风压为60kg/m²，相当于风速31m/s。而一般情况下，裹冰时风速并不是很大，故规定风压为30kg/m²，相应的空气温度可取为-5℃。

结构表面裹冰并非均匀厚度，总是迎风面较厚，但准确计算冰重分布非常困难，故在实际工程中，常假设冰层厚度是均匀的。例如，对杆件，认为周围均匀地裹上一层冰；对反射面，则认为正、反面均匀地覆上一层冰。冰层厚度因地区而异，在5~150mm之间。冰的比重取0.9g/cm³。

对网状反射面，积冰时所受到的风力需以实体来计算。

需要特别指出的是，反射体表面积冰后，不仅增加载荷，而且因冰层厚度不均匀而出现不规则的凹凸不平，导致电磁波反射后发生散射，产生不规则的相位变化，致使方向图畸变，效率下降。因此，服役于易积冰地区的天线，应设法去冰。防止积冰与去冰的方法主要有机械法、加热法、喷涂防冰液法。目前，飞机防冰中采用的防冰液多为精馏酒精或酒精与甘油混合液，它们的冰点很低，过冷水滴与它们混合后不至于结冰。若把它们喷洒在冰块上，冰块就会被融化掉。对抛物面天线而言，常在反射面背后安装加热器，利用电热来融化冰。比如，德国莱斯顿28.5m口径地面站天线，其面板后面的红外辐射器，最大加热功率可达100kW。

至于雪载荷，一般桅杆、索系天线不予考虑；对于可动反射面天线，只需转动一下天线即可将雪倒掉，也不用考虑雪载荷。

### 4.3.3 自重

自重是天线设计中必须认真考虑的一种载荷，其包括反射体结构自重、支撑座架结构及装在反射体结构上的各种设备的自重等。

中小型天线的自重不是很大，其口面平均单位面积的自重在10~30kg/m²之间；即使如此，自重对于天线的刚度设计已不容忽视。对于大型天线，自重很大，在刚度设计时是一种主要载荷。

反射面天线的单位面积自重除与材料及结构形式有关外，主要与天线尺寸及最短工作波长有关，对于给定的工作频率$f$（GHz），相应的波长为$\lambda$（mm），有

$$\lambda = \frac{300}{f} \tag{4-16}$$

一般而言，工作波长越短，对天线的刚度要求越高，单位面积自重也就越大。而在工作波长一定时，天线口径尺寸越大，单位面积自重也越大。这是因为反射面的允许公差只与最短工作波长有关，而与口径尺寸无关。可知，大型天线的容许变形与天线口径尺寸之比很小，为此，结构的刚度就必须很好，自重自然就很

大。根据粗略分析与一些实际统计，在工作波长一定时，单位面积自重 $\chi$（kg/m²）与口径 $D$（m）满足

$$\chi = kD^{\frac{2}{3}} \tag{4-17}$$

其中，$k$ 为待定系数。

显然，对于大型天线，自重往往成为主要载荷，尤其是在进行刚度设计时。例如，美国某口径为 30m 的地面站天线，工作波长为 5cm，自重的面密度为 75kg/m²。又如，苏联的 PT-22 射电望远镜天线，口径与波长分别为 22m 与 8mm，其自重的口径面密度高达 170kg/m²。

对于俯仰角可变的天线，当俯仰角变化时自重的数值不变，但其对结构的作用方向会随着俯仰角的变化而改变。一般只要分析仰天与指平两种情况即可，其他任意仰角时的作用均可由这两种情况组合得到。

上面的分析与结论，对于传统天线结构设计策略是对的，这自然就会有一个物理极限存在。能否突破该极限呢？回答是肯定的，出路在设计策略上。比如将柔性结构思想引入，争取在柔性中获取高精度。位于我国贵州的中国天眼 FAST 500m 口径天线，就采取了这一设计思想，从而使馈源及其支撑驱动系统的自重由传统设计的 8000t 降至 30t，并实现了 3.8mm 的大范围动态定位精度。

随着人类进入大宇航时代，人造卫星大量上天，而每颗卫星都必须配装可展开天线。一般而言，星载天线在地面生产，再发送到太空轨道后自动展开。这就带来一个突出的问题：在地面有自重，到太空没有自重，如何保证地面做好的天线到太空后具有所要求的面型精度？此时全新的设计理念与策略就成为关键。

### 4.3.4 温度

温度载荷（热载荷）带来两种情况，一是热致结构变形，二是热应力。

热致结构变形又分为两种。一是温度均匀变化时的变形，即由于制造检验时的温度与工作环境温度不同而引起的，这时天线反射体各点温度都是相同的。这种情况下，变形后的反射面仍为一相同的反射面，只是焦距改变了。因均匀的温度变化使整个天线作相似的放大或缩小，形状不变。二是温度不均匀引起的变形，即温差变形。例如，太阳照射导致向阳面与背阴面之间产生温差而引起变形。反射体出现的温差与材料的传热特性有关，金属板反射面要比蜂窝夹芯玻璃钢反射面的温差小。对于经常转动的天线，日照不均匀的影响小得多，如监视雷达天线；而基本不动或转动很慢的天线，日照不均匀的影响就很大，如卫星地面站天线、射电望远镜天线。对某些大型金属结构天线的实际测量结果表明，在晴天中午无风时，最大温差可达 8℃，平均温差为 5℃。

温差变形对高精度天线的影响很大,而对工作波长较长的天线影响较小。计算温差变形的困难在于温度场分布的确定,解决办法是增加和积累实测资料。我国曾对一个 30m 天线进行了温度测量,结果是:天线主力骨架在夏日晴天无风的中午,最大温差在垂直方向为 7~8℃,水平方向为 6℃;而在晴日有 3~4 级风时,最大温差仅为 3℃。温度分布基本是线性的。国外资料对温度分布的假设不一,英国马可尼公司 45ft(1ft=0.3048m)口径天线计算中采用的温度分布如图 4.11 所示(图中"℉"为华氏温标单位,30℉=0℃,华氏温度=摄氏温度×1.8+32),德国太阳神 30m 口径天线计算中使用的温度分布如图 4.12 所示。美国 25m 口径的射电望远镜天线,则假设温度沿垂直方向线性分布。

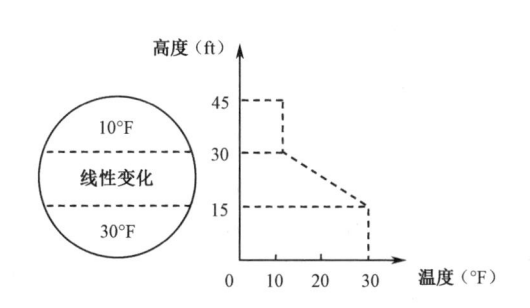

图 4-11 45ft 口径天线的温度分布

图 4-12 30m 口径天线的温度分布

温差变形与天线的口径成正比,几乎与结构的刚度无关,故大型精密天线的温差变形问题很突出。抛物面天线温差变形的一个近似估算公式为

$$\delta = 0.38 \times \frac{D}{100}\Delta T \tag{4-18}$$

式中,$D$(m)为天线口径,$\Delta T$(℃)为温差,得出的温差变形单位是 mm。

对于典型的抛物面天线,容许的背架架构的最大温差可按下式估算:

$$2\alpha R\Delta T_{max} \leqslant \frac{\lambda}{8} \tag{4-19}$$

$$\Delta T_{max} \leqslant \frac{1}{8\alpha}\frac{\lambda}{2R} \approx \frac{1}{8\alpha}\Theta \tag{4-20}$$

式中,$\alpha$ 为材料的热膨胀系数;$R$ 为天线的特征长度尺寸,如口面半径;$\lambda$ 为天线的工作波长;$\Theta$ 为主波束的半功率点波瓣宽度;$\Delta T_{max}$ 为最大容许误差。

温差也会引起温度应力,但与温差变形相比,温度应力不是主要矛盾,故一般较少考虑。但对于桅杆天线与大跨度柔索天线(如位于湖北的长波天线和位于贵州的中国天眼的大跨度柔索高精度定位结构系统),则需考虑之。

星载可展开天线在空间轨道服役期间,在光照时温度可达 100℃以上,而进入地球阴影区，则温度又会降至-100℃以下。在这种极端温度载荷情况下，天线的面型精度将受到很大影响，主要表现为：一是某些单元（如索）可能会松弛；二是天线在进出阴影区的过程中会发生颤振，导致波束指向抖动而丢失目标；三是在地面常温下研制的天线，在如此大的环境温差下会展不开或稳不住。为此，不仅需要对空间温度环境作全面而系统的了解，而且应对天线性能进行深入的研究。此外，还应开展相似性研究。

### 4.3.5 惯性载荷

服役中的冲击振动也是必须加以考虑且应高度重视的一种载荷，尤其是雷达天线，因为天线运行时，由于向心加速度与切向加速度的存在，天线结构将受到动载荷的作用。对于中型及以下规模的天线，刚度较好，可引入惯性力的概念，按静载荷分析计算；而对于大型天线，反射体的柔性必须考虑，这时就需求助于多柔体动力学分析与控制技术了。下面分别予以讨论。

**1. 中小型天线的惯性载荷问题**

1）离心力

以警戒雷达天线为例，工作时，天线作方位旋转运动，反射体受到离心力作用。如图 4-13 所示，设反射体绕 $O$ 点以角速度 $\omega$ 作匀速转动，则反射体上任意一点 $k$ 处

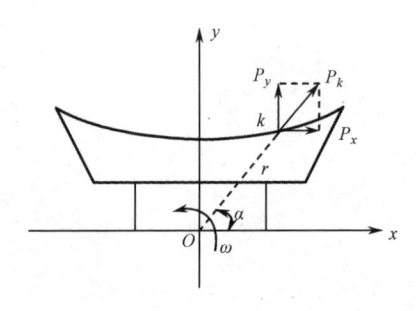

图 4-13 作用于天线上的离心力示意图

的离心力为

$$P_k = m_k \omega^2 r \tag{4-21}$$

式中，$r$ 为 $k$ 点到转动中心的距离，$m_k$ 为集中在点 $k$ 的质量。

此离心力可分为两个分量，一个平行于天线的轴线，另一个与之垂直，分别为

$$P_x = P_k \cos\alpha = m_k \omega^2 r \frac{x_k}{r} = m_k \omega^2 x_k \tag{4-22}$$

$$P_y = P_k \sin\alpha = m_k \omega^2 r \frac{y_k}{r} = m_k \omega^2 y_k \tag{4-23}$$

式中，$x_k$ 与 $y_k$ 分别为点 $k$ 的 $x$、$y$ 坐标。

注意，第二个分量对于反射体的弯矩作用较大，其值与坐标 $y_k$ 成正比。为减小其影响，转动中心应尽可能靠近反射体。第一个分量对反射体的影响较小，但其数值比第二个分量来得大，特别是当天线尺寸较大时，边缘处的离心力是很大

的。例如，某监视雷达天线的水平方向尺寸为 10m，角速度为 15 r/min，其边缘处的离心加速度高达 1.2$g$。

此外，因天线转动而引起的附加风荷也需考虑。

2）摆动惯性力

测高雷达天线工作时需作俯仰摆动，监视雷达有时需要完成扇形搜索而作方位扇扫运动。例如，某测高雷达天线，水平方向尺寸为 2.24m，垂直方向尺寸为 10.57m，最大摆动范围达 36°（-3°~+33°），每分钟 20 次；最小摆动范围为 8°，每分钟 60 次。又如，某警戒雷达天线，口径尺寸为 15.5×8（$m^2$），扇扫幅度为 ±60°，每分钟 12 次。

假设摆动服从正弦规律（图 4-14），则摆动时的角位移方程为

$$\phi = \phi_m \sin(pt) \tag{4-24}$$

式中，$\phi_m$ 是摆动的幅度（最大角位移），$p$ 是摆动的圆频率。

角速度为

$$\dot{\phi} = \phi_m p \cos(pt) \tag{4-25}$$

角加速度为

$$\ddot{\phi} = -\phi_m p^2 \sin(pt) \tag{4-26}$$

其中的负号，表示角速度与角加速度的相位相差 180°。

反射体上距离中心为 $r$ 的点，其切向加速度为

$$\alpha_\tau = -\phi_m p^2 r \sin(pt) \tag{4-27}$$

最大切向惯性力发生在极限位置，其值为

$$F_{\tau \max} = m \phi_m p^2 r \tag{4-28}$$

这些惯性力分布在整个反射体上，各点处的惯性力与其距摆动轴的距离成正比。分布的惯性力将使反射体产生弯曲变形，并对摆动轴生成一个扭转力矩。

至于离心惯性力，由于它对反射体的作用较小，且最大值发生在中间位置，故通常可不予考虑。

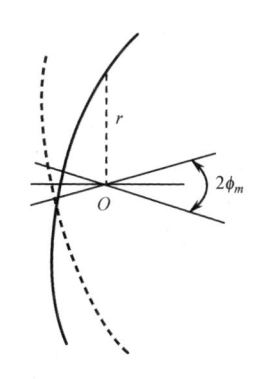

图 4-14 天线摆动时的惯性力示意图

天线摆动时，各点的加速度是随时间改变的，实际上是一个动载荷。此时天线产生强迫振动，当天线刚度不强时易发生抖动，导致目标产生回波抖动。

## 2. 大型天线的惯性力问题

对于大口径天线而言，除存在上述问题外，反射体的柔性是一个大问题。所谓柔性，就是不能将原来的杆、梁或板壳单元视为一个通常的有限元，而将其进一步划分为若干有限元，从而允许发生较大弯曲变形，以体现柔性。

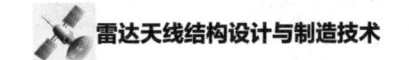

3. 其他惯性力

跟踪天线的最大加速度视工作需要而定，一般不大。

天线在到达极限位置（如仰角到达某一位置）时，可能会受到机械限位器的冲击力。另外，转动的天线突然停止或反向时，也会引起很大的惯性力。

飞机上的雷达或舰艇上的雷达天线，因飞机与舰艇的运动，同样会使天线受到惯性力作用。舰艇天线架设在桅杆上，由于船的纵、横摇，加速度可达 $1.5g$。例如，船的纵摇摆幅可达 $\pm 0.75°$，摇摆周期为 3s；船的横摇摆幅为 $\pm 25°$，摇摆周期为 7s。因此，纵摇的最大角加速度为 $0.572(')/s^2$，横摇的最大角加速度为 $0.353(')/s^2$。若天线装在甲板上 20m 高的桅杆处，则最大线加速度可达 $1.12g$。

另外，雷达天线还会受到各种冲击与振动，特别是舰艇和飞机上的雷达天线，冲击与振动的加速度相当大。

### 4.3.6 其他载荷

其他载荷包括地震载荷、建设过程中的载荷等。

就地震载荷而言，主要影响大型天线结构与高耸塔桅结构。地震时因地面运动而使天线产生振动，故地震对天线的影响是一个振动问题，即基础发生运动时天线的强迫振动问题。地震时，地面运动既有水平方向的运动，又有垂直方向的运动。因垂直振动对结构影响较小，通常只考虑水平方向的振动，这种振动是随机振动，若将其视为一个各态历经随机过程，则可根据地震记录的数据产生一个载荷样本函数，将此样本函数作用于天线结构，可分析计算出相应的振动位移、速度及加速度。

需要指出的是，响应又与结构本身的固有频率有关。因此，设计时如何规定天线结构固有频率的要求十分关键。当考虑该指标时，只计算天线结构本身的固有频率是不够的，还需与天线的基座固有频率统筹考虑。

设计天线时，首先应考虑需要适应的地震烈度。地震烈度需根据当地的历史记录资料进行确定。对于可移动天线而言，因服役地区不固定，须按照最坏的情况进行设计。根据我国的地震历史记录资料，震中烈度为 10 度，故按照 9 级烈度设计即可。9 级烈度时，其水平加速度为 $0.4g$，垂直加速度为 $0.2g$。

### 4.3.7 组合载荷

应指出的是，上述载荷在雷达服役中不是单独存在的，恰恰相反，上述多重载荷往往同时存在，这就需要对多种载荷进行合理组合，发现主要矛盾与矛盾的主要方面。例如，对于舰载雷达与岸防雷达，风荷、惯性载荷及自重是主要因素，设计时须认真考虑它们的联合作用；而对于 QTT 110m 全可动大射电望远镜高频段双反射面天线，自重、风荷及温度载荷是主要因素，它们的组合作用须认真对待。下面举几个例子予以说明。

### 1. 中国探月工程 S/X 40m 圆抛物面天线

① 仰天+自重。
② 仰天+自重+风侧吹 20m/s。
③ 仰天+自重+风侧吹 30m/s。
④ 指平+自重。
⑤ 指平+自重+风侧吹 20m/s。
⑥ 指平+自重+风侧吹 30m/s。

### 2. 无线电塔桅结构上的固定载荷（如自重、索网张力）

可能与下列载荷同时作用：
① 最大风压、温度 20℃。
② 裹冰、中强风压（30kg/m$^2$）、温度-5℃。
③ 地震、1/2 裹冰、1/2 最大风压、温度-5℃。

### 3. 德国波恩大学天文望远镜抛物面的计算

① 强度计算，要求能经受 42m/s 的风速与 75kg/m$^2$ 的冰雪载荷。
② 刚度计算，自重、风荷（15m/s）、温度变化 ±30℃。
再分别按下列三种情况考虑：
① 反射体处于仰天状态，风荷、自重、温度载荷。
② 反射体处于指平状态，风荷、自重、温度载荷。
③ 反射体处于仰角 45°状态，风荷、自重。

### 4. 美国 30m 地面站天线

其变形计算考虑了以下几种载荷组合：
① 反射体指平：自重+10°F 温差。
② 反射体指平：自重+30mile/h 稳态风（1mile=1.609km），阵风 45mile/h，风侧吹，风向角 80°。
③ 反射体指平：自重+45mile/h 稳态风，阵风 60mile/h，风侧吹，风向角 80°。

④ 反射体仰天：自重+30mile/h 稳态风，阵风 45mile/h。

⑤ 反射体仰天：自重+30mile/h 稳态风，阵风 60mile/h。

此处的自重变形是指与仰角 20°时的变形间的差值，即认为仰角 20°为基准面。

### 5. 某监视雷达天线

工作时，该天线在方位上以 6r/min 匀速转动，其载荷组合如下。

强度计算：

① 风正吹（50m/s）+自重。

② 风背吹（50m/s）+自重。

③ 风斜吹（50m/s，风向角 45°）+自重。

刚度计算：

① 风正吹（25m/s）+自重+惯性载荷+温差变形。

② 风背吹（25m/s）+自重+惯性载荷+温差变形。

③ 风斜吹（25m/s，风向角 45°）+自重+惯性载荷+温差变形。

## 参 考 文 献

[1] 叶尚辉，李在贵. 天线结构设计[M]. 西安：西北电讯工程学院出版社，1986.

[2] 段宝岩. 柔性天线结构分析、优化与精密控制[M]. 北京：科学出版社，2005.

[3] FAST 西电项目组. 大射电望远镜馈源支撑与指向跟踪系统仿真与实验研究报告[R/OL]. 2002.

# 第 5 章
# 反射面天线结构设计

**【概要】**

本章阐述了大型反射面天线的结构设计理论。首先，介绍了国际上大型反射面天线的结构形式，阐述了反射面天线保型设计的基本思想与具体推导过程；其次，介绍了目前已成功应用的大型主动反射面天线结构；再次，论述了QTT 110m天线的等柔度保型设计方案；最后，给出了天线背架的索桁组合结构优化设计理论与方法。

## 5.1 概述

反射面天线作为最常用的一类高增益天线，能够以较低的成本提供较高的增益、较大的带宽和较优的角分辨率，被广泛应用于深空探测、射电天文、卫星通信、远程遥感、雷达及武器装备中。在反射面天线结构形式、保型设计的基础上，本章主要探讨主动反射面天线结构、QTT 110m天线设计及索桁组合结构的设计。

## 5.2 反射面天线结构形式

目前国际上的大型反射面天线，主要集中在美国、德国、英国、意大利、澳大利亚和日本等发达国家，这些反射面天线的主要性能指标见表5-1。

表5-1 国际上的大型反射面天线主要性能指标

| 天线 | 口径(m) | 总重量(t) | 工作频率(GHz) | 表面精度(mm) | 建成时间 | 国家 |
|---|---|---|---|---|---|---|
| Lovell Telescope | 76 | 3200 | 0.408~5 | 1 | 1957年 | 英国 |
| Parkes Telescope | 64 | 1000 | 0.3~230 | 0.8 | 1961年 | 澳大利亚 |
| Arecibo Observatory | 305 | 900（馈源） | 1~10 | 2 | 1963年 | 美国 |
| Effelsberg Telescope | 100 | 3200 | 0.395~95 | 1 | 1972年 | 德国 |
| Green Bank Telescope | 100 | 7856 | 0.1~116 | 0.24 | 2000年 | 美国 |
| Large Millimeter Telescope | 50 | 800 | 75~350 | 0.075 | 2008年 | 美国、墨西哥 |

我国大型射电望远镜自20世纪80年代以来逐步加快发展，先后有多台大型设备投入使用。早期有位于青海德令哈的13.7m口径反射面天线、上海佘山25m口径反射面天线、乌鲁木齐南山25m口径反射面天线，近期有昆明40m、北京密云50m、佳木斯66m口径的反射面天线，为探月工程、火星探测的地面通信提供技术保障。此外，为了满足不断增长的深空探测、天文观测需求，目前世界最大的单口径全可动天线——新疆QTT 110m反射面天线已于2022年9月21日举行

了奠基仪式。目前，国内已建成的有代表性的大型反射面天线的主要技术指标如表 5-2 所示。

表 5-2 国内大型反射面天线主要技术指标

| 天线台址 | 口径（m） | 工作频率（GHz） | 表面精度（mm） | 建成时间 |
| --- | --- | --- | --- | --- |
| 青海德令哈 | 13.7 | 85～115 | 0.07 | 1990 年 |
| 上海佘山 | 25 | 1.6～23 | 0.52 | 1987 年 |
| 新疆乌鲁木齐南山 | 26 | 0.3～23 | 0.4 | 1994 年 |
| 云南昆明 | 40 | 2.3～8.4 | 1.2 | 2006 年 |
| 北京密云 | 50 | 2.3～8.4 | 1 | 2006 年 |
| 黑龙江佳木斯 | 66 | 2.3～12 | 0.7 | 2012 年 |
| 天津武清 | 70 | 2～18 | 1 | 2021 年 |

下面以国际上早期建设且仍在服役的两台天线为例来说明大型反射面天线的主要结构形式。建成于 1957 年的英国 Jodrell Bank 天文台的 Lovell 76m 射电望远镜反射面天线（图 5-1）总重 3200t，反射体重 1500t，最高工作频率 5GHz。该天线采用实心面板，反射体背架采用空间桁架结构，天线座在环形桁架结构边缘为背架提供支撑，俯仰驱动电机位于俯仰轴两端。原始结构中，尾部带有轻量级的辐轮，仅起到阻尼作用，用于减小风引起的转矩和振动，并不用于支撑和驱动。1968—1972 年间对天线进行了一次升级，其中一个主要的升级是将尾部的辐轮换成轨道系统，使其支撑反射体 1/3 的重量，这样就减少了天线的"松弛"，改善了结构的刚度，提高了天线反射面的面型精度。

（a）原始结构　　　　（b）升级后结构

图 5-1 英国 Lovell 76m 射电望远镜反射面天线

澳大利亚的 Parkes 64m 射电望远镜反射面天线于 1961 年建成，天线总重约 1000t，反射体重约 300t。该天线反射体由中心圆筒和轮座提供支撑，相较于 Lovell

76m 射电望远镜天线，该天线整个结构显得轻巧灵活，钢材使用量大大减少，成本明显下降。但其中心支撑的构型使得该望远镜俯仰运动范围受限，俯仰角度为 30.5°～88.5°，不能覆盖全天区。原始的表面为金属丝网［图 5-2（a）］，为了接收厘米级和毫米级波长的射电波，对天线面板进行了升级，内环（直径在 17m 以内）为实心高精度铝板，使其能工作在 43GHz 频率上，中间环（直径 17～45m）为带孔铝板，外环（直径 45～64m）为细的镀锌丝网。由图 5-2（b）可以看出，在不同口径处铺设了不同的面板，反射面颜色深浅不一。除了结构上的升级，型面测量、调整精度的提升以及控制系统和接收机的升级，都使得该望远镜性能不断提升，目前 Parkes 64m 射电望远镜的灵敏度比最初建成时已经提升了 10000 倍。

（a）原始结构　　　　　　　　（b）升级后结构

图 5-2　澳大利亚 Parkes 64m 射电望远镜反射面天线

这些经典工程为反射面天线的结构设计提供了宝贵的经验，一般而言，反射面天线的结构主要由反射面、反射体、反射体支托、方位架、副面及其支撑腿等部件组成，如图 5-3 所示。反射面用来聚焦电磁波，其他部件则用于支撑反射面，以及驱动反射体指向所需的目标。作为典型的电子装备，天线结构设计的首要目标是保证天线的电性能，反射面作为电磁波传播的边界条件，直接影响着天线的电性能。天线在重力载荷、风荷及温度等载荷作用下会发生结构变形，使反射面偏离电设计预期的形状，从而对天线的电性能产生严重影响。天线口径的增大和工作频段的提高给天线的结构设计带来了新的挑战：一方面，为满足电性能要求，反射面的面型精度要求越来越高，故对结构刚度提出了更高的要求；另一方面，为增强天线结构刚度，使结构设计变得更加复杂、结构更加庞大，而重量的增加反过来又会增大反射体的变形量，降低反射面的面型精度，使天线增益损失增大、副瓣电平抬高等。因此，大口径天线的反射面保型问题成为天线结构设计中的关键难题之一。

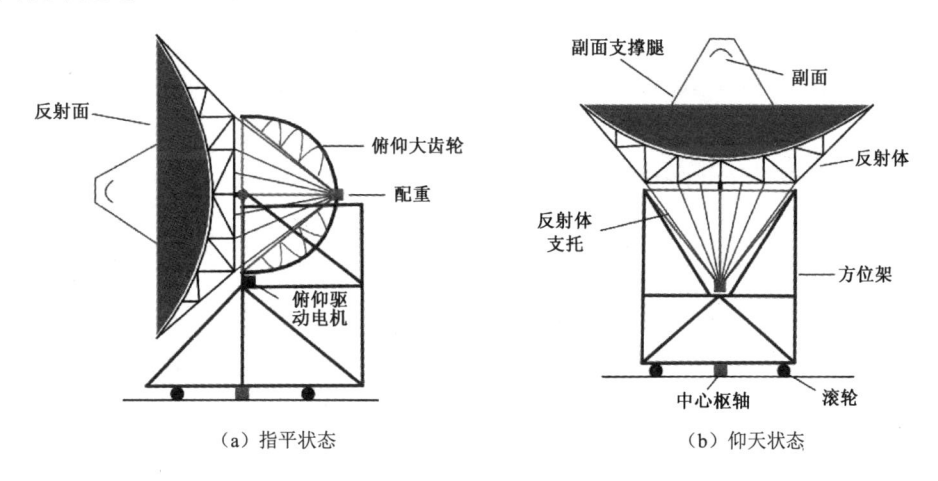

(a) 指平状态　　　　　　　(b) 仰天状态

图 5-3　典型的反射面天线结构

## 5.3　反射面天线的保型设计

作为天线设计中的重要一环，结构设计的好坏直接关系到天线能否实现其最终的电性能指标。一般来说，天线表面的均方根误差要小于波长的 1/30，指向误差要小于半功率波束宽度的 1/10。对于工作在毫米波段的大口径反射面天线来说，这样的指标要求十分严格，由于天线工作时需要绕俯仰轴和方位轴转动，仅仅天线的自重引起的变形就会超过上述要求。为克服自重变形的难题，保型设计是必经之路。保型设计可分为三个发展阶段：同族抛物面严格保型、最佳吻合近似保型及保电性能设计。

### 5.3.1　严格保型设计

对于大型高精度反射面天线而言，由于刚度要求高，且自重为主要载荷，而自重变形又会反过来影响精度的提高，这是一个长期困扰大口径反射面天线设计师的主要矛盾。为克服自重变形的影响，1967 年 Von Hoerner 提出了严格保型设计的思想，即希望设计出的圆抛物面天线自重变形后，反射面仍然是一同族的理想抛物面，只是当天线从某一角度转到另一角度时，反射面由一个抛物面变为另一个同族抛物面，在各个仰角电性能均达到最优，只要使天线在仰天及指平位置变形后仍为理想抛物面即可。按照严格保型的设计目标，应当使表面相对误差的均方根值为零，精度达到最高极限。如图 5-4 所示，当抛物面由 $S_1$ 变为 $S_2$ 时，只需将馈源从焦点 $f_1$ 移动到 $f_2$ 即可实现严格保型。

到目前为止，国内外学者已对严格保型设计思想进行了深入研究。叶尚辉等对严格保型设计方法进行了深入的探讨和研究，按照其所提出的方法，可以实现单片辐射梁的严格保型，并对某 6m 口径反射面天线的 1/4 背架结构实现了严格保型设计。但这种设计理念存在以下几个不足：第一，所得的结构旋转对称性是无法得到保证的，不利于实际加工装配，而且不考虑实际工程使用离散变量的问题，带来工艺成本的大幅提升；第二，对于其所提及 1/4 背架结构中仅存在 18 个节点的算例，截面变量数就达到了 94 个，实际工程中大天线的节点数动辄上千，在应用中的求解规模巨大；第三，在天线背架结构拓扑形式不变的前提下进行严格保型设计，不考虑初始拓扑形式的合理性，有可能在优化计算和实际生产加工阶段造成资源浪费；第四，从根本上说，在天线指平工作时，天线结构重力变形的反对称特性是由面天线旋转对称的边界条件决定的。如图 5-5 所示，虚线表示在自重载荷下反射面板的变形，即使改变上下结构的拓扑，一般也很难使两部分的变形对称，严格保型设计亦难以真正实现。

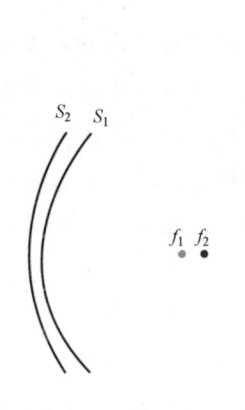

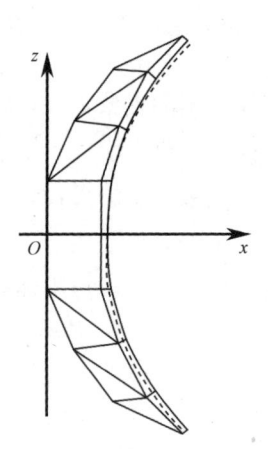

图 5-4　同族抛物面示意图　　图 5-5　指平工况变形示意图

### 5.3.2　近似保型设计

在实际工程中，反射面天线背架结构是轴对称的，单片辐射梁的严格保型并不意味着圆抛物面天线能够实现严格保型。为此，在严格保型思想的启发下，有学者提出了最佳吻合抛物面的思路。天线反射面是一个有误差的实际变形曲面，这一变形曲面必定有相对应的最佳吻合抛物面，如图 5-6 所示。这里所指的实际曲面可以是对实际工作的天线通过测量得到的曲面，也可以是设计曲面在设计载荷作用下计算得到的拟合曲面。新的抛物面有新的顶点和焦点，只需将馈源移动到新焦点处即可实现电性能最优。因为表面误差对电性能的影响是在口径面上产生了相位误差，相位误差取决于表面各点误差相互之间的差别，并非绝对值。一般情况下，变形反射面相对于最佳吻合抛物面的均方根误差仅为其相对于原设计抛物面均方根误差的 1/5～1/3。不同的天线结构形式决定着吻合效果的好坏，其吻合精度相对于原始精度的提升幅度也不尽相同。将馈源移到新的焦点，则表面偏差只有对最佳吻合抛物面的偏差，误差就大大减小了。按照最佳吻合抛物面的提法，近似保型设计即保精度设计，确切地说是以吻合精度为优化目标的结构优化问题。

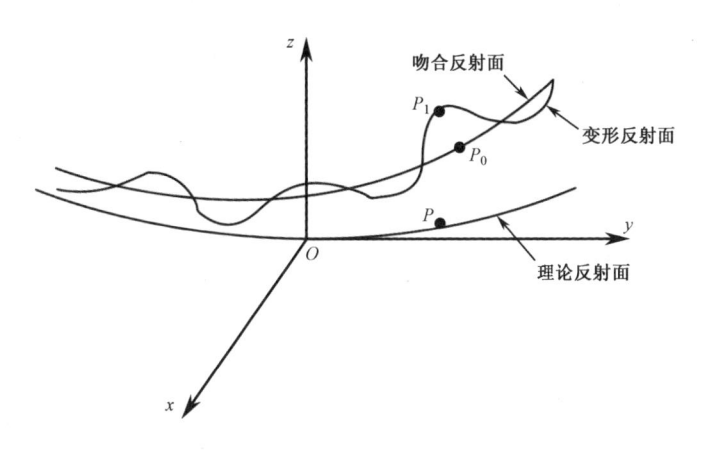

图 5-6　最佳吻合抛物面

目前工程中主要采用近似保型技术，即保精度设计。由于大型天线的广泛应用，国内外对天线结构的保精度设计已经有了长足的发展，保型设计思想也已成功应用在几台著名的大型毫米波反射面天线上。

### 5.3.3　保电性能设计

"保型设计"概念的提出，也正是机电结合的结果。天线是典型的多工况工程结构。作为机电相结合的系统，天线保型的最终目的是使各个工况的电性能最优。随着面天线口径越来越大，电设计人员对结构精度的要求越来越高，有时甚至不可能实现，有学者提出"天线设计的机电一体化"的设计理念。但是，由于根深蒂固的分工制度，以及"机""电"两个学科的巨大差异，很少有人能够同时掌握这两门学科，因此未能带来人们所期望的突破。近 20 年来，西安电子科技大学机电科技研究所投入了大量的精力,对天线结构的机电一体化设计进行了深入研究。

天线总体设计者最终希望远场方向图增益更高、副瓣电平更低。工程实践表明，仅考虑反射面的精度指标难以涵盖以上所有电性能指标。关于系统误差对面天线电性能的影响分析，国内外已经有许多学者进行了研究和探讨，主要从机械结构位移场与电磁场场耦合的角度进行研究。综上所述，保型设计应当基于机电耦合分析，直接将电性能作为保型目标，采用合适的工程结构优化方法对其进行机电综合优化。

## 5.4 大型主动反射面天线结构

随着天线口径越来越大、工作频段越来越高，天线结构越来越复杂，天线电性能对结构变形也越来越敏感，此时移动主、副反射面到最佳匹配位置等传统补偿方法已无能为力，必须主动调整反射面形状，即实现主反射面的主动调整来补偿天线电性能——通过控制天线背架上的促动器主动调整主反射面上分块面板的位置，优化反射面整体面型，以保证天线在高频段工作时，满足高指向精度和高面型精度的苛刻要求。图 5-7 所示是地面大中型射电望远镜天线的发展历程，为进一步提高天线面型精度，大型天线设计与安装调试中提出了多种面型控制方法，如刚性设计、同源设计、天线罩或包裹处理、最佳预调角安装等。而主动反射面是天线结构设计的发展趋势，更是实现高波束指向精度必不可少的一项重要技术。

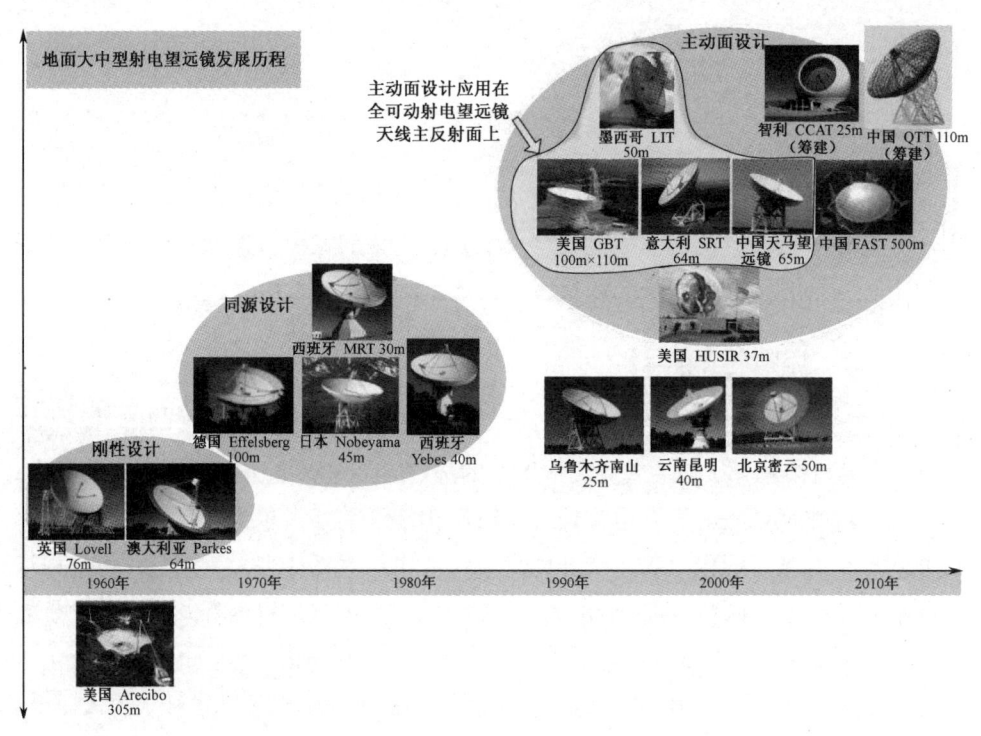

图 5-7 地面大中型射电望远镜天线的发展历程

美国国家射电天文台于 2000 年在美国西弗吉尼亚州 Green Bank 建成了一架

100m 口径的全可动射电望远镜 Green Bank Telescope（简称 GBT），它是目前世界上口径最大的全可动射电望远镜，主要用于射电天文观测。该望远镜主反射面为 100m×110m 口径的偏焦椭圆抛物面，等效为 208m 直径的正焦圆抛物面中的一部分，其等效焦径比为 0.29，焦距为 60m，工作频率为 150MHz～115GHz，反射面精度要求为 0.24mm，指向精度要求为 1.5"。GBT 天线采用偏焦格里高利天线，该结构具有口径面无遮挡的特点，可增加天线的有效接收面积，同时可减小系统噪声、驻波和旁瓣电平；为减小天线结构变形引起的偏焦影响，副反射面可通过 Stewart 平台进行 6 自由度调整，以实现焦点匹配和馈源相位中心调整。由于采用偏焦结构，馈源支撑结构为非对称布局，天线结构设计难度较大，导致最终结构较为复杂且重量高达 7856t。为获得较好的高频性能，要求天线反射面具有较高的表面精度，单纯的被动式结构设计已不能满足精度要求，故 GBT 采用了国际先进的主动反射面调整技术，通过主动调整反射面形状来补偿自重、温度等环境载荷引起的主反射面变形。主动反射面由 2004 块铝面板组成，每块面板通过位于面板 4 个角点的促动器进行驱动调节（图 5-8），每个促动器同时驱动相邻的 4 块面板角点（共享促动器支撑方式），通过控制 2209 个促动器对面型进行调整。

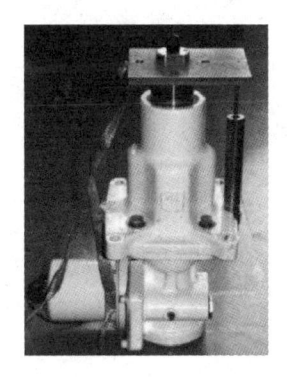

（a）促动器支撑面板　　　　　　　　（b）促动器

图 5-8　美国 Green Bank 大型主动反射面天线

为了达到高频（工作波长为 3mm）工作的面型精度要求，GBT 采用了多种面型测量与调整方法：如采用摄影测量方法进行静态面型调整，使反射面在最佳预调角获得最优面型；采用基于结构有限元模型建立的查找表模型的主动反射面开环调整，修正重力引起的可重复性面型误差；采用快速面型测量技术直接对面型进行实时测量，通过反馈进行主动反射面闭环调整，修正温度等引起的不可预测的面型误差。由于多种环境因素影响，实时面型测量技术未得以成功应用，但后续 GBT 采用了离焦相位恢复微波全息测量技术来实现对不同仰角天线面型的快速测量,得到面型调整模型。由于 GBT 结构庞大,容易受环境载荷影响,故天线建成后经过了十多年的调试,GBT 的面型精度最终达到了 0.24mm,这基本上达到了 GBT 天线结构主动调整的极限。然而,这是在晴朗、无风、温度稳定的夜间得到的,根据 Ruze 公式测算,面型精度可使 GBT 在工作波长为 3mm 时获得约 35%的口径效率。由于 GBT 结构过于复杂且环境条件不稳定,使其无法长期保持较高的面型精度,故无法长期进行高效率的高频观测工作。

上海天马望远镜(TianMa Telescope)是一部由我国自主研制,具有高性能、多科学用途的全可动大型射电望远镜,于 2012 年在中国科学院上海天文台佘山基地落成,它的出现使我国在射电天文领域的研究又上了一个新台阶。该天线主反射面口径为 65m,高约 70m,反射体重量约为 2700t,工作频率覆盖 1.4~46GHz,其主反射面是修正卡塞格伦式,面积达 3780m$^2$,约 9 个标准篮球场大小,启用主动反射面调整前后的面型精度分别是 0.6mm 和 0.3mm,指向精度为 3"。天马望远镜是亚洲 VLBI 网的重要组成部分,并为我国探月工程等深空探测任务的完成提供了强有力的支持,在国内外射电天文领域中发挥了重要作用。

天马望远镜天线主反射面分为 14 圈,共计 1008 块主动面板,在面板和背架之间共用 1104 个促动器,如图 5-9 所示。望远镜的反射面主动促动器由我国自行设计生产,由于面板尺寸较小、调整量为毫米量级,故其许用载荷较小。

"中国天眼"——500m 口径球面射电望远镜(Five-hundred-meter Aperture Spherical radio Telescope,FAST)是一部具有我国自主知识产权、世界最大单口径、最灵敏的非全可动式球面射电望远镜(图 1-16),位于我国贵州平塘独一无二的喀斯特洼地,2016 年建成,其设计工作频率为 130MHz~8.8GHz,目前为 130MHz~3GHz,定向时间约 10min,主反射面采用了主动反射面技术,在地面进行面型的实时控制调整,形成瞬时 300m 口径的抛物面。

图 5-9 上海天马望远镜主动反射面天线

20 世纪 90 年代初,鉴于国际上已有的射电望远镜已经不能满足日益发展的科学需求,国际天文界提出在世纪之交建造大型射电望远镜的建议。为此,中国科学家创新性地提出利用中国贵州喀斯特洼地,独立研制一台新型的大口径天线,即 FAST。

在设计和建造过程中,FAST 工程实现了三项自主创新:①利用贵州天然的喀斯特洼地作为台址；②洼地内铺设数千块单元组成 500m 球冠状主动反射面，球冠反射面在射电源方向形成 300m 口径的瞬时抛物面，使望远镜接收机能与传统抛物面天线一样处在焦点上；③采用轻型柔索拖动机构和并联机器人，实现接收机的高精度动态定位。基于这些创新的设计，FAST 开创了建设超大型射电望远镜的新模式。

主动反射面是 FAST 望远镜的重要组成部分，共有 4450 块反射面板单元，包括 4273 块基本类型和 177 块特殊类型。反射面单元边长为 2.4～10.4m，每块单元重 427.0～482.5kg，厚度约 1.3mm。

大型反射面天线的建造不仅展现了一个国家的经济实力和科技水平，更体现了一个国家对科学研究的重视与追求，特别是在射电天文领域的研究。目前，国际上已建成和正在筹建的大型反射面天线相当多，大都直接采用或改造升级成使用主动反射面技术的主反射面。表 5-3 给出了应用主动反射面的国内外典型射电望远镜天线的主要性能参数。

表 5-3　应用主动反射面的国内外典型射电望远镜天线的性能参数

| 名称 | 口径（m） | 总质量（t） | 工作频率（GHz） | 表面精度（mm） | 指向精度（"） | 建成时间 | 备注 |
|---|---|---|---|---|---|---|---|
| GBT | 100×110 | 7856 | 0.1～116 | 0.24 | 1.5 | 2000年 | 美国 |
| LMT | 50 | 800 | 75～350 | 0.075 | 1.08 | 2008年 | 美国、墨西哥 |
| HUSIR | 37 | 340 | 85～115 | 0.1 | 3.6 | 2010年 | 美国，副反射面可调 |
| CCAT | 25 | — | — | 0.010 | 2 | — | 美国、智利 |
| Effelsberg | 100 | 3200 | 0.395～95 | 1 | 10 | 1972年 | 德国，副反射面可调 |
| SRT | 64 | 3000 | 0.3～115 | 0.15 | 5 | 2011年 | 意大利 |
| 天马 | 65 | 2640 | 1.4～46 | 0.3 | 3 | 2012年 | 中国 |
| FAST | 500 | 馈源舱30 | 0.07～3 | 1～2 | 4 | 2016年 | 中国 |
| QTT | 110 | 6000 | 0.15～115 | 0.2 | 2.5 | 预计2025年 | 中国 |

## 5.5　QTT 110m 反射面天线的结构保型设计

在中国新疆奇台县开建的 QTT 110m 射电望远镜，工作频率为 30MHz～115GHz，建成后将成为世界最大的单口径全可动射电望远镜。它将促进我国在射电天文基础科学研究方面跨入国际前沿，并在引力波探测、黑洞发现、恒星形成、星系起源、深空探测等领域发挥积极且不可替代的作用。QTT 采用了传统的俯仰+方位驱动构型，装配有主动主反射面来补偿自重引起的反射面变形。针对 QTT 110m 天线的高精度设计指标，下面给出一种天线结构保型设计新方案。

### 5.5.1 等柔度支托结构

为满足 110m 天线高表面精度和高指向精度的设计要求，提出的新型的反射体支托结构及传力路径如图 5-10 所示。该反射体支托结构为三维空间桁架结构，由俯仰轴承（A 点）进行支撑，为反射体提供 16 个外部支撑点及 4 个内部支撑点。根据传力路径的特点，可将支托结构划分为三个子结构：悬挂结构、锥形支撑结构及辅助杆件。悬挂结构由 V 形悬挂梁和十字形双层空间桁架结构组成。杆 1-20 形成十字形桁架结构，处于 $x$ 轴方向的杆 1-12 构成俯仰轴，处于 $y$ 轴方向的杆 13-20 则在反射体转动过程中提供面内支撑。连接十字形框架的顶点，构成了一个八边形框架。锥形支撑结构由交于锥形顶点的 16 根斜撑杆和连接斜撑杆的十六边形框组成。十六边形框的每个角点与八边形框通过两个水平连杆进行连接。

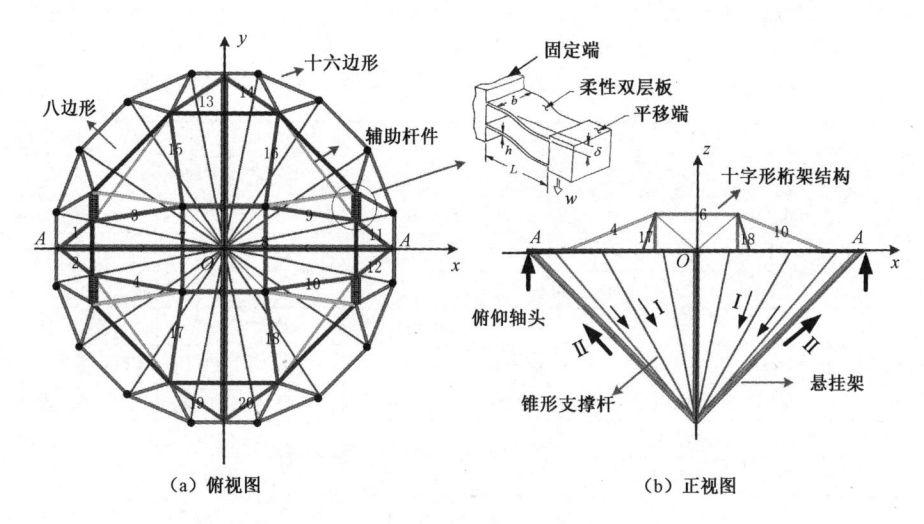

图 5-10 反射体支托结构及传力路径示意图

不同于 Effelsberg 100m 望远镜只在中心轴线（$z$ 轴）上对反射体结构提供支撑，新型支托结构的俯仰轴（$x$ 轴）与反射体之间有额外的刚性连接。由于俯仰轴支撑点（A 点）为硬点支撑，而垂直于俯仰轴方向（$y$ 向）的支撑刚度较弱，因此可采用柔性双层板结构来改善这个问题。当柔性双层板结构平移端受到竖直方向的载荷时，由于板单元的变形存在反弯点，使得平移端仅为竖向平移的变形，同时该结构也可保留轴向载荷的承载能力。平移量可按如下公式计算

$$\delta = \frac{WL^3}{2Ebh^3} \tag{5-1}$$

对应的最大应力为

$$\sigma_{\max} = \frac{3WL}{2bh^2} \tag{5-2}$$

仰天工况下，反射体的大部分自重载荷可先通过 16 根斜撑杆传递到锥形支撑结构的顶点（路径 I），然后由悬挂梁传递到俯仰轴支撑点（路径 II）。由于采用了柔性双层板结构，使得 16 个支撑点为近似等柔度支撑，保证了圆对称结构形式的变形。十字形桁架结构减小了指平工况下支撑位置的偏心程度，十字形桁架结构中的辅助杆件，则使得指平工况下反射体的载荷能够直接传递到俯仰轴承上，这些都在一定程度上减小了反射体的"S"形变形。此外，由于俯仰轴采用了双层的空间桁架结构取代传统的俯仰通轴结构，并增加了俯仰轴与反射体之间的连接杆，从而提高了反射体绕 $z$ 轴的抗扭转刚度和风荷下望远镜的指向精度。

### 5.5.2 反射体结构

在划分反射体的面板时，按照单块面积不大于 $5m^2$ 的原则，整个反射面划分为 23 环，每一环又划分成若干块，由内向外，每环中的面板块数逐渐增多，最内环有 48 块面板，最外环有 192 块面板，总的面板数量为 2976 块，如图 5-11 所示。考虑到反射体中心馈源位置及副反射面的遮挡，面板分布在半径[6m,55m]的区域内。

反射体的背架结构为图 5-12 所示的空间桁架结构。为了对面板提供支撑，背架由 48 片主辐射梁、相邻主辐射梁之间的次辐射梁和环梁构成。主辐射梁与次辐射梁通过上、下弦杆的拉/压力来提供背架的弯曲刚度，环梁通过限制辐射梁的面外变形来确保辐射梁的稳定性。

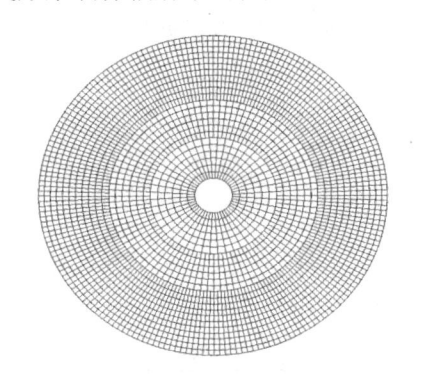

图 5-11 天线的面板分块示意图 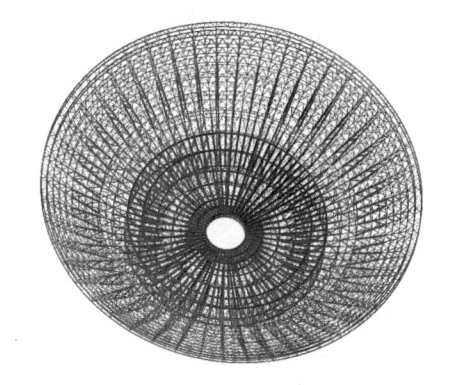　　图 5-12 天线反射体的背架结构

### 5.5.3 俯仰整体结构

将反射体及其支托结构进行组合，即可得到图 5-13 所示的俯仰结构剖视图，反射体的支撑位置位于口径 43%处。

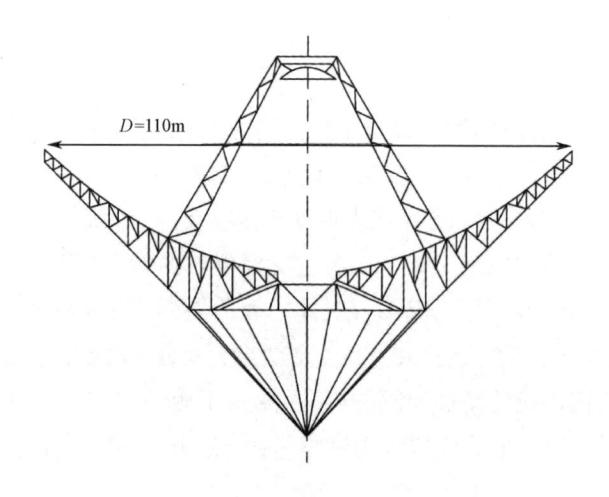

图 5-13  天线的俯仰结构剖视图

## 5.5.4 天线结构设计结果

有了俯仰结构的拓扑形式后，即可对俯仰结构进行优化。俯仰结构为一空间桁架结构，设计变量主要为杆件截面尺寸，优化目标是极小化结构的重量。背架结构和支托结构为空心管单元，设计参数为管径及壁厚，柔性双层板结构采用壳单元建模。考虑到俯仰结构的对称性及优化的复杂度，将俯仰结构的杆件归并为 77 类，其中支托结构 11 类，背架结构 66 类。在优化设计过程中，为了简化建模，特将面板等效为质量点，施加到背架结构上弦节点上。

考虑到副反射体支撑腿可以穿过反射面，支撑到反射体支托结构上，以消除它所引起的反射面局部变形，这里的分析暂时未考虑其对主反射体的影响。优化后，在自重载荷作用下，天线俯仰结构的变形云图见图 5-14，仰天和指平工况下的最大位移量分别为 37.1mm 和 79.9mm。指平工况下的变形较大，是因为在自重载荷下反射体在指平时会有整体的转动位移。吻合后的口径面半光程差云图见图 5-15，对应的吻合参数见表 5-4。

可以看出，仰天工况下 16 个支撑点对变形的影响，虽然采用了柔性双层板结构，但是由于望远镜的支撑方式并不是圆对称的，故变形也不完全对称。选择预调角可使望远镜在仰天和指平工况下的表面精度一致。当预调角为 46°时，整个俯仰角下的表面精度优于 0.3mm。

风荷作为反射面天线工作时的重要载荷之一，也会影响天线的表面精度和指向精度。分析时，一般先根据风压测量数据插值得到天线面板的风压系数，然后计算等效风力。QTT 所处台址风速小于 4m/s 的时间占比约为 70%，对该风速下天线的主反射面变形进行分析，分别计算天线在仰角为 0°、60°、90°和 120°

（60°风背吹）时的风压系数及对应的风荷，分析得到结构的变形云图如图 5-16 所示，一些主要结果在表 5-5 中给出。可以看出，4m/s 风速下，天线在风正吹、仰角为 60°时的表面精度最差，约为 0.1mm；在风背吹、仰角为 120°时的指向精度最差，为 11.61"。

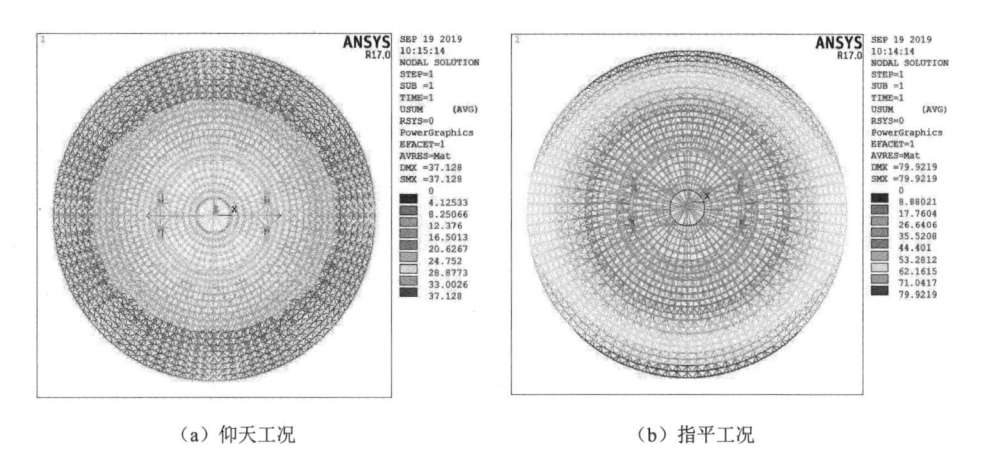

（a）仰天工况　　　　　　　　　　（b）指平工况

图 5-14　不同工况下天线俯仰结构的变形云图

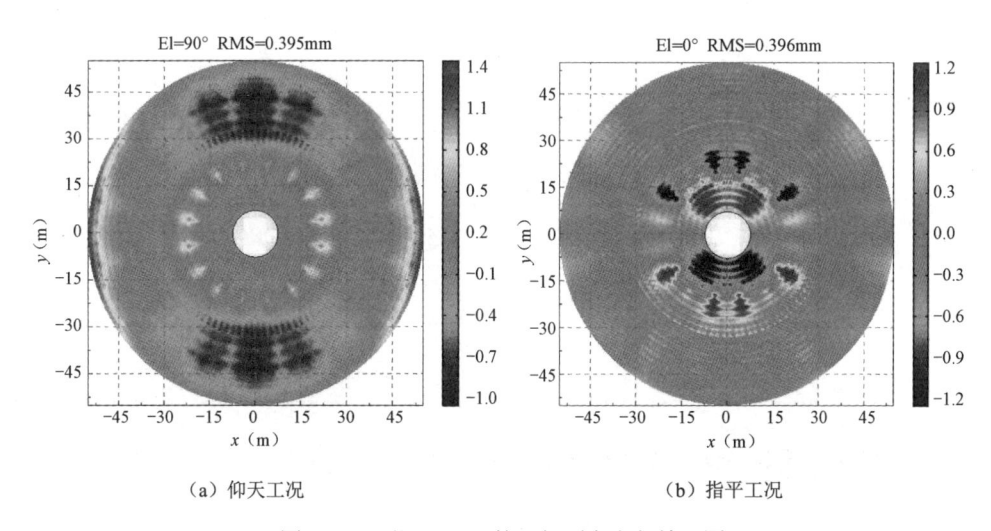

（a）仰天工况　　　　　　　　　　（b）指平工况

图 5-15　不同工况下的口径面半光程差云图

表 5-4　自重载荷下的吻合参数

| 拟 合 参 数 | $\Delta y$（mm） | $\Delta z$（mm） | $\Delta F$（mm） | $\theta_x$（rad） | RMS（mm） |
|---|---|---|---|---|---|
| 指平工况 | 161.8 | 0 | 0 | 0.0032 | 0.37 |
| 仰天工况 | 0 | -26.5 | 22 | 0 | 0.40 |

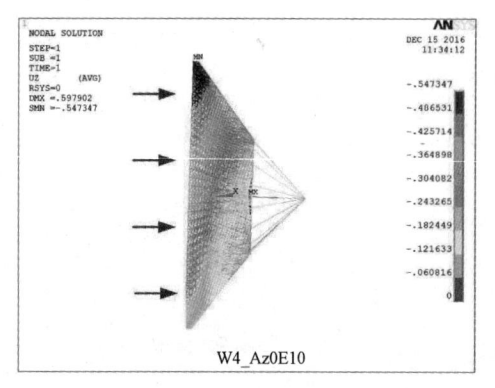

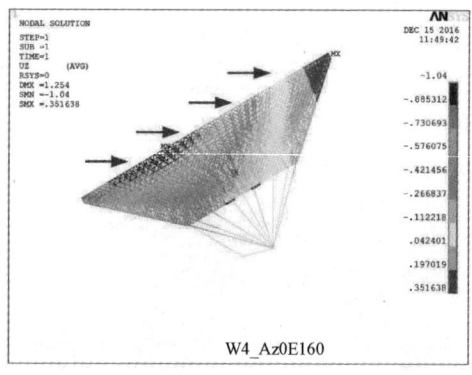

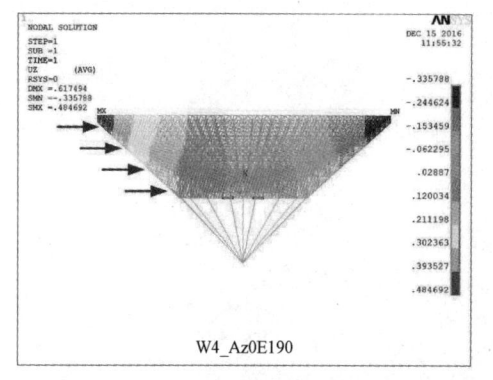

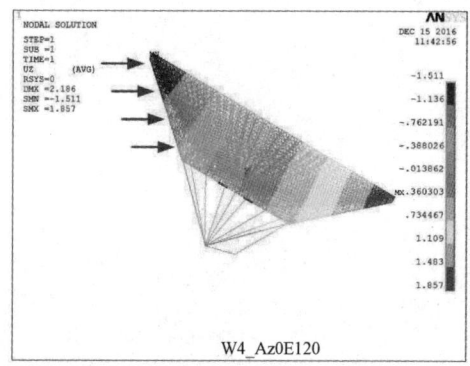

图 5-16　几种不同仰角下风正吹时天线结构的变形云图

表 5-5　4m/s 风速下天线在几种典型仰角下的精度指标

| 工况 | | z 向最大位移（mm） | 表面误差（mm） | 盲指误差（"） |
|---|---|---|---|---|
| 风荷 4m/s | Az=0°，El=0° | −0.547 | 0.0066 | 0.84 |
| | Az=0°，El=60° | −1.040 | 0.0974 | 4.18 |
| | Az=0°，El=90° | 0.485 | 0.0166 | 2.44 |
| | Az=180°，El=60° | 1.857 | 0.0351 | 11.61 |

## 5.6　反射面天线背架的索桁组合结构设计

在特定结构中引入预应力索，可以改变结构正常工作时的应力分布，减小结构变形，索的使用可以有效降低结构自重。索在星载天线中应用广泛，在地基天线的副反射面支撑腿设计中也有应用，其可以提高副反射面支撑腿的刚度及基频，这样可以减少支撑腿对主反射面的遮挡。但在地基反射面天线的反射体结构中，索的使用较少。如果对于天线结构力学特性有深刻的理解，如已经知道如何布置预应力索，则可以通过优化预应力及背架结构尺寸来得到合理的结构。然而，对于不能深入理解结构特性的设计者，则很难进行预应力索的布置。一种引入预应力索的最直接方法就是将始终受拉的杆件替换成更高强度的索。但对于天线结构来说，由于其受力的特殊性，该方法是无效的。这是因为地基反射面天线的主要受力载荷为自重，当反射面天线指向由指平变成仰天时，天线的受力发生变化，杆件可能由受拉变成受压，或者相反，因此并不能简单地通过替换来确定索的布局。

拓扑优化方法可以用来确定材料的分布，对于桁架结构可以采用基结构法高效地确定杆件的分布。但是，对于预应力索桁结构来说，其优化更复杂，这是由于索桁结构中包含了三种不同类型的单元，即索单元、杆单元及空单元（无杆/索连接），其本质为离散变量拓扑优化问题。

连续化策略在拓扑优化中被广泛使用，这是因为变量连续化后，可以采用基于梯度的算法对优化模型进行高效求解。受此启发，此处我们分析了索桁单元的特点，引入了初始缺陷长度这一连续变化的设计变量，得到了连续变量拓扑优化模型，该模型可以利用基于梯度的算法高效求解，为天线背架中索桁组合结构的优化设计提供了一种思路。

### 5.6.1　索桁组合结构拓扑优化的数学描述

索桁组合结构拓扑优化中，拓扑变量为单元的属性。以单元类型、构件横截面积及索张力值为设计变量，以表面精度、固有频率及许用应力为约束，以天线结构质量最小为目标函数的索桁背架结构拓扑优化模型 PI 可写成如下形式

$$
\begin{aligned}
\text{find} \quad & \boldsymbol{t} = [t_1, t_2, t_3, \cdots, t_N]^{\text{T}} \\
& \boldsymbol{A} = [A_1, A_2, A_3, \cdots, A_{\text{NE}}]^{\text{T}} \\
& \boldsymbol{T} = [T_1, T_2, T_3, \cdots, T_{\text{NC}}]^{\text{T}} \\
\min \quad & W = \sum_{e=1}^{\text{NE}} \rho_e A_e l_e \\
\text{s.t.} \quad & \boldsymbol{K}\boldsymbol{U}_j = \boldsymbol{P}_j, \quad j = 1, 2, \cdots, M \\
& \delta_{\text{rms}} - \overline{\delta}_{\text{rms}} \leqslant 0 \\
& \underline{f} - f \leqslant 0 \\
& |t_i|(\sigma_{ij} - \sigma_i^u) \leqslant 0 \\
& |t_i|(\sigma_i^l - \sigma_{ij}) \leqslant 0 \\
& t_i \in [-1, 0, 1], \quad i = 1, 2, \cdots, N \\
& A_e > 0, \quad e = 1, 2, \cdots, \text{NE} \\
& T_k > 0, \quad k = 1, 2, \cdots, \text{NC}
\end{aligned} \quad (5\text{-}3)
$$

式中，$t_i$ 为拓扑变量，取值 0、1、-1（0 代表空单元，1 代表杆单元，-1 代表索单元）；$T_k$ 为第 $k$ 类索的预张力；$N$、NE、NC 分别为结构中单元、非空单元及索单元的数量；$M$ 为工况数；$A_e$、$\rho_e$、$l_e$ 分别为第 $i$ 号单元的横截面积、密度和

长度；$K$ 为刚度阵，$U_j$ 为节点位移向量，$P_j$ 为等效节点载荷；$\bar{\delta}_{\text{rms}}$ 和 $\underline{f}$ 分别为表面误差均方根值上限及基频下限。

$$N^{\text{T}}F = P^m \tag{5-4}$$

式中，$P^m$ 是节点外力载荷；$N$ 为几何矩阵；$F$ 为单元的内力向量。

索桁组合结构中产生预应力的原因是索单元的初始缺陷长度。对拉索施加预应力的过程实际上是将具有初始缺陷长度的拉索通过张拉设备强迫就位的过程。因此，$F$ 可以划分为两部分，即杆单元的内力 $F^b$ 和索单元的内力 $F^c$，杆单元和索单元的本构方程则分别为

$$F^b = K_e^b \Delta^b \tag{5-5}$$

$$F^c = K_e^c (\Delta^c - D^c) \tag{5-6}$$

式中，$K_e$ 为单元刚度阵；$\Delta$ 为单元的变形向量；$D^c$ 为索单元的缺陷长度，指的是名义长度与零应变长度的差值。实际上，也可假设杆含有零初始缺陷长度，即 $D^b = 0$，则以上两式可统一写成

$$F = K_e \Delta - K_e D \tag{5-7}$$

式中，等号右端第二项即为初始缺陷长度引起的预应力载荷。这样一来，对于杆/索单元来说，它们均对应一初始缺陷长度，对于索单元 $D_i > 0 [D=(D_i)^{\text{T}}]$，预应力大小是初始缺陷长度的函数，而对于杆单元则 $D_i = 0$。因此，可以引入初始缺陷长度作为松弛变量来表征索杆的转换。

此外，索单元不能承受压应力，故 $0 \leqslant \sigma^c \leqslant \sigma^{uc}$，而杆单元能承受拉压两种应力，故 $\sigma^{lb} \leqslant \sigma^b \leqslant \sigma^{ub}$，并且索单元的许用拉应力一般远大于杆单元，即 $\sigma^{uc} > \sigma^{ub}$。因此，可将两种单元对应的许用应力与初始缺陷长度写成如下形式

$$\begin{cases} \sigma^{lb} \leqslant \sigma \leqslant \sigma^{ub}, & D_i = 0 \\ \sigma^{lc} \leqslant \sigma \leqslant \sigma^{uc}, & D_i > 0 \end{cases} \tag{5-8}$$

以初始缺陷长度为 $x$ 轴，以单元的许用应力为 $y$ 轴，将杆/索单元的相应量绘制在同一坐标系下（图5-17）。可以看出，$D_i = 0$ 处许用应力是阶跃的，如图5-17（a）所示。为了求得应力约束函数关于初始缺陷长度的梯度信息，还需要对许用应力进行连续平滑处理。

考虑到 Sigmoid 函数集具有连续、光滑、有界的特性，故非常适合对阶跃函数进行连续化，其公式如下

$$y = 2a - b + 2(b-a)/(1+e^{-\beta x}), \; x \geqslant 0 \tag{5-9}$$

可以看出，当 $x=0$ 时，$y=a$，随着 $x$ 的增大，函数值趋于上限 $b$。图5-18 给出了不同 $\beta$ 值对应的函数曲线。Sigmoid 函数还具有一个很好的特性，即随着陡度参数 $\beta$ 的不断增大，该函数不断趋于阶跃函数。

(a) $D=0$ 处非连续　　　　(b) 连续化策略

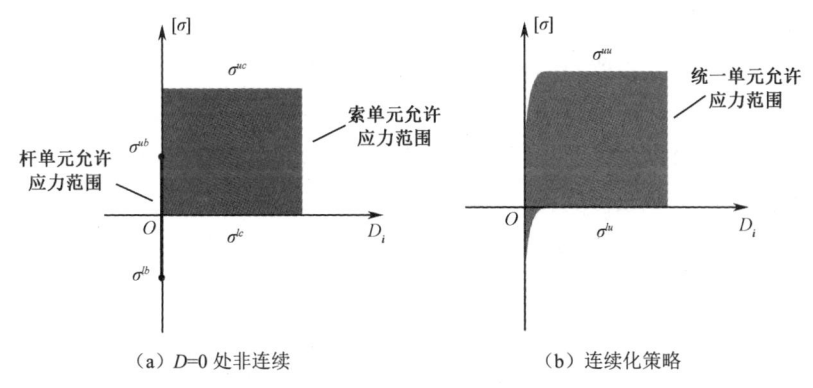

图 5-17　$D_i-[\sigma]$ 关系图

将杆/索单元许用应力利用式(5-9)连续化后,则实现了许用应力的统一表示。假设对应的单元为统一单元,其许用应力可表示为

$$\begin{cases} \sigma^{uu}=2\sigma^{ub}-\sigma^{uc}+2(\sigma^{uc}-\sigma^{ub})/(1+e^{-k^u D_i}) \\ \sigma^{lu}=2\sigma^{lb}-\sigma^{lc}+2(\sigma^{lc}-\sigma^{lb})/(1+e^{-k^l D_i}) \end{cases} \quad (5\text{-}10)$$

连续化后的许用应力如图 5-17（b）所示。其他材料属性也可采用类似的连续化策略。至此,通过引入包含空单元的截面积和初始缺陷长度这两类连续变量,并利用 Sigmoid 函数将杆/索许用应力统一处理,就将原来的杆/索离散拓扑优化问题转化为一个等价的连续变量优化问题。考虑到初始预应力与初始缺陷之间有 $\varepsilon_i = D_i / l_i$,优化模型 PI 可转化为如下等效优化模型 PII

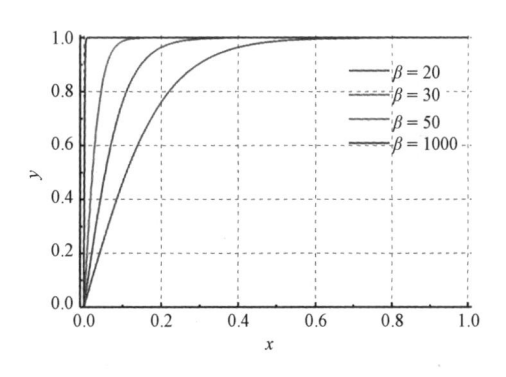

图 5-18　Sigmoid 函数集示意图（$a=0$，$b=1$）

$$\begin{aligned}
&\text{find} \quad \boldsymbol{A}=[A_1,A_2,A_3,\cdots,A_N]^{\mathrm{T}} \\
&\qquad\quad \boldsymbol{\varepsilon}=[\varepsilon_1,\varepsilon_2,\varepsilon_3,\cdots,\varepsilon_N]^{\mathrm{T}} \\
&\text{min} \quad W=\sum_{i=1}^{N}\rho_i A_i l_i \\
&\text{s.t.} \quad \boldsymbol{K}\boldsymbol{U}_j=\boldsymbol{P}_j^m+\boldsymbol{N}^{\mathrm{T}}\boldsymbol{K}^e\boldsymbol{L}\boldsymbol{\varepsilon}, \quad j=1,2,\cdots,M \\
&\qquad\quad \delta_{\mathrm{rms}}-\bar{\delta}_{\mathrm{rms}}\leqslant 0, \ \underline{f}-f\leqslant 0 \\
&\qquad\quad A_i(\sigma_{ij}-\sigma_i^{uu})\leqslant \zeta, \ A_i(\sigma_i^{lu}-\sigma_{ij})\leqslant \zeta \\
&\qquad\quad \zeta^2-A_i\leqslant 0, \quad i=1,2,\cdots,N \\
&\qquad\quad \varepsilon_i\geqslant 0, \quad i=1,2,\cdots,N
\end{aligned} \quad (5\text{-}11)$$

优化模型 PII 解决了结构中存在离散单元类型所带来的优化难题，但值得注意的是，连续化的许用应力策略会引入人为的许用应力区域，该区域的单元并非实际存在的，这可类比连续体拓扑优化中的中间密度，称该区域为灰度区域。圆整法和罚函数法可以用来避免单元陷于灰度区域。例如，如果优化结果中有单元陷于过渡区域，圆整法可以将其圆整到与其许用应力最接近的单元，但该方法难以对预应力进行圆整。罚函数法则是通过在目标函数中增加罚函数项来解决问题，但因惩罚因子取值不易确定，实际使用时效果不好。

注意到当 $\beta$ 较大时，Sigmoid 函数趋于阶跃函数，这时单元许用应力趋于与杆或者索一致，所得的最优解即为确定的索桁组合结构。但在迭代初期，过大的 $\beta$ 会限制单元在索与杆之间的转换，因此初始的 $\beta$ 应设为一小量，这会使得优化充分进行。随着优化迭代的进行，$\beta$ 应逐渐增大，以避免初始缺陷长度陷于过渡区域。因此，可以对 $\beta$ 的取值采取以下迭代策略

$$\beta^{K+1} = \gamma \beta^{K} \tag{5-12}$$

其中，$\gamma > 1$，以保证随着迭代的进行，$\beta$ 不断增大。

### 5.6.2 天线结构优化实例

传统的 8m 天线反射体结构如图 5-19 所示，由面板和背架组成。面板共三环，重 30kg/m²，它对背架结构刚度贡献很少，只作为自重载荷施加到对应的上弦节点上。背架由 12 片主辐射梁、相邻辐射梁间的环梁及对角斜杆组成，整个反射体共有 420 根杆件。优化时，约束最内环的下弦节点，显然这是理想化的约束方式，相当于反射体有 12 个等柔度支撑点。

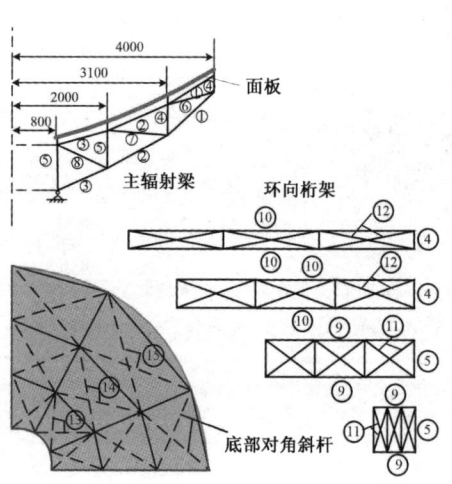

(a) 反射体整体结构 　　　　(b) 四分之一背架结构

图 5-19　8m 天线反射体结构

对于桁架背架，设计变量为杆件的截面积；而对于索桁背架，则增加了初始缺陷长度/初始预应力这一设计变量。为了进行对比，分别进行了索桁组合背架结构和纯桁架背架结构的优化。考虑到背架的圆对称性，且为了减少变量个数，将420根杆件归并为15类，具体编号见图5-19。两种结构具有相同的性能约束，即自重载荷下面型精度均小于0.03mm，固有频率均大于10Hz。该算例中，杆和索的弹性模量取一致，材料参数见表5-6。优化初始值 $A^{(0)} = 250 mm^2$，$\varepsilon^{(0)} = 10^{-5}$，$\beta^{(0)} = 1$，$\gamma = 1.15$，$\zeta = 1e-9$。

表5-6 材料参数

| 参数 | $\rho$ | $E$ | $\sigma^{ub}$ | $\sigma^{lb}$ | $\sigma^{uc}$ | $\sigma^{lc}$ |
|---|---|---|---|---|---|---|
| 单位 | t/mm² | MPa | MPa | MPa | MPa | MPa |
| 数值 | 7.85×10⁻⁹ | 2.1×10⁵ | 200 | 150 | 800 | 0 |

优化后可得到如图5-20所示的结构，其中索桁背架中，最外面两环及两环间交叉连接处为索，其余为杆。优化后的设计参数见表5-7。可以看出，索桁背架结构中10及15组的初始应变远大于 $1×10^{-8}$，为索单元；其他13组对应的初始应变均为0，为杆单元。

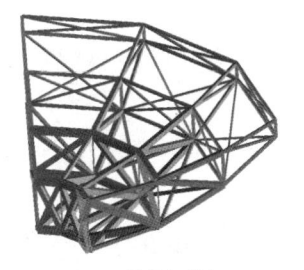

（a）纯桁架背架 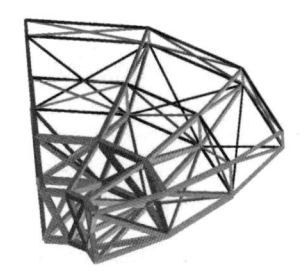　　　　　　（b）索桁组合背架

图5-20　8m天线结构优化结果

表5-7　设计变量的优化结果

| 类别 | 桁架背架 A（mm²） | 索桁组合背架 A（mm²） | 初始应变 | 类别 | 桁架背架 A（mm²） | 索桁组合背架 A（mm²） | 初始应变 |
|---|---|---|---|---|---|---|---|
| 1 | 96.69 | 91.23 | 0 | 9 | 495.11 | 476.42 | 0 |
| 2 | 286.39 | 217.19 | 0 | 10 | 80.59 | 51.55 | 4.016×10⁻⁵ |
| 3 | 151.49 | 210.87 | 0 | 11 | 277.44 | 280.41 | 0 |
| 4 | 119.47 | 94.08 | 0 | 12 | 45.75 | 36.42 | 0 |
| 5 | 23.64 | 2.40 | 0 | 13 | 445.47 | 272.36 | 0 |
| 6 | 66.47 | 67.83 | 0 | 14 | 109.64 | 79.31 | 0 |
| 7 | 270.83 | 210.51 | 0 | 15 | 36.40 | 30.86 | 1.725×10⁻⁴ |
| 8 | 455.59 | 354.26 | 0 | | | | |

传统背架结构与索桁背架结构的性能指标对比见表 5-8。可以看出，天线的精度约束为主动约束，固有频率为非主动约束。在保持同等精度的条件下，索桁背架自重降低了 15.78%，固有频率提升了 0.21Hz。

表 5-8　两种天线背架结构的性能指标对比

| 参　　数 | | | 8m 桁架背架 | 8m 索桁背架 |
|---|---|---|---|---|
| 重量（kg） | | | 743.07 | 625.85 |
| 面型精度（mm） | | | 0.03 | 0.03 |
| 基频（Hz） | | | 10.98 | 11.19 |
| 应力范围（MPa） | 指平 | 杆单元 | −17.06～17.06 | −17.93～17.55 |
| | | 索单元 | — | 1.24～36.01 |
| | 仰天 | 杆单元 | −7.27～5.17 | −12.26～4.54 |
| | | 索单元 | — | 6.86～30.52 |

# 参 考 文 献

[1] 依姆布里亚尔. 深空网大天线技术[M]. 李海涛, 译. 北京：清华大学出版社, 2006.

[2] CHENG J Q. The principles of astronomical telescope design[M]. Germany: Springer, 2009.

[3] WIELEBINSKI R. The Effelsberg 100-m radio telescope[J]. Natural Sciences, 1971, 58(3):109-116.

[4] SRIKANTH S, NORROD R, KING L, et al. An overview of the Green Bank Telescope[J]. Antennas and Propagation Society International Symposium, 1999, 16(3):1548-1551.

[5] 向德琳, 黄光力. 德令哈 13.7 米毫米波射电望远镜选题和发展前景的讨论[J]. 紫金山天文台台刊, 1994(4):35-44.

[6] 顾建星. 佘山 25 米天线导轨问题对指向误差影响的研究[J]. 中国科学院上海天文台年刊, 1994(15):205-211.

[7] 王陈, 韩金林, 孙晓辉, 等. 乌鲁木齐南山站 25m 射电望远镜在 6cm 波段对地面辐射的总功率响应[J]. 天文研究与技术, 2007(2):181-187.

[8] 张晋, 王娜, 等. 乌鲁木齐 25m 射电望远镜的单天线观察研究[J]. 天文学进展, 2000,18(4):271-282.

[9] 张巨勇, 施浒立, 张洪波, 等. 40m 射电望远镜副面和馈源偏移误差分析[J].

天文研究与技术, 2007,4(1):42-47.

[10] 郑元鹏. 50m 口径射电望远镜反射面精度分析[J]. 无线电通信技术, 2002(5): 17-18.

[11] 刘国玺, 郑元鹏, 冯贞国. 65m 射电望远镜天线地震安全性分析[J]. 电子机械工程, 2011(2):58-61.

[12] 段宝岩. 电子装备机电耦合理论、方法及应用[M]. 北京：科学出版社, 2011.

[13] 段宝岩. 天线结构分析、优化与测量[M]. 西安：西安电子科技大学出版社, 1998.

[14] HOERNER S V. Design of large steerable antennas[J]. Astronomical Journal, 1967, 72(72):35-47.

[15] 叶尚辉, 陈树勋. 天线结构优化设计的最佳准则法[J]. 西北电讯工程学院学报, 1982,1:11-28.

[16] VON HOERNER S. WONG Woon-Ying. Gravitational deformation and astigmatism of tiltable radio telescopes[J]. IEEE Transactions on Antennas and Propagation, 1975, 23(5):689-695.

[17] 段宝岩. 天线结构拓扑、形状与机电综合优化设计[D]. 西安：西安电子科技大学, 1989.

[18] WANG C S, DUAN B Y, QIU Y Y. On distorted surface analysis and multidisciplinary structural optimization of large reflector antennas[J]. Struct. Multidisc. Optim., 2007, 133(6):519-528.

[19] 叶尚辉, 李在贵. 天线结构设计[M]. 西安：西北电讯工程学院出版社, 1986.

[20] DELEGLISE G, GEFFROY N, LAMANNA G. Large size telescope camera support structures for the Cherenkov telescope array[J]. arXiv preprint arXiv:1307. 2988, 2013.

[21] 冯树飞. 大型全可动反射面天线结构保型及创新设计研究[D]. 西安：西安电子科技大学, 2019.

[22] FENG S F, WANG C S, DUAN B Y, et al. Design of tipping structure for 110m high-precision radio telescope[J]. Acta Astronautica, 2017, 141:50-56.

[23] FENG S F, DUAN B Y, WANG C S, et al. Topology optimization of pretensioned reflector antennas with unified cable-bar model[J]. Acta Astronautica, 2018, 152:872-879.

[24] FENG S F, DUAN B Y, WANG C S, et al. Novel worst-case surface accuracy evaluation method and its application in reflector antenna structure design [J]. IEEE Access, 2019, 7:140328-140335.

# 第 6 章
# 空间可展开天线结构设计

【概要】

本章阐述了空间可展开天线设计的基本理论。首先，阐述了空间可展开天线结构的四个主要特点和五种常见的可展开天线结构形式；其次，论述了网状可展开天线的形态优化设计；最后，阐述了面向星载可展开天线的综合设计平台，包括平台的基本框架与流程、关键技术及应用效果。

## 6.1 概述

空间可展开天线被广泛应用于通信、侦察、导航、遥感、深空探测及射电天文等领域，是卫星系统的"眼睛"和"耳朵"，起着决定性的作用。对空间可展开天线的要求是，高精度（高频段）、大口径（高增益）、轻质量、高收纳比。目前，常见的可展开天线结构形式有环形桁架式、单元构架式、折叠肋式、缠绕肋式、索杆张拉式、环柱式、柔性自回弹式等。可展开机构作为天线的骨架，占据可展开天线质量的主要部分，直接决定了天线的刚度和固有频率，是可展开天线设计的关键。可展开机构除具有展收功能外，还要求具有质量轻、展开刚度大和展开精度高等性能，尤其是天线工作在空间高真空与温度交变环境下，对天线的展开可靠性和热稳定性也提出了很高的要求。本章将对空间可展开天线的结构特点、分析设计要求，以及开发的可展开天线综合设计平台进行阐述。

## 6.2 空间可展开天线结构特点

空间可展开天线结构的主要特点如下。

### 1. 大口径

从 20 世纪 70 年代初开始，对卫星与卫星之间、卫星与地面之间的通信要求不断提高，星载天线口径不断增大，如美国宽带全球局域网络（BGAN）需要口径不小于 9m 的天线，波音卫星系统公司的海事通信卫星搭载的天线口径也均在 12m 以上，美国的 Thuraya 卫星天线口径为 12.25m，美国的 Harris 卫星天线口径为 18m，日本的试验卫星 ETS-VIII 天线口径为 19m×17m，有报道称美国的地球静止轨道侦察卫星口径已达到 50m。

### 2. 可展开

随着航天事业的快速发展，为满足多功能、多波段、大容量、高功率、高增益的需求，空间可展开天线的口径不可避免地趋于大型化，天线口径或机构展开尺寸达到数十米甚至百米。然而，由于现有火箭整流罩尺寸与发射费用的限制，要求星载天线质量轻且收拢体积小，故当天线尺寸超过航天运载工具的整流罩所能容纳的范围时，卫星发射时天线必须折叠起来收纳于整流罩内，当卫星入轨后，天线靠自带的动力源自动展开。机构的可展性使得大口径空间天线的设计与应用成为现实。可展开天线机构的设计就是要实现大折展比，即发射状态的收拢体积小，展开状态的口径大。

#### 3. 轻质量

由于航天器通过发射工具克服地球引力被运载到轨道需要耗费巨大的能量，因此，减小质量是航天器结构与机构永恒的设计目标。空间天线的质量是其设计过程中严格限制的约束条件，通常通过设计新的结构形式和采用新的轻质材料来减小天线的质量。例如，在结构设计上，多采用弹性驱动、弹性自展开或充气等形式；而对天线反射面，则采用柔性网面、薄膜等材料。

#### 4. 高精度

随着卫星通信技术的迅速发展，卫星间的通信变得越来越重要，这类通信联系需要更高频率，这自然对天线反射器表面精度的要求就更高。要保持天线在真空、高低温交变和微重力空间环境下的工作性能，就要求天线结构必须具有高稳定特性，即热稳定、高精度和高刚度性能。天线的结构形式和材料需要能够适应大范围的温度变化，受热变形要小，且具有足够的刚度来抵抗空间的各种扰动。

## 6.3 常见的可展开天线结构形式

自从 20 世纪 70 年代进入航空航天时代，已经出现了众多可展开天线结构形式，广泛应用于深空探测、通信与广播、电子侦察等方面。为适应各种不同的应用场景，星载可展开天线的结构形式也相应地发展成不同的类型，其分类方法也各不相同。国内外相关论著对可展开天线的典型结构形式与应用案例研究较多，在此仅对其内容简要介绍如下。

#### 1. 固面可展开天线

固面天线一般由一个布置在中心的中心毂和沿中心毂辐射方向的若干块刚性面板组成，天线反射面材料大多为金属板或者碳纤维材料。这类天线的反射面可加工成具有较高精度的曲面，因而这种天线的显著特点是反射面的精度高。在固面可展开天线技术领域，国外较早开展了收展方案、空间机构、精度保持等方面的研究并取得了令人满意的技术成果。目前，已公开报道且在轨运行的固面可展开天线为俄罗斯2011年7月发射的RadioAstron天线，其口径为10m，面型精度为0.5mm（RMS），其收拢态和展开态如图6-1所示。其余的报道多为原理方案或样机研制方面，如TRW公司研制的太阳花天线，日本东芝公司研制的改进太阳花天线，ESA/Dornier公司研制的DAISY天线、MEA天线，以及DSL研制的SSDA天线等。然而，这类天线也具有结构笨重、造价高、收拢体积大的缺陷，目前在大口径卫星天线上应用较少。

（a）收拢态　　　　　　（b）展开态

图6-1　RadioAstron天线

### 2. 环形桁架可展开天线

环形桁架可展开天线一般由可展开环形桁架和索网组成，可展开环形桁架位于周边，中间部分是柔性索网，并由镀金钼丝网反射电磁信号，如图6-2所示。环形桁架是由一系列平行四边形机构同步展开而形成的结构，环形天线的结构形式适应不同的口径要求，其质量不会随面积的增大而成比例地增大。环形桁架天线在发射状态时收拢在卫星星体旁，发射入轨后在空间无重力、高低温环境下展开至指定位置，其研制难度大，又因为其极大的应用价值，成为目前学术研究和工程应用领域的热点之一。

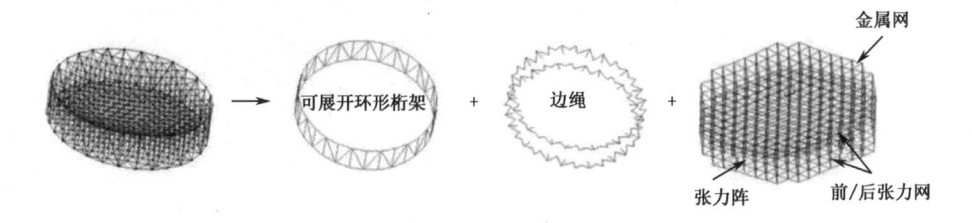

图6-2　星载环形桁架可展开天线的组成

### 3. 肋式可展开天线

相较于环形桁架可展开天线，肋式可展开天线的设计更为灵活、更具多样性，如径向肋式可展开天线、缠绕肋式可展开天线等。肋式天线一般由张力索网构成反射面并维持天线的面型精度，由可展开肋条构成支撑整体结构的骨架，索网结构由肋条支撑，金属反射丝网贴附于前索网上，丝网面的精度直接决定了天线系统的工作性能。

早在 1989 年，美国发射的数据中继卫星 TDRS 就应用了径向肋式可展开天线［图 6-3（a）］，该卫星工作在 S 和 K 波段，集成在美国伽利略木星探测器上。由于刚性肋无法折叠，大大减小了此类天线的折展比，限制了它的发展。20 世纪 60 年代，洛克希德公司（Lockheed）开始了缠绕肋折展天线的研究。收拢时，天线的弹性肋沿着网面的方向缠绕在旋转中心轴上；展开时，绳索被切断，弹性肋凭借自身储存的弹性势能反向驱动展开，从而使一系列的肋条形成抛物面支撑，如图 6-3（b）所示。美国的 AFS-6 卫星上使用的缠绕肋天线口径为 9.1m，其收拢直径为 2m，收拢高度为 0.45m。

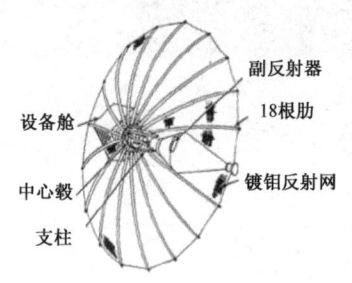

(a) 径向肋式可展开天线

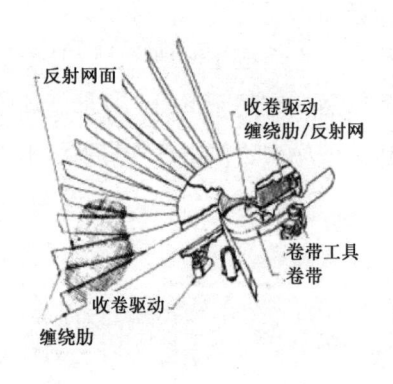

(b) 缠绕肋式可展开天线及其展开机构

图 6-3 肋式可展开天线

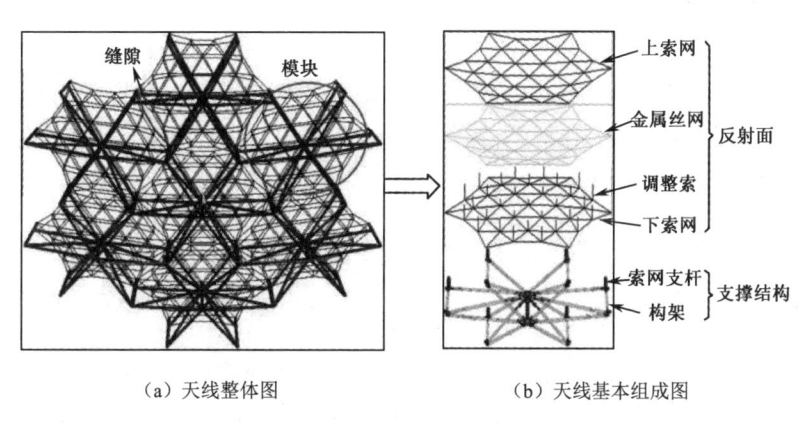

### 4. 构架式可展开天线

构架式天线是一种新型的可展开天线，它采用模块化的思想组建天线结构，因此也称作模块化天线，它的出现为网状可展开天线的发展提供了一个新的思路。组成构架式可展开天线的单元模块，其结构形式多种多样，主要有四面体单元、六边形单元等，通过改变模块的数量和大小，可以得到不同口径的可展开天线。如图6-4所示，构架式可展开天线一般由反射面和支撑结构两部分组成。支撑结构由索网支杆和构架组成，其中构架通过6个可展开单元绕中心杆沿圆周阵列得到。天线的各模块均配置单独索网，且模块索网的拓扑基本相同，只是由于不同模块在天线母抛物面的不同位置，使得各模块的索网曲率有所不同。构架式可展开天线各模块的上索网节点均位于抛物面上，下索网构成开口向下的抛物面形状，索网安装在索网支杆上，调整索与模块中心杆的方向平行，连接上、下索网。

(a) 天线整体图　　(b) 天线基本组成图

图 6-4　构架式可展开天线

构架式可展开天线以精度高、展开稳定性优良等优点已在航天领域广泛应用，目前已有多个大型的构架式可展开天线成功应用于空间探索。图 6-5 所示为日本国家空间发展局（NASDA）为工程试验卫星 ETS-VIII 研发的构架式可展开天线。它由两个口径为 19m×17m 的天线组成，其中一个天线负责发射信号，另一个天线负责接收信号，以避免信号干扰的问题。该天线由 14 个直径为 4.8m 的模块组成，天线收拢后高度和直径分别为 4m 和 1m，天线总质量为 170kg。在网状反射面可展开天线领

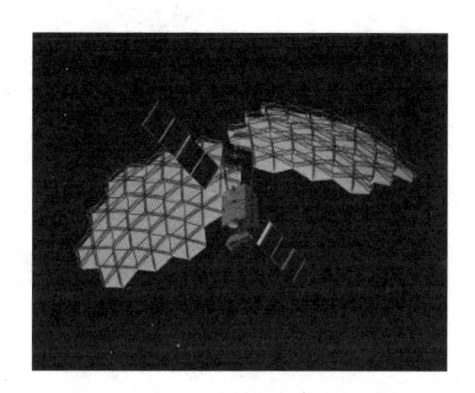

图 6-5　ETS-VIII 构架式可展开天线

域，此天线的成功应用具有里程碑式的意义。构架式可展开天线的收拢与展开尺寸之比可达 1:10 左右，与其他形式的大型可展开天线结构相比，构架式可展开天线具有刚度高、热稳定性好、空间可拼接等特点。

### 5. 充气式可展开天线

充气式可展开天线是一种通过充气膨胀获得所需反射面面型的薄膜天线结构，具有质量轻、收纳比高、口径大的特点，而且天线口径越大，它的优势越明显，但其面型精度不高。这类天线主要由柔性材料（经过化学树脂处理的 Kevlar 膜材或 Mylar 膜材）制成，通过内部充气至所需形状和位置后，在太阳光的照射下，膜材将发生光照硬化，以使其保持所张开的形状，此时即使内部气体泄漏也不会造成天线反射面面型精度的损失。充气式可展开天线在国外有比较广泛的研究和应用，美国 L'Garde 公司、NASA、JPL 及欧空局、俄罗斯等都开展了相关研究。L'Garde 公司是在充气天线研制领域最早开展研究、研究成果最多的单位，到目前为止，已经研制了口径为 3m、7m、9m、14m 等的系列充气式可展开天线。1996 年 NASA 在飞机上进行的 14m 的充气式可展开反射面天线的展开试验（Inflatable Antenna Experiment，IAE）如图 6-6 所示，标志着这种天线空间应用的开始。

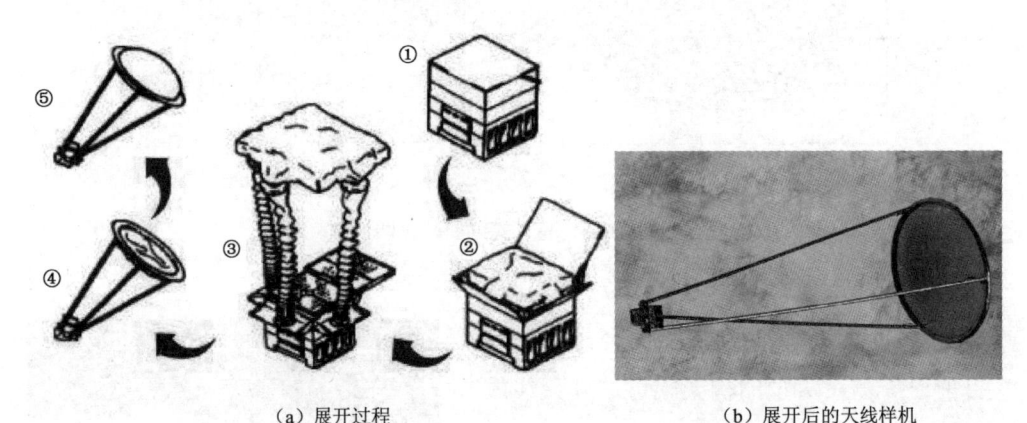

（a）展开过程　　　　　　　　　　　　（b）展开后的天线样机

图 6-6　NASA 充气式可展开反射面天线的飞行试验

## 6.4　力学分析与设计要点

### 6.4.1　空间可展开天线设计

大型索网天线一般由支承桁架、支撑网及反射网组成，支撑网受力后形成一个特定形状的曲面，以满足对电性能的要求，如图 6-7 所示。

网状可展开天线在太空长时间处于工作状态，必须适应空间的各种环境条件。这些条件包括空间真空、高低温、微重力、太阳辐射及地球和其他行星热辐射等。其中，天线工作环境具有复杂性及在轨位置的多样性，使其所承受的热载荷工况具有多重性。相关研究表明，在远离太阳照射区域，太空温度可低至-200℃，在太阳直射的区域，太空温度可高达 200℃。如何能保证网状可展开天线在高温和低温载荷下均不发生松弛现象且具有较高的反射面精度，是网状可展开天线结构设计中必须考虑的问题。初始形态设计的索网、薄膜张（应）力越均匀，在太空热载荷作用下越不易出现松弛。因此，网状天线的初始形态设计中，保证张力的均匀性至关重要。

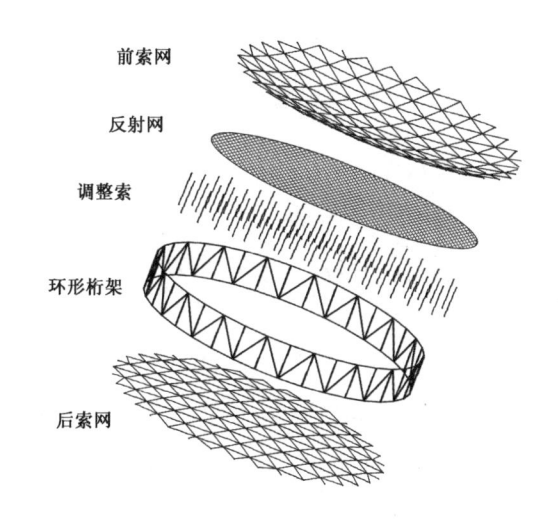

图 6-7 典型网状空间可展开天线的结构形式

另外，由于结构的轻量化要求，导致支承桁架的刚度较差，在索网预张力的作用下往往产生较大弹性变形。索、梁结构相互耦合，使得索网型面和张力均发生较大变化，通常会引起面型精度下降及索网张力的均匀性变差，甚至出现松弛索。

如上所述，网状可展开天线在进行初始形态设计时，既要保证天线的面型精度，还要兼顾索膜张力的均匀性，主要关心两点——"形"和"态"。"形"是指天线的网状反射面要具有非常高的面型精度，以保证天线的电磁性能；"态"是指索膜张力分布要尽量均匀。均匀的预应力分布可以避免在恶劣的太空热环境下索、膜出现松弛，同时还可以保证金属反射丝网具有一致的电学特性。

## 6.4.2 空间可展开天线的力学分析

对于网状天线，周边桁架结构的弹性变形一般较大，一些传统的初始形态设计方法不再有效。此时需进行高度非线性的"形"与"态"分析，即通过改变索的放样长度和膜的预应力来寻求满足设计要求的索网反射面的"形"和"态"。

设网状天线中，绳索总数为 $m$，膜分块数为 $n$。各绳索的放样长度用向量表示为

$$\boldsymbol{l}_0 = (l_{01}, l_{02}, \cdots, l_{0m})^{\mathrm{T}} \tag{6-1}$$

式中，$l_{01}, l_{02}, \cdots, l_{0m}$ 分别表示第 1、2、…、$m$ 根绳索的放样长度。各膜分块的预应力用向量表示为

$$\boldsymbol{\sigma}_0^m = \left(\sigma_{01}^m, \sigma_{02}^m, \cdots, \sigma_{0n}^m\right)^T \tag{6-2}$$

式中，$\sigma_{01}^m, \sigma_{02}^m, \cdots, \sigma_{0n}^m$ 分别表示第 1、2、…、$n$ 个膜分块的预应力状态。

对于给定的周边桁架，索膜的节点位置 $\boldsymbol{x}$ 和应力状态 $\boldsymbol{\sigma}$ 均为绳索放样长度向量 $\boldsymbol{l}_0 = (l_{01}, l_{02}, \cdots, l_{0m})^T$ 和膜分块预应力向量 $\boldsymbol{\sigma}_0^m = \left(\sigma_{01}^m, \sigma_{02}^m, \cdots, \sigma_{0n}^m\right)^T$ 的函数，记为

$$\boldsymbol{x} = \boldsymbol{x}(\boldsymbol{l}_0, \boldsymbol{\sigma}_0^m) \tag{6-3}$$

$$\boldsymbol{\sigma} = \boldsymbol{\sigma}(\boldsymbol{l}_0, \boldsymbol{\sigma}_0^m) \tag{6-4}$$

此处 $\boldsymbol{\sigma} = [(\boldsymbol{\sigma}^c)^T, (\boldsymbol{\sigma}^m)^T]^T$，其中 $\boldsymbol{\sigma}^c$ 和 $\boldsymbol{\sigma}^m$ 分别为网状天线中绳索和金属反射网的应力状态向量。对节点位置和应力状态的具体求解是通过有限元分析软件进行的。

对于网状天线，反射面上各索网节点的位置决定了反射面的面型精度，这些节点必须位于设计的抛物面上。设位于反射面上的索网节点数目为 $N$，不失一般性，设第 1、2、…、$N$ 个节点位于反射面上，对应的节点位置向量记为

$$\boldsymbol{x}_q = [\boldsymbol{x}_1^T, \boldsymbol{x}_2^T, \cdots, \boldsymbol{x}_N^T]^T \tag{6-5}$$

式中，$\boldsymbol{x}_1, \boldsymbol{x}_2, \cdots, \boldsymbol{x}_N$ 分别表示第 1、2、…、$N$ 个节点的位置坐标。

由于第 $i$ 个节点需要位于指定的抛物面 $z = S(x, y)$ 上，该节点与抛物面的轴向偏差可以表示为

$$\delta_i(\boldsymbol{x}_i) = S(x_i^1, x_i^2) - x_i^3 \tag{6-6}$$

式中，$x_i^1, x_i^2$ 和 $x_i^3$ 分别为第 $i$ 个节点的 $x$、$y$、$z$ 坐标值。于是，抛物面的均方根（rms）误差可表示为

$$\delta = \delta(\boldsymbol{x}_q) = \delta(\boldsymbol{l}_0, \boldsymbol{\sigma}_0^m) = \left[\frac{1}{N}\sum_{i=1}^{N}\delta_i^2(\boldsymbol{x}_i)\right]^{1/2} \tag{6-7}$$

对于网状天线，绳索和反射网均不允许出现松弛，设它们对应的最小许用应力向量为 $\boldsymbol{\alpha}$。同时，绳索和反射网的张力也不能太大，否则会影响天线的正常展开，设它们的最大许用应力向量为 $\boldsymbol{\beta}$。因此，绳索和反射网的应力状态应该满足如下约束方程

$$\boldsymbol{\sigma} = \boldsymbol{\sigma}(\boldsymbol{l}_0, \boldsymbol{\sigma}_0^m) \geqslant \boldsymbol{\alpha} \tag{6-8}$$

$$\boldsymbol{\sigma} = \boldsymbol{\sigma}(\boldsymbol{l}_0, \boldsymbol{\sigma}_0^m) \leqslant \boldsymbol{\beta} \tag{6-9}$$

这样，网状天线设计时绳索放样长度和反射网预应力的确定就可归结为如下优化问题

$$\text{find} \quad \boldsymbol{l}_0 = (l_{01}, l_{02}, \cdots, l_{0m})^\text{T}, \quad \boldsymbol{\sigma}_0^\text{m} = (\sigma_{01}^\text{m}, \sigma_{02}^\text{m}, \cdots, \sigma_{0n}^\text{m})^\text{T}$$

$$\text{min} \quad \delta^2(\boldsymbol{l}_0, \boldsymbol{\sigma}_0^\text{m}) = \frac{1}{N}\sum_{i=1}^{N}\delta_i^2(\boldsymbol{l}_0, \boldsymbol{\sigma}_0^\text{m}) \quad (6\text{-}10)$$

$$\text{s.t.} \quad \boldsymbol{\sigma} = \boldsymbol{\sigma}(\boldsymbol{l}_0, \boldsymbol{\sigma}_0^\text{m}) \geqslant \boldsymbol{\alpha}$$

$$\boldsymbol{\sigma} = \boldsymbol{\sigma}(\boldsymbol{l}_0, \boldsymbol{\sigma}_0^\text{m}) \leqslant \boldsymbol{\beta}$$

由于存在多种可行的绳索放样长度和反射网预应力均能使反射面的均方根误差最小，这为索网和反射网应力分布均匀性优化提供了可能。为此，在上述优化模型的基础上进一步增加应力分布均匀性优化

$$\text{find} \quad \boldsymbol{l}_0 = (l_{01}, l_{02}, \cdots, l_{0m})^\text{T}, \quad \boldsymbol{\sigma}_0^\text{m} = (\sigma_{01}^\text{m}, \sigma_{02}^\text{m}, \cdots, \sigma_{0n}^\text{m})^\text{T}$$

$$\text{min} \quad \delta^2(\boldsymbol{l}_0, \boldsymbol{\sigma}_0^\text{m}) = \frac{1}{N}\sum_{i=1}^{N}\delta_i^2(\boldsymbol{l}_0, \boldsymbol{\sigma}_0^\text{m})$$

$$\text{min} \quad f_2(\boldsymbol{l}_0, \boldsymbol{\sigma}_0^\text{m}) = (\boldsymbol{\sigma} - \bar{\boldsymbol{\sigma}})^\text{T}(\boldsymbol{\sigma} - \bar{\boldsymbol{\sigma}}) \quad (6\text{-}11)$$

$$\text{s.t.} \quad \boldsymbol{\sigma} = \boldsymbol{\sigma}(\boldsymbol{l}_0, \boldsymbol{\sigma}_0^\text{m}) \geqslant \boldsymbol{\alpha}$$

$$\boldsymbol{\sigma} = \boldsymbol{\sigma}(\boldsymbol{l}_0, \boldsymbol{\sigma}_0^\text{m}) \leqslant \boldsymbol{\beta}$$

对上面的多目标优化模型进行求解便可确定出绳索放样长度和反射网的预应力，而绳索的预应力与其放样长度之间存在简单的对应关系。这样在有限元建模时就能够给绳索和反射网施加合理的预应力，从而保证索膜结构具有特定的刚度。

以某 10m 口径网状天线为例，采用三向索网，上、下网面焦距分别为 5m 和 30m，偏置距离为 6m。主索分为 10 段，上、下网面索单元总数均为 288，调整索总数为 85。索横截面直径为 1.4mm，薄膜厚度为 0.1mm，材料均为聚酰亚胺。桁架单元采用碳纤维空心圆管，其横截面的内、外径分别为 14mm、15.2mm。对应的有限元分析模型如图 6-8 所示。

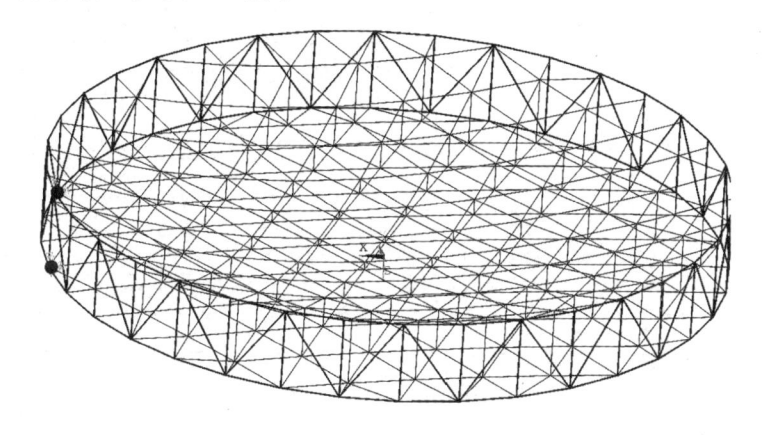

图 6-8 某网状天线的有限元分析模型

采用上面介绍的形态设计方法，优化迭代后反射面误差和索网张力均匀性都有了明显改善。图 6-9 和图 6-10 分别为索应变均方值及反射面误差的迭代曲线。表 6-1 列出了优化前后的反射面误差、最大应力、索网张力、桁架最大变形及前三阶固有频率。

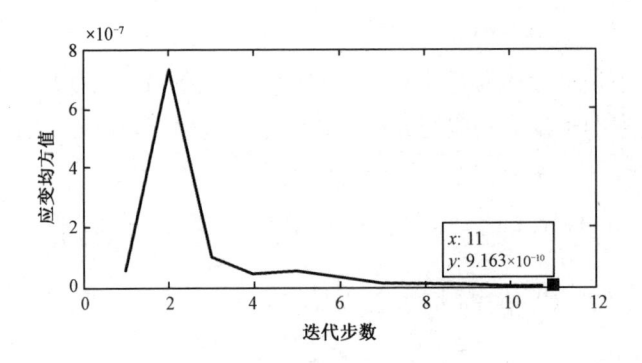

图 6-9 索应变均方值的迭代曲线

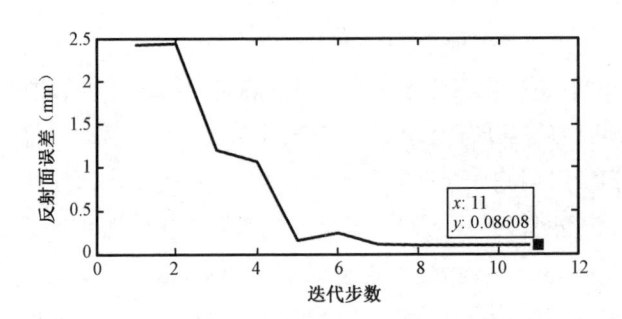

图 6-10 反射面误差迭代曲线

表 6-1 网状天线形态优化结果

| | | 初 始 值 | 优化结果 |
|---|---|---|---|
| 反射面误差（mm） | | 2.42 | 0.09 |
| 最大应力（支撑网/桁架）（MPa） | | 56.7/23.35 | 52.87/105.6 |
| 索网张力<br>（最大/最小）（N） | 上网面 | 48.92/0 | 23.72/16.97 |
| | 下网面 | 87.23/43.93 | 82.31/79.78 |
| | 竖向索 | 4.70/1.24 | 5.84/1.45 |
| 桁架最大变形（mm） | | 12.0 | 85 |
| 前三阶固有频率（Hz） | | 0.33/1.22/5.74 | 0.34/1.22/5.81 |

初始形态设计前索网应变均方值较大，为 $5 \times 10^{-8}$，对应的张力均方值为 $47.37 N^2$，张力均匀性差，且上网面有松弛索，反射面误差为 2.42mm；优化后应

变均方值减小为 $9.2\times10^{-10}$，对应的张力均方值为 $0.86N^2$，张力均匀性提高，上、下网面及竖向索的最大、最小张力比分别为 1.4、1.03、4.02，反射面误差达到 0.09mm。这表明该方法对提高张力均匀性及反射面精度效果显著。由于薄膜的设计应力较小，其应力没有明显变化，此处不再给出。

索网与桁架结构应力均在许用范围内，优化前后固有频率提高不明显，经过观察发现，前五阶振型均为整体振动，这说明索网张力对低阶固有频率的影响较小。优化后的最大变形为 85mm，发生在索网结构上；而优化前的最大变形为 12mm，发生在桁架上。这是在优化后索膜梁结构自平衡的结果。在初始形态设计时，只将索网节点的 $z$ 坐标向抛物面进行调整，因此反射面最佳吻合精度影响不大。索网变形较大是为了满足索力均匀性的要求。

为模拟太空高低温对天线结构的影响，对优化后的索网结构分别加载 $\pm200$℃ 的均匀温度载荷，平衡后的反射面误差及张力分布在表 6-2 中列出。可以看出，即使是在 $\pm200$℃ 的热环境下，索网也未发生松弛。说明本书方法设计的天线结构能够克服天线进出阴影区时索网松弛的问题。

表 6-2 施加温度载荷后反射面误差及张力分布

| | | 加载 200℃ | 加载-200℃ |
|---|---|---|---|
| RMS（mm） | | 0.4901 | 0.4586 |
| 索网张力（最大/最小）（N） | 上网面 | 20.39/31.46 | 21.39/7.10 |
| | 下网面 | 104.3/86.97 | 71.91/53.19 |
| | 竖向索 | 6.94/1.87 | 4.47/0.66 |

## 6.5 可展开天线综合设计平台

随着星载可展开天线在卫星通信、深空探测及电子侦察等领域的广泛应用，如何快速设计出结构形式合理、性能达标的天线是当前研究的热点问题之一。长期以来，这类天线的设计主要依靠初步的数值计算与工程经验，导致设计效率偏低、性能难以保障等问题。因此，有必要研制一种面向星载可展开天线的综合设计平台，使设计人员能够快捷而方便地完成天线的数字化建模、机电热综合性能的分析与评估，进而有针对性地对天线结构进行修改，从而达到缩短天线设计周期、降低成本、提高性能的目的。研发可展开天线的综合设计平台，需要解决两个问题：一是如何合理地分析与抽象这类天线的设计过程和设计方法，提炼主要参数，建立整个天线的数字化模型；二是如何提供太空复杂环境状态的模拟，完成机、电、热等多学科性能分析。

### 6.5.1 基本框架与流程

为满足对星载可展开天线综合设计与辅助创新的需求,综合设计平台需考虑如下几点。

首先,可方便地对平台进行分层设计,合理地划分每层结构的功能,使其在逻辑上保持相对独立性,从而使整个系统的逻辑结构更为清晰,提高系统和软件的可维护性、可升级性及可扩展性。

其次,平台中各模块可并行开发,不因某单个模块的功能暂时不足而影响整体的进度,导致降低研发效率。同时,还可降低对每一层处理逻辑开发和维护的难度。

最后,可对用户开放的界面与存储的数据进行有效隔离,防止未授权用户非法获取相关数据,以保证平台的数据安全性。

基于上述考虑,主要从三个层次对平台进行构建,即应用层、信息层(库)与支撑层(平台),如图 6-11 所示。各层次间既相对独立,又有内在的联系。各层简介如下。

| 应用层 | 数字化建模 | 结构性能分析 | 结构优化 | 展开过程分析与控制 | 热设计 | 网面精度调整 | 可靠性分析 | 电性能分析 |
|---|---|---|---|---|---|---|---|---|
| 信息层 | 可展开天线综合设计系统信息库 ||||||||
| 支撑层 | 支撑平台(通用CAD/CAE/PDM/DBMS软件) ||||||||

图 6-11 综合设计平台的三个层次

**1. 应用层**

应用层为设计人员提供人机交互接口,包括系统的图形用户界面、窗口等。通过不同的系统窗口,提供包括星载天线的数字化建模、结构性能分析、结构优化、展开过程分析与控制、热设计、网面精度调整、可靠性分析及电性能分析等子模块的输入与输出界面。

**2. 信息层**

信息层是整个星载可展开天线综合设计平台的基础,它提供数据存储与共享功能。其中,信息库设计的准确合理性,是决定系统设计成功与否的关键之一。

信息库存储星载天线参数模型、装配模型、优化模型、有限元模型、动力学分析模型、系统基础数据、项目管理信息等。

### 3. 支撑层

为实现对太空复杂环境的模拟，星载天线综合设计平台需提供天线多种性能的分析功能。为此，从节约平台研制时间的角度出发，特选择某些商品化软件或模块，作为基础支撑应用层，对其进行二次开发以实现相应功能。

根据星载可展开天线的结构特点和综合设计平台的功能要求，通过细化技术途径，探明各模块间的连接关系，能够确定星载可展开天线综合设计平台的流程方案，主要步骤如下。

① 数字化建模：设计人员输入天线结构的设计参数后，平台可自动生成星载天线的参数模型，进而利用参数化模块自动将其转换成三维几何数字模型。

② 形态分析：利用 CAD/CAE 集成建模接口读取参数模型，通过形态（找形找态）分析模块将几何模型自动转化为有限元分析模型，从而可进行组合结构的自动找形找态，并可完成收拢、展开两态性能分析。

③ 优化设计：根据星载天线的两态性能指标，选取设计变量、目标函数及约束函数，建立天线两态动力优化模型。

④ 机电热综合分析：从共享数据库读取天线分析模型后，通过展开过程动力学分析、可靠性分析、热分析及电性能分析，可发现薄弱环节，以指导对天线几何、物理参数的修改。

⑤ 网面精度调整：调整与测量是一个有机联系的整体。测量可采用高精度照相技术等，通过比较反射网面的实测值与设计要求值，平台可自动给出调整索的调整量（索力或索长），以指导工程技术人员进行反射面的网面精度调整。

## 6.5.2 软件平台关键技术

### 1. 数字化建模

可展开天线的设计过程，是一个对设计参数不断优化并修改的过程。为验证结构性能，参数更改后需重新建立数字化模型并验证。这一重复建模过程复杂、烦琐，导致设计效率低下。为此，一个有效的途径，就是针对可展开天线的结构形式，提出适用的专用数字化建模方法，以便快捷、准确地生成天线数字化模型。同时，预留出零件的添加接口，为将来可能的新形式天线结构的设计提供支持。

对星载可展开天线设计任务进行抽象和分类，研究发现，天线的结构设计工作可以划分为规律性任务和非规律性任务。其中，零件的生成与组装都是规律性任务，可交由计算机自动完成；而参数模型、拓扑关系及装配信息的生成则是非规律性工作，需要结合具体设计参数与相关算法来完成。

针对规律性任务，通过对星载可展开天线的整体分析，可获知结构的主要组成部件，如索、杆、接头及部分常见零件等。从细节看，同一类零部件虽然具有相同的功能，却可以具备不同的实现方式（例如，形状、尺寸等）。如果忽视这些零部件的实际属性，将实现相同功能的零部件抽象为一类（称为逻辑组件），则可抽象地认为星载可展开天线结构由这些逻辑组件组成。同时，可以认为逻辑组件包含了多种实例形式，例如，空心圆管、实心圆管及工字钢等均可作为杆件这种逻辑组件的实例。

上述逻辑组件的生成为规律性任务，针对一种逻辑组件可建立多种实例形式，构建天线的基础模型库，使用时对数据库进行查询，检索对应实例使用。如果没有相应实例，可在模型库中添加模型，这样可省去大量花费在重复建模上的时间，同时保证支持新型结构设计。

逻辑组件应针对可展开天线的具体结构形式，以其内部的最小功能个体为单位进行选取。以周边桁架索网可展开天线为例，其包括可展开构架、支撑网、金属反射网及与卫星链接的大小臂。其中，支撑网在预张力作用下形成所需的反射面形状，作为反射面的金属反射网是附着于前支撑网上的，参见图6-7。

通过该划分方式，可对周边桁架索网可展开天线的每一部分结构做进一步的详细划分，所选出的逻辑组件均为组成上一层结构的基本单元。于是，可通过参数控制来完成零件的生成，如图6-12所示。

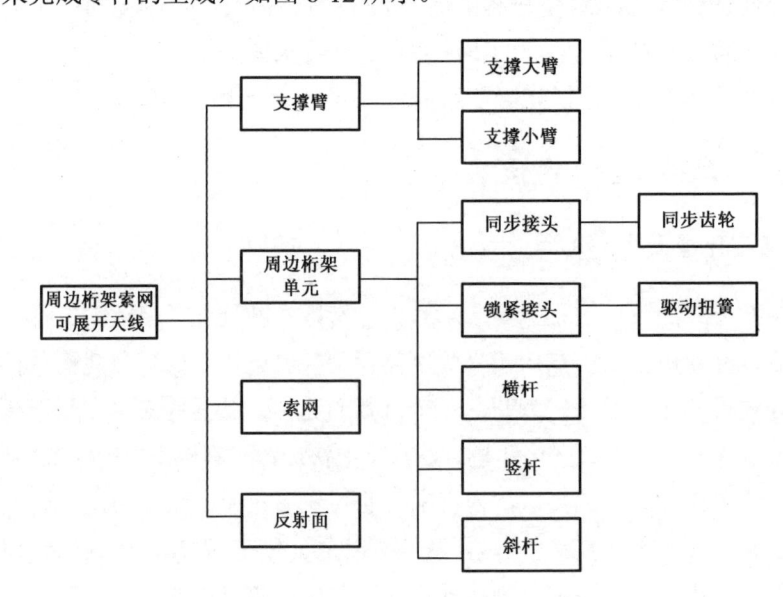

图6-12 周边桁架索网可展开天线结构组成

一方面，针对逻辑组件特定参数的提取，可利用不同任务间的信息交流方便地描述天线的参数；另一方面，可针对这些逻辑组件建立相应的零件库，为数字化建模奠定基础。

在完成对周边桁架索网可展开天线逻辑组件的划分后，可建立相应的零件库。逻辑组件对应多种实例形式的组成零件库，零件的建立采用数字化设计思想，即数字化模型的尺寸对应相应的函数关系，通过改变参数，可自动改变所有与之相关的尺寸。

有了零件库，就有了对天线数字化建模的素材，这时需研究非规律性的工作，主要涉及两个方面：一是参数模型的生成，二是零件的装配。其中，参数模型和拓扑关系的生成与星载天线的具体设计方法有关。例如，针对支撑网，不同的网格划分方法对应不同的结构拓扑关系。零件的装配则需严格计算相应逻辑组件之间的位置关系，以保证其组装互不干涉。

**2. CAD/CAE 集成技术**

基于天线数字化建模，综合设计平台需要对星载可展开天线的设计方案进行综合评估并提出改进意见。这一过程涉及多个子模块，不同模块虽各自完成指定的功能，单独工作时彼此独立，但其分析的对象却具有数据的一致性与继承性。因此，应重点设计接口，如模块与模块之间、模块与系统之间的通信，这些都需要通过 CAD/CAE 的集成加以解决。

目前，CAD/CAE 系统间的集成方式主要有三种：一是在 CAE 平台上实现 CAD/CAE 集成，这种方法效率较高，但其 CAD 建模能力低于专业的 CAD 系统，设计时可能出现结构干涉等问题，且难以考虑结构细节；二是在 CAD 平台上实现 CAD/CAE 集成，这种方法面临着有限元模型与几何建模的一体化问题，需简化 CAD 模型，有难度；三是利用第三方平台实现 CAD/CAE 集成，这种方法能够利用各自较为专业的平台，同时可避免直接通过数据文件传输可能引起的数据丢失和不兼容问题，但需要开发相应的数据传输模式和存储结构。

在星载可展开天线综合设计平台中，选用了第三种方案，这是为了利用成熟分析软件的优点，并使用二次开发手段来实现更符合天线分析的功能。平台涉及多种分析软件，因此，该方案能很好地契合这一点。为弥补第三种方法的不足，特采用 SQL 数据库来实现 CAD/CAE 的数据交换。作为第三方的数据管理系统，SQL 数据库可存储大量数据且有较高的安全性。

应用时，在 CAD 系统中，利用二次开发从几何模型中提取与有限元建模相关的特征参数，包括形状尺寸、拓扑关系及相关属性数据，送入中央数据库。CAE

系统从数据库读取相关信息，通过对应模块进行处理，生成有限元分析模型，再根据设计要求完成分析（图6-13）。

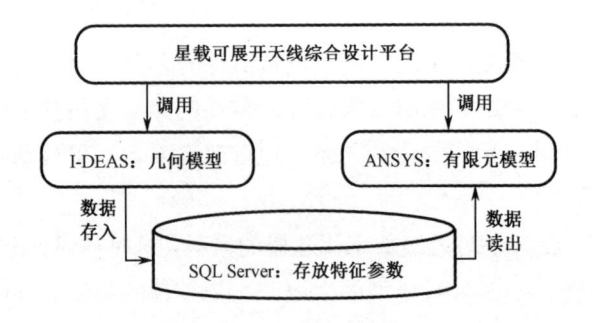

图 6-13　CAD/CAE 集成原理图

相应地，需研究适合星载可展开天线特征的数据存储结构。对存储结构的合理设计可保证数据的规范性与传递过程的有效性。以周边桁架索网可展开天线为例，首先分析结构特点，将同一主题的参数存储在一个表内，从而可独立于其他主题维护每个主题的信息，且结构清晰，避免引起数据的混淆。对周边桁架展开天线，可分为桁架信息、支撑网信息、支撑臂信息等。同时，每一类又可再细分为结构形状特征参数与相关的属性参数。其次，提取驱动主参数，即可直接控制模型的结构形状特性的参数，充分利用数学关系来反映对象间的几何关系，尽量减少驱动参数（主参数）个数，如口径无疑是主参数之一，通过口径参数可确定横杆杆长等信息。最后，建立设计规则，即变量名命名规则和参数表格式，原则是应能直观、简捷地反映参数信息，如表 ATN_TRUSS_PARA 对应天线的桁架参数信息。数据库设计完成后，就有了星载可展开天线完整的逻辑模型，可方便地对天线进行结构性能分析与评估。数据库中还包括空间热环境、零部件失效、运载火箭、冲击载荷、材料、丝网等效电磁参数、阵列馈源参数、天线远场方向图参数等专用数据表，如图 6-14 所示。

### 6.5.3　综合设计平台的应用效果

所研发的综合设计平台包含参数化造型、形态分析、优化设计、展开动力学分析、展开可靠性分析、热分析、型面调整及电性能分析等功能模块。设计人员可依靠该平台，进行系统而深入的仿真分析、设计等。尤其是可辅助设计人员进行创新设计、探讨新方案的可行性，可显著缩短设计周期、降低设计成本、提高设计性能。

为验证综合设计平台的正确性、有效性，下面给出平台在周边桁架、径向肋和构架式三种典型网状反射面天线上的应用效果。

① 数字化建模，包括零件模型建立、模型预处理及模型装配三项工作，表 6-3 给出了具体的效率对比，效率提升度均超过 70%。

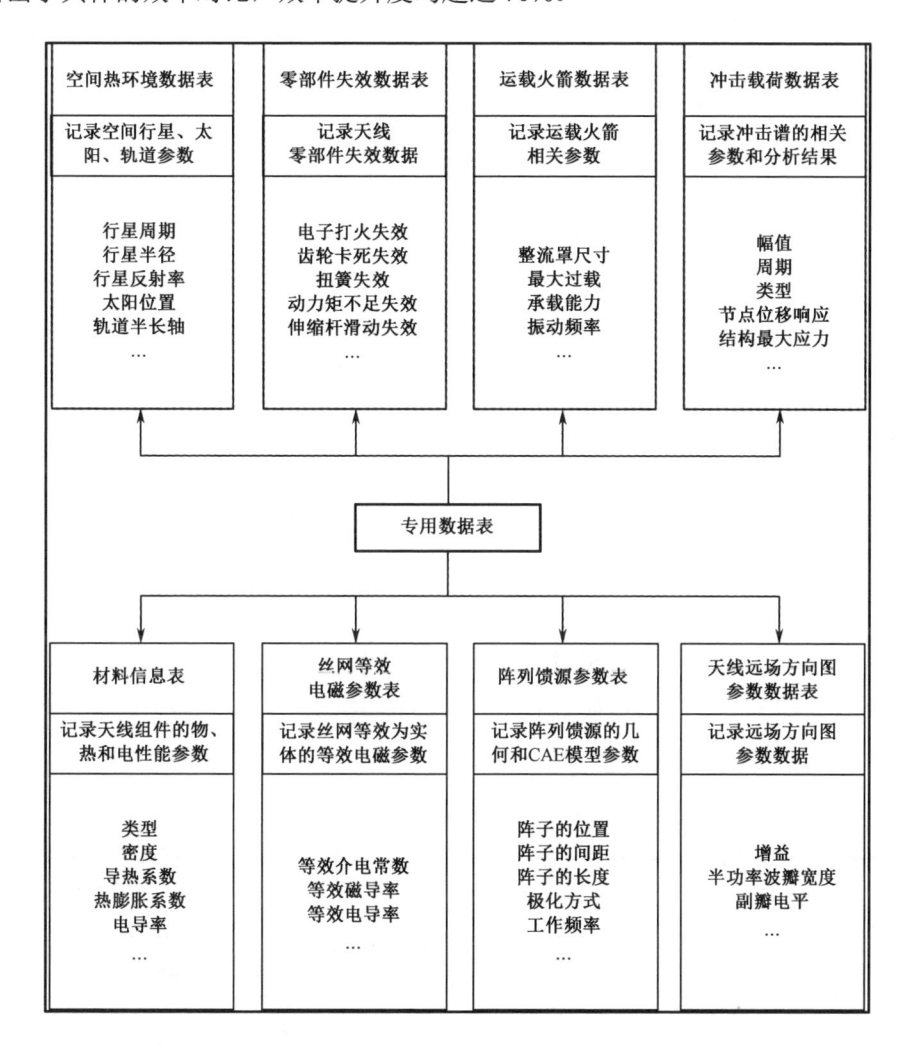

```
┌─────────────┐  ┌─────────────┐  ┌─────────────┐  ┌─────────────┐
│ 空间热环境    │  │ 零部件失效    │  │ 运载火箭      │  │ 冲击载荷      │
│ 数据表        │  │ 数据表        │  │ 数据表        │  │ 数据表        │
├─────────────┤  ├─────────────┤  ├─────────────┤  ├─────────────┤
│ 记录空间行星、│  │ 记录天线      │  │ 记录运载火箭  │  │ 记录冲击谱的相关│
│ 太阳、轨道参数│  │ 零部件失效数据│  │ 相关参数      │  │ 参数和分析结果  │
├─────────────┤  ├─────────────┤  ├─────────────┤  ├─────────────┤
│ 行星周期      │  │ 电子打火失效  │  │              │  │ 幅值           │
│ 行星半径      │  │ 齿轮卡死失效  │  │ 整流罩尺寸    │  │ 周期           │
│ 行星反射率    │  │ 扭簧失效      │  │ 最大过载      │  │ 类型           │
│ 太阳位置      │  │ 动力矩不足失效│  │ 承载能力      │  │ 节点位移响应   │
│ 轨道半长轴    │  │ 伸缩杆滑动失效│  │ 振动频率      │  │ 结构最大应力   │
│ ⋯            │  │ ⋯            │  │ ⋯            │  │ ⋯             │
└─────────────┘  └─────────────┘  └─────────────┘  └─────────────┘
                         ↓
                   ┌──────────┐
                   │ 专用数据表│
                   └──────────┘
                         ↓
┌─────────────┐  ┌─────────────┐  ┌─────────────┐  ┌─────────────┐
│ 材料信息表    │  │ 丝网等效      │  │ 阵列馈源参数表│  │ 天线远场方向图│
│              │  │ 电磁参数表    │  │              │  │ 参数数据表    │
├─────────────┤  ├─────────────┤  ├─────────────┤  ├─────────────┤
│ 记录天线组件的│  │ 记录丝网等效为│  │ 记录阵列馈源的│  │ 记录远场方向图│
│ 物、热和电性能│  │ 实体的等效电磁│  │ 几何和CAE模型 │  │ 参数数据      │
│ 参数          │  │ 参数          │  │ 参数          │  │              │
├─────────────┤  ├─────────────┤  ├─────────────┤  ├─────────────┤
│ 类型          │  │              │  │ 阵子的位置    │  │              │
│ 密度          │  │ 等效介电常数  │  │ 阵子的间距    │  │ 增益          │
│ 导热系数      │  │ 等效磁导率    │  │ 阵子的长度    │  │ 半功率波瓣宽度│
│ 热膨胀系数    │  │ 等效电导率    │  │ 极化方式      │  │ 副瓣电平      │
│ 电导率        │  │              │  │ 工作频率      │  │              │
│ ⋯            │  │              │  │ ⋯            │  │              │
└─────────────┘  └─────────────┘  └─────────────┘  └─────────────┘
```

图 6-14　专用数据表

表 6-3　三类天线数字化建模效率的比较

| 天线类型 | 建模阶段 | 手动建模（h） | 参数化建模（h） | 效率提升度 |
|---|---|---|---|---|
| 周边桁架（16m） | 零件模型建立 | 9.5 | 0.5 | 71.3% |
| | 模型预处理 | 0 | 9.2 | |
| | 模型装配 | 33 | 2.5 | |
| | 建模总耗时 | 42.5 | 12.2 | |

续表

| 天线类型 | 建模阶段 | 手动建模（h） | 参数化建模（h） | 效率提升度 |
|---|---|---|---|---|
| 径向肋（5m） | 零件模型建立 | 8 | 0.5 | 85.7% |
|  | 模型预处理 | 0 | 1.5 |  |
|  | 模型装配 | 9.5 | 0.5 |  |
|  | 建模总耗时 | 17.5 | 2.5 |  |
| 构架式（5m） | 零件模型建立 | 10 | 0.5 | 86.5% |
|  | 模型预处理 | 0 | 2 |  |
|  | 模型装配 | 16 | 1 |  |
|  | 建模总耗时 | 26 | 3.5 |  |

② 面型精度调整，包括测试（摄影）、计算调整点误差及具体调整，通过某2m口径的实物样机来考察其调整效率。实测结果均满足设计指标要求（优于1mm），并全部落在设计平台的预测范围内。表6-4列出了综合设计平台和传统调整耗时对比，可见减少率均为2/3。具体来讲，传统方法需耗时12h，才能使均方根误差由1.32mm降到0.99mm；而利用综合设计平台，只需耗时4h，均方根误差就由1.35mm降至0.73mm。

③ 展开动力学分析与过程控制。表6-5中是某2m天线的结果对比，分别给出了79°、82°、90°三个展开状态的第7、80、81号三个索单元的张力情况。可见，本综合设计平台的计算结果与实测结果比较接近，可作为工程设计的重要参考。

表6-4　2m样机面型精度调整对照

|  | 传统方法耗时（h） | 综合平台耗时（h） | 减少率 |
|---|---|---|---|
| 测试时间 | 12 | 4 | 2/3 |
| 计算误差时间 | 6 | 2 | 2/3 |
| 调整时间 | 12 | 4 | 2/3 |
| 总耗时 | 30 | 10 | 2/3 |

表6-5　2m样机多柔体分析和控制索张力的计算与实测结果

| 索单元号 | 79°时的张力值（N） | | | 82°时的张力值（N） | | | 90°时的张力值（N） | | |
|---|---|---|---|---|---|---|---|---|---|
|  | 计算 | 实测 | 误差 | 计算 | 实测 | 误差 | 计算 | 实测 | 误差 |
| 7 | 30.08 | 29.36 | 2.5% | 49.9 | 57.37 | 13.0% | 15.01 | 17.11 | 12.3% |
| 80 | 11.75 | 13.25 | 11.3% | 26.31 | 24.52 | 7.3% | 33.07 | 37.96 | 12.9% |
| 81 | 89.94 | 100.3 | 10.3% | 146.8 | 171.2 | 14.3% | 33.07 | 38.62 | 14.4% |

# 参 考 文 献

[1] 段宝岩. 大型空间可展开天线的研究现状与发展趋势[J]. 电子机械工程, 2017,33(1):1-14.

[2] 刘荣强, 史创, 郭宏伟, 等. 空间可展开天线机构研究与展望[J]. 机械工程学报, 2020,56(5):1-12.

[3] 李团结, 马小飞. 大型空间可展开天线技术研究[J]. 空间电子技术, 2012, 9(3):35-39, 43.

[4] 邓宗全. 空间折展机构设计[M]. 哈尔滨：哈尔滨工业大学出版社, 2013.

[5] 胡飞, 宋燕平, 郑士昆, 等. 空间构架式可展天线研究进展与展望[J]. 宇航学报, 2018,39(2):111-120.

[6] 段宝岩, 张逸群, 杜敬利. 大型星载可展开天线设计理论、方法与应用[M]. 北京：科学出版社, 2019.

[7] 郝佳, 段宝岩, 李团结, 等. 大型星载索网—桁架式可展开天线综合设计平台与数字化建模[J]. 空间电子技术, 2015,12(3):5-42.

# 第 7 章
# 雷达天线的环境适应性设计

【概要】

本章阐述了雷达天线的环境适应性设计。首先，介绍了雷达天线的环境条件分类及典型的环境类型；其次，阐述了热设计的基本理论及雷达电子设备的冷却方式；再次，论述了雷达天线的振动分析与常用的减/隔振措施，探讨了天线的电磁兼容设计；最后，给出了某机载雷达天线振动设计详细案例。

## 7.1 概述

环境适应性是雷达天线重要的性能指标之一。雷达天线在使用、运输和储存过程中，可能遇到各种自然和人工（诱导）环境条件的干扰与限制，前者是自然界客观存在的，后者是由设备外部因素引起并激励（诱导）设备自身响应的各种影响因素的集合。雷达天线的环境适应性设计，须考虑整个寿命期内的各种环境因素的综合影响。

环境适应性设计属于环境工程技术科学的一部分，它涉及力学、电学、热学、电磁学、材料学、表面工程学等多个学科，在工程技术上涉及电信、结构、工艺和综合技术管理等多个方面。

本章首先简述环境因素对雷达天线性能的影响，以地面雷达天线为主，并结合舰载、机载和星载雷达天线的环境适应性工程技术问题，从散热与热控设计、减/隔振设计及电磁兼容设计三个方面加以论述。

### 7.1.1 环境条件分类

环境条件的分类方法很多，下面仅从环境工程的角度，按环境因素进行简单分类。

#### 1. 环境条件的定义

环境条件的定义是，产品所经受其周围的物理、化学、生物的条件。环境条件用各单一的环境参数和它们的严酷等级的组合来确定。

产品的环境条件要求，应根据其使用、运输和储存过程中可能遇到的实际环境条件，规定产品的环境适应性，如产品对温度、湿度、盐雾、气压、冲击、振动、辐射等适应的程度。

#### 2. 环境条件的分类和环境严酷度等级

（1）环境条件的分类。

一般而言，环境条件包括自然环境和诱导环境两类。从环境工程角度看，又

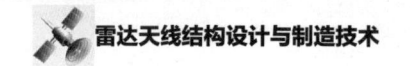

可进行表 7-1 所示的分类。

表 7-1 环境条件的分类

| 气候环境 | 温度、湿度、气压、风、雨、雪、冰霜、沙尘、盐雾、油雾、酸雨、原子氧等 |
|---|---|
| 机械环境 | 振动、冲击、离心、碰撞、跌落、摇摆、静力负荷、失重、声振、爆炸、冲击波、加速度等 |
| 辐射因素 | 太阳辐射、核辐射、紫外线辐射、宇宙射线辐射等 |
| 生物因素 | 霉菌、昆虫、啮齿动物、海洋生物等 |
| 电磁环境 | 电场、磁场、闪电、雷击、电晕放电等 |
| 人为因素 | 使用、维护、运输、包装、保管等 |

（2）环境严酷度等级。

环境严酷度等级，在地面雷达、舰载雷达、机载雷达等相关国军标中均有规定，如国军标 GJB 440.1—88《舰船设备环境参数分类及其严酷等级气候、生物、化学活性物质和机械作用物质》等。

环境因素对设备表面的影响，在美军标 MIL-F-14072D《地面电子设备的精饰》规范中，将被保护表面划分为Ⅰ型（暴露）表面和Ⅱ型（遮蔽）表面。Ⅰ型表面是指工作或运输状态中暴露在自然环境中的表面，或能够经受自然环境各种气候因素直接作用的表面。例如，电子方舱的外表面及电子方舱空调机的室外机组的内表面等。Ⅱ型表面则是指工作或运输状态中，不暴露在自然环境中，并且不受气候因素直接作用的表面。例如，电子方舱内的电子设备的表面。

### 7.1.2 典型环境类型

1. 陆地气候环境

陆地气候相对较为温和，以极高（低）温、湿热及风沙为特征。高温将加快非金属材料的老化和对金属材料的腐蚀，并增加元器件的散热难度；低温能使材料变脆，密封橡胶硬化，轴承、开关"黏滞"等；湿热导致霉菌滋生，材料表面结露，高压击穿、打火等。我国东临太平洋，西接欧亚大陆，幅员辽阔，气候类型包括从热带到寒带的各种气候类型，在进行雷达结构设计时要全面考虑各种气候环境。

2. 海洋气候环境

海洋环境对电子设备来说是最严酷的环境之一。以我国南海为例，其主要气候特点包括：①终年高温。年平均气温在 25～28℃，最冷的月份平均温度也在 20℃以上，一年中气温变化不大，温差较小，四时皆夏。②雨水多、湿度大。年平均降雨量在 1300mm 以上，雨后高温，雨水大量蒸发，形成高温、高湿气候。③空气含盐量高。空气含盐量最高可达 198.4mg/m³，是东海、北海的 5～10 倍。④强烈日光辐射。距赤道近，日照时间长，紫外线辐射强烈。强烈的日光辐射导致高分子材料老化加速。

**3. 空中气候环境**

空中气候环境以温度快速变化和大气介质快速对流为主要特征，由于温度快速变化，很容易发生结露。由于飞机大量时间是在地面停放，因此地面环境对飞机的影响很大。

**4. 空间环境**

这里所说的空间环境主要是指卫星等空间飞行器及其电子设备在空间轨道上运行时所处的环境。

（1）太阳辐射。

太阳是一个巨大的高温辐射体，其直径为 $1.393\times10^6$ km，温度高达 6000K。太阳不断地向空间辐射大量的能量，总辐射能的 99.99% 的光谱波长为 $0.18\sim40\mu m$。在地球大气层外距太阳一个天文单位，即太阳至地球的平均距离处，其辐射密度为 1300～1400W/m²，常取为 1353W/m²。太阳在单位时间内投射到距太阳一个天文单位处并垂直于射线方向的单位面积上的全部辐射能，称为太阳常数。

（2）原子氧。

原子氧（O）主要分布在 200～700km 的高度范围内，低地球轨道的原子氧是由太阳紫外线辐射分解大气中的氧分子而形成的。原子氧是非常强的氧化剂，其化学性质极其活泼，因而成为低地球轨道航天器表面材料退化的首要因素，其影响远比其他因素（紫外线辐射、电子、质子、热真空及冷热交变）要大。原子氧的撞击会导致航天器材料表面发生氧化反应，从而使材料表面粗糙度增加，放气加快，质量损失率增加，机械强度下降，光学和电学性能改变，最终导致结构材料变形、断裂、温控失效，影响航天器正常工作。

（3）空间真空与热环境。

离地面越高，气体介质就越稀薄，甚至出现极高真空状态。高真空对许多材料、元器件产生不良影响，可能引起材料蒸发，出现干摩擦、冷焊、热阻加大、温差增加、电极放电等。空间气体极为稀薄，不发热的物体只有依靠吸收辐射能量来保持温度，宇宙空间背景的辐射能量极小，仅约 $10^{-5}$ W/m²，相当于 3K 绝对黑体辐射。许多材料长期处于低温环境时，发生变脆、强度下降等问题，温度剧烈交变也容易引起材料出现断裂和损坏。

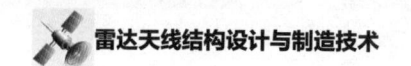

(4) 冷黑、粒子辐射、磁场、微流量体与空间碎片、等离子体等。

在太空，航天器的热辐射全部被太空所吸收，没有二次反射，这一环境称为冷黑环境，有时又称热沉。航天器上可伸缩的活动机构，如天线、太阳电池阵，有可能由于冷黑环境导致展开机构卡死。某些有机材料在此环境下会产生老化和脆化，对雷达天线造成不可逆转的损伤。

#### 5. 机械环境和电磁环境

（1）机械环境。

地面天线在工作时，由于机械装置的运动和运输过程中的冲撞，产生振动和冲击环境。舰载天线的机械环境，表现在运输和工作过程中，受到各种机械力的作用；作战时，遇到类似水下爆炸、近距离脱靶炮火所产生的强烈冲击环境，以及倾斜、摇摆环境。对于机载天线，无论是螺旋桨飞机、喷气式飞机还是直升机，均存在正弦振动、随机振动环境，飞机起飞降落及发射炮弹等的冲击环境。星载天线的环境条件与卫星的环境条件密切相关。卫星在发射、入轨、返回过程中，要经历地面环境、发射环境、轨道环境（空间环境）、返回环境四个阶段，环境十分复杂。

（2）电磁环境。

各种雷达大量采用现代电子技术，雷达的发射机、无线电通信发射机和敌我识别器的发射机是典型的电磁辐射源，雷达产品中存在大量的电磁能量辐射和传导辐射环境。现代军用平台、系统和设备都工作在极其复杂的电磁环境中。这些电磁源主要是有意、无意、友方和敌方的各种发射体，其次是电磁脉冲，以及大气层、太阳、银河系的辐射和雷电等。总之，雷达天线处于人为的或自然的干扰源引起的复合电磁环境中。

## 7.2 散热与热控设计

### 7.2.1 热设计基础

热设计一直是电子设备具备高可靠性的关键保障之一。大型相控阵雷达阵面热设计，机载、星载有源相控阵雷达热控制等，都是现代雷达热设计面临的关键技术难题。电子设备均需在一定的环境条件下储存或工作，其中气候因素中的温度对电子设备或系统的影响尤为重要。有资料表明，在固态雷达发射机中，功率晶体管的结温每增加10℃，其可靠性就会下降60%。

雷达是一个复杂庞大的电子系统，内部集成了各种规格、型号、数量众多的电子元器件，发射机作为雷达的关键设备，以其极高的功率密度，对散热一直有很高的要求。随着现代雷达技术的发展和功率器件制造技术的不断进步,雷达组装密度、功率密度的不断提高已经成为当前雷达发展的重要标志。大型相控阵雷达 T/R 功率组件、机载大功率发射机、星载 T/R 组件等都对冷却和热控提出了很高的要求。可行的冷却方式、优良的冷却效果已经成为整个雷达系统具备高可靠性指标的重要基础。

热量传递按其原理可分为三种方式:热传导、对流换热和热辐射。热传导是指相互接触而温度不同的物体之间,或同一物体温度不同的各部分之间,由于微观粒子的热运动而引起的热传递现象。热传导过程可通过傅里叶定律描述,即单位时间内通过给定截面的导热量,正比于垂直于该截面方向上的温度变化率和截面面积,而热量传递的方向则与温度升高的方向相反,即

$$q = -\lambda \frac{\partial T}{\partial n} \tag{7-1}$$

式中,$q$ 为热流密度矢量;$\lambda$ 为导热系数;温度梯度 $\frac{\partial T}{\partial n}$ 表示温度 $T$ 在方向 $n$ 上的变化率。在热传导过程中,导热系数是衡量物体导热能力的重要物理量,影响导热系数的因素主要包括物质种类、材料成分、温度、压力及密度等。

对流换热是指当流动的流体(气体或液体)与固体壁面直接接触时,由于温差引起的相互之间的热能传递过程,可用牛顿冷却方程表示为

$$Q = hA(t_w - t_f) \tag{7-2}$$

式中,$Q$ 为热流量;$h$ 为对流换热系数;$A$ 为换热面积;$t_w - t_f$ 为流体与固体的温度差值。

在对流换热过程中,如何确定对流换热系数及增强换热措施是其核心问题。通常,影响对流换热的因素主要有换热面积、流体物理属性等。此外,研究对流换热的方法主要包括分析法、实验法、比拟法及数值方法。

热辐射与对流换热、热传导有本质的不同,它可将能量以光的速度穿过真空从一个物体传给另一个物体。物体中电子振动或激发的结果是以电磁波的形式向外发射能量的。热辐射研究的对象波长在 0.1~100μm 范围内,这些射线称为热射线,其传播过程称为热辐射。对热辐射而言,温度是电子振动和激发的基本原因,故热辐射主要取决于温度。在工程实践中,通常采用波尔兹曼方程来计算多个物体之间的热辐射,即

$$Q = \varepsilon \sigma F_{12} A_1 \left( T_1^4 - T_2^4 \right) \tag{7-3}$$

式中,$Q$ 为两个物体之间的净热流传递量;$\varepsilon$ 为发射率;$\sigma$ 为波尔兹曼常量;$F_{12}$ 表示从辐射表面 1 到辐射表面 2 的角系数;$A_1$ 为辐射表面 1 的面积;$T_1$ 和 $T_2$ 为辐射表面 1 和 2 的表面温度。

### 7.2.2 热设计仿真技术

传统的经验式热设计手段已经越来越制约冷却技术的发展，满足不了大型有源相控阵雷达、机载有源相控阵雷达及星载雷达等的迫切需求。在天线研制过程中必须提高分析和解决实际问题的能力，如航天及机载等恶劣环境下雷达热设计仿真，相控阵雷达阵面风冷系统及液冷系统温场、流场模拟分析等。热设计软件仿真和热测试是热设计过程中的两个强有力的工具。

随着现代雷达技术的发展和功率器件制造技术的不断进步，雷达的组装密度、功率密度不断提高。依据经验公式进行设计的传统方式严重制约了热设计技术的发展，无法适应雷达的发展趋势。对于大型相控阵雷达，通过仿真得到其流场及温度场分布，对雷达设计具有重要的指导意义。同时，采用热设计仿真能够有效缩短产品的研制周期，有效降低设计中的反复和研制风险。随着计算机技术的发展，多个电子设备热设计分析软件和专业的流体传热仿真软件相继出现，为电子设备热设计提供了强有力的手段。电子设备热设计仿真主要应用在以下场合：机柜、机箱的通风散热仿真分析，高效冷板优化仿真，大型相控阵雷达风冷系统或液冷系统流场和温度场分析，星载电子设备热控制分析等。

热设计仿真中，由于很多软件都不是针对雷达领域的，因此软件实际应用起来还有很多技术问题需要解决。在软件应用过程中，需要不断地将仿真结果和实际测试结果加以对比，通过仔细分析，找出仿真结果差异的原因，这样通过不断的积累，可以提高软件仿真应用的准确性。在实际应用过程中，热设计仿真需要利用现有的基础，综合各软件的特点，发挥各软件的优势，有针对性地面向雷达热设计进行二次开发，以提高冷却系统仿真分析的准确度和分析效率。

### 7.2.3 雷达电子设备冷却方式

热设计的基本任务是设计出适合电子设备需求的冷却系统，在热源至最终散热环境之间提供一条低热阻通道，把热量迅速地传递出去，以满足电子设备可靠性的要求。

电子设备的冷却方式首先是根据电子元器件、电子设备的发热密度（即单位面积耗散功率）来选择的，其次是考虑元器件的工作状态（直流工作状态还是脉冲工作状态，以及脉冲工作状态时的占空比）、设备复杂性、空间或功耗大小、环境条件（气温、海拔高度等）及经济性。综合考虑各方面因素，使其既能满足热设计的要求，又符合电气性能指标且所用的代价最小，同时结构紧凑，工作可靠。

目前广泛使用的冷却方式有以下几种，分别予以介绍。

（1）自然冷却。

这种冷却是传导、自然对流和辐射的单独作用或两种及以上换热形式的组合，其优点是成本低、可靠性高。它不需要任何辅助设备，只需合理设计或选择必要的散热器与一些强化自然冷却的措施即可，常用于功率密度及组装密度不高的电子设备中。

（2）强迫风冷。

强迫风冷与自然冷却相比较为复杂，它可分为开式强迫风冷和闭式循环强迫风冷。开式强迫风冷主要增加了通风机、通风管道、滤尘器和保护用的风压开关等装置，常用于中小功率电子设备、干旱缺水地区。对于耗散功率大于 20kW 的电子设备，或在发热密度和环境温度高的场合，则不宜采用；因为过大的风量、风压会产生令人难以忍受的噪声，并且开式强迫风冷"三防"能力差。

闭式循环强迫风冷除具有开式强迫风冷的设备外，还需增加具有制冷散热功能的冷却风柜。因为是闭式循环，既可保证空气的清洁，又能保证合适的供风温度和湿度，常用于高温、高湿和盐雾场合的电子设备。

（3）液体冷却。

液体冷却可分为直接浸没冷却和直接强迫液冷。例如，变压器、电感等高发热密度的元器件常采用直接浸没冷却方式，而对于功率电子管、微波固态功放组件等常采用直接强迫液冷方式。液体冷却有比较高的冷却效率，比较适合于高温环境条件、发热密度较高的电子元器件或部件。它和风冷相比结构比较复杂，冷却系统中需要有水泵、膨胀箱、热交换器、流量分配管网等，并且需要相应的控制保护，同时还必须考虑冷却液的防冻、金属的防腐等技术问题。

（4）其他冷却形式。

当常规冷却方式无法满足要求时，很多高发热密度的电子设备采用热管、沸腾蒸发、微通道冷却或者冷板等方式进行热控设计。冷板的传热性能良好，各类流体可以作为冷板的冷却剂对电子设备进行散热，该冷却方式在高组装密度器件电子设备，尤其是机载、星载电子设备中得到了广泛应用。

## 7.3　雷达天线的振动设计

### 7.3.1　振动对天线电性能的影响

随着现代科学技术的发展，在航海、航空与航天等领域，振动控制日益成为一个复杂而迫切的问题。舰艇、喷气式飞机、火箭、航天飞机、地面车辆等系统的功率和速度都有极大的提高，伴随着高机动性能的是强烈的振动和冲击，这种振动会直接影响到雷达的工作性能。

以机载雷达为例，飞机起飞、着陆、滑行、机身发动机及外部气动扰流等所引起的振动是机载雷达天线的主要载荷形式。振动不仅影响天线结构的力学性能，还直接影响天线的电性能。机载振动环境对天线是一种随机干扰，目前对天线结构的随机振动分析，主要集中在对天线结构力学性能的影响，如随机振动引起雷达天线的结构位移和应力响应，由此分析产生的结构疲劳与寿命问题。随机振动引起的天线结构变形会直接造成天线的增益损失和指向偏差，该方面的研究较为少见，是本节的主要内容。

机载雷达中常用的平板裂缝天线是一种薄壁、多层空腔结构，在机载环境的振动及冲击载荷作用下，极易发生结构变形乃至损坏，从而造成天线阵面辐射缝的位置改变及指向偏转。考虑到结构的复杂性，多采用有限元法来分析天线结构的变形响应，其动力学特性可描述为

$$M\ddot{\delta} + C\dot{\delta} + K\delta = p(t) \tag{7-4}$$

式中，$M$、$C$ 和 $K$ 分别是天线结构的质量矩阵、阻尼矩阵和刚度矩阵；$p(t)$ 为作用在天线上的时变随机载荷；$\delta$ 为结构位移响应。对上式两端进行傅里叶变换并采用模态坐标表示，有

$$\left[-\omega^2 \boldsymbol{\Phi}^\mathrm{T} M \boldsymbol{\Phi} + i\omega \boldsymbol{\Phi}^\mathrm{T} C \boldsymbol{\Phi} + \boldsymbol{\Phi}^\mathrm{T} K \boldsymbol{\Phi}\right] \xi(\omega) = \boldsymbol{\Phi}^\mathrm{T} P(\omega) \tag{7-5}$$

式中，$\omega$ 为振动频率；$\boldsymbol{\Phi}$ 为天线结构的模态矩阵；$P(\omega)$ 为随机载荷 $p(t)$ 的傅里叶变换。位移响应的傅里叶变换满足

$$\delta(\omega) = \boldsymbol{\Phi} \xi(\omega) \tag{7-6}$$

根据模态正交性，各阶振动是解耦的，于是第 $i$ 阶振动可以表示为

$$-\omega^2 m_i \xi_i(\omega) + i\omega c_i \xi_i(\omega) + k_i \xi_i(\omega) = p_i(\omega) \tag{7-7}$$

式中，$m_i$、$c_i$ 和 $k_i$ 分别为第 $i$ 阶模态对应的模态质量、模态阻尼和模态刚度；$p_i(\omega)$ 为第 $i$ 阶模态力；$\xi_i(\omega)$ 为第 $i$ 阶模态坐标。这些量分别与式（7-5）中的相应元素对应。由式（7-7）可得第 $i$ 阶模态响应为

$$\xi_i(\omega) = \frac{p_i(\omega)}{-\omega^2 m_i + i\omega c_i + k_i} \tag{7-8}$$

于是，第 $i$ 阶模态对应的传递函数为

$$H^i(\omega) = \frac{\xi_i(\omega)}{p_i(\omega)} = \frac{1}{-\omega^2 m_i + i\omega c_i + k_i} \tag{7-9}$$

根据式（7-6），结构的位移响应是各阶模态响应之和。因此，天线振动响应的传递函数可表示为

$$\boldsymbol{H}(\omega) = \begin{bmatrix} H_{11} & H_{12} & \cdots & H_{1N} \\ H_{21} & H_{22} & \cdots & H_{2N} \\ \vdots & \vdots & & \vdots \\ H_{N1} & H_{N2} & \cdots & H_{NN} \end{bmatrix} \tag{7-10}$$

式中，$H_{ij}$ 表示在节点 $j$ 作用单位力时，节点 $i$ 所引起的响应。

利用天线结构的传递函数 $\boldsymbol{H}(\omega)$，根据给定的随机振动功率谱密度 $\boldsymbol{S}(\omega)$ 便可得到天线结构位移响应的功率谱密度，即

$$\boldsymbol{Y}(\omega) = \boldsymbol{H}^{*}(\omega)^{\mathrm{T}} \boldsymbol{S}(\omega) \boldsymbol{H}(\omega) \tag{7-11}$$

式中，$\boldsymbol{S}(\omega)$ 是雷达天线的激励功率谱密度，可以是位移、力、速度、加速度等类型，表示随机振动在各频域上的统计特性；$\boldsymbol{Y}(\omega)$ 为天线响应的功率谱密度，表示在频域内的雷达天线响应分布密度，同样可以为力、速度或加速度等类型。

设雷达天线结构的有限元模型中节点总数为 $N$，每个节点有 3 个自由度（以体单元为例），则位移响应的功率谱密度矩阵 $\boldsymbol{Y}_d(\omega) \in \mathbf{R}^{3N \times 3N}$，可表示为

$$\boldsymbol{Y}_d(\omega) = \begin{bmatrix} \boldsymbol{Y}_{11}(\omega) & \boldsymbol{Y}_{12}(\omega) & \cdots & \boldsymbol{Y}_{1N}(\omega) \\ \boldsymbol{Y}_{21}(\omega) & \boldsymbol{Y}_{22}(\omega) & \cdots & \boldsymbol{Y}_{2N}(\omega) \\ \vdots & \vdots & & \vdots \\ \boldsymbol{Y}_{N1}(\omega) & \boldsymbol{Y}_{N2}(\omega) & \cdots & \boldsymbol{Y}_{NN}(\omega) \end{bmatrix} \tag{7-12}$$

式中的任意子块 $\boldsymbol{Y}_{ij}(\omega) \in \mathbf{R}^{3 \times 3}$ 具有如下形式

$$\boldsymbol{Y}_{ij}(\omega) = \begin{bmatrix} Y_{i_x j_x}(\omega) & Y_{i_x j_y}(\omega) & Y_{i_x j_z}(\omega) \\ Y_{i_y j_x}(\omega) & Y_{i_y j_y}(\omega) & Y_{i_y j_z}(\omega) \\ Y_{i_z j_x}(\omega) & Y_{i_z j_y}(\omega) & Y_{i_z j_z}(\omega) \end{bmatrix} \tag{7-13}$$

当 $i = j$ 时，即为节点 $i$ 的自谱密度；当 $i \neq j$ 时，为节点 $i$ 与节点 $j$ 的互谱密度。

对天线结构响应的功率谱密度 $\boldsymbol{Y}_d(\omega)$ 进行积分，便可得到结构响应的均方矩阵为

$$\boldsymbol{\psi}_d^2 = \int_{-\infty}^{\infty} \boldsymbol{Y}_d(\omega) \mathrm{d}\omega = \begin{bmatrix} \boldsymbol{\psi}_{11}^2 & \boldsymbol{\psi}_{12}^2 & \cdots & \boldsymbol{\psi}_{1N}^2 \\ \boldsymbol{\psi}_{21}^2 & \boldsymbol{\psi}_{22}^2 & \cdots & \boldsymbol{\psi}_{2N}^2 \\ \vdots & \vdots & & \vdots \\ \boldsymbol{\psi}_{N1}^2 & \boldsymbol{\psi}_{N2}^2 & \cdots & \boldsymbol{\psi}_{NN}^2 \end{bmatrix} \tag{7-14}$$

其中，对于任意子块有

$$\boldsymbol{\psi}_{ij}^2 = \begin{bmatrix} \psi_{i_x j_x}^2 & \psi_{i_x j_y}^2 & \psi_{i_x j_z}^2 \\ \psi_{i_y j_x}^2 & \psi_{i_y j_y}^2 & \psi_{i_y j_z}^2 \\ \psi_{i_z j_x}^2 & \psi_{i_z j_y}^2 & \psi_{i_z j_z}^2 \end{bmatrix}$$

由于随机振动通常为零均值正态分布随机过程，对于雷达天线结构而言，其

位移响应同样为零均值正态分布随机过程,即位移响应均方值矩阵与其协方差值矩阵相等,并且各节点与其自身的位移响应之间完全相关。

若取天线结构在节点 $i$ 处三个方向的位移响应的随机样本为 $\Delta x_i, \Delta y_i, \Delta z_i$,则有

$$D(\Delta x_i) = \psi_{i_x i_x}^2, \quad D(\Delta y_i) = \psi_{i_y i_y}^2, \quad D(\Delta z_i) = \psi_{i_z i_z}^2 \tag{7-15}$$

根据位移响应的完全相关性,可将 $\Delta y_i$ 和 $\Delta z_i$ 表示为 $\Delta x_i$ 的线性函数,即

$$\Delta y_i = k_{i_x i_y} \Delta x_i, \quad \Delta z_i = k_{i_x i_z} \Delta x_i \tag{7-16}$$

式中,$k_{i_x i_y} = \dfrac{\psi_{i_x i_y}^2}{\psi_{i_x i_x}^2}$,$k_{i_x i_z} = \dfrac{\psi_{i_x i_z}^2}{\psi_{i_x i_x}^2}$。同理,天线结构节点 $j(j \neq i)$ 处的位移响应 $\Delta x_j$、$\Delta y_j$、$\Delta z_j$ 同样可以表示为 $\Delta x_i$ 的线性函数

$$\Delta x_j = k_{i_x j_x} \Delta x_i, \quad \Delta y_j = k_{i_x j_y} \Delta x_i, \quad \Delta z_j = k_{i_x j_z} \Delta x_i \tag{7-17}$$

式中,$k_{i_x j_x} = \dfrac{\psi_{i_x j_x}^2}{\psi_{i_x i_x}^2}$,$k_{i_x j_y} = \dfrac{\psi_{i_x j_y}^2}{\psi_{i_x i_x}^2}$,$k_{i_x j_z} = \dfrac{\psi_{i_x j_z}^2}{\psi_{i_x i_x}^2}$。

于是,利用节点 $i$ 沿 $x$ 方向位移响应的一组随机样本为

$$\Delta x_i = \alpha_m \psi_{i_x i_x}, \quad m = 1, 2, \cdots, M \tag{7-18}$$

根据式(7-16)和式(7-17)生成节点 $i$ 在其他两个方向的位移响应随机样本,从而生成天线在随机振动作用下结构变形的一组随机样本。式(7-18)中,$\alpha_m$ 是一组标准正态分布的随机数,$M$ 为该组随机数的个数。

一般而言,雷达天线结构变形对辐射缝电压的影响可忽略不计,仅需考虑对阵面平面度的影响。此时,在随机振动作用下天线变形后对应的电性能为

$$E(\theta,\phi) = \sum_{n=1}^{N} V_n f_n(l_n, w_n, \theta - \xi_{\theta n}, \phi - \xi_{\phi n}) \exp\left[j\eta_n + jk(\boldsymbol{r}_n + \Delta \boldsymbol{r}_n) \cdot \hat{\boldsymbol{r}}\right] \tag{7-19}$$

式中,$\Delta \boldsymbol{r}_n$ 和 $\{\xi_{\theta n}, \xi_{\phi n}\}$ 分别为第 $n$ 个辐射缝的位置偏差和指向偏差;$V_n$ 为辐射缝电压;$f_n(l_n, w_n, \theta - \xi_{\theta n}, \phi - \xi_{\phi n})$ 为第 $n$ 个辐射缝的方向图;$N$ 为缝隙总数。

根据随机振动作用时天线结构位移响应的高斯分布特性,可以模拟出天线面板变形位移的大量随机样本。将每个随机样本代入式(7-19)中,便可分析随机振动对天线电性能的影响。

### 7.3.2 常用的减/隔振措施

处于振动环境中的雷达天线,若设计不当,振动变形不仅会导致天线电性能下降,更为严重时还会造成天线结构的破坏,主要体现在:①当雷达天线产生共振时,振动加速度或冲击力可能会超过结构的承受极限而产生破坏;②振动加速度或冲击力引起的应力虽远低于材料在静载荷下的强度,但由于长时间振动或多

次冲击会造成材料疲劳损坏。因此，应在尽可能降低设备成本的前提下，以提高设备结构设计水平和提高设备抗振抗冲击能力为宗旨，必要时通过安装减振系统来改善设备所处机械环境，提高设备的安全性、可靠性和使用寿命。

振动控制可从三方面入手，首先是振动源控制，消除或减小振动源产生的振动；其次是切断和抑制从振动源向外界的振动传递；最后是防止振动物体或结构的共振。当然，避免振动的最好方法是消除振源，但通常是不现实的，比较可行的方法是采取措施将雷达天线与振源进行隔离，使振源传递给天线的振动得以减弱甚至消除。控制振动及其传递的三个基本因素是弹簧或减振器的刚度、被隔离物体的质量及系统支撑的阻尼。

减/隔振设计的目标是要设计一种耦合振动较小，既无共振放大，又能在较小变形空间内具有良好缓冲效果的减振缓冲系统。因此，在雷达天线设计的初始阶段，就应该明确振动与冲击要求，以便合理确定电路设计方案，选择合适的电子元器件，合理确定机械结构的强度、刚度、质量分布和阻尼大小。

减振系统的振动特性受三个参数的影响，即质量、刚度和阻尼。对于雷达设备的振动和冲击隔离来说，减振系统的质量一般是指雷达设备的质量，而刚度和阻尼则由用于减弱振动和冲击传递的支撑装置提供。用于减弱振动和冲击传递的支撑装置称为减振器。根据减振设计理论，采用减振器是减弱振动冲击对雷达设备干扰的一种主要措施。性能优良的减振器是雷达设备减振设计成功的重要保证。为此，国内外科研人员和生产厂商进行了大量研究和开发，已有各种各样的减振器可供选择，并且都形成了标准，也在雷达设备减振设计中得到了广泛应用。

减振器的性能主要是由其刚度和阻尼确定的，按照提供刚度（弹性恢复力和阻尼）的材料划分，一般有金属减振器、橡胶减振器和金属橡胶减振器三种。

（1）金属减振器。

弹性特性和阻尼特性主要由金属构件确定的减振器，称为金属减振器，其特点如下。

① 对环境条件反应不敏感，可在油污、高/低温恶劣环境下工作，不易老化，性能稳定。

② 它的动刚度和静刚度基本上相同，而且刚度变化范围很大；不但能做到非常柔软（小于 3Hz），也能做得非常刚硬。金属弹簧适用于静态位移要求较大的减振器。当工作应力低于屈服应力时，弹簧不会产生蠕变。但是，当工作应力超过屈服应力时，即使是瞬时，也会使弹簧产生永久变形。因此，使用时应保证动态应力不超过弹性极限。

③ 阻尼过小（$\zeta<0.005$），容易传递高频振动，或者由于自振（如在 150～400Hz 之间）而传递中频振动。在经过共振区时，设备会产生过大的振幅，有时

需要另加阻尼器或在金属减振器中加入橡胶垫层、金属丝网等（作为摩擦元件，不承受载荷），以克服这一缺点。

④ 弹簧的设计与计算比橡胶容易，不仅方法较为成熟，而且弹簧本身刚度可以制造得相当准确。金属弹簧种类很多，如圆柱形弹簧、板形弹簧、圆锥形弹簧、盘形弹簧等，其中圆柱形弹簧应用最广。

目前在军用雷达设备的减振系统中，应用较广的有两类：其一是垂向承载的底部减振器，如无谐振峰减振缓冲器（GWF）、金属网阻尼减振器（JWZ）、GS不锈钢钢丝绳减振器等；其二是非承载的背部减振器，如GBJ单束钢丝绳减振器等。

（2）橡胶减振器。

弹性特性和阻尼特性主要由橡胶材料确定的减振器，称为橡胶减振器。用于减振器的纯胶料主要有天然胶与合成胶两类。为了改善纯胶料的某些特性和降低成本，通常需加入各种添加剂。例如，为增加纯胶强度、耐磨性，改善其导热（导电）性、抗老化和抗各种溶剂的能力等加入的增强剂；在确保胶料性能的前提下，为降低纯胶用量而加入的填充剂和为满足某种特殊需求而加入的辅料等。由此可见，胶料的特性取决于纯胶种类、添加剂种类及其在胶料中的均匀性，以及减振器结构和成型工艺。典型的胶料及其物理化学特性见有关设计手册。橡胶减振器的主要特点如下。

① 橡胶自身具有较大的阻尼，对高频振动的能量吸收有显著效果。

② 阻尼比随橡胶硬度的增加而增大。长时间处于共振状态时，橡胶会发生蠕变而使阻尼失效，故橡胶减振器适用于系统偶尔发生共振的情况，也适用于静位移小而瞬时位移可能很大的冲击环境。

③ 在动载荷下的弹性模量比在静载荷下大。由于橡胶具有弹性后效的特性，因此采用橡胶减振器的系统，其动刚度要远大于静刚度，而当系统受到冲击载荷时，其冲击刚度将进一步提高。所以橡胶减振系统对抵抗冲击特别有利。

④ 橡胶减振器的性能受环境影响大。天然橡胶在高/低温、油、臭氧或酸等环境下很容易失效。丁腈橡胶可在油中使用，氯丁橡胶可防臭氧龟裂，硅橡胶使用温度可达115℃。但是在机载等较严酷的条件下，由于橡胶减振器的环境适应能力较差，其应用受到一定限制。

（3）金属橡胶减振器。

金属橡胶减振器的弹性特性和阻尼特性由金属和橡胶材料共同确定。该类减振器综合了金属和橡胶两类减振器的优点，具有低固有频率、高阻尼比和较好的减振缓冲效果；但因采用橡胶材料，会不可避免地带来易老化、性能稳定性较差等缺点。

在军用雷达设备中，目前应用较多的有 JQZ 型空气阻尼减振器、GDP 型低频减振器和 GF 型复合阻尼减振器等。

## 7.4 电磁兼容设计

电磁兼容设计是雷达整机和分系统设计的主要环节之一。随着现代科学技术的发展，雷达系统外部所处的电磁环境日益复杂，其内部既存在极大的干扰源和耦合途径，又存在高敏感度的分系统及元器件。电磁兼容设计的目的是使所设计的电子设备或系统能在预期的电磁环境中实现电磁兼容（又称电磁兼容性）。

对电子设备和系统的电磁兼容（Electro Magnetic Compatibility，EMC）要求，是雷达研制时必须予以充分考虑的技术指标。在 EMC 研究中，常用以下术语。

（1）电磁骚扰（Electro Magnetic Disturbance）。

指任何可能引起器件、设备或系统性能降低或对有生命或无生命物质产生损害作用的电磁现象。电磁骚扰可能是电磁噪声、无用信号或传播媒介本身的变化。

（2）电磁干扰（Electro Magnetic Interference）。

强调电磁骚扰现象所造成的后果，是指电磁骚扰引起的设备、传输通道或系统性能的下降。平时，人们习惯将电磁骚扰和电磁干扰统称为电磁干扰（EMI）。

（3）电磁兼容（EMC）。

设备、系统或器件在所处的电磁环境中的电磁适应能力，既能在其电磁环境下正常工作，又不对该环境中任何事物构成不能承受的电磁骚扰的能力。

### 7.4.1 电磁兼容设计的基本内容

形成电磁干扰（EMI）须具有三个基本要素：电磁干扰源、耦合途径及敏感设备。从三要素出发进行电磁兼容设计是有效的技术途径，目的是使所设计的电子设备或系统在预期的电磁环境中实现电磁兼容，即使电子设备或系统满足电磁兼容标准规定的要求，能在预期的电磁环境中正常工作，无性能降低或故障，同时，对该电磁环境而言不会引入一个污染源。

电磁兼容（EMC）设计可分为系统内和系统间两部分，主要是对系统内部和系统之间的 EMC 进行分析、预测、控制和评估，以实现 EMC 和最佳效费比。系统内的 EMC 设计，包括印制电路板设计和有源器件的选用、布线、接地、屏蔽及滤波五个部分。

EMC 研究是随着电子技术逐步向高频、高速、高精度、高可靠性、高灵敏度、高密度、大功率、工作环境复杂化等方面的需要而发展的。工业发达国家都成立了专门机构对 EMC 进行管理并制定了相应的规范和标准。我国也已制定了一系列 EMC 的国家军用标准和国家标准，如 GJB 150A、GJB 151B、GJB 72A、GJB/Z 25、GJB/Z 17、GB/T 4365、GB/T 6113 等，工程应用中可进行选用。

### 7.4.2 电磁兼容测试技术

电磁兼容（EMC）测试技术是一项测试电子设备或系统以规定的安全系数在指定的电磁环境中按照设计要求工作能力的技术。它包括对电磁干扰（EMI）和对电磁灵敏度（EMS）的测试，测试方法有频谱分析仪法和场强仪法。电磁干扰有时是随机和多变的，电磁干扰的时域波形、频谱比较复杂。电磁干扰是与电路、结构、工艺、布局等多因素相关的电磁现象，单靠数字仿真、理论计算进行设计有一定困难。通常要求相配套的 EMC 测试设备，具有稳定性好、灵敏度高、频谱宽、动态范围大的特点。方法上，应在微波暗室中进行多次测试或多种状态的测试，然后进行数据处理和分析。

有关 EMC 测试技术的详细内容，可参考相关技术专著和国家军用标准与国家标准。

### 7.4.3 电磁兼容设计实例

电磁兼容设计涉及电路、结构、工艺等多个专业，由于其技术的复杂性，国内雷达及其他军用电子设备研制厂所对其专业分工仍有待进一步明晰。

参考电磁干扰形成的三个基本要素，电磁兼容设计的基本思路是抑制干扰源、切断耦合路径和提高敏感元器件的抗干扰能力。在电路研制过程中，对电路布局、版图设计、封装设计等各个环节进行有针对性的电磁兼容设计，以保证系统的抗干扰能力。（成都）电子科技大学针对某 X 波段 T/R 组件一体化封装过程中遇到的电磁兼容问题进行了研究，现简介如下。

该 T/R 组件主要包括接收通道、发射通道与逻辑控制电路三部分，逻辑控制电路主要用于系统中单刀双掷开关（SPDT）的状态切换、数控移相器和数控衰减器工作状态的控制，系统的总体方案如图 7-1 所示。所有器件采用 MMIC 芯片、微带传输线、金丝键合互连技术。T/R 组件基板总体尺寸为 35mm×35mm×2mm，发射支路尺寸为 18.5mm×35mm×2mm，接收支路尺寸为 16.5mm×35mm×2mm。该组件采用四层复合媒质基板作为电路基板，发射通道与接收通道分别位于四层基板的顶层和底层，实现空间交错布局，采用单层膜片加载式四层基板微带-微带互连技术，通过信号过渡孔实现顶层与底层微带线的良好互连。

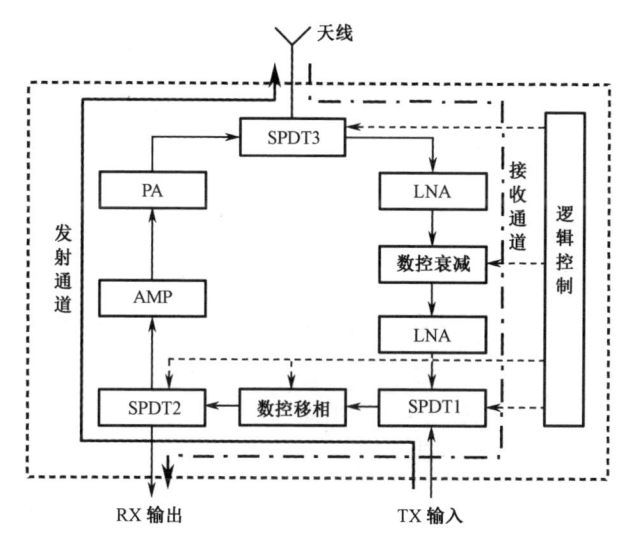

# 第 7 章 雷达天线的环境适应性设计

图 7-1 T/R 组件的系统总体方案示意图

该 T/R 组件电磁兼容三要素如下。

① 干扰源：工作状态下所有的 MMIC 芯片都是干扰来源，其中低噪声放大器（LNA）、驱动放大器、功率放大器（PA）的影响依次增强，腔体谐振也是主要干扰源。

② 耦合路径：表层微带信号线、微带线拐角不连续处、微带与通槽边缘不连续处、信号过渡孔不连续处和金丝键合（微带与芯片之间的互连）的不连续处。

③ 敏感器件：低噪声放大器、驱动放大器、功率放大器、数控衰减、数控移相器等射频元器件。

T/R 组件电磁兼容问题主要有：其一，各功能模块电路之间的相互影响，如发射模块和接收模块之间、微波元器件和数控电路之间、微波元器件之间；其二，通道之间的空间相互耦合。

在第一个问题中，发射模块和接收模块之间可能形成回路，只要收发之间的隔离度足够即可消除，微波电路、数控电路和电源的连接之间产生的振荡只要加适当的滤波和屏蔽即可消除。第二个问题比较复杂，组件全部采用微带电路，由于微带线的传输特性和微带线不连续处即为阻抗的不连续点，它们都会产生电磁辐射，使各路传输线相互耦合，而传输线周围是有限狭小空间，在特定条件下，整个封装腔体内部会形成谐振，使得传输线之间、射频元器件之间的耦合加强。解决的办法主要有三种：一是通过腔体内部结构微调来破坏谐振频点，避免谐振频点落在工作带宽内；二是放置吸波材料来吸收腔体内部的空间电磁辐射；三是对各路传输线之间、敏感元器件之间进行电磁隔离。

综上所述，在电磁兼容设计时对传输路径提出增加金属化接地约束孔的微带传输结构（图7-2）来阻断射频元器件之间的层间回路互扰，克服微带传输线高损耗、易与邻近导体带之间形成空间电磁辐射干扰的缺点。在收、发通道之间设置金属隔墙（图7-3），对干扰源与敏感源进行电磁屏蔽。经过分析与优化后形成图7-4所示的电磁兼容方案。

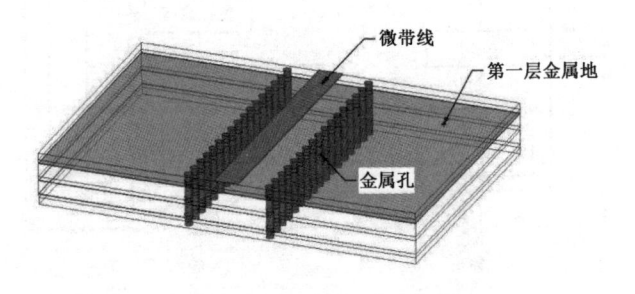

图7-2 增加金属化接地约束孔的微带传输结构

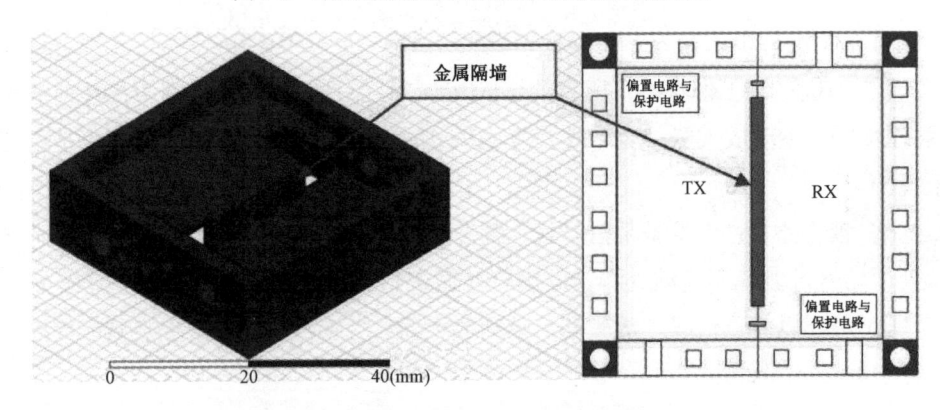

图7-3 总体封装腔体内的金属隔墙结构

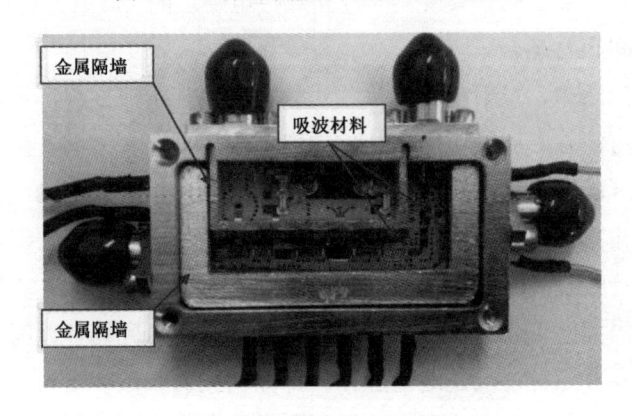

图7-4 优化后的电磁兼容方案

## 7.5 典型案例

某机载雷达天线主要由天线座和上层的天线结构两部分组成，其中天线座支撑起天线结构，可实现天线波束的空间扫描，上层天线部分为平板裂缝天线，如图 7-5 所示。该机载雷达天线的主要结构参数见表 7-2。

表 7-2 主要结构参数

| 材料特性 | 材料类型 | 弹性模量 | 泊松比 | 密度 |
|---|---|---|---|---|
| | 铝合金 | 70GPa | 0.29 | $2.7\times10^3$ kg/m$^3$ |
| 结构参数 | 结构质量 | 基座直径 | 横滚轴长度 | 俯仰轴长度 | 天线口径 |
| | 73.28kg | 0.8m | 0.45m | 0.545m | 0.9m |

对该天线进行有限元分析时，应在保证计算精度的前提下尽可能合理地等效、简化模型，以节省计算成本，提高分析的效率。考虑到机载雷达天线结构虽较为复杂，零部件较多，但主要特征都比较清晰，主要由薄板及薄板闭合形成的腔体结构构成，因此，综合利用壳、梁、体三种基本单元进行建模。忽略倒角、圆角、凸台、螺栓孔等对结构变形影响不大的微小几何特征，用实体质量块来等效电动机和相关配重，最终形成图 7-6 所示的机载雷达天线结构有限元模型。

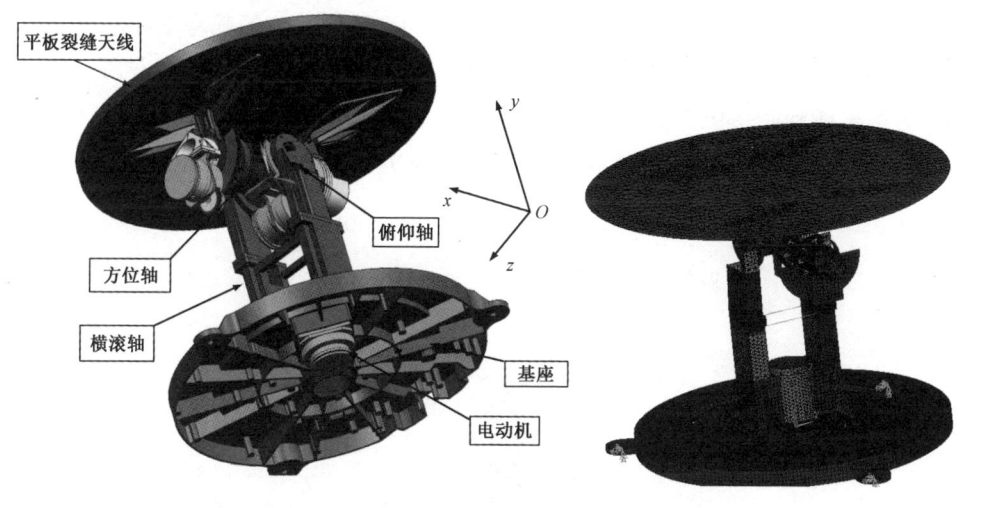

图 7-5 某机载雷达天线结构    图 7-6 机载雷达天线结构有限元模型

为验证雷达天线结构有限元模型的正确性，对天线结构进行了模态分析，并将前四阶固有频率分析结果与实测结果进行对比，列于表 7-3 中。由表 7-3 可知，有限元分析的前四阶固有频率与雷达天线结构的实测频率非常接近，相对误差不超过7.39%。有限元分析得到的天线各阶振型也与实测结果相符，由此可以验证天线模型的正确性，可用于模拟天线结构在随机振动作用下的响应情况。

表 7-3　雷达天线结构的固有频率

| 频率阶数 | | 1 | 2 | 3 | 4 |
|---|---|---|---|---|---|
| 实测结果 | 固有频率（Hz） | 15.52 | 20.40 | 32.20 | 38.40 |
| | 振型描述 | 绕横滚轴扭转 | 绕俯仰轴摆动 | 绕方位轴摆动 | 绕方位轴摆动+绕横滚轴扭转 |
| 有限元分析 | 固有频率（Hz） | 14.51 | 19.50 | 29.82 | 40.43 |
| | 相对误差 | 6.51% | 4.41% | 7.39% | 5.29% |

为模拟机载雷达天线结构在实际工作情况下的振动环境，国军标中给出了检验各种军品随机振动的功率谱信息，采用了图 7.7 所示的随机振动加速度功率谱。图中，横坐标为激励信号的频率范围，从 15Hz 至 2000Hz，而纵坐标为加速度功率谱密度，其范围为 $0.003 \sim 0.025 g^2/Hz$，其中 $g$ 为重力加速度，功率谱的均方根为 $3.76g$。

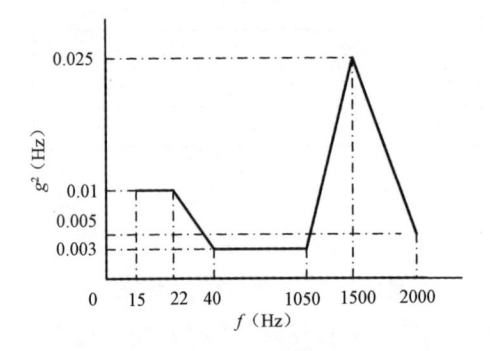

图 7-7　随机振动加速度功率谱

由于机载雷达天线的随机振动激励来自飞机本身的振动环境，因此可在天线结构有限元模型中，将随机振动功率谱信号施加到天线结构的基座支耳位置处。分别在 $x$、$y$ 和 $z$ 方向上施加如图 7-7 所示的加速度功率谱，得到图 7-8 所示的位移均方根云图和图 7-9 所示的应力均方根云图。提取出在各方向随机激励下天线结构响应的节点位移均方根及各分量最大值，列于表 7-4 中。

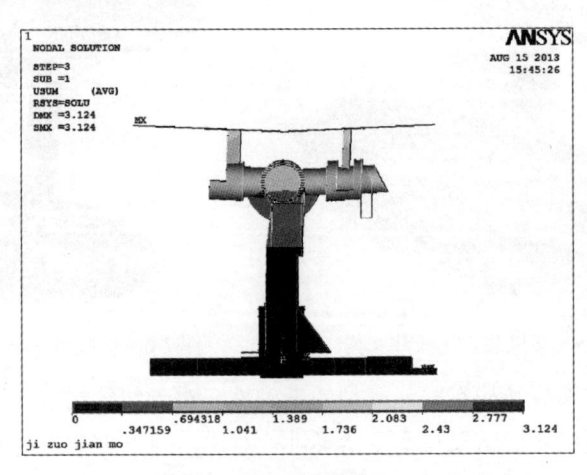

（a）$x$ 方向激励

图 7-8　不同方向激励下的位移均方根云图

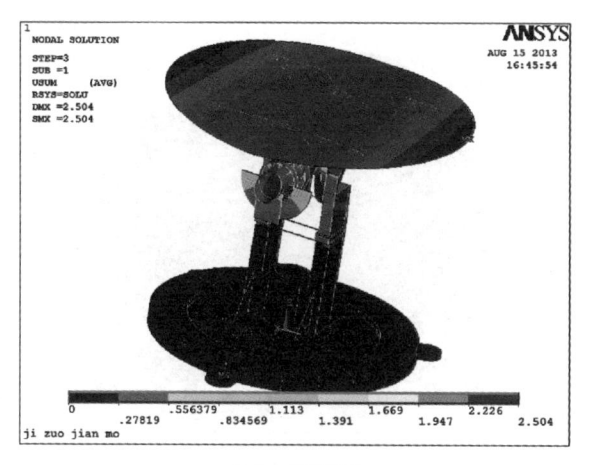

（b）y方向激励

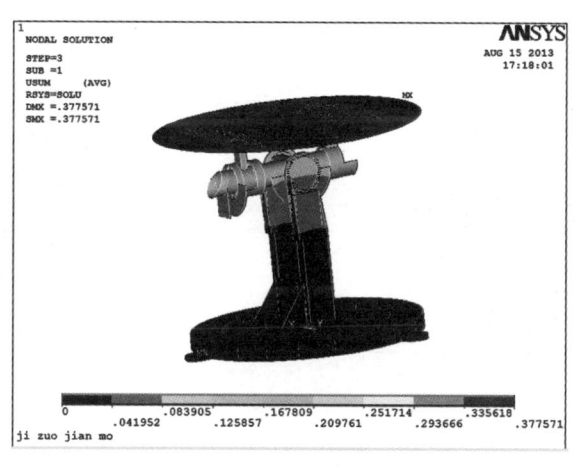

（c）z方向激励

图 7-8　不同方向激励下的位移均方根云图（续）

表 7-4　各坐标方向随机激励下节点响应位移均方根及各分量最大值

| 振动激励方向 | 位移均方根最大值（mm） | 位移均方根 x 分量最大值（mm） | 位移均方根 y 分量最大值（mm） | 位移均方根 z 分量最大值（mm） |
| --- | --- | --- | --- | --- |
| x | 3.50 | 2.65 | 2.37 | 0.09 |
| y | 0.33 | 0.04 | 0.32 | 0.07 |
| z | 3.30 | 0.04 | 2.01 | 2.63 |

由图 7-8 可知，雷达天线结构在三个方向随机激励下，位移响应的均方根主要位于天线阵面处，且其最大值也均位于天线阵面边缘处，分别为 3.50mm、0.33mm 和 3.30mm。这说明，在各方向上分别施加相同随机激励时，在 $x$ 和 $z$ 方向激励下天线阵面的变形响应比 $y$ 方向激励下的变形大。也就是说，机载雷达天线结构受到阵面横向激励时引起的阵面变形较大。

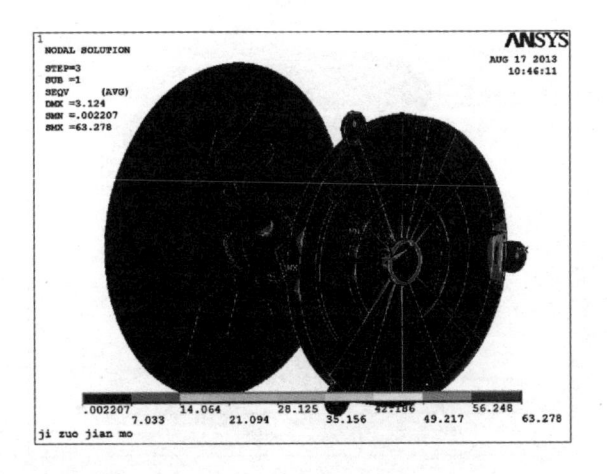

（a）x 方向激励

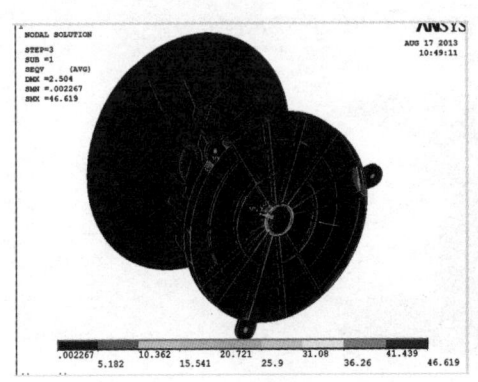

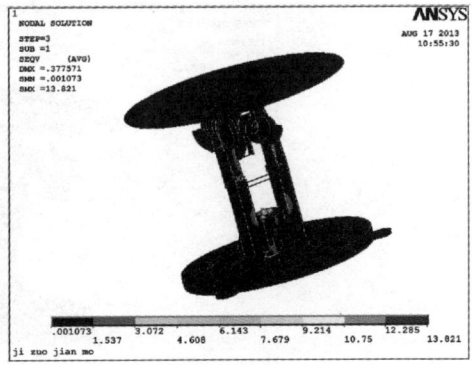

（b）y 方向激励　　　　　　　　　　（c）z 方向激励

图 7-9　不同方向激励下的应力均方根云图

由图 7-9 可知，x 方向激励下应力较大区域主要集中在基座中心和俯仰轴与天线连接处，且应力均方根最大值（63.28MPa）出现在基座中心处；y 方向激励下应力较大区域主要集中在基座支耳约束处，最大应力为 46.62MPa；z 方向激励下应力较大区域主要集中在基座中心和横滚轴前端，且最大值（13.82MPa）位于基座中心处。这说明在各方向分别施加随机激励时，应力响应较大区域主要集中在基座中心，且天线阵面在横向激励下的应力响应要比法向激励的应力响应大。

由表 7-4 可知，x 和 z 方向的激励引起的阵面位移响应均方根远大于 y 向激励的响应，说明天线结构在受到与阵面平行方向激励时，结构的变形响应较为明显，尤其是天线阵面 y 方向响应对天线电性能有着更为明显的影响。根据天线结构随机振动响应得到的节点位移协方差矩阵，便可进一步分析随机振动引起的天线阵面变形对天线方向图的影响，从而可分析所造成的天线增益损失和指向误差。

设天线工作频率为 9.6GHz，模拟生成雷达天线结构在三个方向随机激励下天线阵面变形的 1000 套随机样本，计算对应的天线增益损失和指向误差变化，其中 $x$ 方向随机激励下的天线增益损失和指向误差变化情况在图 7-10 中给出。各方向随机激励下天线增益损失和指向误差的统计在表 7-5 中给出，其中增益损失为理想天线增益与任一随机样本阵面变形下天线增益的差值，指向误差为理想方向图主波束指向与阵面变形时天线主波束指向的差值。

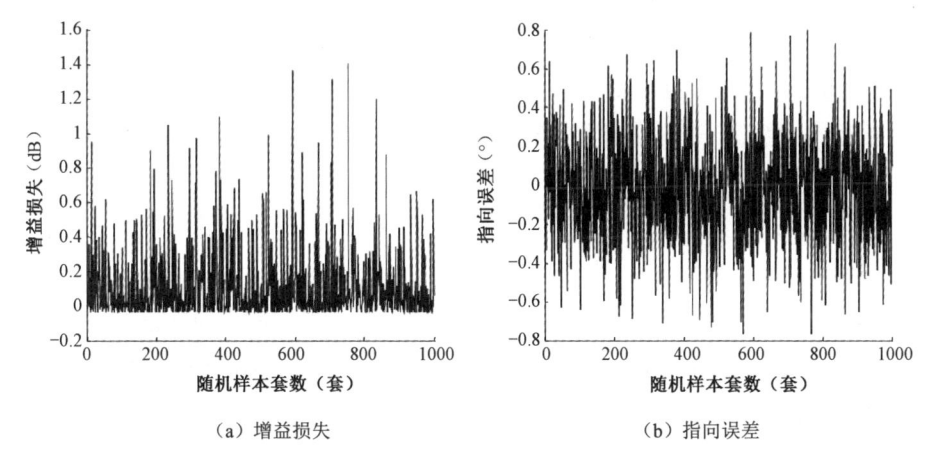

（a）增益损失　　　　　　　　　　（b）指向误差

图 7-10　$x$ 方向随机激励下的天线增益损失和指向误差变化情况

表 7-5　随机激励下天线的增益损失和指向误差统计

| 激励方向 | 增 益 损 失 | | | 指 向 误 差 | | |
| --- | --- | --- | --- | --- | --- | --- |
| | 最大值（dB） | 均值（dB） | 标准差（dB） | 最大值（°） | 均值（°） | 标准差（°） |
| $x$ | 1.404 | 0.111 | 0.201 | 0.797 | 0.220 | 0.165 |
| $y$ | 0.003 | 0 | 0.001 | 0 | 0 | 0 |
| $z$ | 1.385 | 0.098 | 0.166 | 0.804 | 0.198 | 0.150 |

由图 7-10 中的增益损失可见，$x$ 方向随机激励下天线结构的阵面变形主要是造成了天线的增益损失，还有部分样本的天线增益甚至增大了，但最大增益增加量仅为 0.039dB。与天线增益损失的最大值 1.404dB 和均值 0.111dB 相比可知，天线阵面变形主要是引起了天线的增益损失，这一点可从表 7-5 的统计数据中看出。由图 7-10 中的指向误差可知，$x$ 方向随机激励下天线主波束指向会在原主波束附近左右摆动。为考察随机激励对天线指向精度的影响，将图 7-10 中的天线指向误差取绝对值，统计数据在表 7-5 中列出。

由表 7-5 可知，$x$ 和 $z$ 方向的随机激励引起的天线增益损失和指向误差较大，最大值分别为 1.404dB 和 0.804°；$y$ 方向随机激励引起的最大增益损失仅为 0.003dB，且不存在指向误差。这说明机载雷达天线在受到阵面平行方向上的随机激励时，天线电性能将受到严重影响，导致雷达天线跟踪能力的降低。为进一步减小天线的增益损失和指向误差，可考虑采取相应的减/隔振措施。

## 参 考 文 献

[1] 张润逵, 戚仁欣, 张树雄, 等. 雷达结构与工艺（上册）[M]. 北京：电子工业出版社, 2007.

[2] 段勇军, 顾吉丰, 平丽浩, 等. 雷达天线座模态分析与试验研究[J]. 机械设计与制造, 2010,2:214-216.

[3] 王芳林, 高伟, 陈建军. 风荷激励下天线结构的随机振动分析[J]. 工程力学, 2006,23(2):168-172.

[4] 段宝岩. 天线结构分析、优化与测量[M]. 西安：西安电子科技大学出版社, 1998.

[5] SONG L W. Performance of planar slotted waveguide arrays with surface distortion [C]//Progress in Electromagnetics Research Symposium 2010 (PIERS2010), March 22-26, Xi'an, China.

[6] 李志力. 基于 SiP 技术的 X 波段 T/R 组件封装技术研究[D]. 成都：电子科技大学, 2015.

[7] 宋立伟. 天线结构位移场与电磁场耦合建模及分析研究[D]. 西安：西安电子科技大学, 2011.

[8] 平丽浩, 黄普庆, 张润逵. 雷达结构与工艺（下册）[M]. 北京：电子工业出版社, 2007.

# 第 8 章
# 雷达天线电气互联技术

【概要】

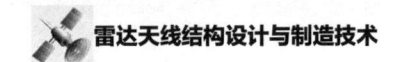

本章阐述了雷达天线电气互联技术。首先，介绍了电子封装和电气互联基础知识；其次，阐述了芯片级系统 SoC、封装级系统 SiP、系统级封装 SoP、封装天线 AiP 和片上天线 AoC 的发展；最后，通过毫米波封装天线和太赫兹片上天线两个案例，介绍了雷达天线的电子封装与电气互联方面的研究成果。

## 8.1 概述

在电子产品制造中，传统的概念将封装技术分为 0 级、1 级、2 级、3 级共四个级别。0 级封装指从晶片（圆片）加工至芯片成品过程的芯片级封装技术，1 级封装指用封装外壳将芯片（含多芯片）封装成元器件的元器件级封装技术，2 级封装指将 1 级封装和其他元器件组装到印制电路板上的印制板级封装技术，3 级封装指将 2 级封装插装到母板上的整机或系统级封装技术。本章主要介绍雷达系统中的封装与电气互联技术。

## 8.2 电子封装与电气互联

### 8.2.1 封装技术

有源阵列天线技术是集现代相控阵天线理论、半导体技术及光电子技术于一体的高新技术，有源阵列天线可能有成千上万个 T/R 组件，每个 T/R 组件都是由发射链路中的放大器和接收链路中的低噪声放大器以及移相器等构成的。近年来，人们在通信、雷达、个人电子消费等领域对系统小型化、集成化、低功耗化的要求越来越高，传统的有源阵列天线设计方法已很难适应这种新需求。

电子封装是将集成电路设计和微电子制造的裸芯片组装为电子器件、电路模块乃至电子整机的制造过程，是将微元件再加工并组合构成微系统及工作环境的制造技术。以 CPU 为例，实际看到的体积和外观并不是真正的 CPU 内核大小和面貌，而是 CPU 内核等元件经过封装后的产品。常见的封装形式包括双列直插式封装、方形扁平式封装、插针网格阵列封装及球栅阵列封装等。封装的主要作用如下所述。

① 物理保护：使芯片与外界隔离，防止空气中的杂质对芯片电路的腐蚀，使芯片免受外力损害及外部环境的影响；使芯片的热膨胀系数与框架或基板的热膨胀系数相匹配，防止热应力损坏芯片。

② 电气连接：将芯片的焊区与封装的外引脚连接起来；可以重新分布 I/O，

获得更易于在装配中处理的引脚间距；可用于多个 IC 的互连。

③ 规格标准化：封装后的尺寸、形状、引脚数量、间距、长度等都有标准的规格，既便于加工，又便于与印制电路板相配合。

封装时主要考虑的因素有：一是为提高封装效率，芯片面积与封装面积尽可能相等；二是引脚尽量短以减少延迟，引脚间的距离尽量远以保证互不干扰；三是基于散热要求，封装越薄越好。这些因素综合作用，使封装体趋于小型化、薄型化和系统化。

电子元器件封装类型较多，按封装材料的不同，可分为金属封装、陶瓷封装和塑料封装三种；按引脚类型区分，可分为短引脚（无引脚）型、I 型、J 型、L 型（鸥翼型）、针型、球形等各种引脚类型的封装；按一个封装器体内容纳的芯片数不同，可分为单芯片封装、多芯片封装；按封装的工艺特性不同，可分为板级封装、芯片叠层封装、三维立体封装、芯片器件混合封装等；按器件使用的环境及可靠性要求级别不同，可分为商用级、工业级及军标级封装。军标级封装又称为高可靠性封装，它采用陶瓷-金属-玻璃气密性材料（部分也用有机材料）等组成电子元器件外包装，对元器件有较好的保护能力且能保证光、电等信息互联的可靠性。

根据对元器件的功能、可靠性等要求的不同，封装工艺会有一定差异，但其基本工艺流程是相同或接近的，主要包括以下内容。

（1）圆片减薄。

圆片减薄是在晶圆圆片背部，通过研磨或磨削等方法将硅等基体去掉的过程。其作用主要是降低圆片厚度，降低封装高度，提高散热性能；去掉背面的表面氧化物并增加粗糙度，保证芯片焊接时有良好的黏结性；消除圆片背面的扩散层，防止寄生结的存在；改善背面金属化时的欧姆接触，减小串联电阻等。同时，当将圆片减薄到一定程度后还有利于提高芯片的抗折性能。

（2）背面金属化。

背面金属化是为了满足欧姆接触、散热、互连可焊性、连接可靠性等需求，通过金属溅射、蒸发等工艺，在圆片的背面制作多层金属层的过程。其作用或是作为导电电极（如大功率三极管、肖特基二极管、VDMOS、MOSFET 等器件），或是为提高导热性能和增强热均匀性，或是为避免使用含有机物的材料焊接芯片。

（3）划片/切割。

划片/切割是利用薄的金刚砂轮刀片、激光等工具，将圆片上的芯片切割成单个芯片的过程。其作用是将圆片上互连的芯片分开为单个芯片。

（4）装片。

装片是将芯片安装到外壳内或基板上的过程。其作用是将芯片与支撑物连接，两者之间可以用胶、焊料、玻璃膏进行黏结，也可以是无黏结剂的共晶焊连接。该工艺过程中，需要对压焊点、钝化层、金属引线、通孔、黏结层孔隙等做全面的检查。

（5）键合。

键合是利用某种导电金属丝（如金丝、硅铝丝等）、金属带或焊膏等，将芯片焊盘与封装体（如外壳、基板）连接起来的过程。其作用是实现芯片与封装体引出端（引脚）之间的电气连接，是器件级互连的关键工艺。该工艺过程中，需要进行引线抗拉强度、焊球抗剪强度等测试。

（6）密封。

密封是将封装体的封装界面进行封口的封装过程，可分为气密性封口和非气密性封口两种。气密性封口是通过某种方式（如储能焊、平行缝焊、激光焊、加热熔封、冷挤压等），将封装体的封装界面完全密封起来的过程。其作用是保障高可靠要求器件可在恶劣环境中使用而不进水气等。塑料封装为非气密性封装，它有使用环境条件的限制。

（7）气密性检查。

气密性检查是通过检测仪器检测元器件密封后的内腔是否与外界隔绝的过程。

（8）打标。

打标是在元器件表面打上用于识别种类、型号、批次或编号等标志的过程。可以用油墨移印或丝印的方法打标，也可以用激光刻蚀、喷码打印等方法打标。

（9）成型剪边。

成型剪边是对 DIP、SoP、QFP 等在封装过程中有保护引脚连筋的器件去除连筋，以及将引脚弯曲成便于安装形状的过程。对于高密度、多引脚、细引脚间距的 QFP 等器件，也常在将其组装到 PCB 上之前才进行成型剪边。

（10）包装。

包装是将电子元器件安放在特定容器中，从而使电子元器件在传输、运输、测试老化以及储存等方面更为方便和安全，使其不受各种机械冲击而损毁，防止污染、氧化、腐蚀及静电损伤等。

### 8.2.2 电气互联

电气互联技术是指在电、磁、光、静电、温度、湿度、振动、速度等已知和未知因素构成的环境中，任何两点或多点之间的电气连接工艺制造技术及相关设计技术。电气互联技术的作用是保障点与点、线（缆）与线（缆）、元器件/接插件与基板、组件与组件、组件与整机（系统）、整机（系统）与整机（系统）等电气互联点、件、系统之间的电气可靠连接和"联通",其技术应用遍及电子产品(设备)制造的各个层面。

随着电子技术、信息技术的快速发展和向传统设备的快速渗透,以及现代产品的高速电气化进程,电气互联技术在现代产品中的作用越来越重要。电子技术在系统中所占比例越来越大,相应的电气互联点、线、件也越来越多,电气互联技术的重要性随之不断提高。可以说,电气互联技术已经发展成为现代电子设备设计、制造的基础技术,是电子设备可靠运行的主要保障技术,是电子先进制造技术的重要组成部分,是支持电子信息产业发展的关键技术。

从传统的概念划分,电气互联技术可以分为元器件级、印制板级和整机级三个层次,每个层次有其自成体系的技术内容,图 8-1 给出了各部分的标志性技术。微系统级和组件(子系统)级互联是新发展的内容。微系统级互联所采用的技术往往跨越传统元器件级和印制板级技术体系(如图中虚线框所示),例如,既采用表面组装技术又进行外封装等;组件(子系统)级互联所采用的技术往往跨越印制板级和整机级技术体系,例如,

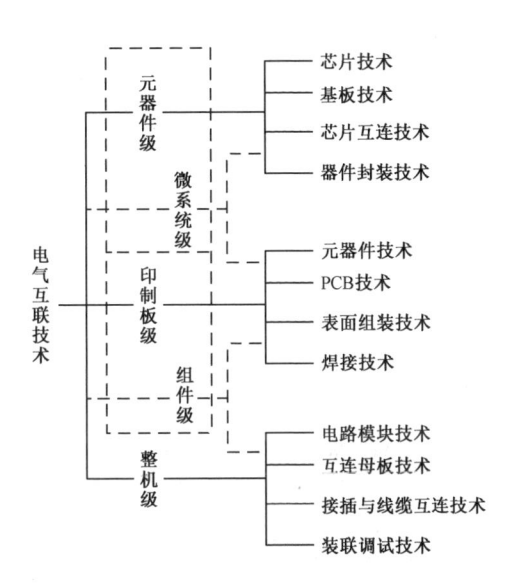

图 8-1 电气互联技术体系层次关系

既采用表面组装技术又进行电路模块互连等。所以,各层次之间具有交叉性。

电气互联技术的主要内容包括电路性能可靠性设计、电路布局布线及其抗干扰设计、互联焊点可靠性设计、组装质量可靠性设计、热可靠性设计、电磁兼容设计、振动/冲击/热应力等环境下的动态特性设计等。这些问题必须采用计算机仿真技术、CAD 与优化设计技术、虚拟设计技术等先进的技术手段和方法来解决。

## 1. 电路及电路模块的 CAD 与优化技术

如今电路 CAD 软件已广泛应用,分别有适用于系统及分系统设计、电路设计、单器件特性设计等不同需求的 CAD 软件。电路 CAD 不仅取代了电路设计和制造工艺中的许多试验调试环节,而且已成为先进的薄膜集成电路、单片微波集成电路(MMIC)和微系统组件等难以在试验板上进行调试的电路设计的唯一方法。电路 CAD 的发展趋势是计算机辅助参数性能测试(CAT),以及 CAD、CAT

和计算机辅助工程（CAE）有机结合的自动设计系统，并已向智能化和设计专家系统方向发展。

图 8-2 为电路可靠性设计软件系统的结构组成示意图，可以进行面向制造、测试和维护的综合性可靠性设计。国内近些年投入电路及电路模块的 CAD 与优化技术方面研究工作的单位和部门越来越多，但总体水平有待进一步提高。实际应用的设计软件基本为引进的非综合性设计软件，以及利用通用商品化软件进行诸如热分析等单学科的可靠性设计。

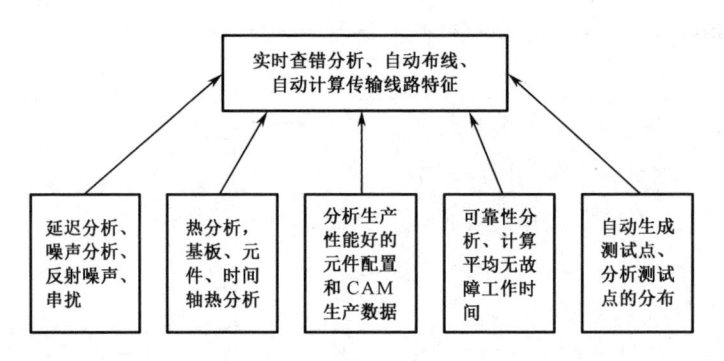

图 8-2　电路可靠性设计软件系统结构组成示意图

### 2. SMA 焊点可靠性设计技术

采用表面组装技术形成的 PCB 级电路组件（SMA），其焊点既承担电气连接又承担机械连接任务，可靠性是产品的生命。SMA 焊点微小、密集，组装与返修技术难度大、成本高等特点，使它的可靠性问题解决在设计阶段显得尤为重要。为此，在运用传统方法进行焊点可靠性设计时，也出现了应用 SMA 焊点虚拟成形等新技术、新方法进行设计的趋势。

图 8-3 所示为对 SMA 焊点进行成形预测、寿命分析和相关参数优化设计的虚拟成形技术原理框图。该方面的研究国内外基本同步，目前尚处于各种单项技术的离散研究和应用阶段，如焊点形态建模、应力应变分析等，还未见形成对应图 8-3 所示原理的工程化系统软件的公开报道。其研究难点是各种型号 SMC/SMD 合理形态库建立、各单项技术模型的转换和集成、分析评价专家系统设计等。

### 3. 互联工艺仿真技术

互联过程中的关键工艺仿真设计是保障产品质量的一种重要方法，该技术方向的研究近些年很活跃，这里以 SMA 的焊接工艺为例。组装密度的增加和元器件尺寸及其引脚间距的减小，使 SMA 的焊接工艺难度增大，焊接温度曲线参数的设置范围变窄，并极易发生焊接质量问题。焊接工艺的正确设计，尤其是焊接温度曲线的准确设置，已成为保障 SMA 组装质量的关键内容之一。在焊接温度曲线的设置过程中，采用传统的试验测试、分析方法不仅费用昂贵，同时很难保证参数设置的正确性与最优化。利用计算机仿真再流焊接工艺过程进行再流焊接温度曲线参数设计，不仅能提高设计的科学性，而且可减少传统试验方法所花费的时间和费用。

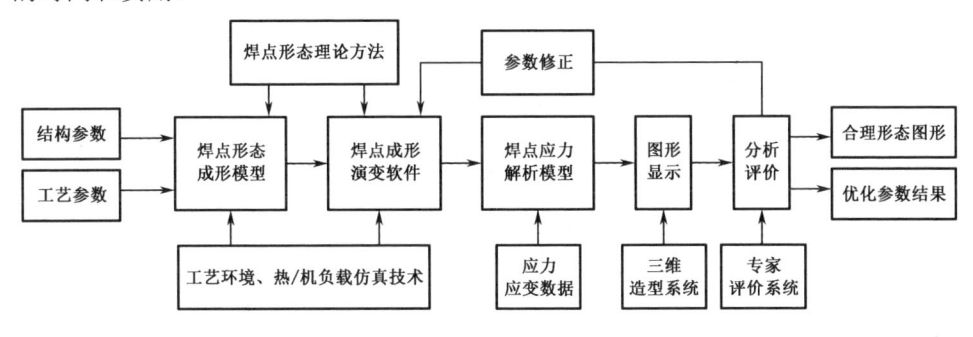

图 8-3　SMA 焊点虚拟成形技术原理框图

**4. SMA 的动态特性分析技术**

SMA 的动态特性包含温度、应力应变、电磁兼容等机械、物理性能的动态变化。随着 SMA 的微型化，这些动态特性对产品组装质量、性能的敏感度影响越来越大，其科学设计不仅成为必要，而且在三维高密度 SMA 的产品设计中不可或缺。

利用通用软件工具，对 SMA 的各种动态特性分别进行分析，是目前普遍采用的设计分析方法，能够解决电路模块设计中的不少问题。但是，由于电路模块产品的机电耦合特性，电、磁、光、热综合因素影响特性，通用软件工具往往无法解决所有问题，尤其是针对多因素的综合设计，通用软件工具更是难以胜任。为此，该技术领域的研究趋势是电路模块单因素动态特性分析设计专用软件和多因素综合分析设计系统结合使用。目前，国内外在这方面均处于研究阶段，尚无商品化专用分析设计软件面世。

**5. 整机互联技术**

整机互联技术至关重要，它是指在电、磁、光、静电、温度、湿度、振动、速度、辐射等已知和未知因素构成的环境中，将数量众多的电子元器件、金属或非金属零部件、紧固件及各种规格的导线，装配连接成整件或整机/系统的电气装联制造技术及相关设计技术。它是电气互联技术的重要组成部分，是面向电子整机/系统的电气互联技术，包含机箱机柜结构及其电路模块布局与相关工艺技术、线缆布线设计与工艺技术、接插件及其连接技术、电磁兼容设计、热设计、机电性能综合设计与工艺技术等丰富的技术内容。

整机互联基于机箱、机柜、线缆、电路模块或插件、接插连接件、紧固件等，通过合理的结构布局设计、线缆布线设计、电磁兼容设计、热设计、连接可靠性设计及组装工艺技术，组成整机或整机系统。与其直接相关的主要技术内容如下。

1）整机组装结构设计

整机组装结构设计也称总体设计，它根据产品技术和使用要求，对整机互联从结构组成的科学性、可靠性角度进行系统构思，并对各分系统和功能性单元提出设计要求和规划，具体包括：机柜、机箱及插入件和其他附件的结构形式与装配方式；电气传输或控制过程中，声、光、电或机械的调节和控制所必需的各种传动装置、组件及执行元件的布局和装配方式；元件、组件及整机等的温度控制设计——防腐、防潮、防霉；振动与冲击隔离、屏蔽与接地、接插与连接及其环境防护设计。对上述各项进行合理的结构布局和总体规划，以确定相互之间的连接形式和结构尺寸等。

2）整机线缆互连与布线工艺技术

整机线缆互连技术是以导线、电缆为主要电气互连件，辅以母板互连、接插互连、无线互联等形式，将多个部件或模块互连组合成能完成一定功能实体的装联制造技术，其主要应用范围是插件单元之间、机箱和机箱之间、机箱和机柜之间以及阵面与多个模块之间的电气互联。它包括线缆布线设计、线束制作、线束安装、线缆端接等技术。

线缆布线设计是指在电子整机的三维空间中，在机箱、机柜内或机箱、机柜之间的线缆布局和走线设计，以及相关的线缆选择，连接、固定和加固方式选择与设计，与布线相关的电磁兼容分析与设计，热分析与设计。布线工艺技术是指上述线缆布线设计内容的具体实施工艺方法、手段和规范等。线缆布线设计及其工艺技术是整机互联的关键技术，直接关系到整机互联信号的通断和传输可靠性，是整机互联技术的重要研究内容之一。

3）电磁兼容设计及其加固技术

电磁兼容设计是整机互联设计中必须采用的基本技术，也是电子整机这一机电结合产品设计制造区别于机械类产品设计制造的标志性技术之一。

电磁兼容（EMC）是电子设备或系统的主要性能之一。它指的是电子器件、设备或系统在所处的电磁环境中良好运行，并不对其所在环境产生任何难以承受的电磁干扰（EMI）的能力。电磁兼容设计就是要使电子设备或系统有高的抗扰度与电磁敏感度（Electro Magnetic Susceptibility，EMS），实现设备或系统内无相互电磁干扰、兼容运行，对外能抗御电磁干扰和不产生电磁干扰。

电子整机互联中的电磁兼容设计包含器件、电路模块、线缆、结构等的合理布局，以及必要的电磁屏蔽、接地措施等。传统上将电磁屏蔽、接地等电磁兼容技术称为电子设备的（电磁兼容）加固技术。

4）热设计及其加固技术

热设计也是整机互联设计中必须采用的基本技术。电子整机热设计的目的是在工作环境和自然环境中，对电子元件、组件及整机的温升进行控制，使其可控并在允许的温度范围内运行。对于具有一定功率状态或恶劣环境条件下运行的电子整机，热设计是必需的；高密度组装、高功率密度的整机，其热设计尤为重要。

温升控制的基本方法有自然冷却、强迫风冷、强迫液冷等，还有蒸发冷却、温差电制冷、热管传热等多种温升控制形式。传统上也将各种温升控制技术称为电子设备的热加固技术。

5）抗振动设计及其加固技术

电子整机在装联、搬运过程及工作环境中受到振动不可避免，尤其是车辆、船舰、航空航天器承载的电子整机，受到振动的程度还会相当高，抗振动设计及其加固技术必不可缺。

抗振动设计及其加固技术简称抗振加固技术，除整机机械结构体的抗振和加固措施外，整机互联工艺技术中需要重点关注的抗振加固内容有：各类可装卸插箱、插件的锁紧结构及其可靠性；各类可拔插的接插件接插紧密性及其固定结构的可靠性；各类固定型接点的牢固性和可靠性；各类线缆夹持、扣扎结构的牢固性和可靠性等。

6）电路连接工艺及其可靠性技术

电路连接工艺技术包括印制电路连接、线缆连接、母板（背板）及其互连等工艺技术，连接的主要技术方法有接插件连接和焊接。其可靠性技术主要是连接的接触可靠性、焊接的焊点可靠性技术，包含连接和焊接工艺可靠性设计。

电子整机中存在着大量的固定、半固定及活动的电气连接点，这些连接点的接触可靠性对整机或系统的可靠性有很大的影响，必须正确地设计、选择其连接工艺和方法。例如，固定连接的钎焊、压接或熔接等焊接方法的选择，活动连接的各种接插、开关件的合理选用或设计等。

恶劣的工作环境条件会引起电子整机中的接插连接材料发生腐蚀、老化、霉烂、性能显著下降等，因此，还应根据设备所处环境条件的性质、影响因素的种类、作用强度的大小来确定接插件的相应防护措施或防护结构，选择耐腐蚀材料或表面保护层，或者研究其抗腐蚀方法。

7）整机调试与综合测试技术

所谓整机调试技术，是指根据设计要求，按照调试工艺对电子整机的性能和功能进行调整与测试，使之达到或超过预定的各项技术指标。整机装联只是将元器件、零件、部件按照设计图纸的要求连接起来，但由于每个元器件的参数具有一定的离散性，机械零部件加工有一定的公差和装配过程中产生的各种分布误差等的影响，一般不能使整机立即正常工作，必须通过整机调试才能使功能和性能指标达到规定的要求。因此，对于电子整机的生产，整机调试是必不可少的重要工序。

整机互联是电子整机设计、制造的重要环节，因此其工艺及质量与整机调试技术密切相关，一方面其质量直接影响调试工作量，另一方面通过调试能及时发现工艺缺陷并予以修正和调整。在传统的整机线缆手工布线/扎线/连接工艺中，往往有不少空间干扰、电磁干扰、接插不良问题是通过调试过程发现和纠正的，对新产品更是如此。

综合测试技术是指对有必要进行振动、高/低温、高湿度、盐雾、离心、真空等状态下的单项或多项技术性能进行测试和试验的整机测试技术，通常称为可靠性测试或加速寿命试验，其目的是检测电子整机在特殊工作环境中的可靠性。

整机调试和综合测试技术是对电子整机设计、制造、装配和互联技术的总检查、总测试技术，设计、制造、装配和互联的质量越高，调试的直通率就越高，测试的数据也越理想。它们既是保证和实现电子整机功能、性能和质量的重要工序，又是发现电子整机设计及工艺缺陷或不足的重要环节，整机调试和综合测试工作还能为不断提高电子整机的性能与品质积累精确的、可靠的技术数据。

## 8.3 天线的 3S 设计

摩尔定律发展到现阶段，行业内认为可沿两条路径发展：一是继续按照摩尔定律路线往下发展，走这条路径的产品有 CPU、内存、逻辑器件等；二是按照超越摩尔定律（More than Moore）路线，芯片发展从一味追求功耗下降与性能提升转向更加务实地满足市场的需求，即功能提升，这方面的产品包括模拟/RF 器件、无源器件、电源管理器件等。

针对上述两条路径，分别诞生了两种产品，即芯片级系统（System on Chip，SoC；又称片上系统）和封装级系统（System in Package，SiP），大幅提高了系统的集成度。SoC 从设计的角度出发，是按摩尔定律继续往下走的产物。SoC 就是将接收通道、发射通道甚至天线及数字处理模块集成到一个芯片上，以实现集成度的最大化；而 SiP 则是将多个功能芯片及天线集成到一个封装里面，以实现小体积内的性能最优化。SiP 从封装的立场出发，可实现超越摩尔定律的目标。

SoC 始于 20 世纪 90 年代中期。随着半导体工艺技术的发展，集成电路设计者能够将越来越复杂的功能，集成到单硅片上。SoC 正是在集成电路向集成系统转变的大背景下产生的，将所有的计算机部件或者其他电子系统，组合到单一的集成电路或芯片上。其中可能包含数字、模拟、混合及射频信号功能，所有这些功能模块全部集成在单一的芯片基板上。2014 年，美国国防高级研究计划局（DARPA）研制出首个 94GHz 全硅单片集成发射机 SoC，将原本由多个电路板、单独的金属屏蔽装置和多条输入/输出连线组成的发射机集成到一个只有半个拇指指甲盖大小的硅芯片上，实现了硅基射频器件输出功率的大幅提升，以及硅数字信号器件和射频器件的单片集成，如图 8-4 所示。

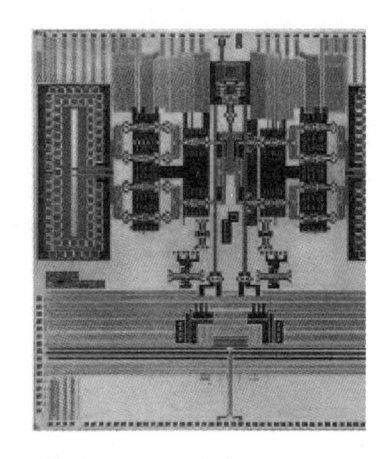

图 8-4　94GHz 全硅 SoC 发射机

SoC 实现了半导体工艺技术的系统集成以及软件系统和硬件系统的集成，可降低耗电量、减小体积、增加系统功能、提高速度、节省成本。设计 SoC 的关键技术包括总线架构技术、IP 核可复用技术、软硬件协同设计技术、SoC 验证技术、可测性设计技术、低功耗设计技术、超深亚微米电路实现技术等。同时，SoC 设计还要作嵌入式软件移植、开发研究，是一个跨学科的新兴研究领域。

从封装发展的角度来看，电子产品在体积、处理速度、电特性等各方面的需求考量下，SoC 曾经被确立为未来电子产品设计的关键与发展方向。但要将 IP（Intellectual Property，知识产权）模块集成到 SoC 中，要求设计者要完全理解复杂 IP 模块的功能、接口和电气特性，如微处理器、存储器、控制器、总线，使 IP 的集成越来越困难。随着系统复杂性提高，得到完全吻合的时序越来越困难。即使每个 IP 模块的布局是预先定义好的，但把它们集成在一起，仍会产生一些不可预见的问题，如噪声、串扰、耦合等，这些对系统的性能有很大的影响。这就导致很难在 SoC 上实现模拟、混合信号及数字电路的集成，导致开发成本越来越高，开发周期不断延长。于是，SiP 技术出现了。

SiP 将多个具有不同功能的有源电子元件与可选无源器件，以及诸如 MEMS 或光器件等其他器件优先组装到一起，实现一定功能的单个标准封装件，从而形成一个系统或子系统。从架构上看，SiP 是将多种功能芯片，包括处理器、存储器等功能芯片集成在一个封装内，从而实现一个基本完整的功能。与 SoC 不同的是，SiP 是采用不同芯片并排或叠加的封装方式，而 SoC 则是高度集成的芯片。

在采用 SiP 技术的产品中，最著名的非 Apple Watch 莫属。因为"Watch"（手表）的内部空间太小，无法采用传统技术，SoC 的设计成本又太高，SiP 便成了首选。它不但可减小体积，还可拉近各个 IC 间的距离，成为可行的折中方案。SiP 技术将整个计算机架构封装为一个芯片，不仅满足了期望的效能，还能缩小体积，让手表有更多的空间放电池。Apple Watch 内置的 S1 芯片采用 SiP 技术封装而成，包含相当多的 IC 模块（图 8-5）。

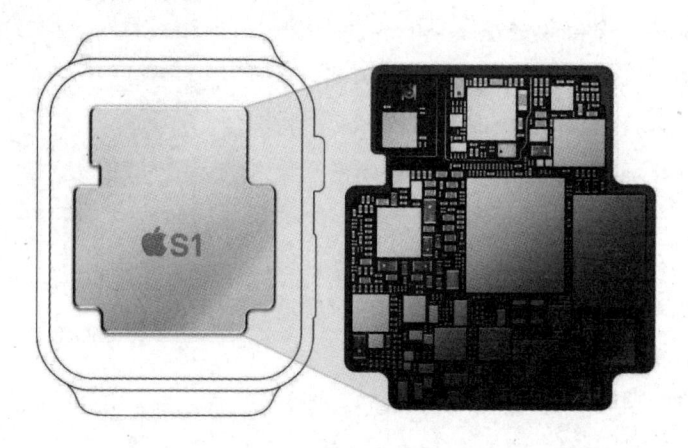

图 8-5　采用 SiP 封装的 Apple Watch S1 芯片

在一个电子系统中，半导体 IC 芯片通常只占体积的 10%，通过 SoC 和 SiP 技术可以缩减 10%～20%的体积。其余空间则被大量的分立无源元件、电路板及其线缆连接占据。系统级封装（System on Package，SoP）提供了解决这 80%～90%体积问题的系统集成路径，通过"超越摩尔定律"的方式，从根本上大幅提升了系统集成密度，成数量级地减小了系统整体的体积与质量。

SoP 是一种二次集成技术，可将微波与射频前端、数字与模拟信号处理电路、存储器及光器件等多个功能模块集成在一个封装块内，属于真正的系统级封装。它容易实现电子系统的小型化、轻量化、高性能及高可靠性，特别适用于航空、航天、便携式电子系统等对体积、质量及环境要求苛刻的场合。SoP 的最大优点是与 SoC 和 SiP 的兼容性，即 SoC 和 SiP 均可视为 SoP 的子系统，一起被集成在同一个封装件内。

SoP 可通过多层立体结构实现对高 $Q$ 电路和高功率模块的集成，整个系统的集成度高；各功能模块可预先分别设计，并可大量采用市场现有的通用集成芯片和模块，故生产成本低，市场投放周期短；SoP 能减少各功能部件之间的连接，使损耗、干扰降低到最小，因此产品性能优良，可靠性高；由于采用体积结构，封装内的元器件可嵌入、集成或叠装，向 3D 方向发展，故体积小、质量轻、封装密度大。

图 8-6 对 SoC、SiP 及 SoP 作了对比。SoC 期望在单芯片上通过异构甚至异质的方式集成多个系统功能，但其受限于材料和工艺兼容性等问题，还无法实现大规模的集成，只有与其他技术手段相结合才能实际应用于电子装备和系统。SiP 将多种异构芯片、无源元件等采用二维或三维形式集成在一个封装体内。然而，SiP 由于其本身集成规模的限制，以及部分功能集成手段的制约，仍很难综合解决散热、电源、外部互连和平台集成等系统的必备需求，也仍无法构成独立的系统。SoP 则面向系统应用，基于系统主板，将 SiP、元器件和连接器、散热结构等部件集成到一个具备系统功能的广义封装内。SoP 可以加载系统软件，具有完整的系统功能，是功能集成微系统最合理、最直观的集成形式，故具有整机和系统的核心集成能力。

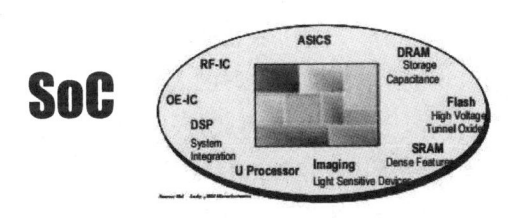

(a) SoC 中完整系统集成在单个芯片上

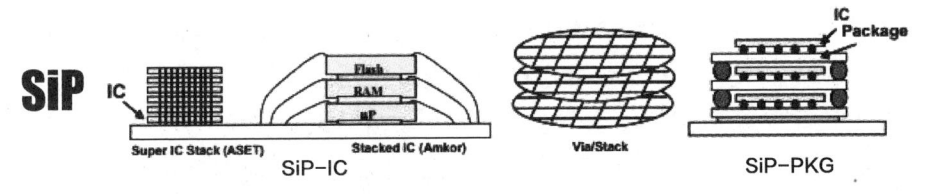

(b) SiP 中不同芯片并排或叠加封装在一起，形成一个系统或子系统

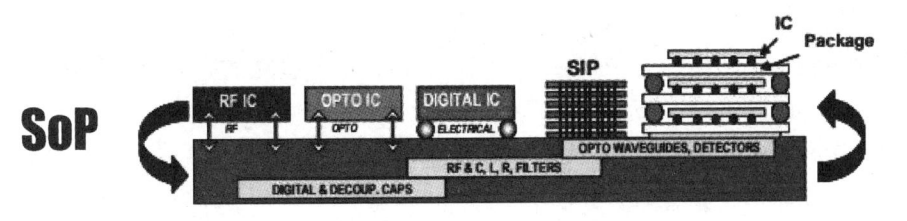

(c) SoP 集成更多的 IC 模块及 SiP 系统，尺寸更小，IC 模块线路更短，性能更优

图 8-6 SoC、SiP 和 SoP 的对比

毫米波半导体是第五代移动通信技术（5G）的基础器件，作为收发 RF 信号的无源器件，天线决定了通信质量、信号功率、信号带宽、连接速度等通信指标，是通信系统的核心。5G 的关键技术之一是大规模集成毫米波有源阵列天线技术，必须提高集成度和采用新封装技术来提高射频（RF）系统的性能。目前，实现前

端电路和集成天线的方案有三种。第一种为封装天线（Antenna in Package，AiP）技术，天线采用 IC 封装工艺制作；第二种为片上天线（Antenna on Chip，AoC）技术，天线直接在硅衬底上制作；第三种为 AiP 和 AoC 的混合技术，天线馈电点制作在芯片上，辐射元件在片外实现。AoC 属于 SoC 的范畴，而 AiP 属于 SiP 的范畴。

AoC 技术通过半导体材料与工艺将天线和其他电路集成在同一个芯片上，考虑到成本和性能，AoC 技术更适用于太赫兹频段。AiP 技术通过封装材料与工艺将天线集成在携带芯片的封装件内。AiP 技术可以很好地兼顾天线性能、成本及体积，代表着近年来天线技术的重大成就，因而深受广大芯片及封装制造商的青睐。如今几乎所有的 60GHz 无线通信和手势雷达芯片都采用了 AiP 技术。除此之外，在 79GHz 汽车雷达，94GHz 相控阵天线，122GHz、145GHz 和 160GHz 的传感器，以及 300GHz 无线连接芯片中都可以找到 AiP 技术的身影。毋庸置疑，AiP 技术也将为 5G 毫米波移动通信系统提供很好的天线解决方案。

AiP 技术早在该术语被提出和普及之前就已经存在。AiP 技术继承与发扬了微带天线、多芯片电路模块及瓦片式相控阵结构的集成概念。它的发展主要得益于市场的巨大需求。硅基半导体工艺集成度的提高，驱动研究者自 20 世纪 90 年代末开始，致力于不断深入探索在芯片封装上集成单个或多个天线的攻关工作。

AiP 设计需要考虑系统、电路、天线、封装、互连等多个方面，叠层微带天线是 AiP 最新发展出来的。叠层微带天线可以设计成双频带或宽频带天线，该天线具有频带宽、波束宽、频域滤波、灵活实现单或双极化、方便静电保护、易于满足多层结构金属化密度要求及利于散热等优点，因而在 AiP 设计中得到了广泛应用。

芯片技术发展至今，已渗透到人们生产、生活的许多方面。但是，芯片技术也存在一些不足，目前很多高科技公司已经研发出一些功能远远超过现有芯片的微型装置，即微系统。微系统是以微电子、微光子、微机电系统（MEMS）为基础，结合体系架构和算法，运用微纳系统工程方法，将传感、通信、处理、执行、微能源等功能单元在微纳尺度上采用异构、异质等方法集成在一起的微型系统。体系架构是构建微系统的骨架，功能算法是微系统的灵魂，微电子、微光子、MEMS 等是微系统的基本元素，学科交叉融合是微系统创新的源泉（图 8-7）。集成电路主要实现计算、处理或存储等单一功能，而微系统能够完成信息感知、信息处理、信令执行、通信和电源等多种功能。微系统有三种典型的实现途径，分别是 SoC、SiP 和 SoP，系统软件与功能算法是微系统的"灵魂"，而 SoC、SiP 和 SoP 构成了微系统的"肉身"，成为微系统的物理实现途径（图 8-8）。

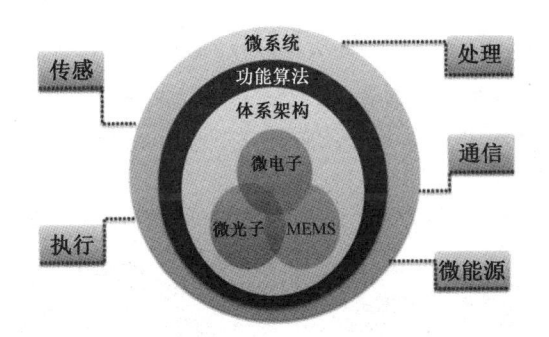

图 8-7　微系统的概念

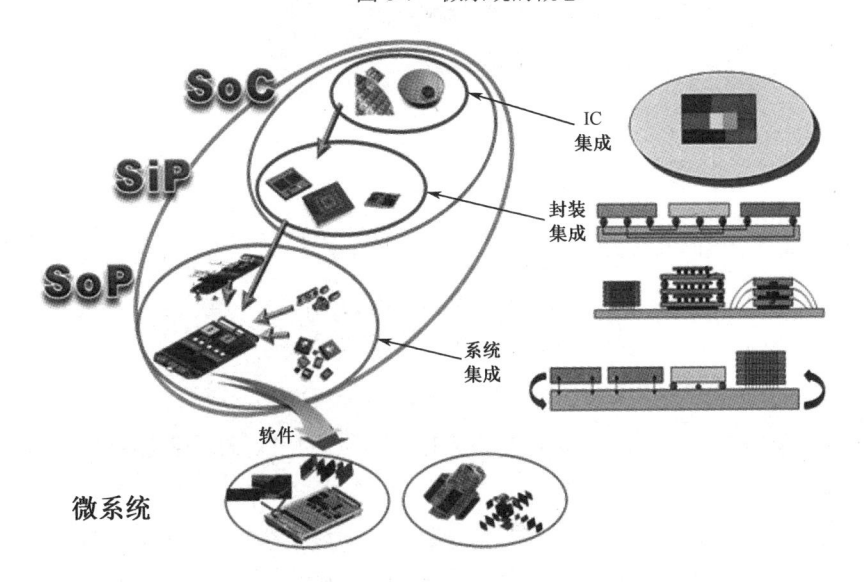

图 8-8　微系统实现的三种途径

## 8.4　毫米波封装天线（AiP）

有源相控阵天线中传统的互连方式在毫米波频段损耗较大、效率偏低，导致传统毫米波有源相控阵存在大质量、大体积、不易共形、冗余设计多等缺点。毫米波封装天线（AiP）基于封装材料与工艺，将天线与各类 IC 芯片集成封装在一起，具有低剖面、微型化、低成本及高集成等优势。南京国博电子股份有限公司与东南大学微波毫米波国家重点实验室联合研制出了一款工作频段为 34～36GHz 的超低剖面毫米波 AiP 阵列。

该天线阵列为 2×2 硅基 AiP 阵列，以高阻硅 TSV 转接板为叠层单元，采用硅基 3D 异构集成工艺，在垂直方向上集成了天线、GaAs 单通道收发多功能芯片、SiGe 四通道幅相多功能芯片、电源调制芯片、电阻和去耦电容等多种芯片，其剖面图如图 8-9 所示。高阻硅 TSV 转接板集成了高密度 TSV、三层金属化布线（RDL）和细间距微凸点（Bump）结构，阵列包括 7 层高阻硅和 1 层低介电常数材料。该毫米波 AiP 正面为 2×2 微带贴片天线阵列［图 8-10（a）］，背面为细间距 BGA 封装端口［图 8-10（b）］。

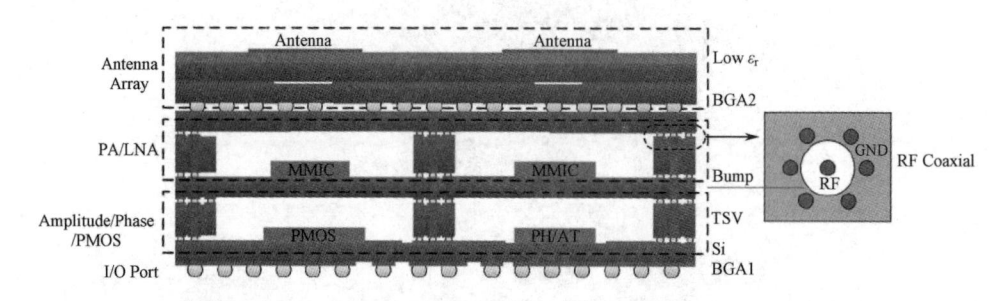

图 8-9  2×2 硅基 AiP 阵列剖面图

根据电路功能，可将该毫米波 AiP 阵列分为天线阵列层、信号放大层及幅相控制层。天线阵列层由辐射贴片、耦合空气腔及馈电网络组成，信号放大层由 GaAs 单通道收发放大芯片和去耦电容组成，幅相控制层由 SiGe 四通道多功能芯片、电源调制电路和滤波电容等组成。相邻电路功能层之间通过细间距的 Bump 或 BGA 实现微波信号、数字信号和电源信号的垂直互连，其中天线层结构中的低介电常数材料可提高辐射效率和增益。在垂直方向上，采用类同轴结构的射频 TSV 传输结构，具有低插损和高密度的优点。

阵列中的天线为硅基贴片天线，采用低介电常数材料与高阻硅相结合的方法，可降低天线衬底的复合介电常数，进一步提高天线的远场增益和带宽。辐射单元采用微带天线形式，激励方式为空气耦合。整个辐射单元的尺寸为 12mm×14mm，金属辐射贴片尺寸为 2.61mm×2.61mm，紧贴天线贴片的低介电常数材料厚度为 0.1mm。

（a）正面 2×2 天线阵列  （b）背面 BGA 端口

图 8-10  毫米波 AiP

为降低衬底损耗和提高相邻 TSV 信号隔离，设计者采用了一种改进的射频 TSV 通孔结构——以信号通孔 TSV 为中心，在其周围排列一圈接地屏蔽通孔。TSV 采用背靠背结构进行设计，深宽比为 200∶30，TSV 直径为 30μm。实物照片如图 8-11 所示，插入损耗和回波损耗的测试结果见图 8.12。在 10GHz 时，TSV 的插入损耗为 0.29dB，回波损耗小于-25dB；在 40GHz 时，插入损耗为 0.76dB，回波损耗小于-18dB。

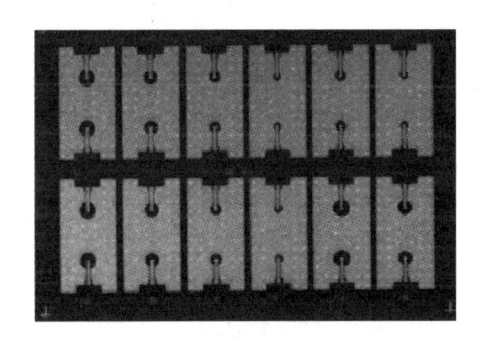

图 8-11　射频 TSV 实物照片 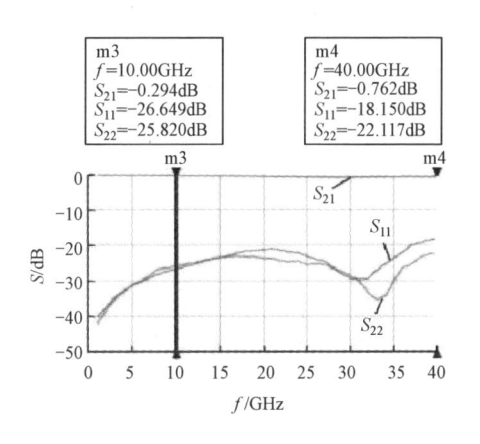　　　　图 8-12　射频 TSV 测试结果

采用 BGA 形式的标准接口将 2×2 硅基 AiP 阵列安装在测试 PCB 上，PCB 背面有阵列的电源稳压电路、储能电容和去耦电容等。RF 接口采用可拆卸毫米波连接器与外部电缆相连，外部电源和数字信号通过焊线的方式与阵列互连。制成的 AiP 阵列样品如图 8-13 所示，在微波暗室中进行测试，所得测试结果见图 8-14。该阵列的等效全向幅射功率（Effective Isotropic Radiated Power，EIRP）大于 31.5dBm，接收增益大于 22dB，可实现±30°的波束扫描，其质量仅 0.75g，可方便地应用于毫米波可扩展的有源相控阵中。

（a）AiP 阵列样品　　　　（b）安装在 PCB 上的 AiP 阵列

图 8-13　制成的 AiP 阵列样品

(a) 回波损耗

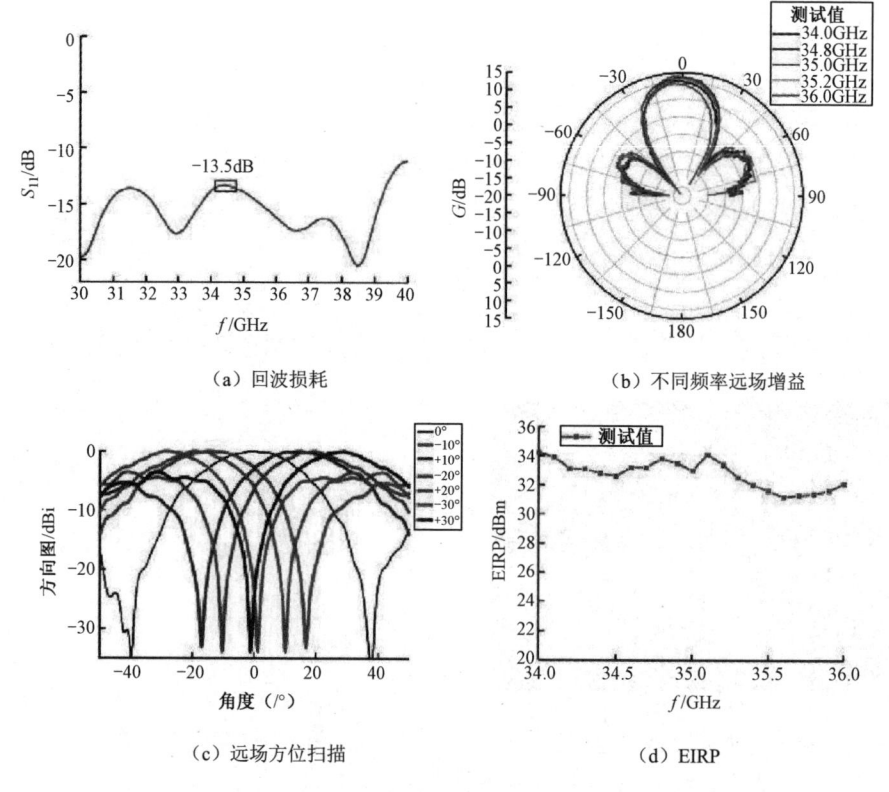

(b) 不同频率远场增益

(c) 远场方位扫描

(d) EIRP

图 8-14 AiP 阵列测试结果

## 8.5 太赫兹波段片上天线（AoC）

太赫兹波段（频率范围为 0.1~10THz，波长为 30μm~3mm）可覆盖半导体、等离子体、有机体及生物大分子等物质的特征谱，广泛应用于国防、天文、生物、通信及计算机等领域，对国民经济与国家安全意义重大。为实现单片集成多频段太赫兹探测，江苏大学提出了一种带有 4 个片上天线的探测器电路结构。

太赫兹片上天线的本质是微带天线，在厚度远远小于波长的介质基片两侧覆盖用于辐射电磁波和接地平面的金属薄片。天线的带宽和最大增益取决于天线尺寸，减小天线尺寸会使天线的带宽变窄、增益降低，因此在不降低天线的带宽、增益等性能指标的前提下减小天线的尺寸是片上天线的研究热点，也是控制芯片成本的关键所在。所设计的太赫兹探测器芯片基于 TSMC 0.18μm CMOS 工艺。该工艺共包含 6 层金属，其中顶层金属为 M6，底层金属为 M1，工艺剖面图如图 8-15 所示。根据天线设计理论，增加地平面和辐射贴片之间的距离可改善天线的带宽和增益，故利用顶层金属 M6 设计辐射贴片，底层金属 M1 设计地平面，两者之间的介质厚度为 6.52μm。

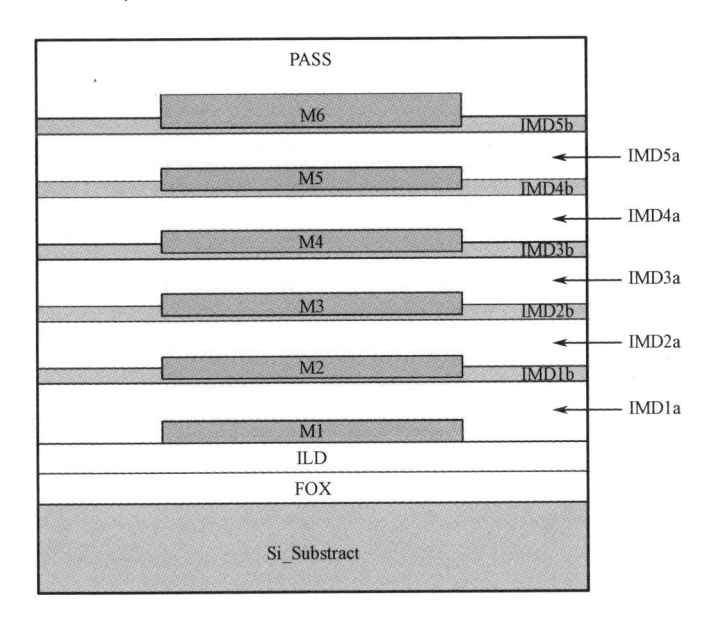

图 8-15　TSMC 0.18μm CMOS 工艺剖面图

天线 1 采用双环嵌套差分天线，设计的天线形状及其回波损耗（$S_{11}$）随频率（$f$）变化情况如图 8-16（a）所示。通过优化设计，天线外环的内、外半径分别为 75μm、92.5μm，内环的内、外半径分别为 50μm、60μm。天线的谐振点分别在 600GHz 和 800GHz，带宽约为 10GHz，可实现多频段谐振。天线 2 采用圆环开槽天线，天线形状及其回波损耗如图 8-16（b）所示。由大到小，天线上的三个圆半径分别为 120μm、70.3μm 及 33.5μm，馈线长度为 80μm。天线的谐振频率为 300GHz，带宽为 17GHz。天线 3 采用菱形对角开槽天线，天线形状及其回波损耗如图 8-16（c）所示。天线尺寸为 207μm×207μm，开槽宽度为 10μm，长为 66.7μm，馈线长度为 46μm。天线的谐振频率为 300GHz，带宽为 9GHz。天线 4 采用单环差分天线，天线形状及其回波损耗如图 8-16(d)所示。天线的外半径为 92.5μm，内半径为 75μm，天线谐振频率为 300GHz，带宽为 10GHz。

探测器上两个差分天线采用 NMOS 管并联形式，通过顶层金属 M6 连接，走线对称，且宽度一致。M6 金属层厚度最大，在电流传输过程中不易被击穿。4 个天线之间通过地保护层包围隔离，防止外部电路对其产生影响，芯片照片如图 8-17 所示。由于太赫兹探测器芯片整体尺寸较小，为测试天线性能，需要将芯片的内部焊盘引至外部拓展电路板上，安装在承载电路板上的芯片如图 8-18 所示。

(a) 天线 1

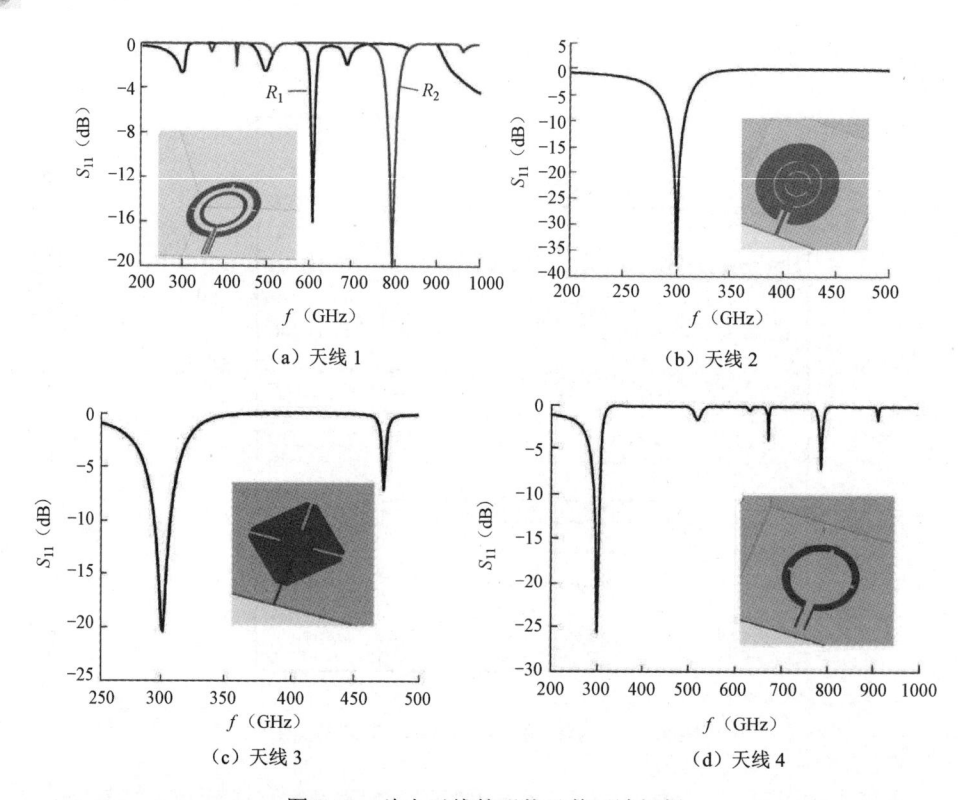

(b) 天线 2

(c) 天线 3

(d) 天线 4

图 8-16　片上天线的形状及其回波损耗

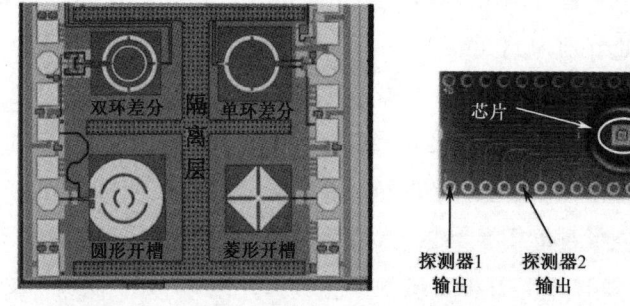

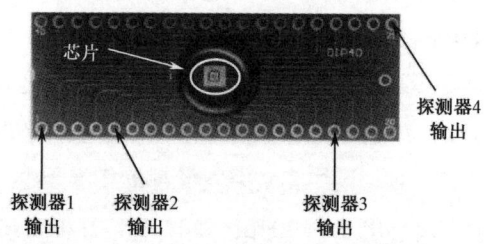

图 8-17　探测器芯片照片

图 8-18　安装在承载电路板上的芯片

为测试探测器的工作频点，将安装有太赫兹探测器芯片的 PCB 固定于平台上，平台离太赫兹源有一定间距，并可微调平台位置以使探测器芯片处于源的焦点处。图 8-19 所示为四组天线对应探测器扫频区间为 270~320GHz 的响应电压（$V_D$）实测结果，图 8-20 所示为天线 1 对应探测器（探测器 1，依次类推）扫频区间为 270~850GHz 响应电压的实测结果。由测试结果可知，探测器 1 在 280GHz 时的响应电压最高，为 18.3μV；探测器 2 在 290GHz 时的响应电压最高，为 419μV；而探测器 3 在 280GHz 时的响应电压最高，为 109.8μV；至于探测器 4，其在 290GHz

时的响应电压最高，为 230μV。其他测试结果详见参考文献[9]。

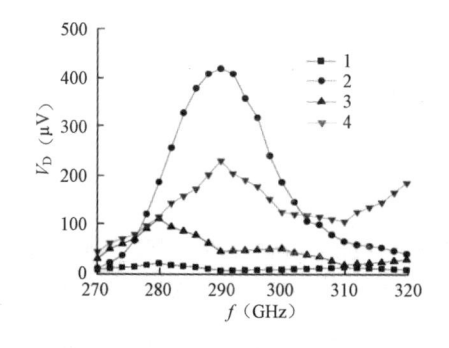

图 8-19　四个天线对应探测器随频率变化的响应电压

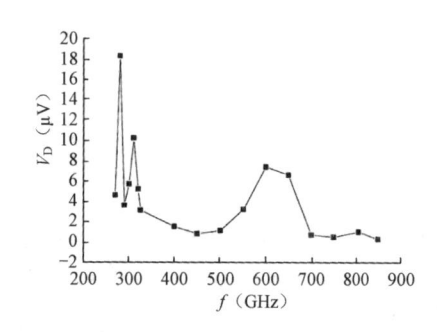

图 8-20　天线 1 对应探测器随频率变化的响应电压

该太赫兹片上天线采用双环嵌套差分天线实现了多频段，使用三个谐振频率相同的天线拓展了天线带宽，为太赫兹片上天线的设计提供了有益参考。

# 参 考 文 献

[1] 周德俭. 电子制造中的电气互联技术[M]. 北京：电子工业出版社, 2010.

[2] 汤晓英. 微系统技术发展和应用[J]. 现代雷达, 2016,38(12):45-50.

[3] 向伟玮. 微系统与 SiP、SoP 集成技术[J]. 电子工艺技术, 2021,42(7):187-191.

[4] 王文捷, 邱盛, 王健安, 等. 毫米波天线集成技术研究进展[J]. 微电子学, 2019,49(4):551-557.

[5] 张跃平. 封装天线技术发展历程回顾[J]. 中兴通讯技术, 2017,23(6):41-49.

[6] 张跃平. 封装天线技术最新进展[J]. 中兴通讯技术, 2018,24(5):47-53.

[7] 沈国策, 周骏, 陈继新, 等. 新型硅基 3D 异构集成毫米波 AiP 相控阵列[J]. 固体电子学研究与进展, 2021,41(5):323-329.

[8] 仝福成. 基于 CMOS 的太赫兹片上天线研究与设计[D]. 镇江：江苏大学, 2018.

[9] 管佳宁, 徐雷钧, 白雪, 等. 基于 CMOS 工艺的太赫兹探测器[J]. 半导体技术, 2018,43(6):414-418.

# 第 9 章
## 面向波束指向精度的雷达天线机械结构与控制集成设计

**【概要】**

本章阐述了面向波束指向精度的雷达天线机械结构与控制集成设计。首先，论述了雷达伺服系统机械结构集成设计要点与结构优化设计；其次，阐述了机械结构因素对伺服性能的影响、典型负载、传动机构设计与位置检测系统；最后，论述了面向波束指向精度的集成设计，并给出了相应的设计案例。

## 9.1 概述

雷达天线的波束指向精度是保障雷达工作过程中"看得清、看得准"的关键指标。雷达天线的机械结构与伺服控制关系紧密，对于高性能的雷达伺服系统，即使分别对结构和控制进行优化设计，也不能保证所设计的伺服系统在总体上是最优的，往往很难达到要求的性能指标。

雷达天线伺服系统包括机械结构设计和伺服系统设计。机械结构设计的水平决定着天线的面型精度、刚度和灵巧性。机械结构是承载雷达伺服系统的基础，是伺服系统与雷达电性能得以发挥的关键保障。伺服控制效果不仅决定了雷达波束的指向精度，还会影响波束扫描跟踪的速度，制约雷达的运行指标。

雷达天线的目标任务是实现其电磁性能，伺服系统的机械结构是为此服务的，因此，需在前面章节关于场耦合理论模型的基础上，研究面向波束指向精度的雷达天线机械结构与控制集成设计理论和方法。

## 9.2 雷达天线伺服系统机械结构设计

雷达天线波束指向精度，定义为输入指令方向与天线电轴之间的空间角，是控制工作状态的性能指标，反映了天线电轴转到指令方向的准确度。新型有源相控阵天线中，在伺服误差、机械误差、结构误差及调整误差等因素影响下，阵面电轴实际指向偏离了理想指令方向。阵列天线是雷达天线的主要形式之一，由于它是通过幅相控制形成波束的，更加有利于现代雷达所追求的高机动、低副瓣指标的实现，因而得到日益广泛的应用，大有逐渐取代反射面天线的发展态势。因此，关注并深入研究阵列天线的结构设计和加工技术具有重要意义。

阵列天线的辐射源是一系列整齐排列的裂缝或振子，将一排（或一列）这样的裂缝或振子及功分网络的一部分制成一体，就形成了所谓的"线源"结构。若干条线源组合起来加上全部的功分网络就构成了"阵面"，然后在线源或阵面上加罩保护，整个阵面以骨架作为各种运动和姿态下的支撑体。

### 9.2.1 集成设计要点

在具体的雷达天线结构设计中,须根据其固有特点采取有针对性的有效措施,实现新品研制工作一次成功并使其具有市场竞争力。

**1. 总体布局设计**

雷达的功能原理决定了天线在工作状态下必须居高临下,机动性要求又不允许超限、超载运输,而且还要在工作状态和运输状态之间方便、快捷地互相转换,因而务必精心于布局设计并妥善解决如下问题。

① 天线尽量做到不分块或少分块,以回避和简化折展机构。

② 综合考虑、合理设置阵面骨架的支点位置和数量,同轴铰支点不能少于两个。

③ 适当兼顾天线低位工作的可能性。

**2. 线源及罩子**

无论是裂缝波导还是板线组合,无论是单体罩还是整体罩,作为阵面负载的主体,它们都有自重且同时也具有一定的刚度,适当增强并合理利用这些刚度,使"纯"负载也参与受力,应作为阵面结构设计的有效手段之一。

① 一般的线源,不管是裂缝波导还是板线组合,都是既长又薄的结构件,其刚度主要依靠"骨骼"部分的铝质矩形波导管、板材或型材外导体等来保持,但往往力不从心,达不到理想效果,因而设计师不得不借助于外部加罩、截面封闭或增加轻质高模材料等予以加固。

② 单体罩对每个线源、整体罩对整个阵面不仅能起到密封、防护作用,还有一定的刚度加固效果。要么单体罩,要么整体罩,在阵面天线上两者必取其一,不可或缺,它们的设计加工技术都比较成熟,在雷达产品中都曾有过成功的应用和实践。但两者毕竟各有所长,例如,单体罩有利于阵面减载和拆换维修,整体罩有利于阵面封装和批量生产等,具体选用时需多方权衡,综合选定。

③ 借助于罩子和线源增加阵面刚度的具体途径有:利用有限元法分析阵面刚度时计入整体罩的贡献;线源两端外悬;加强各条线源之间的侧面连接。

**3. 阵面骨架结构**

阵面骨架的主要功能在于安装、固定线源并保证负载作用下的阵面精度,因此在进行刚度设计时,如何提高门板结构抵御扭转变形能力是设计的重点。

① 优先考虑借用高频设备机箱作为阵面骨架支撑的方式,这样的结构形式更

为合理，受力情况也稍好一些。

② 尽管利用举升丝杠直接支撑阵面骨架的方式不是很好，但有时也很难避免使用，所以在进行结构设计时不得不面对现实。一般情况下，阵面骨架的横梁、纵梁甚至围框多为低碳钢、低合金钢或铝合金薄壁型材，经焊接成为一种井格式的承力结构，然后通过去应力处理、机械加工和必要的校正措施来提供稳定、可靠的基准面，以方便线源及整个阵面的安装和检测。

③ 由于受到运输限界的制约，阵面主梁高度的最大值一般不超过阵面长轴的1/20，次梁还应更矮一些。这就要求设计师尽可能增大纵、横梁截面的惯性矩，并兼顾安装构造及结构密封的需求，因而矩形薄壁截面成为优先选择，必要时还应考虑采取特殊措施进行截面加固。

④ 为保证阵列天线的一次成功，在阵面骨架具体设计和加工过程中还必须注意解决纵、横梁之间的刚性交会，焊接变形的控制和校正，骨架结构的稳定性和整体刚度，以及有限空间的充分利用等问题。

### 4. 连接与定位

在天线阵面中，需要设置一定的基准和相当数量的连接构造，将一排排线源准确无误地安装到骨架上，形成完整的阵面。基准和基准件截面多呈锯齿状，一般经由机械加工制成；而连接接口既要拆装方便、紧固可靠，又不得造成遮挡，因此只能利用线源之间的空档部位进行连接——机械连接或胶接。因胶接后线源无法更换，耐久性也差，所以常以可拆式机械连接为主。具体构造形式大体分为两种：正面连接和侧面连接（图 9-1），根据线源之间空档尺寸的大小进行选用。

阵面骨架背部的连接接口，包括底部转动轴部位和上部丝杠头部位共 3～4 处，实际上均为铰链形式。除接口位置需精心考虑外，建议采用通轴形式或加装自调心轴承，以保持底部两端铰支座的同轴度，减小转动阻力。单丝杠头部最好采用球铰链。无论是单丝杠还是双丝杠，其头部的铰链支座必须足够刚强，且谨慎采用悬臂短轴式结构。

此外，由于天馈合一，馈线系统中还有许多连接接头，包括波导连接、同轴连接及电缆连接等都需要以阵面骨架为支撑，这些接口均需按照"见缝插针"、不影响线源安装的准则设置，十分复杂；如果将发射机箱搬上天线，则情况会更复杂。所以设计师在谨小慎微、精益求精的同时，刻意在阵面骨架上铺设盖板，既有助于增加骨架承受力，又便于接口的"随意"安装，是一个两全其美的办法。

(a) 正面连接　　　　　　　　　　　　(b) 侧面连接

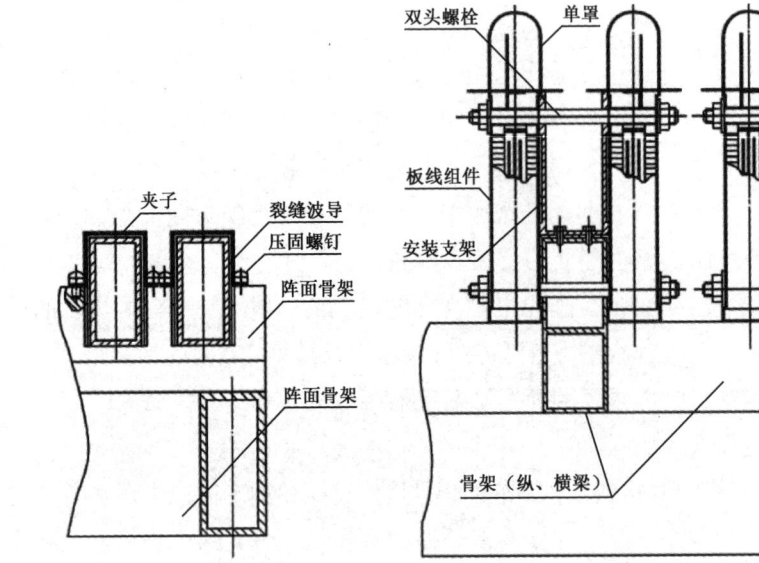

图 9-1　线源与骨架的连接构造

**5. 举升丝杠**

在理想情况下，双丝杠之间的支撑骨架更有利于阵面精度的保持；但是，尽管在设计上下了很大功夫，实际上两个丝杠也不可能完全同步、始终等长，再加上制造误差的影响，举升过程中两个丝杠的反力并不完全相等，仍然会使阵面承受一定的额外扭矩。好在这种现象只存在于升降状态下，而在工作状态和运输状态下，双丝杠的支撑效果还是比单丝杠的好。故从力学观点看，单丝杠和双丝杠分别适用于不同口径的阵面天线，一般而言，阵面长轴为 5m 或 5m 以下者以单丝杠居多，6m 或 6m 以上者以双丝杠居多。

单丝杠举升机构简单实用，易于设计和加工装配。相对而言，双丝杠举升的可靠性要求高，结构复杂，设计和加工难度大。但实践证明，两种举升方式在技术上都是现实可行的。设计师需要理解的是，选择单丝杠还是双丝杠不仅取决于其力学性能，还常常受到骨架结构形式、负载情况及总体布局等诸多因素的制约，最终的抉择往往是综合考虑的结果。

## 9.2.2　结构优化设计

结构优化有三要素，即设计变量、约束函数和目标函数。天线结构的优化设计就是结合天线结构的特点，合理确定三要素。

## 1. 优化设计三要素的确定

（1）设计变量。

设计变量，是指优化设计中的可调参数。一个结构系统总可以通过一组参数来描述，这组参数中有些是预先设定、不可改变的，有些则是待定和可变的。在给定的载荷与边界条件下，通过适当的方法寻求可变参数的最佳取值，就是结构优化设计的任务。

在工程结构中，设计变量可分为尺寸变量、形状变量、拓扑变量及结构类型变量。尺寸变量（如桁架结构中杆件的横截面积、梁结构横截面有关尺寸及板、壳结构的厚度等）是最基本的设计参数。形状变量［如杆系结构中某些可变动点的节点坐标，连续体中一系列有关点（包括拐点）的坐标等］比尺寸变量的层次高，对提高整个结构的性能和设计效益非常重要，连续体的形状优化将导致庞大的变量个数，一般需要通过引入设计元与广义形状设计变量的方法来实现。拓扑变量是比尺寸、形状变量更为重要，效益更加显著的设计变量，拓扑优化是结构优化的更高层次。严格地讲，杆系结构的拓扑变量就是各节点间的连接关系，属于 0-1 型变量，为此人们往往通过基结构法或均匀化法将内力或截面为零的杆件，不受力部位的材料去掉，以形成拓扑结构的雏形。结构类型变量是指对于一定的外载与服务环境，选择哪种结构类型的一种设计变量，如桁架结构、框架结构还是组合结构等。这是结构优化的最高层次，尚待深入研究。

（2）约束函数。

约束是结构优化的关键要素之一。约束有性态约束与非性态约束、显式约束与隐式约束之分。对雷达天线结构而言，位移约束、固有频率约束和相应的可靠性约束等为整体性态约束，而应力约束、局部失稳约束和相应的可靠性约束为局部性态约束。性态约束一般为隐式约束，而变量的边界条件则属于显式约束。

（3）目标函数。

目标函数的选择是整个优化设计过程中最重要的决策之一。

结构自重非常重要（尤其是在航空、航天领域），它是一个最普通、最常用的目标函数，当结构的费用与质量成正比时更是如此。但最轻的质量并不等价于最少的费用，一般情况下，费用比质量具有更广泛、更实际的意义。费用的构成因素很多，人们总是希望能有一种既对设计变量比较敏感又能体现主要费用的目标函数。对雷达天线而言，电性能也应作为目标加以考虑。

目标函数一般是设计变量的非线性函数，是线性函数的只是少数情况。

## 2. 天线结构优化设计特点

（1）天线结构形式。

天线结构作为一种大型的精密机械结构已得到广泛应用。其结构形式随着用途的不同而千差万别，但凡属于反射面天线都有一个共同点，那就是均由馈源、反射面和背架支撑结构组成。为了能及时捕捉并跟踪目标，天线部分常需在方位与俯仰方向作机械扫描运动。其支撑背架通常简化为桁架结构，外载荷主要为自重、风荷、温度、冰雪和冲击等。在配备雷达罩的情况下，自重和冲击成为主要载荷。

（2）反射面精度计算。

Ruze 公式表明，反射表面有误差时，其增益下降关系为

$$\eta_S = G/G_0 = e^{-\left(\frac{4\pi\sigma}{\lambda}\right)^2} \tag{9-1}$$

式中　　$G$——有表面误差时的天线增益；

　　　　$G_0$——无表面误差时的天线增益；

　　　　$\sigma$——半光程差的均方根值；

　　　　$\lambda$——工作波长。

可以看出，由于表面误差而引起的天线增益损失，取决于均方根误差 $\sigma$ 与波长 $\lambda$ 的比值。随着 $\sigma/\lambda$ 的增大，增益 $\eta_S$ 迅速降低。经过计算即可得到表 9-1 所示的结果。

表 9-1　反射面误差与效率

| $\sigma$ | $\lambda/60$ | $\lambda/30$ | $\lambda/20$ | $\lambda/16$ | $\lambda/10$ |
| --- | --- | --- | --- | --- | --- |
| $\eta_S$ | 95% | 83.9% | 67.4% | 54.1% | 20.6% |

如果已知增益损失的允许值，即可确定允许的均方根误差。通常取均方根误差为 $\sigma = \lambda/30 \sim \lambda/60$，并将此误差进行适当分配（如制造误差和动态变形各占一半，将反射面中央区域的公差要求提高、边缘部位降低，等等），作为设计、加工的依据。

Ruze 公式如果用分贝数表示，则有

$$\eta_S = -686(\sigma/\lambda)^2 \text{ dB} \tag{9-2}$$

（3）结构自重变形。

一般来说，天线结构设计受制于电性能指标，对结构变形要求都比较苛刻，特别是那些工作在较高频段、表面精度较高的大型天线。如此一来，结构设计中的主要矛盾往往就集中在刚度而不是强度问题上，这成为天线结构有别于一般结

构的重要特征之一。

为了提高刚度，往往需要大面积、加粗杆件或加厚板壳，从而导致质量增大，自重和自重变形增大，因而自重将成为大型高精度天线的主要载荷。一般来说，圆口径抛物面或相似结构天线的自重变形与口径平方成正比，这是相当可观的数字。或许正是天线刚度（精度）与自重之间日益尖锐的矛盾推动着天线结构设计理论和技术的不断发展。

（4）机电耦合。

天线的电气设计和机械结构设计之间存在着一定的内在关系和相互依赖关系，但长期以来一直是先由电气设计师根据天线的工作频段与波长，提出增益、副瓣等指标所允许的表面误差均方根值，然后结构设计师千方百计地去满足这些误差要求。前者很少考虑机械结构设计和加工的困难，后者也不甚了解电气设计的意图，往往为了满足要求而不惜付出巨大代价。

为解决机电分别设计的弊端，提高天线的整体设计水平，有必要重新审视天线机电设计之间的内在关系，寻求新的关系式，努力谱写天线结构设计的新篇章。

### 3. 天线结构优化设计模型

天线结构优化设计的数学描述，就是对其设计变量、性能与性态约束以及目标函数综合分析后给出的优化设计模型的定量表示。

天线结构的设计变量包括代表杆件粗细与板壳厚薄的截面尺寸变量、背架结构下的弦节点坐标变量、连续体形状表示的广义设计变量、节点关联关系的拓扑变量及馈源相位中心位置变量等，内容很多。约束包括质量限制（当精度作为目标时）、反射面误差均方根值限制（当以质量作为目标时）、应力约束、固有频率约束及电气性能指标约束等。目标函数则有结构质量、反射面精度、电气性能指标和结构可靠度等。对于不同的用途和要求，天线结构的目标函数与约束函数是可以互相转换的，如根据质量与精度的重要程度可以将前者视为目标（后者为约束），也可以视后者为目标（前者为约束），甚至两者均作为目标处理。

## 9.3 伺服系统设计

伺服系统设计的目的，是在结构给定的前提下，设计满足性能要求的控制系统。一般情况下，要求系统具有稳、快、准的性能，即所设计的控制器应在保证稳定的前提下快速、准确地跟踪目标。为此，可引入控制优化设计方法，即对控制器增益 $p$ 进行优化设计，使系统具有优异的伺服跟踪性能，同时得到依赖于控

制的结构设计要素 $B$(如驱动力等)。于是该问题可描述为一个非线性规划问题(图9-2)。

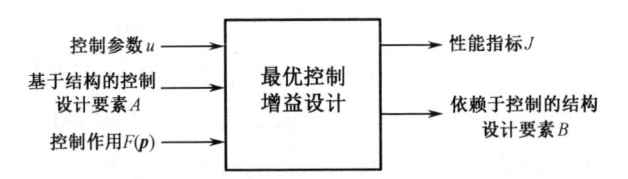

图 9-2 雷达天线伺服系统的最优控制增益设计

该非线性规划问题的设计变量为

$$\boldsymbol{p} = (p_1, p_2, \cdots, p_{n_6})^T \tag{9-3}$$

式中,$p_i$ 为第 $i$ 个控制增益变量,$n_6$ 为增益设计变量总数。

将反映跟踪性能"快"与"准"要求的累积跟踪误差 $J$ 作为目标函数

$$J[u, A, F(\boldsymbol{p})] = \int_0^{T_0} e^2(t) \mathrm{d}t \tag{9-4}$$

式中,$T_0$ 为一个运动周期,$e(t)$ 为跟踪误差。

将稳定性、调节时间、超调量及力矩等作为约束

$$\begin{cases} \mathrm{Re}[p_{olei}] < 0, \quad (i = 1, 2, \cdots, n_7) \\ t_s \leqslant t_s^+ \\ \varsigma \leqslant \varsigma_{\max} \\ F(t) \leqslant F_{\max} \end{cases} \tag{9-5}$$

式中,$p_{olei}$ 为系统的第 $i$ 个极点,$n_7$ 为极点总数,$t_s$ 为调节时间,$\varsigma$ 为超调量,$F(t)$ 为控制器在时域中的驱动力或力矩。

同时,以上模型中的 $e(t)$、$F(t)$ 等量可由下式求出

$$\begin{cases} e(t) = Y(t) - Y_d(t) \\ Y(t) = \phi(t) e(t) \\ F(t) = F[e(t), \boldsymbol{p}] \\ \vartheta(t) = \theta(t) - \theta_d(t) \end{cases} \tag{9-6}$$

式中,$Y_d(t)$ 为控制目标,$\phi(t)$ 可理解为在时域中反映输入 $e(t)$ 和输出 $Y(t)$ 关系的"传递函数",$\theta(t)$ 与 $\theta_d(t)$ 分别为电轴的实际与理想指向角度。

### 9.3.1 机械结构因素对伺服性能的影响

任何伺服控制系统的任务,不外乎使被控对象的输出量落在误差容许的范围之内,而伺服控制与机械传动的关系,则为机电信号相互转换的关系。伺服控制系统传给执行电机指令,电机带动传动系统,使天线到达预定位置。当天线座的

轴系精度较差，齿轮的传动精度、扭转刚度较低时，天线就不能按时、准确地到达某位置，那么闭环反馈回来的位置就与指令输出要求不一致。

快速捕获目标，按特定要求平稳地跟踪目标，并精确定位是雷达最基本的要求，也是伺服控制设计和天线传动设计的基本要求。

伺服性能指标受各种参数的影响，如系统的相对阻尼系数 $\xi$、放大系数 $K$ 及时间常数 $T$ 等。而这些参数与机械结构因素有着密切的关系。某些机械结构参数，如转动惯量 $J$，传动装置中的传动误差、传动回差、传动部分的摩擦力，天线及驱动系统的刚度等，都会对伺服系统的稳定性能、瞬态性能及稳态误差产生影响。

伺服系统中所讨论的各元件的工作特性是线性的，或者在其特性的线性范围内。而所要讨论的结构因素大都是非线性的，极为复杂。故在讨论中，对结构因素的影响只能给出一些定性的分析，确切的定量关系可通过实验来进行研究。

**1. 转动惯量的影响**

在伺服驱动系统中，整个转动部分的惯量一般由三部分组成：

$J_m$——执行电机转子的转动惯量；

$J_{mG}$——折算到电机轴上传动链的惯量；

$T_L$——折算到电机轴低速轴上的负载惯量。

电机轴上的总转动惯量为

$$J_D = J_m + J_{mG} + T_L \tag{9-7}$$

伺服电路系统设计和机械传动结构设计中，两个相互关联的参数是：伺服系统总的黏滞阻尼系数和机电相关的固有频率。计算公式如下

$$\xi = \frac{1}{2}\frac{f}{\sqrt{JK}} \tag{9-8}$$

$$\omega_n = \sqrt{\frac{K}{J}} \tag{9-9}$$

$\xi$——相对阻尼系数；

$\omega_n$——系统的固有频率；

$f$——系统总的黏滞阻尼系数；

$K$——伺服系统总的刚度；

$J$——转动惯量。

因此，转动惯量的变化会引起相对阻尼系数 $\xi$ 和固有频率 $\omega_n$ 的变化。

① 由伺服电路系统参数设计可知，当 $\xi$ 趋于零时，谐振频率趋近于系统的固有频率。因此，当 $J$ 增大时，$\xi$ 会减小，使系统趋向振荡，从而影响系统的稳定性及瞬态指标，如超调量、振荡次数等。

② $J$ 增大,则 $\omega_n$ 降低,就会限制系统带宽的增加,从而使系统的快速性变差,响应速度变慢。

③ 提高伺服性能的结构设计措施:

a. 选择转子惯量较小的执行电机。

b. 为减小传动齿轮的惯量,传动比按最小惯量原则进行分配。增大传动链末级传动比,既可以使负载惯量折算到电机的惯量减小,也可以提高传动精度。

c. 在天线等转动件的结构设计中,在保证足够结构刚度和承载能力的情况下,应尽量减小转动惯量,以提高伺服系统的性能。

**2. 齿轮传动的啮合齿隙的影响**

在雷达伺服控制系统中,由于执行电机转速较高,而负载天线的转速较低,所以在执行电机和负载之间需要加一个减速装置。目前用得最多的是齿轮减速器。

为保证每对啮合齿轮的正常运转,须有一定的啮合齿隙,以补偿齿形的制造和安装误差,避免齿轮在运转过程中发生卡死现象。齿轮设计既要有齿隙,又要予以消隙,因为啮合齿隙会引起电机反转时产生空回,影响伺服驱动控制性能。渐开线齿轮传动的优点是其传动比为一个常数,即当电机转角为 $\phi_1$,经过减速箱减速得到天线转角 $\phi_2$ 时,这两个转角之间呈线性关系。但由于齿轮回差的存在和风载荷及惯性负载的存在,使从动齿轮在回差范围内正反摆动。这时天线的转角 $\phi_2$ 与电机转角 $\phi_1$ 就变成非线性关系了。传动装置中的齿隙这一非线性因素的存在,使伺服系统的输入量与输出量之间的变化波形除幅度不同外,在相位上相对于时间有一个滞后或超前的角度。

由于齿隙在电机反向运转时有一个空回过程,在这个过程中,电机基本上是空载状态,此时电机有很大的动能,并在空载范围内累积动能。当空回结束时,齿轮的齿面接触将产生冲击。在雷达扇扫捕获目标时,随着正反转动频率的加快,由于回差的存在,形成齿面正反啮合的冲击,反复冲击振荡使系统失去稳定性。因此,为保证伺服系统有良好的工作性能,必须减少或消除齿隙的影响。

**3. 传动误差的影响**

影响传动精度的误差主要是指齿轮周节累积误差中的切向误差,是被测齿轮与齿轮综合啮合检查仪中的标准齿轮啮合时测出的综合指标。例如,齿轮模数 $m=5$,齿数 $z=40$,分度圆直径 $d=200$mm,齿轮精度为 7 级的中等模数齿轮,其周节累积误差为 $F_p=0.063$mm。在通常情况下,齿轮最小齿隙设计值应不小于 $C=0.05×5$(模数)$=0.25$mm,所以传动误差仅是齿隙回差的 1/4~1/3。实际上,传动误差值在齿轮转动过程中一直在缓慢变化，即传动误差是瞬时传动比与理想传动比的差异。而齿隙回差的影响是小角度范围的突变。因此，从宏观上看，传动误差对伺服性能的影响比齿隙回差的影响小得多。但由于传动误差的存在，使得齿轮传动装置输出轴的转动相对于输入轴的转动时而超前，时而滞后，这个机电传递函数的变化扰动了伺服控制信号。另外，周节极限偏差将影响传动的平稳性，齿向误差将影响齿轮的接触性能并产生噪声。

#### 4．摩擦的影响

摩擦对伺服控制系统的影响主要是由于天线低速运转时，动摩擦力矩与静摩擦力矩的瞬时变化使伺服控制产生"滞后"或"超前"的动态影响及低速爬行现象。

机械传动设计中，两构件之间只要有相对运动，就必然有摩擦阻尼，直线运动形成摩擦力，回转运动形成摩擦力矩。摩擦力矩分为静摩擦力矩和动摩擦力矩两种。动摩擦力矩由与转轴转速无关的库仑摩擦力矩和与转轴转速成正比增大的黏滞摩擦力矩组成；静摩擦力矩比动摩擦力矩大得多，动摩擦力矩又随转速变化而变化。只有在转速较高的情况下，才产生附加黏滞摩擦力矩。有影响的摩擦主要产生于传动链的末级低速轴，如方位回转轴承及俯仰轴回转支撑。

高精度的雷达天线位置控制系统，必须保证天线在很宽的速度范围内工作，尤其是在跟踪远距离目标时，要求平稳地低速运转。因此，从启动到维持低速运转，整个摩擦力矩的变化是非线性的。

如果不考虑惯性力矩和风力矩的影响，只考虑摩擦力矩的影响，那么执行电机得到驱动天线按某低转速要求运转的信号后，输出轴转矩只要能克服动摩擦力矩就可以平稳运转；但如果此力矩还不足以克服静摩擦力矩，就会导致电机"滞转"以累积动能。在输出力矩达到足够大时，负载由静止到开始运转，摩擦阻力立即下降。电机负载突然减小，则电机转速增大，负载转速加快，形成"超前"现象。对伺服系统传递函数来讲，形成"滞后"，即"死区"和"超前"现象，导致系统误差的产生。在低速运转时，容易产生伺服传动的低速爬行现象。因此，伺服控制系统要求机械传动机构的动、静摩擦力矩差值越小越好。

### 9.3.2 伺服系统典型负载分析与综合

进行天线驱动系统设计时，首先要估算传动链的外负载，再初步确定电机的驱动力矩、电机的功率及传动齿轮的强度、刚度。常规设计中考虑的外负载有风负载、惯性负载和摩擦阻力。

对于大口径天线,如通信地面站和射电望远镜,天线运转角加速度很小,惯性负载小,驱动力矩以风负载为主。对于需要快速捕获目标及有天线罩的雷达,由于加速度比较大,惯性负载就是主要因素;而摩擦力矩一般比较小,可由安全系数或效率来包容。

### 1. 风负载

风负载是具有一定速度的气体绕经天线反射体时的相对运动产生的。气体在尖锐的边缘发生分离,在反射体背部形成旋涡区,正面和背面各对应点的压差就形成了风负载阻尼。实践中,各种结构的天线必须用实物或缩小比例的模型进行风洞试验,取得风负载计算公式中的各个系数,这样才能较准确地计算出天线的风力及风力矩值。

天线风负载有垂直向下的风力和水平力,可供天线座结构设计用。风力矩是传动链扭转强度、刚度的计算依据。

天线风负载的大小取决于天线正面相对于风向的位置,由风洞试验得出各种相对位置的计算系数,一般取最大值。对风力矩来讲,一种是静态力矩,即天线相对于风向不转动;另一种是天线转动,引起附加风速,称为动态力矩。在转速比较高的情况下,风力矩变化比较明显。

(1)静态力矩计算

影响风负载的因素很多,有风速、空气密度、反射体尺寸大小、反射面的形式、背架结构、转轴位置和地理环境等。通常按下式计算

$$\begin{cases} F_Y = C_Y A Q \\ F_X = C_X A Q \\ M = C_M A Q \end{cases} \tag{9-10}$$

$F_Y, F_X$ ——分别为天线受到的垂直力和水平力(N);

$M$ ——天线受到的风力矩(Nm);

$C_Y$ ——垂直风力系数;

$C_X$ ——水平风力系数;

$C_M$ ——风阻力矩系数;

$A$ ——反射体的口径面积(m²);

$Q = \dfrac{1}{2}\rho V^2$;

$V$ ——风速(m/s);

$\rho$ ——空气的质量密度(在20℃和标准大气压下,$\rho = 1.205 \text{kg/m}^3$)。

表 9-2 所示为实面圆抛物面天线反射体的风载系数。

表 9-2 实面圆抛物面天线反射体的风载系数

| $\alpha$ | $C_X$ | $C_Y$ | $C_M$ | 风向示意图 |
|---|---|---|---|---|
| 0° | 1.5～1.6 | 0 | 0 | |
| 50° | 0.28 | 0.12 | 0.13 | |
| 120°～140° | 0.55 | 0.15～0.18 | 0.17～0.18 | |

表 9-2 中，$C_M$ 是对抛物面顶点的风阻力矩系数。如果天线的转轴位置与风洞试验实际简化点不一致（如图 9-3 所示），可通过简化方法求出对转轴的风阻力矩为

$$M_O = M + F_X \times L\sin\alpha + F_Y \times L\cos\alpha \\ = M + L(F_X \sin\alpha + F_Y \cos\alpha) \tag{9-11}$$

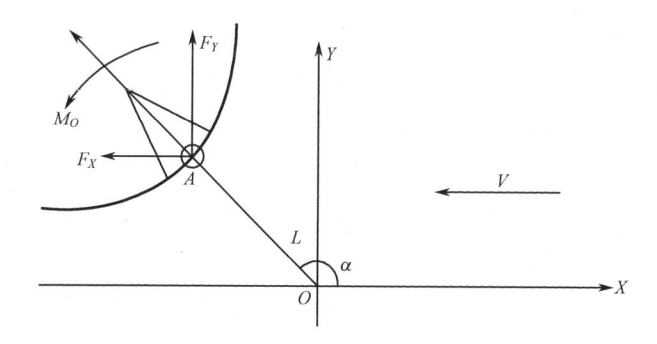

图 9-3 天线转轴位置与风洞试验位置关系图

（2）动态力矩计算

动态力矩由天线静态风阻力矩和由于天线的转动而引起的附加力矩组成，即

$$M = M_O + F_j \times \frac{\omega R}{V_j} \frac{2R}{3} \tag{9-12}$$

$F_j$——天线的静态迎面风力（N）；

$\omega$——天线转动的角速度（rad/s）；

$R$——天线口径的半径（m）；

$V_j$——风速（m/s）。

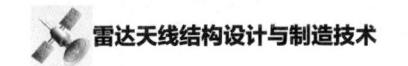

## 2. 惯性负载

由物理知识可知，惯性负载是由一定惯量的物体在运动时产生的，在计算雷达伺服系统的惯性力矩时要用到角加速度 $\varepsilon$ 及转动惯量 $J$ 等参数。

以雷达搜索目标的运动为例，雷达采用扇形扫描的运动方式，目标距离越远，扇形角越小。扫描符合正弦运动的规律。一个扇形扫描周期为从起点速度为 0 到速度最大，再由速度最大下降到速度为 0，再由速度为 0 返回至速度最大，最后由负加速度降到速度为 0 时回到原点，完成一个周期的正弦运动。扇形角越小，扫描频率越高，角加速度就越大，同时引起的惯性力矩也就越大。

减小惯性负载的措施主要是减小质量或转动惯量。在保证结构强度、刚度的前提下，减轻各零部件的质量，如减轻孔的质量，采用空心壁结构，选用比重小、强度高的材料，减小回转部分质心至回转轴之间的距离等。此外，由载荷规律可知，增大末级传动比也能显著减小惯性负载。

## 3. 摩擦阻力

本章前面已介绍过摩擦力矩的种类以及它对伺服控制系统性能的影响。工程设计中，鉴于摩擦力矩在整个外负载力矩中占很小比例，又因其计算烦琐，故一般按总负载力矩的 5%考虑，或由安全系数效率来包容。

## 4. 综合负载力矩的特性

雷达天线驱动电机功率的选取及传动机构强度计算均要考虑到综合外负载的变化特性。一般考虑两种情况：一种为峰值，即可能出现的最大负载；另一种为均方根值，通常作为设计依据，传动机构强度计算一般允许瞬时超载。考虑到机器工作状态及可能出现的一些机械故障，应设定一定的安全系数。

前面介绍的风阻力矩、惯性力矩均在特定条件下取最大值，相加后为外负载高峰值。一般工作状态下，两项外负载不可能同时出现最大值，所以工程计算中常按概率原理取其均方根值。

在风阻力矩、惯性力矩更精确的计算方法中，把风阻力矩随时间变化的瞬时风速按正态分布计算其均方根值；把惯性力矩假定为负载轴上的角加速度随时间按正弦规律变化来计算其均方根值。

### 9.3.3 传动机构设计

在设计雷达结构时，根据被测目标运动状态及作用距离可以计算出天线方位、俯仰运转的角速度。再选定电机转速，就可以算出总传动比。高速电机轴与负载低速轴之间的传动比一般比较大。为了既满足总传动比的要求，又使结构紧凑，需选用一系列的齿轮机构或其他传动形式的机构，组成传动链。同时，各级传动比的合理选择将对传动系统结构产生很大影响。

### 1. 伺服驱动元件的种类及相匹配的机械传动装置

常用的伺服驱动元件有液压马达、力矩电机、直流电机和交流电机。相匹配的减速传动装置有普通齿轮减速箱、涡轮涡杆机构、渐开线行星齿轮减速器、少齿差行星减速器、摆线针轮行星减速器、谐波齿轮机构、普通丝杠和滚珠丝杠，以及同步齿形带等。

（1）液压马达。

我国在 20 世纪 70 年代末研制的某雷达天线座，其方位和俯仰传动均采用液压马达驱动。早期的机载 PD 雷达和机载预警雷达天线座也多采用液压马达驱动。

常用的传动路线为：油源伺服阀—液压马达—（减速箱）末级大齿轮—天线。

液压驱动系统的驱动力矩大，而且伺服控制性能好。技术难点是伺服控制分配阀生产、研制、调试比较困难，需配备专用的液压检调设备。另外，液压系统的防漏油问题解决难度大，限制了其在许多场合的运用。

（2）力矩电机。

我国第一套车载雷达天线座，其方位、俯仰驱动均采用力矩电机。方位驱动选用一台驱动力矩较大的力矩电机，俯仰驱动在左、右支臂各用一台力矩电机，天线负载由电机转子直接驱动，中间没有传动减速装置。

传动路线为：力矩电机—负载天线。

力矩电机直接带动负载天线运转的最大优点是中间没有减速传动装置。单脉冲精密跟踪雷达使用力矩电机驱动，可避免齿轮减速传动的精度误差和回差等的影响，而且扭转刚度比较高，相应的伺服机械结构设计的谐振频率也比较高。

由于没有电机、减速箱的布局安装问题，天线座方位、俯仰传动结构的设计简单、紧凑。

力矩电机的选用受到驱动功率的限制，此类电机只适用于中小型雷达天线座。随着高性能磁性材料的出现，功率较大、精度较高的力矩电机不断面世，因而力矩电机驱动系统的应用范围正在扩大。

（3）直（交）流电机。

直流电机驱动在精密跟踪雷达中运用比较多，对各种类型、尺寸的天线均有比较成熟的伺服机械控制技术经验。对天线运转要求比较简单的场景，像地面站、

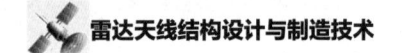

气象雷达等，运用交流电机驱动的比较多，其伺服控制、机械传动设计要求均不高。

## 2．总传动比的计算及各级传动比的分配

天线座方位、俯仰传动链的总速比在角速度已知的情况下，驱动电机的额定转速越高，总传动比就越大。总传动比的选择受各种因素影响，也很复杂，这里只进行简单介绍。

（1）"折算负载均方根力矩最小"的总传动比。

天线负载均方根力矩和最大力矩，都要折算到电机轴上，选择合适的总传动比，能使折算力矩最小，使电机克服负载力矩所消耗的功率最小，达到功率最佳传递和能量最佳传递。

（2）"惯量折算最佳"的总传动比。

总传动比越大，负载惯量折算到电机轴的计算值就越小，这有利于伺服系统的频率响应，也有利于低速性能；但总传动比越大，传动级数就越多，这会影响结构紧凑性，并降低传动精度、效率和结构谐振频率。因此，总传动比的选择也存在"惯量匹配"问题。

（3）总传动比的确定。

最佳总传动比的分析、计算比较烦琐，工程中还没有通用的计算方法，并且不同的使用场合求得的最佳总传动比数值也不尽相同。对长期、连续、变载荷工作的驱动系统，可按"折算均方根力矩最小"的原则来选取；对短期工作峰值要求较严的驱动系统，可按"折算峰值力矩最小"的原则来选取；对转矩储备要求较高或加速度性能要求较高的情况，则可按"转矩储备最大"的原则来选取。一般情况应综合考虑各种因素。

目前，通常根据雷达方位、俯仰运动的角速度以及厂家生产的电机额定输出转速规格和现有产品的研制经验综合选取总传动比。例如，某产品要求方位的最大转速为 6r/min，选用电机额定转速为 3000r/min，则转速比为 $i$=500。

一般产品在保证运转角速度的条件下，通常不用足电机的额定转速，即选总传动比小于 500。例如，取 $\sum i = 475$，则电机最大转速为 $n$=2850r/min。

（4）传动链级数和各级传动比的确定。

在传动链的总传动比确定后，首先应确定的是从减速箱输出小齿轮到与方位或俯仰大齿轮啮合的末级大齿轮的传动比。由前面传动结构因素对伺服性能影响的讨论可知，末级传动比越大，对伺服传动精度、控制性能越好，可以降低减速箱加工精度和回差要求，并能得到负载转动惯量折算到减速箱的较小值。例如，

某雷达产品总传动比为 475，末级大齿轮的传动比 $i$=16.5，则减速箱传动比为 $i$=475/16.5≈28.8。

在减速箱传动比确定后，按折算惯量小、转动误差小和质量轻等原则进行减速箱内传动级数分配，通常从高速轴到低速轴传动比是逐级递增的。总的来说，在末级大齿轮传动副的传动比足够大的条件下，对减速箱设计的要求可以降低。

按照选定的各级传动比可以确定各级的齿数，再根据负载计算齿轮模数及各级齿轮副的几何尺寸，在此基础上综合考虑减速箱的结构、外形和安装尺寸等。

### 9.3.4 角位移检测系统设计

在雷达工作中，伺服控制系统需要实时获取天线的位置信号，特别是精密测量雷达的伺服控制系统的位置回路，要求在设计时考虑精确的位置检测。目前，常用的位置（角度）检测装置有光电轴角编码器、旋转变压器式轴角编码器和感应同步器等。

#### 1. 光电轴角编码器

光电轴角编码器是利用圆形光学码盘及一套光电转换装置，通过数字电路的信号处理，将机械转角变换为数字量的角度传感器。该系统主要由光电传感头（俗称码盘）和数字处理电路两部分组成。

光电轴角编码器的特点为：精度高，分辨率高，可靠性高。其最高分辨率目前已达 27 位。

光电轴角编码器按安装形式可分为直套安装式和非直套安装式两种。为了保证高的系统轴角指示精度，一般选用直套安装式光电轴角编码器。但有时受系统结构的限制，也可采用非直套安装式光电轴角编码器，此时系统的轴角指示精度将有所降低。对于非直套安装式光电轴角编码器，为了尽可能减少精度损失，对其传动装置的传动精度及回差有严格的要求。

光电轴角编码器按编码格式可分为绝对式和增量式两种。绝对式中还可分为自然二进制码式和循环二进制码式（格雷码）。循环二进制码式中又可分为标准循环二进制码式及矩阵码式两种。

光电轴角编码器的轴角指示精度主要取决于下列因素：光学玻璃码盘码道的刻划精度、支撑光学玻璃码盘的轴系精度、组合狭缝及光学玻璃码盘的安装调整精度。光电轴角编码器的分辨率高低，主要取决于光学玻璃码盘的刻划精度及细分码道和刻码黑/白宽度比的正确选用。

## 2. 旋转变压器式轴角编码器

旋转变压器是一种输出电压随转子转角成一定函数关系的信号类电机。旋转变压器分为单极旋转变压器和双通道多极旋转变压器，并有接触式和非接触式之分。按输出电压的特性可分为线性、锯齿波、正余弦、特种函数等多种类型。旋转变压器可用于坐标转换、三角运算、轴角数据转换等。

低位轴角编码器（14位以内）一般选用单极旋转变压器作为轴角传感元件，而高位轴角编码器（可达20位）一般选用双通道多极旋转变压器作为轴角传感元件。

旋转变压器式轴角编码器的特点是：结构简单，工作稳定可靠，抗干扰能力强，对环境要求低。与光电轴角编码器相比，其优点为：传感器结构装配简单、方便，线路上无须调整，维护要求低，给使用带来便利。但其不足之处在于：受到旋转变压器本身制造工艺的限制，精度不可能做得很高。所以在要求高精度、高分辨率的设备中（分辨率高于20位），仍优选光电轴角编码器。

## 3. 感应同步器

感应同步器是利用电磁感应原理把机械位移量转换成数字量的传感器。感应同步器可分为直线感应同步器和圆感应同步器，前者用于线性测量，后者用于角位移的测量。

感应同步器有如下特点：

① 感应同步器利用电磁感应原理工作，因此对环境要求相对较低。

② 感应同步器的基板材料可根据使用设备的主体材料进行选用，以尽可能减缓由于温度变化而造成的测量精度的下降。

③ 感应同步器的工作方式为非接触式，因此无磨损，工作可靠，使用寿命长。

将以上三种常用的角位移检测装置对比列于表9-3。

表9-3 三种常用的角位移检测装置对比

| | 精度 | 优点 | 缺点 |
| --- | --- | --- | --- |
| 光电轴角编码器 | 高 | 分辨率高，可靠性高 | 结构复杂，成本较高，装配要求较高 |
| 旋转变压器式轴角编码器 | 较低 | 结构简单，抗干扰能力强，装配简单，维护要求低 | 受到制造工艺的限制，精度较低 |
| 感应同步器 | 较低 | 对环境要求低，工作无磨损，使用寿命长 | 测量精度会因为环境温度的变化而下降 |

## 9.4 面向波束指向精度的集成设计

### 9.4.1 波束控制系统类型

对反射面天线而言,其波束与天线反射体在空间中是相对固定的,通过其伺服系统实现了机械结构的高精度控制,就实现了天线的波束指向精度。然而,对相控阵天线而言,由于其主动相位控制(电扫)优势所在,雷达天线的波束控制多了一个环节,即所谓的波束控制系统。

根据计算波控数码的模式,波束控制系统可以分为集中式波束控制系统和分布式波束控制系统。

(1)集中式波束控制系统。

集中式波束控制系统的主要思想是,当接收到控制指令后,波控数码计算设备先统一计算整个天线阵列所有移相器的波控数码,然后按照特定的协议将求得的波控数码传送给每个阵元的移相器。当相控阵雷达阵面较小或者具有某些特定的形状时,比较适合集中式波束控制系统,它的优点是运算的速度非常快,阵面的线路结构简单,稳定可靠。随着电子技术的快速发展和数据传输技术的进步,集中式波束控制系统的并行数据传输方式逐渐被高速的串行数据传输方式所替代,其应用也越来越广泛。对于大型的相控阵雷达而言,集中式波束控制系统欠缺灵活度,需要采用分布式波束控制系统。

(2)分布式波束控制系统。

分布式波束控制系统的主要思想是,当接收到控制指令后,将指令分发给每个子阵的波控数码计算模块,由子阵单独计算该子阵所需的波控数码,并配合控制信号将波控数码传送给子阵中每个阵元的移相器,各子阵的数据传输是并行的。由于分布式波束控制系统非常灵活,同时运算速度也非常快,所以特别适合大型相控阵雷达的波束控制。

综上可知,不论是反射面天线,还是相控阵天线,实现其波束指向精度的关键取决于机械结构与伺服系统的合理设计。

### 9.4.2 集成设计方法

由3.3.2节内容可知:对高性能的雷达伺服系统,即使分别对结构和控制进行优化设计,往往仍然达不到要求的波束指向精度,因为上述方法不能保证所设计的伺服系统在总体上是最优的。可能的结果是,在依据结构优化设计的结果进行控制设计时，或者难以获得满足性能指标的解，或者得到与结构优化设计相矛盾的设计要素 $\boldsymbol{B}$。破解此难题的技术途径是开展结构与控制的集成优化设计，即将结构优化和控制优化综合起来。具体地讲，就是对于给定的结构参数 $a$ 和控制参数 $u$，通过寻求最优的综合性能指标 $H$ 找到结构设计变量 $d$ 和控制增益变量 $p$ 的最优值，从而将问题描述为非线性规划问题 PIII（参见图 3-5）。此处不再赘述相关理论，仅给出一个通用建模与求解流程。

面向波束指向精度的雷达伺服系统的结构与控制集成优化设计的设计变量为

$$\boldsymbol{q} = (d_1, d_2, \cdots, d_{n_1}; p_1, p_2, \cdots, p_{n_6})^{\mathrm{T}} \tag{9-13}$$

目标函数为

$$H = \lambda_1 \sum_{i=1}^{n_2} \rho_i V_i + \lambda_2 \int_0^{T_0} e^2(t)\mathrm{d}t + \lambda_3 \int_0^{T_0} \vartheta^2(t)\mathrm{d}t \tag{9-14}$$

约束函数包括结构约束和控制约束两部分，其中结构约束为

$$\begin{cases} -f_{\mathrm{re1}}(\boldsymbol{d}) = -[(\sum_{i=1}^{n_1} f_{\mathrm{re}i}^2)/n_1]^{\frac{1}{2}} \leqslant -\bar{f}_{\mathrm{re1}} \\ \sigma_{ej} \leqslant [\sigma] \quad (e=1,2,\cdots,n_4; j=1,2,\cdots,n_1) \\ \delta_{ij} \leqslant \bar{\delta}_i \quad (i=1,2,\cdots,n_5; j=1,2,\cdots,n_1) \\ m_j \ddot{\delta}_j + c_j \dot{\delta}_j + k_j \delta_j = F_j \quad (j=1,2,\cdots,n_1) \end{cases} \tag{9-15}$$

控制约束为

$$\begin{cases} \mathrm{Re}[p_{\mathrm{ole}i}] < 0 \quad (i=1,2,\cdots,n_7) \\ t_s \leqslant t_s^+ \\ \varsigma \leqslant \varsigma_{\max} \\ F(t) \leqslant F_{\max} \end{cases} \tag{9-16}$$

式（9-14）中，$\lambda_1, \lambda_2, \lambda_3$ 分别为结构、控制和波束指向精度目标的加权因子，满足 $0 \leqslant \lambda_1, \lambda_2, \lambda_3 \leqslant 1$ 且 $\lambda_1 + \lambda_2 + \lambda_3 = 1$。

因为控制力（力矩）都是控制增益变量 $p$ 的函数，所以一般控制问题也可以描述为一个一般增益问题；一般增益问题结合最小化控制方面目标构成一个最优增益问题。

而最优设计问题和最优增益问题之间是相互耦合的，即求解最优设计问题可得到依赖于结构的控制设计要素 $\boldsymbol{A}$（包括 $m, c, k, f_{\mathrm{re1}}$ 等），作为最优增益问题的基础；求解最优增益问题可得到依赖于控制的结构设计要素 $\boldsymbol{B} = \left[\max(F), \max(\dot{Y}), \max(\ddot{Y})\right]$。

上述模型中，若雷达伺服系统结构为不变结构（如齿轮传动），则系统动力学方程式变为 $m\ddot{\delta} + c\dot{\delta} + k\delta = F$，对其进行拉普拉斯变换可得如下的传递函数：

$$G(s) = C(ms^2 + cs + k)^{-1} \qquad (9\text{-}17)$$

式中，$C$ 为系统的输出矩阵。这样就将结构设计和控制增益优化集成到一起了。该集成优化问题可采用分步迭代策略，也可采用同时求解策略进行求解。

### 9.4.3 集成设计案例

为了说明面向波束指向精度的与控制的集成优化设计有效性，建立了采用并联驱动（将在本书第 10 章详细阐述）、预应力索-桁组合背架结构的新型轻量化 26m 天线结构模型，并将其与在役的乌鲁木齐南山 26m 天线进行对比。南山 26m 天线采用轮轨式座架结构，其结构形式见图 9-4，结构指标见表 9-4。

图 9-4 南山 26m 天线结构形式

表 9-4 南山 26m 天线结构指标

| 指标名称 | | 指标值 |
|---|---|---|
| 主反射面精度 | | 优于 0.2mm |
| 工作范围 | 方位 | ±270° |
| | 俯仰 | 4°~89° |
| 最大旋转速度、加速度 | 方位 | 1(°)/s，0.5(°)/s² |
| | 俯仰 | 0.5(°)/s，0.5(°)/s² |
| 抗风 | | 风速为 13.4m/s 时能工作，为 28.4m/s 时可以驱动天线复位，为 56m/s 时在收藏位置不破坏 |

该新型轻量化 26m 天线的背架结构见图 9-5（a），它由刚性中心体和连接到中心体上的外延背架结构组成，中心体布置有若干预应力索，用于改善结构的变形，而外延背架则是索-桁组合结构。反射体支撑结构与中心体的连接方式见图 9-5（b），采用四点等柔度支撑方式，为了提高背架结构的整体支撑刚度，增加了额外的斜支撑杆。为了减轻驱动连杆的质量，采用三管桁架结构，轮台和基座采用箱形板和圆筒结构。天线在仰天（El=90°）和指平（El=0°）工况下的结构示意图见图 9-6。

由于主要是进行主反射体和座架质量的对比，因此对天线的副反射体、副反射体支撑腿及主面面板均进行了简化处理，简化后的质量与南山 26m 天线保持一致。

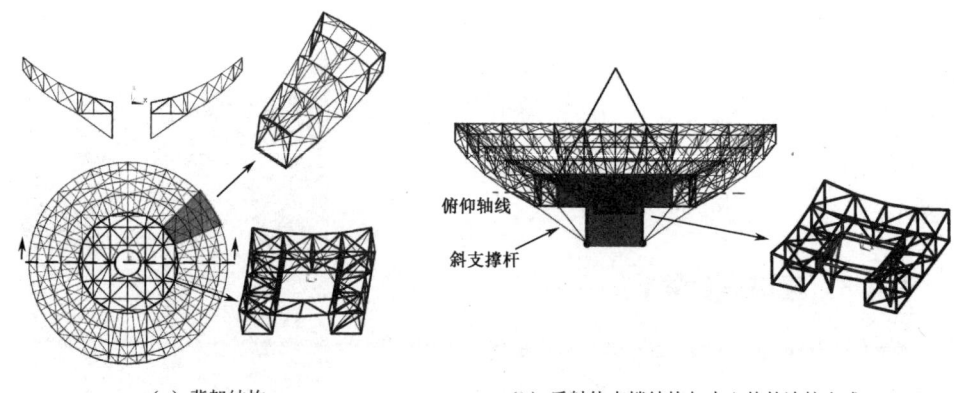

(a)背架结构　　　　　　　　　　(b)反射体支撑结构与中心体的连接方式

图 9-5　新型轻量化 26m 天线结构

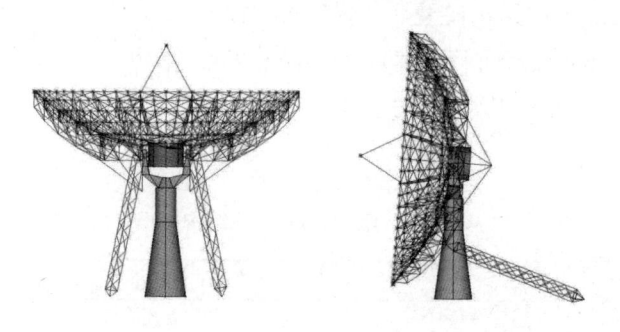

图 9-6　El=90°和 El=0°工况下天线结构示意图

对比两种天线结构，可以看出经过集成设计得出的新型 26m 天线结构更加紧凑。由表 9-5 可以看出，由于使用了索-桁组合结构，以及优化了反射体支撑位置，背架结构减重 38.8%；由于采用了并联驱动，不再需要俯仰齿轮及其连接结构；南山 26m 的支撑结构由俯仰轴及悬挂结构组成，而在新型 26m 天线结构中采用了直接支撑的方式，缩短了传力路径，这部分结构由 28t 降低到 9.3t。在以上因素的综合作用下，配重减重约 20%，俯仰可转动部分减重 45.5%。由于俯仰可转动部分质量的减小，以及采用了结构紧凑的转台式支撑座架，方位可转动部分的质量由 180t 减小到 35t，减重 80.6%。天线结构总质量减小 65.5%。

表 9-5　新型 26m 天线和南山 26m 天线各部件质量对比

| 部件 | | 质量/t | | 减重比 |
| --- | --- | --- | --- | --- |
| | | 南山 26m 天线 | 新型 26m 天线 | |
| 俯仰转动部分 | 背架结构 | 33.5 | 20.5 | 38.8% |
| | 面板 | 7 | 7 | 0 |
| | 副反射体及其支撑腿 | 3 | 3 | 0 |

续表

| 部件 | | 质量/t | | 减重比 |
|---|---|---|---|---|
| | | 南山26m天线 | 新型26m天线 | |
| 俯仰转动部分 | 馈源仓 | 8.5 | 8.5 | 0 |
| | 配重 | 35 | 28 | 20.0% |
| | 俯仰齿轮 | 25 | 0 | 100% |
| | 反射体支撑结构 | 28 | 9.3 | 66.8% |
| | 小计1 | 140 | 76.3 | 45.5% |
| 方位转动部分 | 方位架 | 180 | 34 | 81.1% |
| | 驱动连杆 | 0 | 1 | -100% |
| | 小计2 | 180 | 35 | 80.6% |
| 总计 | | 320 | 110.3 | 65.5% |

根据 28.4m/s 风速下可以驱动天线复位这一要求，可以计算出不同方位俯仰角度下天线所需要的驱动功率，见图 9-7。新型 26m 天线每个滑块所需的最大驱动功率为 16kW，总功率为 16kW×2=32kW，而南山 26m 天线采用每轴双 12kW 驱动，总功率为 12kW×4=48kW，总驱动功率减少了 33.3%。分析结果表明，通过机电集成设计，新型轻量化超大型全可动反射面天线以最小的质量和最低的功耗，保证了天线运行过程中的波束指向精度。

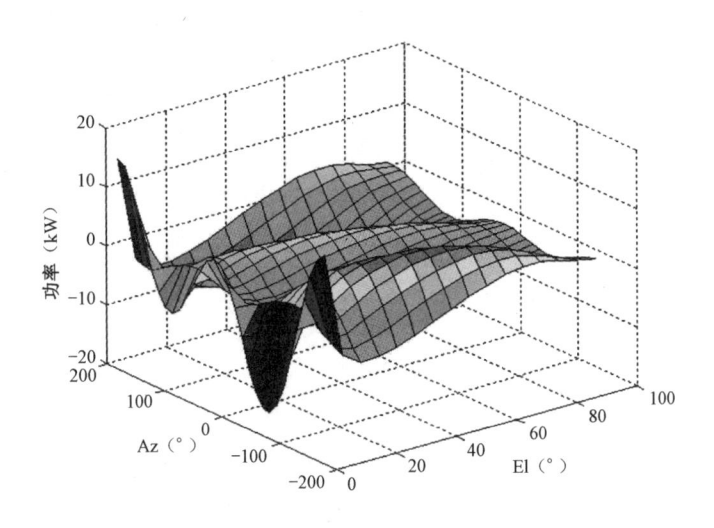

图 9-7 天线驱动功率随方位角、俯仰角的变化关系

# 参 考 文 献

[1] 张润逵, 戚仁欣, 张树雄. 雷达结构与工艺（上册）[M]. 北京：电子工业出版社, 2007.

[2] 平丽浩, 黄普庆, 张润逵. 雷达结构与工艺（下册）[M]. 北京：电子工业出版社, 2007.

[3] 高燕. 有源相控阵雷达发展概况及应用[J]. 通讯世界, 2017(1):246-247.

[4] 唐宝富, 钟剑锋, 顾叶青. 有源相控阵雷达天线结构设计[M]. 西安：西安电子科技大学出版社, 2016.

[5] 冯树飞, 段学超, 段宝岩. 一种大型全可动反射面天线的轻量化创新设计[J]. 中国科学：物理学力学天文学, 2017(5):84-96.

[6] 陈旭. 有源相控阵雷达子阵波束控制系统研究[D]. 哈尔滨：哈尔滨工业大学, 2015.

[7] 冯树飞. 大型全可动反射面天线结构保型及创新设计研究[D]. 西安：西安电子科技大学, 2019.

[8] FENG S F, WANG C S, DUAN B Y, et al. Design of tipping structure for 110m high-precision radio telescope[J]. Acta Astronautica, 2017, 141:50-56.

[9] FENG S F, DUAN B Y, WANG C S, et al. Topology optimization of pretensioned reflector antennas with unified cable-bar model[J]. Acta Astronautica, 2018, 152: 872-879.

[10] FENG S F, DUAN B Y, WANG C S, et al. Novel worst-case surface accuracy evaluation method and its application in reflector antenna structure design[J]. IEEE Access, 2019, 7:140328-140335.

# 第 10 章
# 雷达天线转动平台与基础设计

**【概要】**

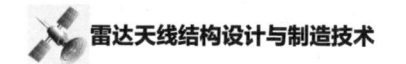

本章阐述了雷达天线转动平台与基础设计。首先，介绍了转动平台与基础的组成、多种类型转动平台的基本结构；其次，阐述了天线座轴系误差对目标测角精度的影响及轴系误差分析；最后，详细给出了冗余虚拟轴转动平台、并驱式转动平台和自举升转动平台的创新结构设计。

## 10.1 概述

雷达天线是精密的电子装备系统，其转动平台与基础是天线控制系统的一个重要组成部分。它能确保天线可以按照预定的规律或者跟随目标运动，在准确地指向目标的同时精确地测出目标的方向。

雷达天线转动平台具有一些成熟的实现形式，如方位-俯仰型、$X-Y$型和极轴型等。只要工程设计人员遵循严谨的设计流程，在合理选取构型的基础上开展轴系精度分配，这些实现形式基本上能够满足各类雷达天线的设计需求。随着机构学的发展和雷达技术的进步，一些能够满足特殊需求的轻量化、高刚度、快响应雷达天线转动平台不断涌现，有效弥补了传统方案的不足，丰富了雷达天线转动平台的形式与内涵。

鉴于此，本章探讨雷达天线转动平台与基础设计中的几个主要问题，其中包括转动平台与基础的结构形式和精度分析，并以精密跟踪雷达天线座为例阐述其结构、形式和轴系精度，同时对雷达天线转动平台的创新结构进行归纳总结。

## 10.2 转动平台与基础的结构形式

雷达天线的转动平台也称天线座，是支撑天线和安装馈线、伺服驱动系统及机电参数转换装置的主体基座，是承受静力、动力及振动等负荷的关键基础构件。通过它实现天线的运转、定位、定向等功能，并完成在转动状态下各种信号的传送任务。

天线座的机械性能，有些直接体现了整机设备的使用性能，整机的性能指标在很大程度上取决于天线及天线座的结构设计和工艺制造水平。对于精密跟踪雷达而言，天线座的精度高低直接影响整个雷达的测量和跟踪精度。其中，它的轴系误差直接影响雷达天线的指向精度，它的运动平稳性及数据传动误差直接影响雷达的测角精度。

## 10.2.1 天线座的分类与组成

**1. 天线座分类**

在工程领域，天线座的种类繁多，人们通常根据其用途、功能、使用环境、结构外形及大小，对其进行粗略划分。

① 根据用途分类。按照雷达天线的用途，可以分为广播、电视、通信用卫星地面站，射电天文望远镜天线座，卫星轨道测量雷达天线座，警戒雷达天线座，气象雷达天线座，制导雷达天线座，导航雷达天线座，炮位侦察雷达天线座，航空、港口管制雷达天线座，机载火控雷达天线座和空中预警雷达天线座等。

② 根据功能分类。可以分为搜索、跟踪、警戒、制导、导航和气象雷达天线座等。

③ 根据使用环境分类。可以分为陆用、海用和空用雷达天线座。其中，陆用雷达天线座又可分为移动式和固定式两种，空用雷达天线座又可分为机载、弹载和星载等形式。

④ 根据结构外形分类。可以分为方位-俯仰型、极轴型、斜交轴型和直接驱动型天线座等。其中方位-俯仰型又可分为立轴式、转台式和轮轨式三种。

⑤ 根据天线尺寸分类。可以分为超大型天线座（天线口径 50m 以上）、大型天线座（天线口径 10～50m）、中型天线座（天线口径 3～10m）、小型天线座（天线口径 0.2～3m）和微型天线座（天线口径 0.2m 以下）。

**2. 天线座组成**

天线座主要由以下几个部分组成。

① 支撑转动装置。用于支撑天线、馈线系统，并保证天线能在工作范围内转动，主要包括天线不动的座架支撑、单方位转动的一维支撑、方位-俯仰型二维支撑、三维支撑等。

② 动力驱动装置。驱动天线绕各轴按一定的规律或指令转动，包括驱动元件（步进电机、伺服电机、直流电机和液压马达等）、联轴节、减速器及其他传动元件，如大齿轮等。

③ 轴位检测装置。把天线各轴的转角转换成模拟或数字电信号输出，用以精确反馈天线的实时状态，由轴位传感器和传动元件组成，传感器可以采用自整角机、旋转变压器、电容传感器、光学编码器和轴角编码器等。

④ 滑环或电缆卷绕装置。用于天线座转动部分与固定部分之间的功率电源和中、低频信号传输。

⑤ 安全控制保护装置。保证天线座使用安全可靠，驱动控制联锁，预防由于

电机失速、系统掉电等各种突出情况造成意外，有行程限制开关、制动器、缓冲器、安全离合器及存放或长途运输的锁定装置等。

⑥ 其他辅助装置。天线的各种平衡装置。为了提高设备的机动性及隐蔽性，有的天线还采用升降机构或倾覆收藏装置。

本章将对具有代表性的天线座结构形式进行介绍。

### 10.2.2 方位-俯仰型转动平台

方位-俯仰型转动平台用于微波定向通信、侦察的天线，不需要转动或只需小角度微调。大型固定式相控阵雷达天线也不需要转动。除此之外，天线都要转动，都需要天线座的转动装置。天线座结构形式中用得最广泛的是单方位转动型和方位-俯仰型。方位-俯仰型天线座以地面为基准，所以也称为地平式天线座。它的方位轴与地面垂直，俯仰轴与方位轴垂直。这种座架结构紧凑，承载能力强，调整测量方便，是两轴天线座中应用最广的座架形式。方位-俯仰型天线座的缺点是在天顶附近有跟踪不上目标的盲区。

#### 1. 方位转动结构

下面以立轴式天线座为代表进行介绍，它采用方位中心轴上端法兰盘支撑天线，方位轴由上下轴承作为支撑点，两支点有适当的间距，用以保证对天线有一定的抗倾覆力矩能力和一定的回转轴精度。中心轴上装有传动大齿轮、方位驱动装置及数据传递装置等。中小型天线多采用这种结构。它的结构简单，采用标准轴承，设计、制造、装配和维修都比较方便。

图 10-1 所示为立柱支撑结构，用于抛物面天线口径为 2.5m 的精密跟踪雷达天线座。其上支点用两只圆锥滚子轴承，对锁消除游隙，进行轴向定位，并支撑自重；下支点用两只球轴承消除径向游隙，轴向可窜动。

光电二极管码盘采用中心轴直套式，装在方位大齿轮的上部。该设计传动机构方位减速箱壳体与下基座连体，俯仰减速箱壳体与俯仰箱连体，省去了减速箱壳体及其安装接口，对提高传动链扭转刚度有较大好处。

#### 2. 俯仰转动结构

俯仰轴转动支撑一般设计成双支点回转，选用标准轴承。两支点间有一定的跨度，以保证俯仰轴有一定的回转精度及支撑刚度。

设计俯仰轴支撑时，考虑到因季节温差变化引起俯仰轴热胀冷缩时轴的长度产生变化，必须使一个支点轴承相对机架轴向固定，释放另一个支点轴承的轴向约束，以便在运转过程中可轴向窜动。

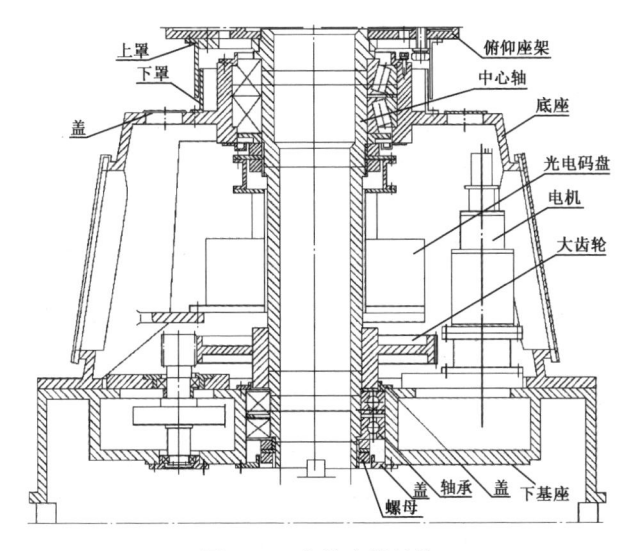

图 10-1 立柱支撑结构

俯仰轴回转支撑根据外形结构可分为座架式、龙门式、叉架式等。下面以座架式支撑结构为代表进行介绍。图 10-2 所示为座架式天线座，用于口径为 9m 的 S 波段脉冲多普勒天气雷达。

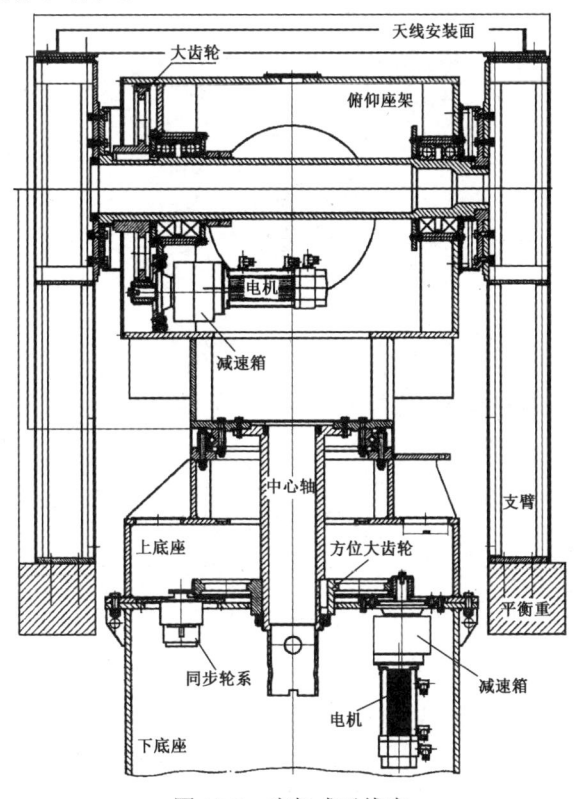

图 10-2 座架式天线座

方位转台选用滚道直径为 $\phi$574mm 的交叉圆柱滚子轴承。俯仰轴支撑结构为座架式，座架下底面直接安装在交叉圆柱滚子轴承内圈上，作方位回转。为安装方便，俯仰轴两支撑点选用大小两对角接触球轴承，分别对锁，以消除游隙，一端相对座架轴向固定，另一端自由伸缩。

### 10.2.3 X-Y型天线座

X-Y型天线座是人们为了克服方位-俯仰（A-E）型天线座存在天顶的跟踪盲区问题而专门设计的。其X轴水平配置，Y轴与X轴空间垂直并随X轴转动，如图10-3所示。X-Y型天线座将天线的跟踪盲区转移到X轴的两端，即地平线上。因而它适用于除水平及接近水平的空域范围内的跟踪，如跟踪运动卫星、气象卫星和宇宙飞船。但这种座架的X、Y轴均不与地面垂直，通常两轴都需要加平衡重才能达到静平衡，因此两轴间距大，结构不紧凑，体积、质量较大。

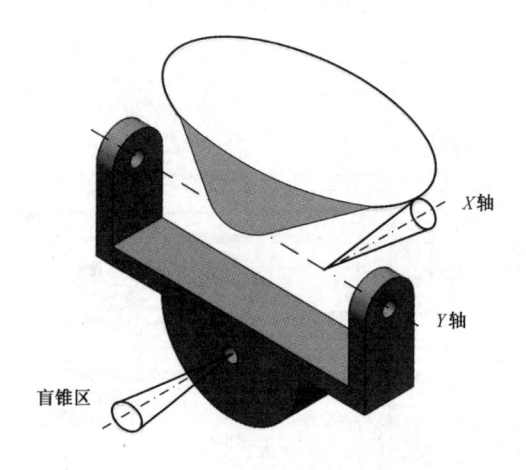

图 10-3 X-Y型天线座（有跟踪盲区）

X轴的角速度由目标在Y方向的运动引起，其大小取决于目标与X轴之间的距离，即

$$\omega_X = \frac{V_s}{R\cos\theta} \tag{10-1}$$

式中，$\theta$ 为Y轴角度（朝天为0°）；R 为天线与目标间距离；$V_s$ 为目标线速度。

天线跟踪目标过顶时，$\theta=0°$，X轴的角速度最小；在跟踪靠近地平线的目标时，X轴的角速度最大。它的两个轴只需转动±90°，就能够覆盖整个空域。因此，它不需要高频旋转关节、滑环或电缆卷绕装置。

X-Y型天线座在工程应用中又分为全配重型、无配重型和X轴虚轴型，全配重X-Y型天线的尺寸和质量较大，制约了产品的推广和应用。为了减轻质量，减小工作空间，本节选取典型的无配重型介绍其技术指标及适用范围。

以 $X$ 频段 5.4m 天线为例，天线包括反射体、$X$ 轴装置、$Y$ 轴装置和底座四部分，如图 10-4 所示。

$X$ 轴装置和 $Y$ 轴装置结构相同，正交安装，主要包括电机、减速机、末级齿轮弧、支臂、码盘和限位机构等零部件，如图 10-5 所示。

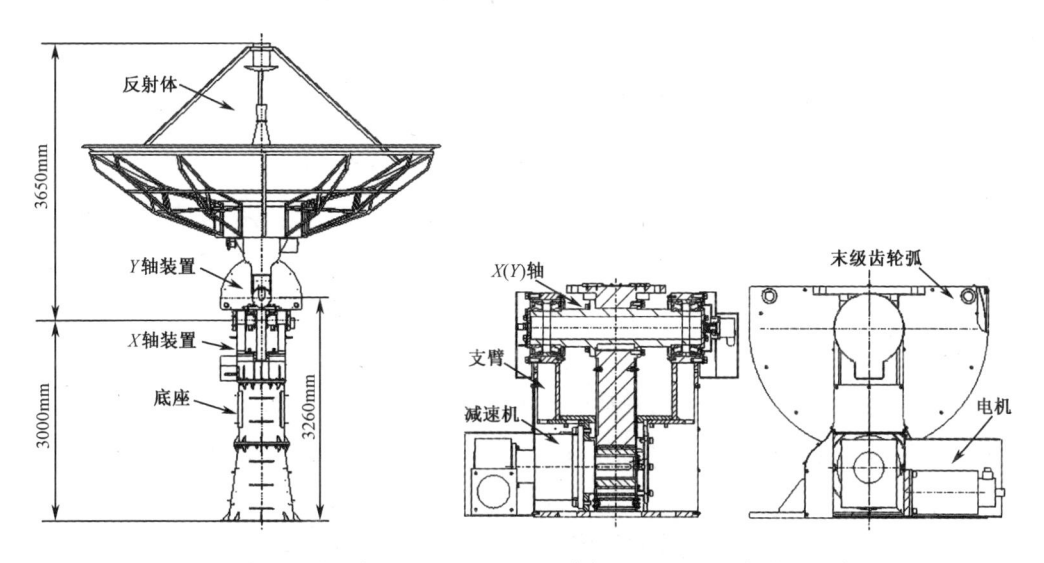

图 10-4　无配重 $X$-$Y$ 型天线　　　图 10-5　$X$（$Y$）轴装置示意图

$X$（$Y$）轴为整体轴，两端通过圆锥轴承支撑在支臂左右。末级齿轮弧安装在 $X$（$Y$）轴中间。电机和减速机安装在支臂底部，输出小齿轮与末级齿轮弧啮合，组成闭合的驱动机构。在 $X$（$Y$）轴的一侧安装码盘，实时输出 $X$（$Y$）轴角度信号。

$X$ 轴装置的支臂底平面固定在底座上，$Y$ 轴装置的支臂底平面支撑天线，两轴的末级齿轮弧平面连接固定，轴线垂直相交。

此时，$Y$ 轴装置的电机、减速机位于支臂上部。工作时，末级齿轮弧与 $Y$ 轴固定不动，驱动系统带动支臂及天线绕着末级齿轮弧圆周滚动，实现天线作 $Y$ 轴方向上的运动。

$X$ 轴装置的电机、减速机位于支臂下部。工作时，驱动机构及支臂固定不动，$X$ 轴与末级齿轮弧转动，实现 $Y$ 轴装置及天线作 $X$ 轴方向上的运动。

该构型的 5.4m $X$-$Y$ 型天线 $X$、$Y$ 轴均没有配重，天线工作在偏心状态。为保证天线能够反向自锁，高速级采用蜗轮减速机，利用其自锁功能保证天线安全工作。直齿轮副位于传动链末级，精度高，加工、装配质量容易保证。

如图 10-5 所示，由于无配重，该构型天线的体积和质量较原来大幅度减小。$Y$ 轴高度为 3260mm，$X$ 轴高度为 3000mm，天线最大回转直径为 7300mm，总质量为 3800kg，两轴驱动功率各为 6000W。

由于传动链采用了蜗轮蜗杆副，因此该构型天线运动速度、加速度受限，天线快速响应能力较差。此外，由于两轴均工作在偏心状态，因此驱动功率较大，这是此类天线座的另一个缺点。

### 10.2.4 极轴型转动平台

太阳射电观测系统的极轴天线跟踪太阳从初升到降落的全过程，这一过程经历了天线指向的水平、天顶（附近）再到指平，显然在这一过程中方位-俯仰型和 $X$-$Y$ 型天线座都存在盲区，无法满足实时跟踪太阳的要求，而采用极轴型天线座在跟踪太阳的空间范围内不存在盲区，因此可以很好地满足实时跟踪太阳的使用要求。

极轴型天线座以赤道平面为基准，所以也称为赤道式天线座。它的下轴与地球自转轴线平行，称为极轴或赤经轴；上轴与极轴垂直，称为赤纬轴。这种座架在射电天文望远镜中使用较广，因为在用极轴型天线座跟踪恒星时，先调整赤纬轴使天线对准星体，然后只转动极轴抵消地球的自转转速（23 小时 56 分 4.095 秒转一圈），就能使天线始终对准被观测的星体。极轴与地面的夹角应等于当地的纬度，所以极轴型天线座的结构比较复杂，受力情况恶劣。极轴型天线座的盲区位于极轴方向。

极轴型天线座是倾斜的两轴座架，它的轴系由赤经轴和赤纬轴构成，赤经轴和赤纬轴正交，两轴的布局有四种方式，如表 10-1 所示。

表 10-1 极轴天线座轴系布局方式及优缺点

| 轴系布局方式 | 优 点 | 缺 点 |
| --- | --- | --- |
| 两轴相交，赤经轴简支 | 极轴与轴承受力较好，只需平衡赤纬轴 | 赤纬轴转动范围小 |
| 两轴交错，赤经轴简支 | 极轴与轴承受力较好，赤纬轴转动范围大 | 两轴均需加平衡重 |
| 两轴相交，赤经轴悬臂 | 只需对赤纬轴进行平衡 | 极轴和轴承受力差 |
| 两轴交错，赤经轴悬臂 | 转动范围最大 | 极轴和轴承受力差，两轴均需加平衡重 |

以上四种方式，赤经轴和赤纬轴转动范围大小各不相同。以选用第二种方式的 10m 极轴天线座为例进行说明。

极轴天线座是支撑相关天线并驱动天线转动的装置，由天线支撑结构和实现赤经轴与赤纬轴运动的传动机构组成。极轴天线座外形如图 10-6 所示。

### 1. 赤经轴转动装置

赤经轴与水平面的夹角等于当地的地理纬度,约 36.24°。赤经轴两端分别支撑在两个轴承座上。赤经轴一端采用一对圆锥滚子轴承为固定端,主要承受轴向力和径向力;另一端采用一个调心滚子轴承为游动端,主要承受径向力。采用这种配置方式可以补偿由于温度变化引起的转动轴长度的变化。赤经轴上套装一个扇形齿轮,用于驱动赤经轴的转动。两个轴承座的外侧赤经轴上分别连接一个配重箱,配重箱起到使赤经轴转动力矩保持平衡的作用。

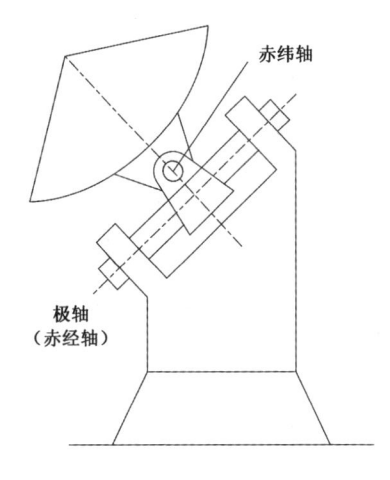

图 10-6 极轴天线座外形

### 2. 赤纬轴转动装置

赤纬轴转动装置位于赤经轴之上。两轴系正交并交错布置。赤纬轴转动装置支撑在赤纬轴两端的两个轴承座上。赤纬轴转动装置与赤经轴转动装置用螺栓连接。赤纬轴转动装置采用的轴承类型同赤经轴轴承类型。赤纬轴上也安装一个扇形齿轮,用于驱动赤纬轴的转动。两个轴承座的外侧赤纬轴上也分别连接一个配重箱,起到使赤纬轴转动力矩保持平衡的作用。

## 10.2.5 三轴型转动平台

随着低轨卫星遥感技术的发展,用低轨卫星进行地面资源勘察或军用侦察已经相当普遍,当卫星飞经地面接收天线天顶时,所要接收的资料信号往往是最珍贵、最重要的。另外,随着卫星通信技术的飞速发展,卫星通信频率也不断提高,这对大口径天线来说,一方面由于天线波束宽度更小,另一方面又由于天线转动惯量更大,将使得传统方位-俯仰型天线座(座架)过顶盲区更大。

为实现对低轨卫星全半球可覆盖的有效跟踪,已发展了许多改进型的座架形式,如方位-俯仰加抬升机构、方位-俯仰加可旋转斜台、方位-俯仰加交叉俯仰、X-Y(交叉俯仰-俯仰)等。本节将简要介绍几种常用座架系统。

### 1. 方位—俯仰—斜台座架

方位—俯仰—斜台座架是将传统方位—俯仰型座架安装在一个可 ±180° 旋转

的具有固定倾角（如7°）的斜台上面的结构形式。

在工作过程中，根据卫星的过境轨道预报，可以事先判断出卫星从地面站天线的过天顶方向，而先将斜台的高端对准航路捷径方向后保持不动，跟踪过程仍由方位轴、俯仰轴来完成。这样一来，当卫星过天顶时，由于有斜台的固定倾斜角度，使实际仰角比理论仰角低，从而可以相对减轻方位轴的快速响应要求，更为重要的是彻底消除了过顶盲区。

这种三轴座架同时也给其伺服系统带来一些新问题。第一，因为其方位-俯仰座架是架在斜台斜面上的，其轴系已经不在大地坐标系中了，所以在程序引导和记录轨道数据时需要进行实时的坐标变换，这会加重采样周期的负担；第二，由于方位轴、俯仰轴底下多了可旋转的斜台，相当于降低了基座的结构刚度，因此对方位轴、俯仰轴来说，其结构谐振频率会相对降低很多，设计难度会相对增加。

由于该结构的轴系已经不在大地坐标系中，而程序引导数据一般都是大地坐标系中的方位角和俯仰角，所以在伺服系统设计中要解决的第一个问题就是要实现坐标变换。既要将大地坐标系的程序引导数据转换成测量坐标系（建立在斜台斜面上）中的指令数据，以便驱动天线，又要将自动跟踪后测得的轨道数据转换到大地坐标系中，以提供测角数据。

从大地坐标系到测量坐标系的转换，先将大地直角坐标系 $OXYZ$ 绕 $Z$ 轴旋转 $T$ 角度后得到 $OX_1Y_1Z_1$，再绕 $Y_1$ 轴旋转 $\delta$ 角度得到 $OX_2Y_2Z_2$，也就是测量直角坐标系。于是可得到如下变换公式

$$[\delta T] = \begin{bmatrix} \cos\delta & 0 & \sin\delta \\ 0 & 1 & 0 \\ -\sin\delta & 0 & \cos\delta \end{bmatrix} \begin{bmatrix} \cos T & \sin T & 0 \\ -\sin T & \cos T & 0 \\ 0 & 0 & 1 \end{bmatrix} \quad (10\text{-}2)$$

$$\alpha = \arctan^{-1} \frac{\cos E \sin(A-T)}{\cos E \cos(A-T)\cos\delta + \sin E \sin\delta} \quad (10\text{-}3)$$

$$\beta = \arcsin\left[\sin E \cos\delta - \cos E \cos(A-T)\sin\delta\right] \quad (10\text{-}4)$$

式中，$A$、$E$ 分别为大地坐标系中天线的方位角、俯仰角；$T$ 为斜台旋转角；$\alpha$、$\beta$ 分别为测量坐标系内天线的方位角、俯仰角；$\delta$ 为斜台倾斜角。

### 2. AXY 三轴转动平台

AXY 三轴转动平台是在方位基座（$A$ 轴）基础上，再设计一个 $XY$ 天线座，但方位轴上的两个轴运动范围扩大了。在结构设计上，自下而上依次设计了方位基座 $A$、$X$ 支路和 $Y$ 支路三部分，如图 10-7 所示。

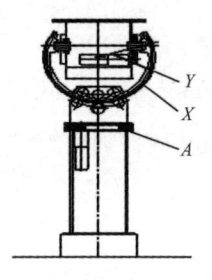

图 10-7　AXY 天线座示意图

$AXY$ 天线座与通用的 $XY$ 天线座不同，这是因为天线座的 $X$ 轴的轴向方向可以通过旋转方位轴任意配置位置。从设备复杂度上讲，$AXY$ 天线座有一定的优势，但是受旋转空间限制，天线低仰角跟踪能力差，想要实现低仰角跟踪很困难，尤其是 $X$ 轴的两端附近。另外，$XY$ 天线座配平困难，制约了其适应大口径天线的能力。所以，$AXY$ 天线座和 $XY$ 天线座只适合小口径天线。

## 10.3 转动平台与基础精度分析

精度是雷达的一项重要性能指标，例如，搜索雷达应能准确地捕获测定目标，跟踪雷达要求准确地跟踪目标，以便能精确地测出目标的运动参数。因此，需要对天线座提出轴系精度和传动精度及回差要求。

影响雷达设备跟踪精度的因素很多。有属于电方面的，如跟踪精度、测角精度和指向精度等。它们是反映跟踪系统、数据传递系统及人工控制或程序控制工作状态的性能指标。这里只讨论属于天线座结构设计中的轴系精度对雷达跟踪精度的影响。

### 10.3.1 天线座轴系误差对目标测角精度的影响

雷达测量目标的位置通常用球面坐标系表示，即目标距离 $R$、方位角 $A$ 和俯仰角 $E$ 三个坐标就可以确定目标在空间的位置，如图 10-8 所示。

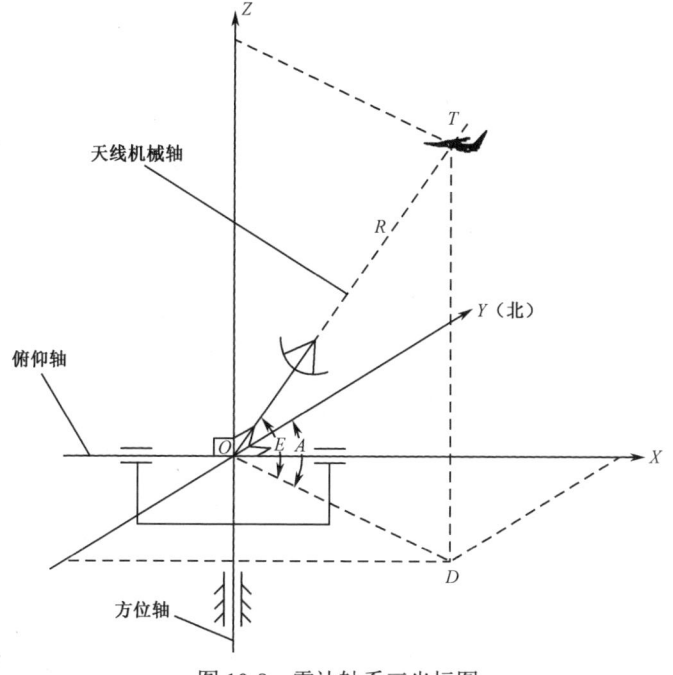

图 10-8 雷达轴系三坐标图

图 10-8 中：

$O$——方位轴、俯仰轴和天线机械轴的三轴交会点；

$R$——雷达到目标 $T$ 的直线距离 $OT$；

$A$——方位角，为目标距离线 $OT$ 在水平面上的投影线 $OD$ 与水平面坐标 $Y$ 轴的夹角，$Y$ 轴指向正北、方位角为 $0°$ 的位置；

$E$——俯仰角，是目标距离线 $OT$ 与其在水平面上的投影线 $OD$ 在铅垂面上的夹角。

方位角在水平面内度量，俯仰角在铅垂面内度量。雷达的测角数据通常由方位轴和俯仰轴的转角通过轴角编码器输出。

如果三轴理想正交于点 $O$，则方位轴旋转一周，俯仰轴的运动轨迹是一个与大地平行的水平面；俯仰轴旋转一周，天线机械轴的运动轨迹是一个过 $O$ 点且垂直于俯仰轴的铅垂面。方位、俯仰转角就能准确反映目标的方位角和俯仰角。

然而，在工程实际中三轴正交均存在制造、调整、固定方面的误差和随机误差，因此产生了雷达对目标的测角误差。下面分别讨论各项固定误差与测角误差的关系。

**1. 方位轴对大地不铅垂引起的测角误差**

假定俯仰轴与方位轴垂直，天线机械轴与俯仰轴垂直，只是方位轴不铅垂，这个误差是由于方位转台不能调水平而产生的。图 10-9 所示为俯仰轴、方位轴和天线机械轴之三坐标图。

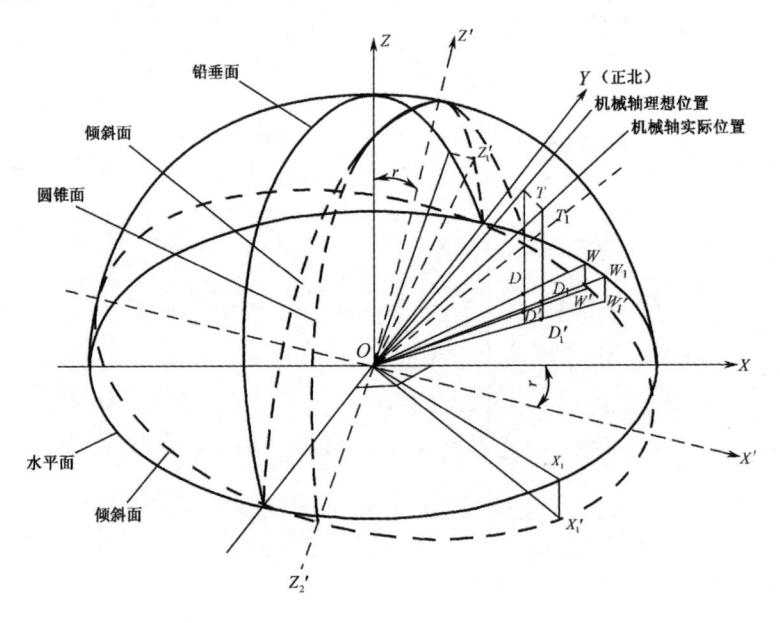

图 10-9 俯仰轴、方位轴、天线机械轴之三坐标图

假定方位轴沿 $X$ 轴方向的倾斜角为 $r$，俯仰轴理想位置与 $X$ 轴重合，这时由于方位轴的倾斜引起俯仰轴向 $X$ 轴下方倾斜同样的角度，即 $\angle XOX' = r$。

假定天线机械轴理想位置朝天与 $Z$ 轴重合，则实际的机械轴位置由于俯仰轴倾斜也跟着倾斜相等的角度，即 $\angle ZOZ' = r$。这时三轴均处在倾角误差最大的特殊位置。当转动方位使俯仰轴与平面坐标 $Y$ 轴重合，即俯仰轴处于水平位置时，方位轴倾斜不产生目标测角误差。

当俯仰轴由 $Y$ 轴位置随方位转动到 $X'$ 位置时，俯仰轴的倾斜角按正弦规律 $\Delta E = r\sin A$ 变化，由 0 到最大倾斜角 $r$。实际上俯仰轴的运动轨迹是一个与水平面成 $r$ 角的固定斜面，这个斜面与水平面相交于 $Y$ 轴。当俯仰轴在 $X'$ 位置时，转动俯仰轴使天线机械轴到水平位置与 $Y$ 轴重合，方位轴的倾斜也不产生目标测角误差。当转动俯仰轴使天线机械轴由水平到朝天时，实际的天线机械轴的倾斜角也按正弦规律 $\Delta \delta = r\sin E$ 变化，由 0 到最大倾斜角 $r$。同样，天线机械轴的运动轨迹也是一个与实际的俯仰轴垂直的斜面，此斜面同样与水平面相交于 $Y$ 轴。事实上雷达跟踪目标时，方位、俯仰是任意回转的。目标跟踪误差角是变化无穷的综合值。

**例**：设某单脉冲精密跟踪雷达方位轴倾斜角 $r = 10''$，目标距离为 $R$，机械轴在方位角 $A = 45°$、俯仰角 $E = 45°$ 位置，此时俯仰轴在 $A = 45° + 90° = 135°$ 位置。为计算方便，在 $\delta$ 值很小时，可取 $\sin\delta \approx \tan\delta \approx \delta$。

① 计算俯仰角误差 $\Delta E_1$。

如图 10-9 所示，此时如果方位轴不倾斜，则目标 $T$ 的投影点在水平面 $D$，由于方位轴倾斜，$T$ 的投影点落在斜面 $D'$ 处，产生目标的仰角误差为

$$\Delta E_1 = r\sin A = 10'' \times \sin 45° \approx 7.07'' \tag{10-5}$$

② 计算方位角误差 $\Delta A_1$。

由于方位轴倾斜，目标投影点由 $D$ 变化到 $D_1$，误差角应为 $\angle DOD_1$，则计算如下：

由 $TT_1$ 与俯仰角的关系：$TT_1 = Rr\sin E = DD_1$。

由 $DD_1$ 与方位角的关系：在 $\triangle TOD$ 中，$OD = R\cos E$。

在 $\triangle TOD_1$ 中，$DD_1 = OD\sin A = R\cos E \sin A = Rr\sin E$。

$$\Delta A_1 = \sin A = \frac{Rr\sin E}{R\cos E} = r\tan E \tag{10-6}$$

即方位角误差是按最大倾斜角 $r$ 的正切规律变化的。代入数据得

$$\Delta A_1 = 10 \times \tan 45° = 10'' \tag{10-7}$$

注意：当 $E = 80°$ 时，有

$$\Delta A_1 = 10 \times \tan 80° = 56.7''  \tag{10-8}$$

这里对方位角、俯仰角的误差计算仅作为简单的物理概念分析及其理论计算的完整性介绍。实际工程计算中，只考虑三轴不正交误差对天线机械轴产生的总误差进行分析、计算。求出目标实际位置与理论位置的偏差距离

$$\Delta l = R \sin r  \tag{10-9}$$

### 2. 俯仰轴与方位轴不正交引起的测角误差

假定方位轴是铅垂的，天线机械轴与俯仰轴垂直，俯仰轴与方位轴不垂直。实际上就是俯仰轴不水平。在这种情况下，方位轴转动不会引起测角误差，俯仰轴转动就会引起测角误差。

如图10-9所示，设理想的俯仰轴与 $X$ 轴重合，实际的俯仰轴沿 $X$ 轴向下倾斜 $r$ 角，方位轴与 $Z$ 轴重合。现将俯仰轴由仰角 $E = 0°$ 转到朝天时，由于俯仰轴倾斜 $r$ 角，天线机械轴也产生按正弦规律变化、由 0 到最大值 $r$ 的倾斜角

$$\Delta \delta = r \sin E  \tag{10-10}$$

所不同的是这个倾斜角是由俯仰轴倾斜产生的，而不是由方位轴倾斜产生的。实际上俯仰轴倾斜角是由俯仰轴倾斜轴线与 $Y$ 轴形成的固定倾斜面随方位转动造成的，而天线机械轴在过 $O$ 点与俯仰轴垂直的倾斜面内转动。

### 3. 天线机械轴与俯仰轴不垂直引起的测角误差

在图10-9中，设方位轴垂直于大地（铅垂）而与 $Z$ 轴重合，俯仰轴与方位轴正交并处于水平位置与 $X$ 轴重合。只是天线机械轴与俯仰轴不正交，倾斜角为 $r$ 角，令理想的机械轴朝天、在 $XOZ$ 垂面内向 $X$ 轴指向倾斜形成 $\angle ZOZ' = r$ 的倾斜角。俯仰轴 $OX$ 在转动过程中，机械轴的理论轨迹为 $Y$ 轴和 $Z$ 轴构成的铅垂面，而实际机械轴 $OZ'$ 转到水平面投影线为 $OZ'_1$，此时 $\angle YOZ'_1 = r$，转动机械轴 $OZ'$ 反向到 $E = 180°$ 时，其水平投影线为 $OZ'_2$，此时 $\angle YOZ'_2 = r$。因此，在俯仰轴转动过程中，机械轴实际位置与理论位置相差的误差角 $r$ 是一个固定不变的值。由分析可知：无论方位轴和俯仰轴如何转动，机械轴实际位置与理想位置始终相差一个固定倾斜角 $r$。

### 4. 工程上的轴系误差分析

由以上三轴各自倾斜对天线机械轴产生的影响分析可知：仅有方位轴倾斜时，天线机械轴的实际误差随方位轴和俯仰轴转动，同时按正切、正弦规律变化；仅有俯仰轴倾斜时，机械轴的实际误差随俯仰轴转动而由 0 到倾斜角 $r$ 按正弦规律

变化；当俯仰轴不动、方位轴转动时，机械轴误差没有变化；当仅有机械轴倾斜时，无论方位轴和俯仰轴如何转动，其误差倾斜角都是一个常数 $r$。

三轴倾斜在各自的特定位置均可产生天线机械轴的最大误差，但实际工程运用中不可能同时达到最大值。例如，跟踪目标就不一定刚好在方位轴倾斜方向。一般精密跟踪雷达俯仰保精度跟踪角度范围为 $3°\sim70°$，到不了最大值。因此，为了方便使用，机械轴测量误差一般按概率取三轴不正交值的均方根值。

20 世纪 60 年代研制的单脉冲精密跟踪雷达，分配给机械固定的总误差指标为 $\delta \leqslant 10''$，其中方位轴对大地的不垂直度 $\delta_1 \leqslant 7''$，俯仰轴对方位轴的不垂直度 $\delta_2 \leqslant 5''$，天线机械轴对俯仰轴的不垂直度 $\delta_3 \leqslant 5''$，按均方根值取

$$\Delta\delta = \sqrt{7^2 + 5^2 + 5^2}\,('') = \sqrt{99}\,('') \leqslant 10'' \quad (10\text{-}11)$$

多年来，随着单脉冲精密跟踪雷达的研制生产、测试、标校，设计师对雷达机械制造精度的认识有所提高，运用了星体标校和计算机修正固定误差的方法。轴系精度的要求已经下降，目前一般对精密跟踪雷达三轴不正交提三个 $10''$，实际总精度为

$$\Delta\delta = \sqrt{10^2 + 10^2 + 10^2}\,('') \approx 17.3'' \quad (10\text{-}12)$$

这个量级的精度，一般能满足产品使用要求，同时雷达天线的生产研制也没有困难。

### 10.3.2 轴系误差分析

前面讨论了轴系误差对测角精度的影响，本节进一步讨论影响轴系误差的因素、轴系误差的分析计算，以及调整补偿的方法。

对于不同结构形式的天线座，造成轴系误差的因素有所不同，因此必须对具体情况进行具体分析。下面主要讨论方位-俯仰型天线座在制造和安装过程中产生的误差（静态误差）。图 10-10 所示为三轴正交误差图。

#### 1. 方位轴不垂直误差

随着方位轴转动而产生方位轴的随机晃动误差，可分为随机误差和固定误差两项。方位轴的随机误差主要是由方位轴轴承端面跳动所引起的。对于采用滚动轴承的方位支撑转动装置，引起轴承跳动的因素有：滚道的平面度、滚动体的直径误差和圆度、材料硬度不均匀及轴承游隙等。因此，为了减小方位轴的随机晃动误差，应提高轴承精度，减小轴承的游隙。对于高精度天线座，可对轴承的滚动体进行选择装配，减小滚动体的直径误差；对轴承进行预紧和消除游隙等。

对于采用静压轴承的转台，引起轴承跳动的主要因素有：径向轴瓦面和轴向

轴瓦面的平面度、径向轴瓦面与轴向轴瓦面的垂直度，以及油膜刚度。因此，为了减小方位轴的晃动，应该提高轴瓦面的加工精度和油膜刚度。

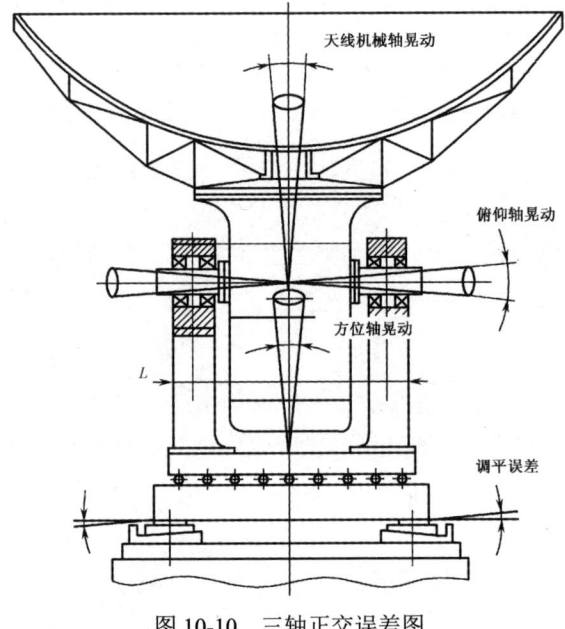

图 10-10　三轴正交误差图

方位轴垂直度的固定误差包括轴承滚道面与轴承安装下底面的平面度、底座安装轴承的平面与底座安装底面的平行度，以及基础预埋件上平面的水平度等引起的误差。固定误差可以通过水平调整来消除。静态误差是指在某个位置静止的状态下进行误差检测、分析和计算所得到的误差，它是随机误差与固定误差的综合值。

### 2. 天线座水平误差调整

中小型天线座通常是用三个千斤顶或者三个调整斜铁根据三点确定一个平面的原理来进行调整的。如图 10-10 所示，为了便于调整天线座水平，在斜铁上应有较大的接触面积，为避免局部应力过大，斜铁上有球面垫块。对于大型雷达天线座，为了减小每个斜铁的负载和底座的变形，有的调整装置多达 16~24 个，用三点定位，其余作为辅助支撑。

### 3. 俯仰轴不水平误差

这项误差同样可分为随机误差和固定误差。随机误差是由俯仰轴承的径向跳动引起的，固定误差是由工件尺寸链制造误差累计引起的。一般产品在支臂与轴承座连接面增加垫片作为调整环节，在检测俯仰轴水平度时，配磨垫片用来提高俯仰轴水平度，同时还可以降低俯仰大件的加工精度要求。

#### 4. 俯仰轴不水平误差的计算

参考图 10-10，俯仰轴两端轴承支点间跨度为 $L = 2000\text{mm}$，两端轴承回转中心高差 $\Delta h = 0.05\text{mm}$，则不水平倾角为

$$\Delta \delta = \frac{\Delta h}{L} = \frac{0.05}{2000} \approx 5''\qquad(10\text{-}13)$$

#### 5. 天线机械轴误差

天线机械轴误差为固定误差，它由天线和天线座两部分组成，精度要求也各分一半。如图 10-10 所示，天线机械轴由 $l_1$ 和 $l_2$ 尺寸链组成。在设计俯仰组合轴和天线托架时，可考虑安装平面的平行度误差。在装配后精度不能满足要求时，可修刮某个连接面以达到要求。

## 10.4 转动平台与基础的创新结构设计

从机构学的角度看，传统的天线座为串联式开链结构，整个机构仅有一个运动链，且所有驱动均分布在这条运动链上，方位-俯仰型天线座就是一种典型的两轴串联式天线座。并联式天线座的运动链为闭环，整个机构有多条运动支链，且驱动分布在多条运动支链上。并联式天线座可看成是由并联机构衍生出来的，国际机构学与机器科学联合会（IFToMM）将并联机构定义为：通过多个运动支链将动平台与静平台相连，自由度大于 1，且输入驱动分配在不同的运动支链上的一种闭环机构。并联机构与串联机构相比，具有负载能力较大、动态响应速度较快、刚度较大及结构紧凑等优点。

### 10.4.1 冗余虚拟轴转动平台

冗余虚拟轴转动平台采用 6-UPS 并联机器人机构，通过组合优化技术实现其构型与运动参数的一体优化，进而实现技术指标中天线座的俯仰和方位运动，其构型及仿真分别如图 10-11 和图 10-12 所示。在雷达天线工作过程中，并联机器人冗余的自由度和虚拟轴可以更好地实现天线的灵活运动，保障观测与跟踪指标。

图 10-11 冗余虚拟轴转动平台构型

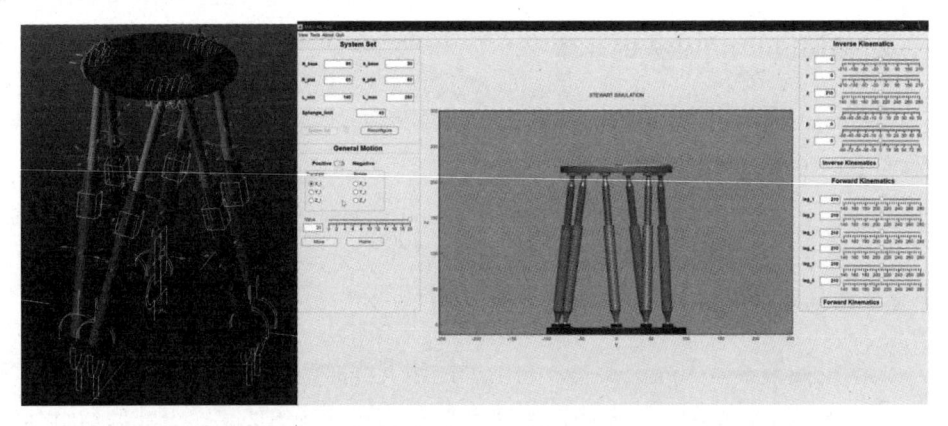

图 10-12　基于多体动力学软件和专用仿真平台的虚拟轴天线座仿真

针对该虚拟轴转动平台规划反射面天线的典型扫描运动，第一阶段具体为天线从零位 $(0,0,562.2391\text{mm})^\text{T}$ 运动到半径为 19.4042mm 的圆周边缘，并在此过程中实现 70°的俯仰运动，而后保持该俯仰角进行完整圆周的扫描运动；第二阶段具体为天线从零位 $(0,0,562.2391\text{mm})^\text{T}$ 运动到半径为 19.4042mm 的圆周边缘，并在此过程中实现 70°的俯仰运动，而后再实现到-70°的俯仰运动，以对应俯仰角从 20°到 160°的扫描运动。

由建立的 6-UPS 并联机构逆运动学模型计算出各支链长度尺寸，第一、二阶段的各支链长度计算结果分别如图 10-13 和图 10-14 所示。从仿真结果可知，天线座架能够提供所需的方位、俯仰指向控制及扫描运动，并且在运动过程中支链长度变化合理，工程实现的技术成熟度高。

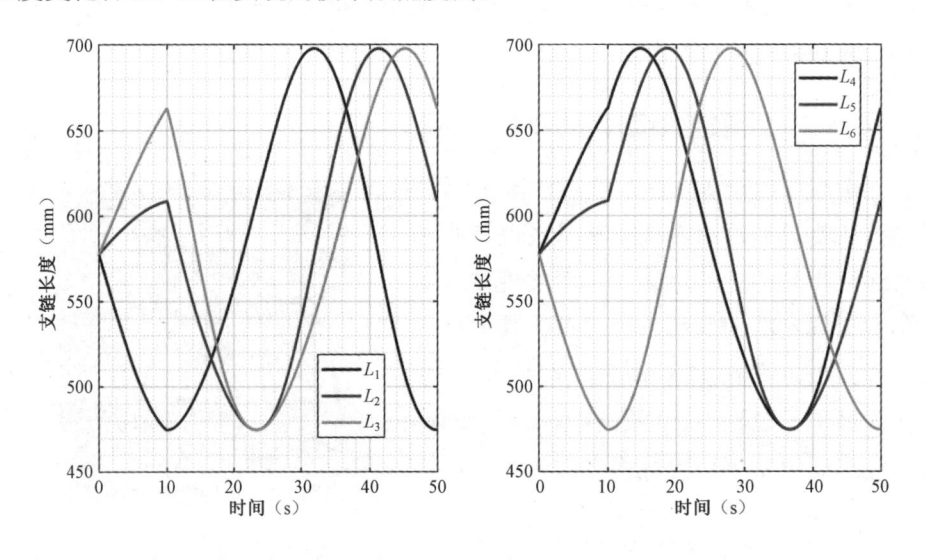

图 10-13　第一阶段：俯仰和方位全周运动

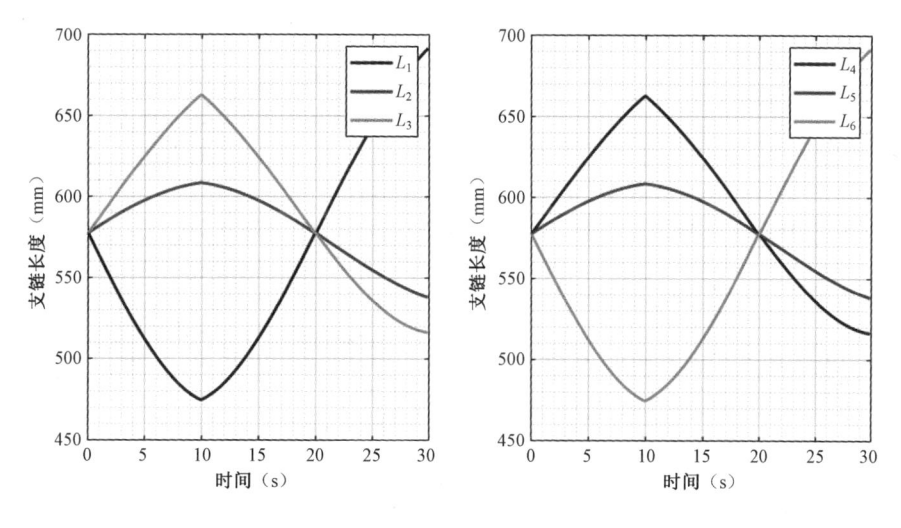

图 10-14　第二阶段：俯仰和过顶扫描运动

此外，利用多刚体动力学分析软件 ADAMS 对六自由度 6-UPS 并联平台进行动力学分析，步骤如下。

① 建立天线座架虚拟样机模型中的主要零件（Bodies）。

② 建立连接关系（Connectors），包含与大地固定（Fixed Joint）、支链与上下平台的连接（Hooke Joint 和 Spherical Joint）、支链滑移副（Translational Joint）。

③ 导入各支链电动缸线驱动位移并加载到滑移副。File/Import（create splines）读入各支链长度数据，Elements 会显示样条曲线 Spline；在滑移副中的 Modify Joint/Impose Motions/Function Builder［577.589432-AKISPL（time, 0, SPLINE_1, 0），将绝对位移改为相对增量］下，依次加载六条支链驱动位移到滑移副。Motions 会显示六组驱动数据。

④ 执行天线座虚拟样机的运动学和动力仿真。

### 10.4.2　并驱式转动平台

两自由度并联式天线座结构如图 10-15 所示，其中包括天线阵面（7），天线阵面通过转动副（5）与中间立柱（8）相连，中间立柱与底座间有转动副，可进行方位运动，两根对称布置的连杆（6）上端通过虎克铰链（4）与阵面相连，连杆下端通过具有三个自由度的复合球铰链（3）与天线座的驱动模块（2）连接，驱动模块通过齿轮副与天线座圆形轨道（1）相啮合。

当两个驱动模块同向运动时，阵面进行方位运动，当两个驱动模块异向运动时，阵面进行俯仰运动，可以通过控制两个驱动模块电机的运动方向和速度来实现天线阵面的方位和俯仰复合运动。该天线座结构具有对称性，它与串联式天线座结构相比具有良好的承载能力，可在保证结构强度和刚度的同时大大减轻结构质量，且转动惯量更小，动态响应速度快，为未来天线座的设计方向提供了一种可行方案。

### 1. 并联式天线座误差分析

两自由度并联式天线座属于典型的并联机构，机构在运动过程中，由于受到各种误差源的影响，运行精度难以达到设计要求。根据并联机构误差源各自的特点，大致可以将误差分为静态误差、动态误差及热误差。

图 10-15  两自由度并联式天线座

**静态误差**：包括组成并联机构各个构件的加工误差，在零件装配过程中产生的装配误差，并联机构在运动过程中受重力的作用而产生的变形，以及并联机构的驱动误差，这些误差一般无法避免。由于并联机构本身复杂的多支链特点，导致几何参数误差较多，这些参数误差并不会因为机构是解耦的而呈现解耦状态，它们仍然呈现严重的非线性耦合状态，处理起来较为困难。

**动态误差**：动态误差是随着机构变化而变化的误差，如并联机构的振动误差、并联机构在运动过程中的弹性变形及伺服系统误差等。在两自由度并联式天线座结构中，如铰链的间隙误差、连杆在阵面运动过程中因弹性变形而产生的误差等，都是随着机构运动状态的变化而不断变化的，这些误差很难进行准确测量，同时也难以进行补偿。

**热误差**：并联机构因发热而产生的误差，如相控阵天线阵面因子因发热而产生变形等。这类误差多发生于并联机构的驱动器、运动关节及高功率热源附近，在进行机构设计时可以通过对机构的合理布局及加装散热装置而减小热误差对机构精度的影响。

### 2. 轨道圆度误差分析

天线座圆形轨道因机加工和日常磨损等而产生的静态误差是导致天线座轨道出现圆度误差的重要原因，对于本节所述两自由度并联式天线座而言，阵面重力通过分布在阵面两侧的连杆传导到天线座轨道上，圆形轨道的不均匀受力同样会产生圆度误差。轨道的圆度误差使驱动模块在运行过程中的理论位置与实际位置产生偏差，引起天线座运动支链的变化，进而影响阵面的指向精度。

如图 10-16 所示，当获取天线目标位置后，经运动学逆解程序换算出驱动模块在轨道上的转动角度，控制器控制两个驱动模块分别运动到理论圆形轨道上的点 $B_1$ 和 $B_2$，由于天线座轨道并不是规则的圆形，因此实际上天线座两个驱动模块分别运动到点 $A_1$ 和 $A_2$，天线座驱动模块理论位置与实际位置不一致，此时就产生了驱动模块的位置偏差$\Delta x$ 和$\Delta y$。驱动模块的位置偏差导致天线座运动支链发生变化，进而引起阵面产生指向偏差。准确测量轨道圆度误差，深入分析圆度误差导致的驱动位置偏差，推导因轨道圆度误差引起驱动位置偏差的数学模型，研究轨道圆度误差引起的阵面指向偏差，并通过误差补偿的方法减小轨道圆度误差对阵面指向精度的影响，对提高天线指向精度具有重要意义。

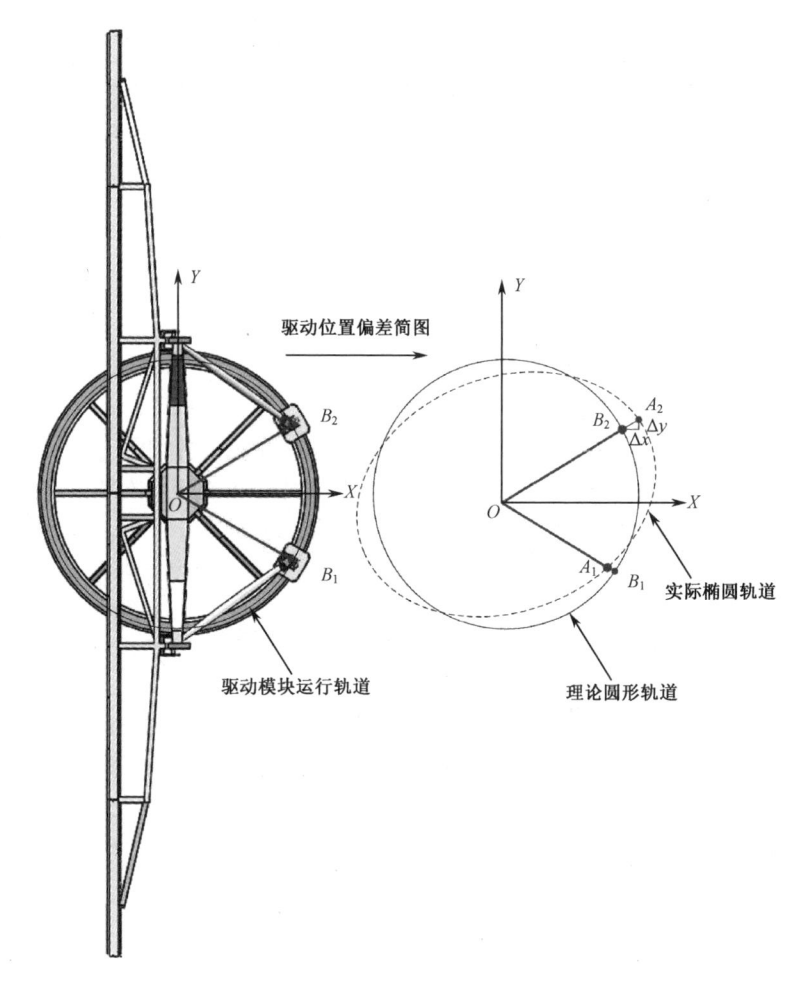

图 10-16　轨道圆度误差示意图

由上面的分析可知，天线驱动模块在天线座圆形轨道上运行时会产生位置偏差，为求解位置偏差$\Delta x$ 和$\Delta y$，需获得驱动模块在理论轨道的运动终点 $B_2$ 及实际轨道的运动终点 $A_2$。其中，$B_2$ 可由圆的参数方程得出，即

$$\begin{cases} x_1 = R\cos\theta \\ y_1 = R\sin\theta \end{cases} \quad (10\text{-}14)$$

式中，$R$ 为理论圆形轨道半径，$\theta$ 为天线座驱动方位角。

此外，标准椭圆的参数方程为

$$\begin{cases} x = a\cos\phi \\ y = b\sin\phi \end{cases} \quad (10\text{-}15)$$

式中，$\phi$ 是椭圆离心角，它与天线座驱动的方位角 $\theta$ 不同，为方便计算需寻找离心角 $\phi$ 与天线座驱动方位角 $\theta$ 的关系。如图 10-17 所示，设在椭圆上任一点 $P$，过 $P$ 点作 $X$ 轴的垂线，相交于以椭圆长轴 $a$ 为半径的同心圆上的点 $M$，作 $Y$ 轴的垂线，相交于以椭圆短轴 $b$ 为半径的同心圆上的点 $N$，则 $\angle KOM$ 即为椭圆离心角 $\phi$，$\angle KOP$ 即为驱动方位角 $\theta$。

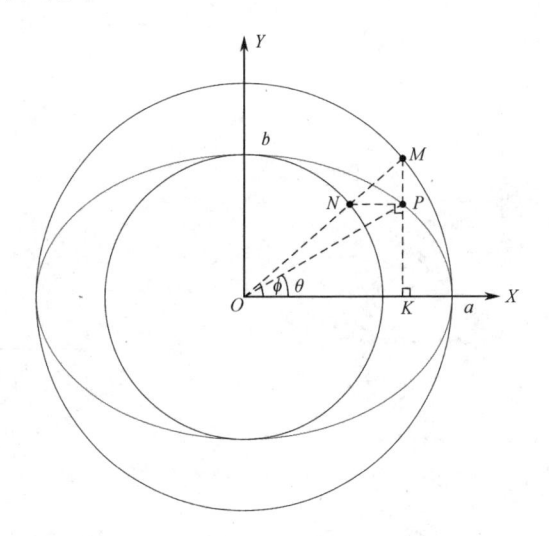

图 10-17 椭圆离心角与驱动方位角关系图

由图 10-17 中几何关系易知

$$\frac{\tan\phi}{\tan\theta} = \frac{MK}{PK} = \frac{a}{b} \quad (10\text{-}16)$$

即

$$\phi = \arctan(\frac{a}{b}\tan\theta) \quad (10\text{-}17)$$

式中，因正切函数的周期为 $\pi$，以上求得的 $\phi$ 值可能与真实值相差一个周期 $\pi$，这时需通过判断 $\theta$ 所在象限来修正结果值。

这样，椭圆轨道驱动方位角参数方程可转化为

$$\begin{cases} x = a\cos\left[\arctan\left(\dfrac{a}{b}\tan\theta\right)\right] \\ y = b\sin\left[\arctan\left(\dfrac{a}{b}\tan\theta\right)\right] \end{cases} \quad (10\text{-}18)$$

式中，$a$ 为椭圆长轴半径，$b$ 为椭圆短轴半径，$\theta$ 为驱动方位角。

上面推导了椭圆轨道天线座驱动方位角的参数方程，而拟合的天线座实际轨道为长轴倾斜角为 $\eta$ 的斜椭圆，因此，须寻找斜椭圆与标准椭圆参数方程的转化关系，进一步建立斜椭圆的驱动方位角参数方程。

如图 10-18 所示，斜椭圆相当于标准椭圆绕坐标轴逆时针旋转 $\eta$。根据几何分析可知，在计算斜椭圆上的点 $A_2$ 时，相当于标准椭圆在方位角为 $\theta-\eta$ 的坐标位置再乘以旋转变换矩阵。

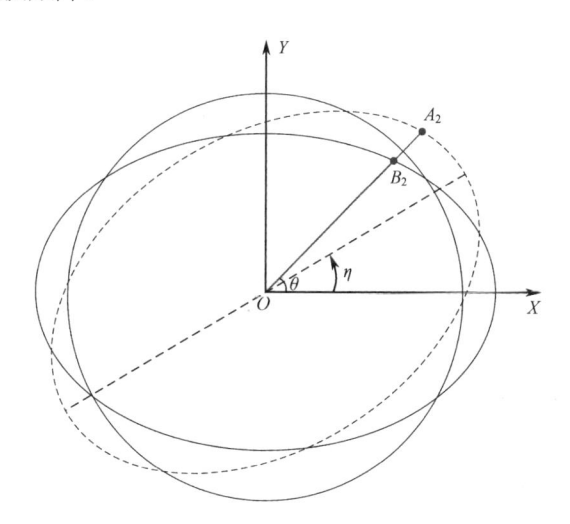

图 10-18　斜椭圆与标准椭圆示意图

已知椭圆逆时针绕坐标轴旋转 $\eta$ 的旋转变换矩阵为

$$\boldsymbol{R} = \begin{bmatrix} \cos\eta & -\sin\eta \\ \sin\eta & \cos\eta \end{bmatrix} \quad (10\text{-}19)$$

则斜椭圆轨道的驱动方位角参数方程可转化为

$$\begin{bmatrix} x_2 \\ y_2 \end{bmatrix} = \begin{bmatrix} \cos\eta & -\sin\eta \\ \sin\eta & \cos\eta \end{bmatrix} \begin{Bmatrix} a\cos\left[\arctan\left(\dfrac{a}{b}\tan(\theta-\eta)\right)\right] \\ b\sin\left[\arctan\left(\dfrac{a}{b}\tan(\theta-\eta)\right)\right] \end{Bmatrix} \quad (10\text{-}20)$$

天线座驱动模块位置误差 $\Delta x = x_2 - x_1$，$\Delta y = y_2 - y_1$ 可表示为

$$\begin{cases} \Delta x = a\cos D\cos\eta - b\sin D\sin\eta - R\cos\theta \\ \Delta y = a\cos D\sin\eta + b\sin D\cos\eta - R\sin\theta \\ D = \arctan\left[\dfrac{a}{b}\tan(\theta-\eta)\right] \end{cases} \quad (10\text{-}21)$$

由式（10-21）可得出天线座在整周轨道上的位置误差 $\Delta x$、$\Delta y$，如图 10-19 所示。

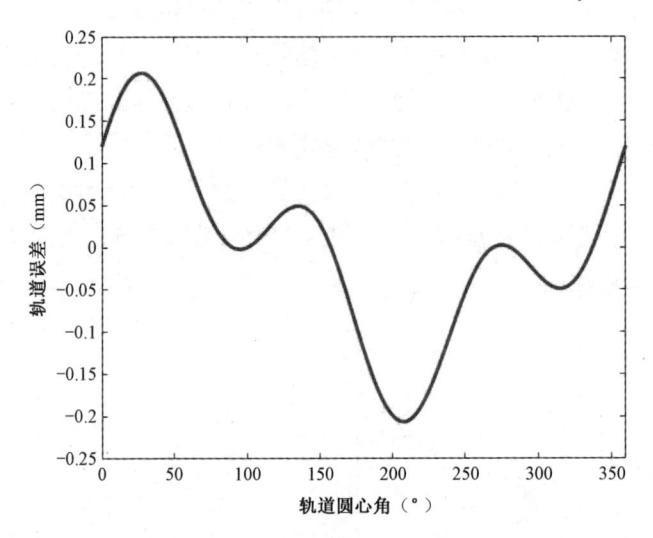

（a）$x$ 方向位置误差（$\Delta x$）

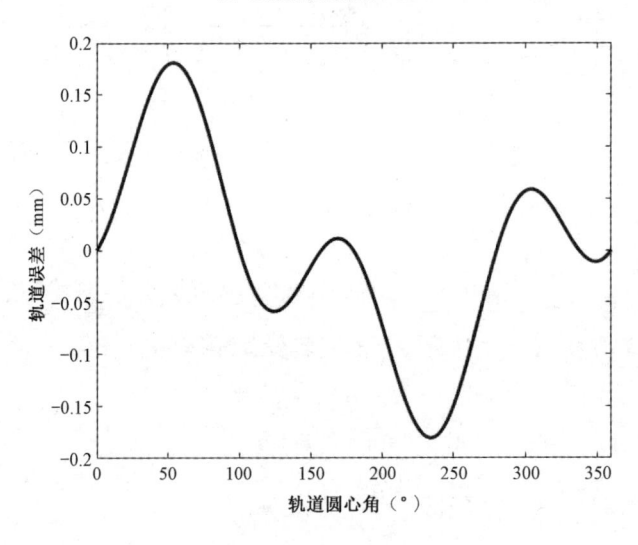

（b）$y$ 方向位置误差（$\Delta y$）

图 10-19　斜椭圆圆度误差

设斜椭圆的半径误差为 $\Delta r$，$|\Delta r|=\sqrt{\Delta x^2+\Delta y^2}$，则天线座在整周轨道上的半径误差曲线，如图 10-20 所示。

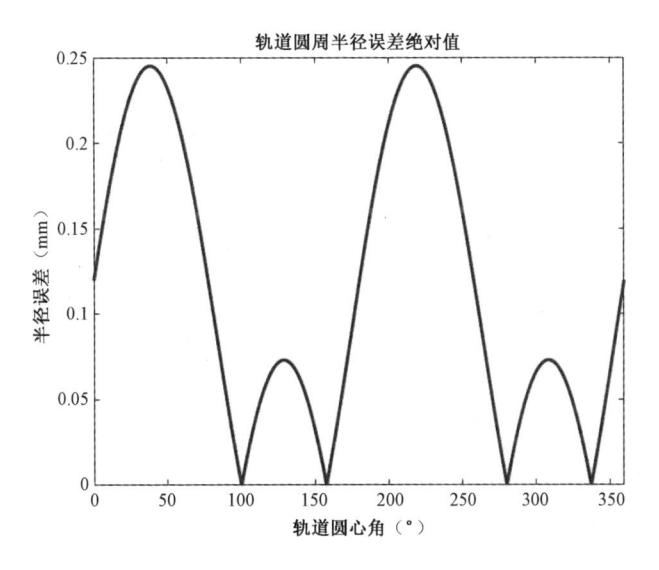

图 10-20 轨道半径误差曲线

由斜椭圆几何结构易知，由于斜椭圆的对称性，轨道半径误差具有周期性，且最大误差出现在 $\eta$、$\eta+180°$ 位置，最大误差等于斜椭圆的长轴半径 $a$ 减去圆形轨道的半径 $R$，与图 10-20 所示仿真结果相符，验证了前面斜椭圆轨道驱动方位角参数方程的正确性。

表 10-2 所示为轨道圆度误差对驱动位置的影响。

表 10-2 轨道圆度误差对驱动位置的影响

| 指　　标 | $\Delta x$ | $\Delta y$ | $\Delta r$ |
| --- | --- | --- | --- |
| 均方根（mm） | 0.1071 | 0.0925 | 0.1415 |
| 峰峰值（mm） | 0.4127 | 0.3613 | 0.5485 |

### 3. 轨道不平度误差分析

产生轨道不平度误差的主要原因有：单块轨道加工工艺造成的表面粗糙，轨道水平调整焊接及后处理技术造成的变形。单块轨道机加工会在其表面生成各种加工过程的痕迹，这些加工痕迹称为轨道的表面型貌，主要来源于系统的动态误差和静态误差。工艺系统动态误差的生成因素包括加工过程中的温度影响、加工机床的动态刚度、机床运动中的重复定位精度、加工过程中的机械振动和人工机床操作精度等。静态误差是系统自身存在的误差，它的产生包括工艺方法、夹具和量具，以及机床的加工精度、工人的技术水平和环境条件控制等因素。在单块轨道加工过程中，由于刀具或磨料摩擦、切削分离时的塑性变形和金属撕裂，以及加工系统中的高频振动等原因，会在工件的被加工表面留下各种不同形状和尺寸的微观几何形态，这种微观几何形态具有随机、分形、高频、低幅等特性，属于粗糙度和波纹度范畴。

如图 10-21 所示，天线座圆形轨道的不平度误差会引起天线座驱动模块的 $Z$ 向偏差。深入探讨轨道的不平度误差，寻找在天线运动过程中驱动模块的位置误差，是基于轨道不平度误差分析的重要研究内容。

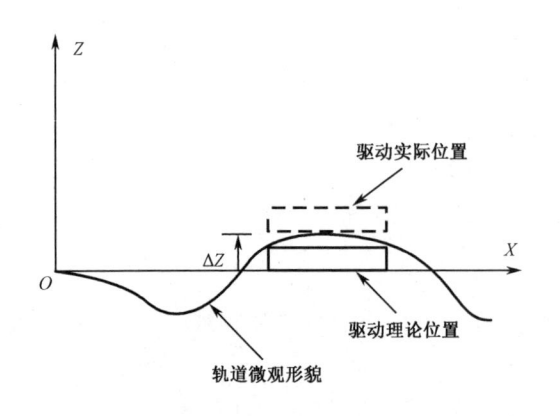

图 10-21 轨道不平度误差引起驱动位置偏差示意图

以中国科学院新疆天文台南山观测站 26m 射电望远镜为例进行计算分析。该射电望远镜的天线座为轮轨式结构，于 1993 年建成，采用全焊接轨道技术，轨道直径为 15m，横截面宽为 210mm。研究人员采用徕卡高精度数字水准仪和高度尺，在天线轨道焊接后及正常运行期间先后对轨道不平度进行了三次测量，保留了宝贵的轨道不平度测量数据，具有重要研究价值。

图 10-22 所示为南山 26m 射电望远镜第三期测量的轨道不平度数据，该数据是在轨道运行一段时间后测量出来的，其结果更能反映天线座轨道在使用过程中的轨道不平度形貌。轨道不平度测量数据三维视图如图 10-23 所示。

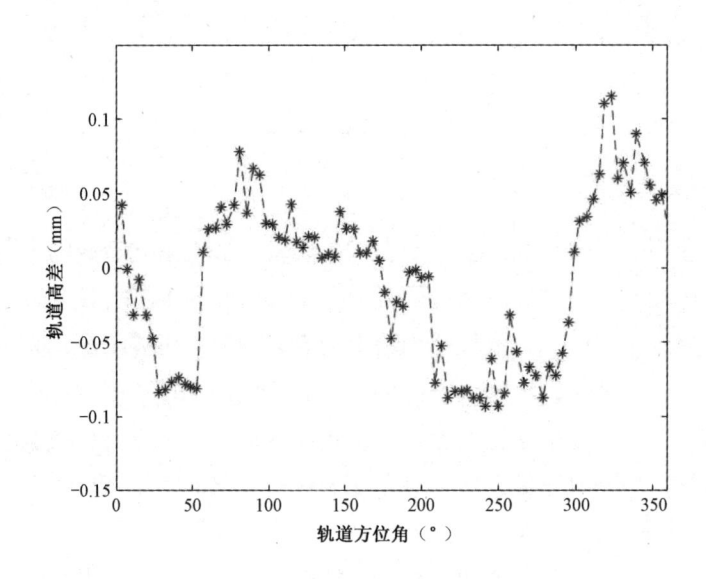

图 10-22 轨道不平度测量数据

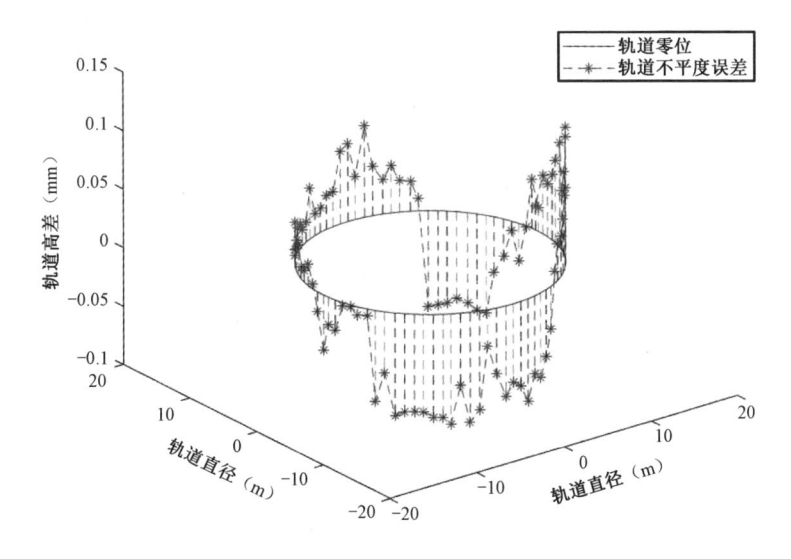

图 10-23 轨道不平度测量数据三维视图

由南山 26m 射电望远镜不平度测量数据易知，轨道的大尺度误差具有周期性，其高差在-0.09～0.11mm。

然后可利用移动最小二乘法拟合的轨道不平度测量数据，获得轨道整周任意位置的不平度误差。在天线获取目标位置后，经运动学逆解换算到驱动模块运动位置，将两个驱动的方位角参数 $\theta_1$、$\theta_2$ 依次代入轨道不平度拟合函数中，即可得到驱动模块位置处因轨道不平度引起的位置误差。

### 10.4.3 自举升转动平台

自举升转动平台能够将在地面上装配完整的天线结构举升到工作位置，而不需要额外的起吊装置，所以对其运动范围提出了较高的要求。结合机构学研究进展，充分发挥并联机器人机构的大负载、高精度、轻量化优势，人们设计了一种轻量化自举升并联天线伺服跟踪系统，其主要技术指标如表 10-3 所示。

由于该调整机构要求在最大方位、俯仰角度内任意工况都能够满足上述要求，为了合理评价不同设计参数 $X$ 所决定的并联机构在不同工况下的性能指标，可在设计时初步选定 0°、45°和 90°三个工况作为设计参数确定的指标，在每个工况下并联机构的精调补偿空间内定义了平均灵巧度函数 $d(X)$。$d(X)$ 的值越小，机构的运动学、动力学性能就越好。

表 10-3 主要技术指标

| 序 号 | 技 术 名 称 | 技 术 要 求 |
| --- | --- | --- |
| 1 | 俯仰角度 | 20°～160° |
| 2 | 方位角度 | -180°～180° |
| 3 | 角速度（耦合运动） | 20(°)/s |
| 4 | 角加速度 | 20(°)/s² |
| 5 | 指向精度均方根误差 | 0.2° |
| 6 | 天线口径 | 0.35～0.45m |
| 7 | 载荷总质量 | 15kg |

$$d(\boldsymbol{X}) = \sum_{m=1}^{3}\left\{\frac{1}{l}\sum_{i=1}^{l}\kappa_m\left[\boldsymbol{J}_X(\boldsymbol{P}_i)\right]\right\} \quad (10\text{-}22)$$

式中，$m$ 是典型位姿点的个数；$l$ 是典型任务空间 $\Omega$ 内采样点的个数；矢量 $\boldsymbol{P}_i = (x_i, y_i, z_i, \phi_i, \theta_i, \psi_i)^{\mathrm{T}}$ 表示并联机构在第 $i$ 个采样点的位姿，其中 $i = 1, 2, \cdots, l$；$\boldsymbol{J}_X(\boldsymbol{P}_i)$ 为参数 $X$ 所决定的并联机构在第 $i$ 个位姿点的雅可比矩阵。

下面给出并联机构优化设计的加权目标函数，最终的优化设计模型如下

$$\begin{aligned}
&\text{find} \quad \boldsymbol{X}_{\text{var}} = (h_0, \alpha_b, \beta_a, r_b, r_a)^{\mathrm{T}} \\
&\min \quad w(\boldsymbol{X}) = d(\boldsymbol{X}) \\
&\text{s.t.} \quad \boldsymbol{L} \leqslant \boldsymbol{X} \leqslant \boldsymbol{U} \\
&\quad g_1(\boldsymbol{X}) = \tau(\boldsymbol{X}) - \tau_0 \leqslant 0 \\
&\quad g_2(\boldsymbol{X}) = \mathrm{agl}_B(\boldsymbol{X}) - \theta_{B\max} \leqslant 0 \\
&\quad g_3(\boldsymbol{X}) = \mathrm{agl}_P(\boldsymbol{X}) - \theta_{P\max} \leqslant 0
\end{aligned} \quad (10\text{-}23)$$

式中，$g_1(\boldsymbol{X})$ 表示支腿电动缸最大长度和最小长度的比值，参考国内主流电动缸供应商给出的选型表，该值取 $\tau_0 = 1.5$；$g_2(\boldsymbol{X})$ 表示胡克铰的最大转动范围，考虑到机械可实现性，其最大值为 $\theta_{B\max} = 90$；$g_3(\boldsymbol{X})$ 表示球铰的最大转动范围；向量 $\boldsymbol{X}_{\text{var}} = (h_0, \alpha_b, \beta_a, r_b, r_a)^{\mathrm{T}}$ 是优化设计的变量，其中 $h_0$ 为上、下平台初始零位高度，$\alpha_b$、$r_b$ 分别为下平台胡克铰之间的夹角和分布半径，$\beta_a$、$r_a$ 分别为上平台球铰之间的夹角和分布半径。

采用西安电子科技大学机电科技研究所自行开发的并联机器人综合优化设计软件及自适应遗传算法求解器，结合应用场景安装空间，对天线座架调整机构的尺寸参数、运动轨迹进行优化求解，可以得到合适的结构参数。

由于构件在生产、装配等过程中存在误差，导致天线座架的实际结构参数与理论值存在偏差，使得天线座架的控制模型不准确，从而影响天线阵面的运动精度。机构在实际运行过程中，不同的状态也会导致结构参数的微小变化，标定的

目的就是在试验前通过测量的方法降低机构结构参数的系统误差。天线座架在装配车间装配后，其实物展示如图10-24所示，塔基调试现场如图10-25所示。

图 10-24　自举升天线座架实物展示　　　　图 10-25　自举升天线座架塔基调试现场

# 参 考 文 献

[1] 张润逖, 戚仁欣, 张树雄. 雷达结构与工艺（上册）[M]. 北京：电子工业出版社, 2007.

[2] 吴凤高. 天线座结构设计[M]. 北京：国防工业出版社, 1980.

[3] 冯树飞, 段学超, 段宝岩. 一种大型全可动反射面天线的轻量化创新设计[J]. 中国科学：物理学力学天文学, 2017,47(5):059509.

[4] 张腊梅. 某地面雷达天线座设计[J]. 电子机械工程, 2007,23(5):27-30.

[5] 李建军, 贾彦辉. X-Y型天线座构型设计[J]. 电子机械工程, 2014(5):37-40.

[6] 简松. X-Y天线座轴系的设计分析[J]. 电子机械工程, 2006,22(4):25-26.

[7] 李炳川, 段学超, 米建伟. 多波束天线并联式座架的优化设计与轨迹规划[J]. 电子机械工程, 2018,34(5):14-18, 23.

# 第 11 章
# 雷达机械结构机电集成制造技术

**【概要】**

本章阐述了雷达机械结构机电集成制造技术。先结合雷达装备制造的特点，从精密加工与成型技术、高速铣削技术、柔性制造系统、先进连接技术、电气互联技术、数字化制造技术等不同角度，论述了雷达装备制造技术体系发展现状；然后从多个方面详细阐述了雷达机电集成制造技术的发展趋势。

## 11.1 概述

雷达天线制造技术是多领域、多学科的制造技术综合集成，应在现有制造技术体系的基础上，适应新一代雷达装备技术的发展，不断融合和集成各领域先进制造技术成果，通过创新研究和应用实践，推动雷达装备制造技术体系的持续发展。

雷达机械结构包括天线结构和伺服系统的机械结构。随着时代发展和技术进步，人们对雷达性能的要求不断提升，基于机电耦合的雷达机械结构与控制集成设计技术取得了显著的进步。与此同时，雷达机械结构机电集成制造技术也在不断发展，未来雷达机械结构必将是机电集成制造的产物。

因此，本章在前面章节关于雷达天线机械结构与控制集成设计、转动平台与基础设计的基础上，探讨雷达机械结构机电集成制造技术。

## 11.2 雷达机械结构机电集成制造技术现状

### 11.2.1 雷达装备制造特点

雷达装备的功能在于发射或接收无线电波，其电磁部分主要涉及微波、天线及计算电磁场等学科，而机械结构部分则涉及钢结构设计、机械设计、机械制造及计算结构力学等学科。雷达天线机械结构不仅是天线电性能实现的载体和保障，而且往往制约着电性能的实现与提高。

雷达装备制造是武器装备制造的重要组成部分，其制造技术融合了机械制造、微波与电子器件制造和特种制造等多领域的相关技术。我国雷达及其制造技术起步较晚，雷达装备的发展在很大程度上受制于相对落后的器件水平和制造能力，常面临能设计出来但制造不出来的困境。自20世纪90年代起，随着国内器件水平的提高和先进制造技术的发展及其在雷达装备制造中的广泛应用，第3代一维有源相控阵雷达得到了快速发展。目前，西方发达国家的现役雷达系统主体也是第3代，具有优良的探测性能、抗干扰能力和在多种威胁环境下的生存能力。这些雷达系统在制造过程中均采用了多项先进制造技术。

总的来看，我国雷达从中华人民共和国建立之初的修配雷达、到20世纪50—60年代的仿制雷达、再到70—80年代开始自行设计制造，发展至今，已在雷达技术上逐步缩小了与世界先进水平之间的差距。在陆、海、空及军民两用雷达方面，基本建立了国土防空雷达情报网、航天测量控制网、对海雷达情报网、防空高炮及地空导弹电子系统、雷达敌我识别系统和气象雷达探测网，为导弹、卫星等尖端武器和飞机、舰艇、坦克等常规武器配套研制了各种雷达。同时，民用雷达重点追求性能、质量与优良的性价比，为能源、交通、水利、气象、纺织、医疗等传统产业提供了大批先进的雷达装备，但在民用雷达自主制造层面，还缺乏完整的产业链，新技术的生产制造方面还存在许多问题亟待解决。

进入21世纪，世界安全格局发生了变化，高技术局部战争呈现信息化、陆海空天一体化的态势，雷达装备面临着隐身目标、高速目标、空天目标等挑战，以及需要在复杂电磁环境下全天候工作的挑战。随着微电子、计算机、人工智能、信号处理等高新技术及雷达新技术在雷达装备中的广泛应用，雷达装备技术取得了突破性的进展，21世纪军用雷达的特点主要体现在针对低空和超低空突防的威胁、综合电子干扰的威胁、反辐射导弹的威胁、雷达目标隐身技术威胁的综合抵抗能力大大提高。同时，新技术的大量采用和飞速发展对雷达等电子设备提出了相当苛刻的任务要求，如高生存能力、高可靠性和高机动性等。因此，如何在装备的制造过程中实现雷达电子系统的设计指标，以及在使用过程中保证各项战技指标正常、可靠地发挥，是雷达机电集成制造技术的首要任务。

目前，雷达系统进入网络化、智能化时代，新概念、新体制、新平台雷达不断涌现，雷达技术进一步得到创新，核心器件技术的突破为雷达性能提升奠定了基石，正在孕育全新一代雷达体系。新技术的发展特点具体表现在以下四个方面。

① 新作战需求、新任务牵引开启雷达体制跨代发展。随着隐身目标、低空低速和高空高速巡航导弹、无人作战飞机等目标的出现及电磁环境的日益恶劣，雷达正在向着以多功能、自适应、目标识别为代表的第4代雷达方向发展。探测技术从当前集中式信息获取、预先设定的工作模式向分布式信息获取、自适应及智能化工作模式等方向拓展。

② 新概念、新理论、新平台成为技术变革内在动力。通过与太赫兹技术、微波光子技术和量子技术等新兴技术理论的交叉融合，诞生了太赫兹雷达、微波光子雷达和量子雷达等新兴雷达技术。同时，新型空基、天基甚至临近空间平台也促使雷达在技术和体制上出现新的飞跃。

③ 核心器件技术突破促进了雷达性能的提升。与雷达相关的微波集成电路等

基础技术取得一系列突破，全数字化 T/R 组件得到实际应用，GaN 等宽禁带材料、单片集成系统、芯片倒装、多芯片组装等新技术和工艺投入并应用于创新，为雷达性能的进一步提升奠定了基础。

④ 观测距离、探测能力和分辨率的需求提升。现代雷达技术需要提升对低可观测目标、远距高目标、空间目标的探测能力，还要具备目标精细信息获取和成像识别能力。此外，需要在复杂电磁环境下保持雷达探测性能的稳定和可靠。

这些变化推动着雷达系统向基于二维有源相控阵体制的多功能第 4 代雷达发展。在此过程中，雷达系统和核心模块出现了两极化：由战技指标的不断提高导致的系统规模及复杂性的极大化；由集成度不断提高带来的单元和核心模块的极小化。在这些雷达系统性能不断提高的同时，其装载又必须面向陆、海、空、天等各种平台。因此，传统的雷达装备设计和制造技术存在以下突出问题亟待改进。

① 雷达关键功能零部件精度、表面质量和一致性等要求不断提高。微波传输网络、扫描驱动机构日趋复杂多样，落后的制造技术和工艺装备已不能实现产品的设计意图。

② 单个产品生命周期和生产批量降低。产品生命周期由 20 世纪七八十年代的十几年缩短到现在的两三年，产品由批量生产变为更具个性化的客户定制生产，单个研究所或厂家负责的产品种类由以前的几种快速增加到现在的数十种甚至上百余种。传统产品设计阶段生成的模型、数据都是以图纸资料方式输出传递的，不能直接在工艺设计、数控程序编制过程中共享，要进行较多重复工作，工艺方法依赖于工艺人员的经验，难以保证各阶段工作的协调、统一和正确性，难以对市场需求和变化作出快速响应。

③ 传统手工作坊式的制造工艺，对操作人员综合素质要求高、劳动强度大，关键技术往往依赖于具有特殊技能的人才和特殊设备，不利于关键技术的总结、推广和继承，从而成为扩大科研生产能力的瓶颈。

④ 生产管理缺少现代化管理的概念、方法和手段，处于经验管理阶段，专业化水平低，生产效率不高；小而全、大而广的封闭式生产模式，主业不突出，核心竞争力不强。

⑤ 我国相关研究所的科研生产具有多品种、小批量的特点，虽然从 20 世纪 90 年代初开始实施了多次技术改造，但是逐步购置的数控机床总数不多且种类、规格均不相同；数控程序以手工编制为主，编程计算机之间、数控机床与编程计算机之间没有网络连接，程序编制周期长，主要依靠首件实体加工验证程序。

⑥ 随着雷达系统的高速发展，现代雷达技术对微电子系统性能的要求也不断提高，呈现出高度基础化、多元化和规模化的发展趋势。我国在微电子制造领域

起步较晚,与国外存在较大差距,主要表现在基础设施落后、缺乏完善的加工平台。

为了解决以上问题,雷达装备的生产迫切需要先进的设计和制造技术。要满足这些需求,就必须将各种先进制造技术(如先进材料及其加工连接技术、高密度电气互联技术、特种加工技术、微电子制造技术、数字化制造技术等)充分应用到雷达装备的制造过程中,同时还要在实践中不断发展、丰富、提高相关的先进制造技术手段。

### 11.2.2 雷达装备制造技术体系发展现状

雷达装备经历了单脉冲体制雷达、脉冲多普勒雷达和相控阵雷达三个主要发展阶段。随着各种技术创新步伐不断加快,雷达装备更新换代明显加快,产品种类日益增多,图 11-1 和图 11-2 所示分别为德国空军"台风"战斗机上所搭载的 ECR-90 机械扫描脉冲多普勒雷达和"捕手"-E 有源相控阵雷达。

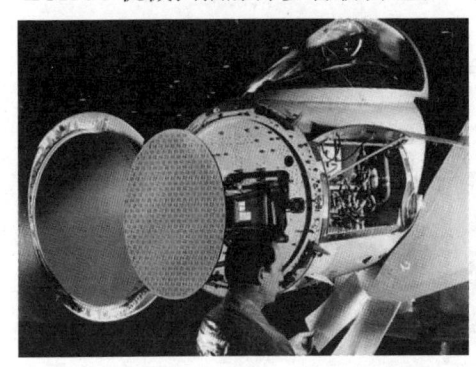

图 11-1　ECR-90 机械扫描脉冲多普勒雷达　　图 11-2　"捕手"-E 有源相控阵雷达

雷达系统是一个典型的机电一体化产品,主要由天线扫描系统、接收机、发射机、综合信号处理机、显示系统和电源等分系统组成。它集成了检测传感技术、信息处理技术、自动控制技术、伺服传动技术、精密机械技术和系统总体技术等多学科技术。雷达装备制造是武器装备制造的重要组成部分,其制造过程涉及机械制造、微波与电子器件制造、表面处理和特种制造等多领域的专业技术。雷达装备制造技术体系是在雷达系统技术快速发展的牵引下不断创新、融合、综合集成而形成的具有自身特点的制造技术集合。

随着先进制造技术的发展及对雷达系统技术发展的迫切需求,雷达制造技术水平也发生了巨大变化,新的制造技术成果不断被吸收和应用,大大提升了雷达装备的制造水平,主要体现在以下几个方面。

**1. 精密加工与成型技术**

精密加工与成型技术是雷达装备制造中重要的基础制造技术，广泛应用于各类雷达装备的天馈部件、收发组件及机电液旋转关节、高精度微波功能薄壁件和曲面件等复杂零部件的制造过程。目前，其制造技术范围已突破传统的切削加工与高速切削、电加工、铸造等范围，如面向新型材料（如金属基复合材料）的高效无损切削技术、精密塑性成型与精密铸造等精密成型技术、高性能微波介质材料加工、激光高能束加工、深孔加工等加工技术不断被引入和应用到雷达装备制造中，其制造精度达到微米级、亚微米级和纳米级。其中，纳米级的超精密加工技术和微型机械技术被认为是 21 世纪的核心制造技术和关键技术。

精密加工与成型的主要技术包括加工机理、加工设备制造技术、加工刀具及刃磨技术、测量技术和误差补偿技术等。其发展趋势为：向更高精度、更高效率方向发展；向大型化、微型化方向发展；向加工检测一体化、机床多功能模块化方向发展；探索新原理、新方法、新材料。

当前的最新进展为：国外采用金刚石刀具已成功实现纳米级极薄层的稳定切削，超精密磨削加工和研磨加工，其加工表面粗糙度可达 9nm，超精密特种加工已制造出精度为 2.5nm、表面粗糙度 4.5nm 以下的大规模集成电路芯片。

装备制造中的具体应用举例如下。

① 雷达制造。雷达装备制造中，天馈部件、收发组件、机电液旋转关节、高精度微波功能薄壁件和曲面件等复杂零部件的制造，均需要精密、超精密制造技术。其实际使用的具体技术包括高效无损切削技术、精密塑性成型技术、精密铸造技术、高性能微波介质材料加工、激光高能束加工、深孔加工等技术。

② 天线制造。例如，在某平板裂缝天线加工制造中，要求波导加工误差不超过 0.05mm，加工要求更加苛刻，这就需要采用超精密加工技术；在大型天线高精度制造中，要解决机械结构设计与电性能满足之间的矛盾，实现机电耦合设计，通过理论建模、仿真计算、优化设计研发数字化模具，在高精度面板制造及涂装工艺、骨架结构设计制造、天线座装配工艺等方面满足设计需求、达到性能指标，需要解决好工艺误差、焊接变形和精度检测等问题。又如，薄膜天线制造中的"形"与"态"耦合、索网连接、索膜连接处理等，口径为米级、制造精度为微米级。在建的新疆 110m 天线 QTT，其工作频段为 30MHz～115GHz，自身质量大约 6000t，反射面约有 26 个篮球场大，发射面分块数大于 7600 块，国内单块制造水平为 0.07mm（$1.4m^2$），其对高精度制造的要求很高。

③ 其他制造。微封装的微波部件超精密加工、高频段的馈源网络精密加工、

复杂构件的炉钎焊和太赫兹天线的架构件精密加工等，均是精密、超精密加工技术的重要应用。

**2．高速铣削技术**

高速铣削技术的原理是通过提高主轴转速达到某一切削线速度区间，切削反力、应力和应变降到一个比较低的水平，使切削应变主要发生于主剪切区，切削热集中于切屑上，并由切屑带走，减小加工残余应力、热变形和毛刺，从而实现高效精密加工。高速铣削可以省去中间热处理、抛光等工序，缩短工艺流程，极大地提高制造系统的响应速度。如图 11-3 所示，刀具切削时首先在主剪切区产生变形，直至与工件体脱离，形成切屑。在高速切削中，变形速度特别大，主剪切区产生大量的热量，材料的极限应力降低，从而使切削反力变小，提高材料塑性变形速度，使高速切削能按很高的速度进行。由于切削速度的提高，主剪切区应变逐渐增大，切屑形态将从带状、片状到碎屑不断变化。切削热约有 80%是材料变形产生的，18%左右是由切屑与刀具接触（二次剪切区内）产生的，剩余 2%是刀尖和工件摩擦产生的。在热量散发方面，75%的热量由切屑带走，5%的热量被工件吸收，20%的热量被刀具吸收。所以，只要保证刀具、工件的良好冷却，选择合理的切削参数，高速切削就可以获得很好的加工质量和比较理想的刀具使用寿命。

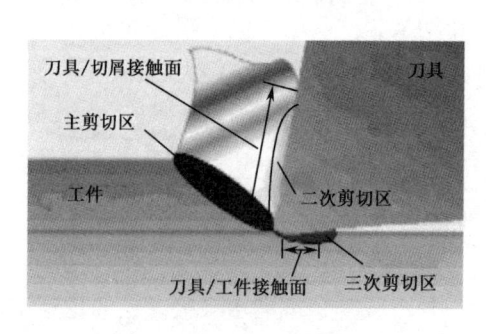

图 11-3 切屑形成过程

由于高速铣削技术可以获得很大的材料去除率以及很小的切削力和零件变形，并能加工超硬材料，因此在短时间内可以解决雷达装备型号试制过程中的许多工艺难题，能实现很高的材料去除率，可以满足研制过程中快速响应的要求。

**3．柔性制造系统**

柔性制造系统（Flexible Manufacturing System，FMS）是指适用于多品种、中小批量生产的具有高柔性且自动化程度高的制造系统。柔性制造系统是现代先进制造技术的主要标志之一，对于以多品种、小批量生产为特征的雷达产品而言，柔性制造系统的应用已成为必然。

根据不同的加工目标，可以提出不同柔性制造系统的解决方案，下面介绍雷达生产中某柔性制造系统的应用。

在该柔性制造系统中，提出了以加工中心为主的分布式数控系统的解决方案，即该柔性制造系统中包括数十台数控加工中心，在机床选型时应从生产能力和技术储备两方面入手，既要满足目前的生产需要，也需具有一定的先进性。数控加工中心的布局主要是根据所加工的产品，按成组技术的原则，将加工中心分成多个加工单元，即天线制造单元、微波印制电路板（PCB）制造单元、回转体制造单元和收发组件制造单元，并配备少量粗加工数控设备，以尽可能形成单元封闭生产。

考虑到柔性制造系统的成本、可靠性等因素，在该柔性制造系统中，物料运输仍以人工运输为主。

在该柔性制造系统中，最主要的是集成 DNC（Direct Numerical Control，直接数字控制）技术的运用，如图 11-4 所示。集成 DNC 是现代化机械制造的一种运行模式，它以数控技术、通信技术、控制技术、计算机技术和网络技术等先进技术为基础，把与制造过程有关的设备和上层控制计算机集成起来，实现制造车间制造设备的集中控制管理，以及制造设备之间、制造设备与上层计算机之间的信息交换。

在该柔性制造系统中，根据实际生产操作的情况，设计了一套车间信息集成管理软件，对生产实践中所需的信息进行管理，包括生产计划、NC 程序、工艺和工具等。车间信息集成管理系统基于 Web 客户端，在网络环境下运行，系统数据以数据库形式保存，并且数据库后台运行于 Web 服务器。网络中的计算机通过标准的 Web 浏览器即可访问该信息管理系统，系统示意图如图 11-5 所示。其软件结构图如图 11-6 所示，共分为九大模块：用户登录、个人信息、公共信息、生产计划管理、NC 程序管理、工艺管理、工具管理、系统管理与 PDM 数据接口。

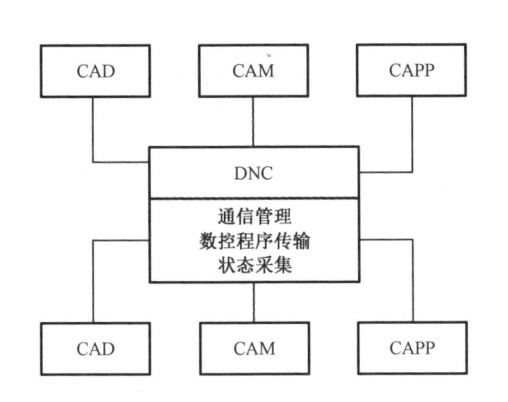

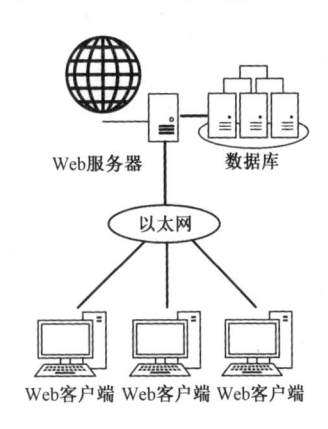

图 11-4　某柔性制造系统集成 DNC 系统运行模式　　图 11-5　车间信息集成管理系统示意图

该柔性制造系统建成之后，为雷达研制成功起到了可靠的保障作用，创造了显著的经济效益和社会效益。

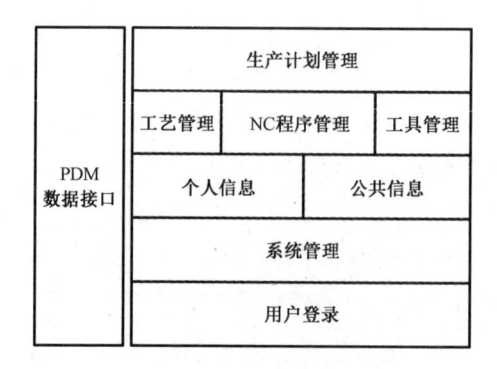

图 11-6　软件结构图

① 显著缩短了产品的研制周期，提高了设备的利用率。例如，某雷达的研制周期由原来的 18 个月缩短到 8 个月，其中，天线制造单元由于采用了先进制造技术，使实际生产能力比原设计能力提高了 1 倍；由于采用了高速铣削技术，使 T/R 组件壳体的加工由原来的 8h/件提高到 2h/件，加工效率提高至 4 倍。

② 显著提高了产品零件的加工质量，提高了成品率。例如，平板天线的成品率提高了 35%左右，加工成品率达 85%以上；壳类零件的成品率提高了 20%，加工成品率达 90%以上。

### 4．先进连接技术

先进连接技术泛指精密焊接、精密铆接、集成装配，以及基于电磁性能要求的导电连接、绝缘灌封和防护等胶接技术，是用于雷达装备中天馈部件、设备装载框架和传动系统、电气系统等重要组件的制造和防护的关键制造技术。特别是在焊接技术领域，真空钎焊技术、电子束焊接技术、搅拌摩擦焊技术、激光焊接技术等已广泛应用在各频段多层平板裂缝天线、精密馈电组件、冷板组件和高频封装组件等部件中，面向大型雷达设备装载框架和天线骨架的自动化机器人焊接系统也已投入使用。此外，当前由雷达系统规模极大化所牵引的大型高刚性设备装载框架螺栓球组合连接技术、集成平台的复合连接技术，以及由模块极小化所牵引的核心部件精密装配、多类精密焊接等高精度复合加工连接技术，也逐步被纳入雷达装备的先进连接技术范畴。

现代雷达中广泛应用铝合金制造波导微波组件、雷达天线机箱和散热器等机件。这是因为铝合金密度低、导电导热性好，有较强的抗腐蚀性。上述构件需要依靠焊接手段连接成整体，要求焊接强度好、变形小、焊缝致密，有些构件还有气密性的要求，故需要采用先进焊接技术。

### 5. 电气互联技术

电气互联工艺在雷达制造过程中起着极其重要的作用，直接影响雷达的性能和可靠性。随着科技的发展，现代战争对电子设备的要求越来越高，电气互联技术也走向多元化，使传统的互联方式有了发展，形成了一些新的互联方式。电气互联根据形式可分为两大类：永久性互联和可拆式互联。永久性互联常见的有绕接、压接、钎焊（手工锡焊、波峰焊）、再流焊、超声波焊接等；可拆式互联即接插件式连接器互联，包括印制电路板连接器互联、电缆连接器互联。在生产实践中通常根据互联的用途和要求，选择适当的连接形式及相应的互联工艺。电气互联技术是综合性的多学科交叉新技术，已在本书第 8 章进行了较为系统的阐述，本章仅补充叙述与之相关的制造工艺。

图 11-7 所示为互联工艺技术体系基本构架。

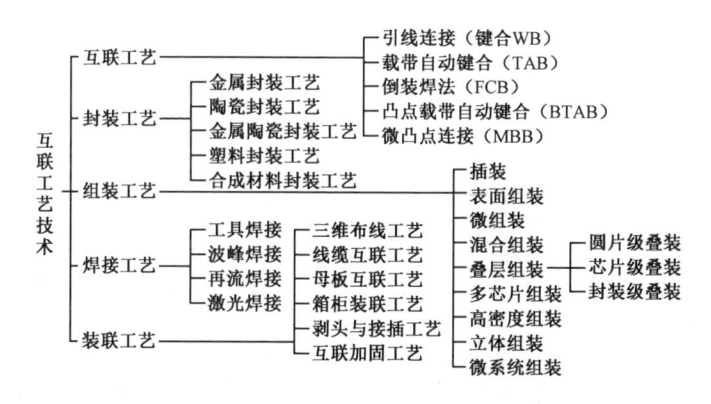

图 11-7　互联工艺技术体系基本构架

近年来，在雷达装备制造中发展较为迅速的新型电气互联技术有：微组装和表面组装技术、光电互联技术、多芯片组装和立体组装技术。

作为电路和器件载体的电子基板，已突破传统印制电路基板的概念。基于数字/微波功能集成的混合多层基板已应用到多型雷达装备的关键组件中，而 LTCC/HTCC 等多层共烧复合基板、厚膜/薄膜及厚薄膜混合集成电路基板等也得到了规模化应用。电子基板技术已形成具有优良电传输特性的高密度、高稳定性的多功能混合集成基板技术族。

组装技术目前已经形成了较完整的体系，主要体现为板级高密度组装、多芯片微组装、立体堆叠、模块级三维立体组装互联和复合清洗等技术，已成为相控阵雷达收发组件、变频模块等核心模块的关键制造技术。

尤其是近年来，随着采用全数字化、光传输等技术的新一代雷达装备技术的发展，多芯片微组装技术在雷达装备制造中得到了广泛应用，其技术水平目前已超过 150 焊点/$cm^2$，并向 200 焊点/$cm^2$ 发展，元器件之间的组装间距小于或等于 0.2mm，生产效率也呈几何级数增长。基于自动粘片、键合、测试等工序自动化并集成了任务管理、任务输送和质量信息控制等于一体的变批量微波多芯片组件柔性组装技术，已应用于新一代雷达系统核心组件制造中，成为微组装技术在雷达装备领域大规模应用的典范，基本满足了当前雷达电子设备的小型化、高性能及高可靠性要求。

多芯片组件技术在雷达中已得到大量应用。在国外，美国公司研制的相控阵雷达 K 波段（11～36GHz）T/R 组件（图 11-8）采用多芯片组装技术，集成了 4 层射频电路和 6 层数字电路，并埋置了 42 个 90～800pF 的电容，最小线宽为 0.002in（1in=2.54cm），最小线间距为 0.003in。另外，1999 年 Kyocera 美国公司开发应用于轰炸机雷达的多芯片组件，其技术是将射频电路和 DC 元件集成为多芯片组件，如图 11-9 所示。在国内，随着多芯片组装技术的日益成熟，应用于雷达中的多芯片组件也日益增多，如多路数控增益放大器，其性能优异，组装密度高，体积小、质量轻，已广泛应用于军用和民用模拟、数字接口电路，特别是在航空领域备受青睐。

图 11-8　K 波段 T/R 组件　　　　图 11-9　轰炸机雷达多芯片组件

### 6．数字化制造技术

因快速发展的需要，雷达装备对研制周期和研制生产过程快速反应能力的要求高于其他装备。当前，数字化制造技术是提高雷达装备研制效率和能力的有效手段。各 CAX 单元技术（包括 CAD、CAE、CAM、CAPP 等）、基于 PDM 的产品集成开发技术和基于数字样机的产品综合优化与协同开发技术等得到了较广泛的应用，其应用范围覆盖了产品开发的全过程。其中，面向制造过程的工艺数字化仿真技术（如精密焊接、塑性成型、精密加工、复合材料铺层设计和成型等仿真技术）得到了成功应用。这些应用在研究加工过程、优化工艺参数、缩短产品研制周期等方面均发挥了重要作用，提高了雷达工艺设计水平。

雷达装备涉及多个不同学科领域，它往往是机械、控制、电子、液压、气动、软件等多个不同学科领域零部件、子系统的综合组合体。以物理样机为基础的传统设计和生产模式，样机制造与试验过程昂贵且费时，必须通过引入全新的技术以适应复杂电子装备"短、平、快"的研发需求。雷达装备结构数字化样机是复杂电子装备物理样机结构在计算机内的一种映射，能够准确而全面地反映真实雷达装备在结构方面的特征与特性，能够在虚拟环境下实现仿真测试，在某种程度上代替物理试验，并依据仿真结果优化电子装备。基于雷达装备的结构数字化样机技术的设计以客户需求为基本点，以外部环境为基本条件，以多层次、多粒度模型为基石，以功能模型为桥梁，以组件模型为纽带，结合基于广义 MBSE 的数字化定义技术和自上而下（Top-Down）协同设计技术，实现雷达装备的数字化设计和制造。

与传统结构研发模式相比，结构数字化样机技术强调系统的观点，其研发过程涉及产品的整个生命周期，如图 11-10 所示。结构数字化样机技术改变了以结构物理样机为基础的传统设计和制造模式，研发人员可以在计算机中完成充分的仿真、分析、优化及验证工作。与传统设计相比，结构数字化设计不仅大大提高了产品的可靠性，而且降低了设计成本，缩短了研发周期。

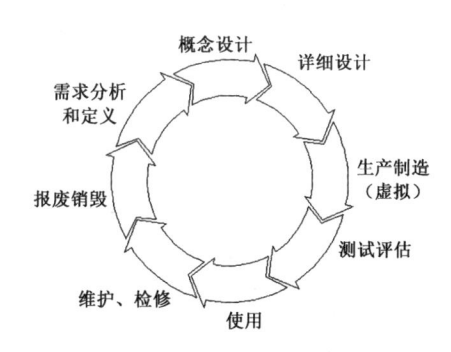

图 11-10　产品全生命周期研发过程

### 7. 复合材料技术

复合化是新材料的一个发展方向，复合材料指的是由高分子、无机非金属或金属等不同材料，经过独特、复杂的复合工艺混合而成的新型材料。复合材料不仅保留着原材料的主要功能，材料之间还可以互相联结以获得更加良好的性能，其本质与一般材质的材料区别很大。而先进复合材料则是与传统通用复合材料相比性能更高的复合材料，包括高性能树脂基复合材料、金属基复合材料、陶瓷基复合材料和碳基复合材料等。

在军工产品中，复合材料的用量已成为衡量武器装备先进性的重要指标，发达国家一直把先进复合材料列为战略材料，并将对先进复合材料的研究列入为数有限的国防研究重点项目之一。

高性能树脂基复合材料是由高性能增强剂和耐温性能好的树脂基体组成的，具有轻质、高强度、高刚度、高尺寸精度和低膨胀系数等特性，是目前先进复合材料中技术比较成熟且应用最为广泛的一类材料。1932年树脂基复合材料在美国出现后，1940年就以手糊成型方式制成了玻璃纤维增强的军用飞机雷达罩，1963年前后形成了规模化生产。随后人们在不断开辟玻璃纤维树脂基复合材料新用途的同时，又开发了一批新型增强纤维（如碳纤维、芳纶纤维、碳化硅纤维、氧化铝纤维、硼纤维、超高模量聚乙烯纤维及晶须等）和一大批高性能树脂系统，使先进复合材料的应用达到了前所未有的高度。在雷达领域，随着应用平台的不断扩展，雷达装备逐渐向轻量化、小型化、高性能、多功能等方向发展，各类复合材料的大量应用也已经是不争的事实。先进复合材料的应用已从非承力构件发展到次承力构件、主承力构件，从单一的结构件发展到多功能的结构功能件，发展势头强劲。

材料和工艺的进步，为先进复合材料在雷达产品上的应用提供了必要条件，而不断提高的产品性能需求，又大大促进了材料和工艺的发展。虽然与航空航天行业相比，复合材料在雷达上的应用起步较晚，所占武器装备的比重较小，但是其产品具有电子行业的特点，应用的种类也较多。具体说明如下。

（1）雷达天线罩。

树脂基复合材料是制造雷达天线罩的基本材料，采用的结构形式有薄壁结构和夹层结构，其中夹层结构的芯材有泡沫塑料和蜂窝两种。最早的雷达天线罩（如美国的FPS-49雷达天线罩、我国大部分地面和机载雷达天线罩等）表皮材料多为玻璃纤维复合材料。随着先进复合材料技术的发展，新材料品种不断涌现，其他材料（如Kevlar纤维、石英纤维复合材料等）在雷达天线罩上的应用也崭露头角，美国于20世纪80年代研制的M-161飞机的雷达天线罩就是采用芳纶纤维复合材料制造的。超高模量聚乙烯纤维复合材料密度很小（接近1），介电常数低，介质损耗角正切小，制成的雷达天线罩传输系数高。

近期研发应用的雷达罩用树脂系统有氰酸酯树脂、聚酰亚胺、双马来酰亚胺、聚醚醚酮和聚苯并咪唑等。它们都具有耐温高、介电性能好的特点，尤其是氰酸酯树脂的介电性能具有明显的宽带特性，适合制造高性能雷达罩，美国的F-22战斗机雷达罩就是采用石英纤维氰酸酯复合材料制造的。

（2）天线反射面。

以前的天线反射面都采用金属材料制造，由于雷达产品高机动性等方面的需求，减轻质量成为一项重要的要求，先进复合材料正好满足了这一要求。采用碳纤维复合材料制造天线反射面，具有质量轻、刚性好、精度高和尺寸稳定性好等优点，尤其是对于高机动性机载、星载雷达，具有明显的优越性。

碳纤维复合材料天线反射面已有许多应用实例。早在 20 世纪 70 年代，美国"海盗号"宇宙飞船就使用了碳纤维复合材料的天线反射面；近几十年来，国内的航空、航天、电子等行业也先后研制生产了大量碳纤维复合材料天线反射面并装备了部队。例如，某研究所于 20 世纪 90 年代研制成功的双曲面碳纤维复合材料夹层结构天线反射面，其芯材采用玻璃布蜂窝，厚度为 10mm，质量仅为 1.6kg，较相应的铝天线反射面减重 30%，反射面表面曲率精度为 0.13mm（均方根误差），大大优于铝制天线（0.20mm），在 3cm 波段的副瓣电平低于-27dB，达到低副瓣天线水平，提高了雷达性能，已用于直升机反潜搜索雷达。表 11-1 为该天线（KLC 天线）反射面与法国同类天线反射面的性能比较。可以说，采用碳纤维复合材料制作机载、舰载、星载天线反射面已成为设计师的首选。当前，国内研制的复合材料天线反射面表面曲率精度大都为 0.12~0.20mm（均方根误差），今后的研究方向应是扩大碳纤维复合材料天线的品种、数量，同时充分发挥先进复合材料的优点，进一步完善结构，减轻质量，把反射面精度提高到 0.10mm 甚至更小，以满足超低副瓣天线的需求。

表 11-1 天线反射面性能比较

| 天 线 种 类 | 法国"黄蜂" | KLC 天线 |
| --- | --- | --- |
| 尺寸（mm²） | 726×396 | 720×360 |
| 质量（kg） | 10.2 | 6.9 |
| 工作频段（GHz） | 8.55~9.6 | 8.5~9.6 |
| 中心频率（GHz） | 9.0 | 9.1 |
| 增益（dB） | +30 | +30 |
| -3dB 主瓣宽度（°） | 水平 6'，垂直 3' | 水平 6'，垂直 3' |
| 第一副瓣电平（dB） | $G_{HBL} \leqslant -22$，$G_{VDL} \leqslant -20$ | $G_{HBL} \leqslant -22$，$G_{VDL} \leqslant -20$ |
| 反射体形式 | 正馈抛物面 | 偏馈抛物面 |
| 天线自由度 | 较好 | 好 |
| 主要电性能 | 好 | 较优 |

（3）馈源。

喇叭、波导制造也是先进复合材料的一大应用方向。这一方向起始于玻璃钢波导制造，表面金属化采用转移法和电镀法。但由于玻璃钢弹性模量低，铝波导问世以后，玻璃钢波导的优越性不太突出，使用量日渐减少。碳纤维复合材料问世以后，用碳纤维复合材料制作波导元件又开始盛行起来。20 世纪 80 年代末，国内某电子所就研制了碳纤维复合材料战场侦察雷达馈源（八孔喇叭），其质量仅为0.88kg，而相应的铜质馈源质量为4.04kg。21世纪初，国内某研究所开始研制车载碳纤维复合材料喇叭天线，目前已批量生产，其电性能与原铝喇叭天线相当，而质量却减轻了一半，经济技术效益明显。

对于波导喇叭元件特别是形状复杂的零件，采用复合材料制造可以避免金属材料焊接过程中产生的变形，所以制件精度易于保证，电性能优异。国外复合材料微波器件制造已达到相当高的水平，瑞典埃列克森公司研制的碳纤维复合材料裂缝天线已用于机载雷达，较金属天线减重了30%左右。国内对3cm的长波导管（700mm长，半高度波导）也进行了研制并取得了可喜的成绩。碳纤维复合材料（CFRP）波导与铜波导的部分性能比较见表11-2。碳纤维复合材料喇叭天线与铝喇叭天线的性能比较见表11-3。

表11-2 同尺寸碳纤维复合材料波导与铜波导部分性能比较

| 频率（MHz） | 驻 波 比 | | 插 入 损 耗 | |
|---|---|---|---|---|
| | 铜波导 | CFRP波导 | 铜波导 | CFRP波导 |
| 4000 | 1.13 | 1.13 | 0.05 | 0.03 |
| 5000 | 1.07 | 1.02 | 0.05 | 0.05 |
| 6000 | 1.07 | 1.08 | 0.05 | 0.05 |

表11-3 喇叭天线性能比较

| 材料种类 | 金属铝 | 碳纤维复合材料 |
|---|---|---|
| 成型方式 | 加工拼焊 | 热压 |
| 形状 | 盒状 | 盒状 |
| 质量（kg） | 3.5 | 1.7 |
| 工作频段（GHz） | 8～12 | 8～12 |
| 中心频率下增益（dB） | 21.0（10GHz） | 20.7（10GHz） |
| 主要电性能 | 好 | 好 |

（4）结构件。

结构件是先进复合材料应用的一个重要领域。随着结构的优化及制造技术的发展，在航空、航天及交通运输行业，先进复合材料的应用从非承力构件到次承力构件，现在已发展到主承力构件的阶段。目前，雷达产品中也已大量使用碳纤维复合材料制作结构件，如各类框架、显控台、背架等，其主要作用就是在保证刚度和强度的前提下减轻质量。采用复合材料制造结构件有两个技术热点值得重视。

① 连接形式。连接形式在传统铆接、胶接的基础上，可以根据产品实际情况，

考虑整体成型的设计理念,以获得更佳的整体刚性。

② 低成本制造技术的发展。低成本的实现要从材料成本和制造工艺成本两方面考虑。低压成型技术,特别是 RTM(树脂传递模塑)技术的发展,使整体制造复杂形状的带镶件的构件得以实现,这样可以避开缺少大型设备的问题,减少许多辅助工装,大幅度降低制造成本,增加复合材料制件的竞争能力,为研制应用较大型先进复合材料的结构件提供了机遇。

### 8. 表面工程技术

在雷达装备的防护及功能型表面技术方面,已形成了较为完整的金属构件防腐涂装、中高频和微波电路防护等常规防护技术规范,面向微波组件的精密电镀技术也日趋成熟和规范,LTCC(低温共烧陶瓷)、陶瓷微带电路等的镀金技术也已成熟。

为了提高雷达的防护能力,雷达零件、附件、整件和整机要进行涂漆和电镀处理。涂镀品种则依据对象的材料特性和使用要求来确定。对雷达设备而言,除满足传统的防护功能外,还必须满足雷达设备其他相关的特殊功能和性能要求。例如,电磁波的透过性、材料表面导电性及伪装性等。

## 11.3 雷达机电集成制造技术发展趋势

雷达装备制造技术是多领域、多学科制造技术的综合集成。伴随着新一代雷达装备技术的发展,应在现有制造技术体系的基础上,不断融合和集成各领域先进制造技术成果,通过创新研究和应用,推动雷达装备的制造技术体系范围不断演变和优化,进一步丰富雷达装备先进制造技术的内涵。总体来看,雷达装备制造的未来发展呈现出以下三个趋势:交叉融合、智能、绿色。

**交叉融合**。雷达装备制造与智能制造密切相关,雷达装备制造的高精度、高性能需求推动了智能制造技术的创新和发展。智能制造是制造业数字化、网络化和智能化的必然发展趋势,是信息技术与制造技术深度融合的集成,代表着未来制造业发展的新兴方向。交叉融合所涉及的设计与制造中的具体问题,如电气互联、基于 3C 的微系统及面向电性能的大型装配件高精度制造、组装与装配、特种工艺等共性技术问题需要得到切实解决。

**智能**。智能制造成为当前制造业发展的热点,其将软、硬件融为一体,并把专家的知识、经验融入智能化的设计、制造、管理和服务中去,且知识创新将成为其最强劲的驱动力。人工智能、高级仿生技术和机器学习等将成为推动智能制造向着未来更高层次、更远方向发展的原动力，使人类的工具与高级装备制造迈上更高的台阶。

**绿色**。信息技术对传统工业制造技术的改造与提升的根本作用在于提高生产率、降低成本和能耗、减小对环境的负面影响。互联网时代的突出特征是信息共享、万物互联、绿色环保。高端电子装备制造结合信息技术产业和制造业的共同特点，在新能源、新材料、新工艺和新技术发展的支持下，朝着绿色化方向发展，且对传统工业体系的改造与提升也提出要坚持绿色化的发展原则。

从具体技术来看，有以下发展趋势。

### 1. 设计工具自主化

雷达装备的制造过程，设计是首要环节。设计水平的高低直接决定产品的制造标准与质量，设计手段的优劣直接决定产品的内在品质与结果。工业产品的设计，需要高水平、功能强的设计软件，尤其是知识型软件。应用在工业制造领域的软件即为工业软件，而其中研发设计类的软件则是工业品制造中关键的设计、模拟、仿真工具，对于产品设计制造至关重要，对于雷达装备制造创新发展的意义十分重大。

从另一个角度看，工业制造业的主要支撑由硬件和工业软件两大部分构成。传统工业中，硬件是整个工业的基础，工业软件对硬件起着支撑和保障作用。随着制造业的不断发展，特别是 21 世纪初以来美国工业互联网、德国"工业 4.0"等的兴起与推进，工业系统朝着数字化、网络化和智能化方向持续迈进，硬件与软件两大部分所扮演的角色正悄然发生着微妙的变化，工业软件内涵扩大、作用凸显，"软件定义网络、软件定义制造、软件定义一切"正成为一种新的发展趋势。

工业经济的快速发展、两化融合的深入实施，为我国工业软件产业带来了宝贵的发展机遇。在相关产业政策的精准扶持、以国家科技重大专项为代表的一系列项目的直接支持下，我国工业软件产业保持了高速发展态势；初步形成了国产工业软件产品体系，覆盖汽车、工程机械、航空航天、电子、家电、海洋装备等多个领域；具备了一定的产业技术研发能力与服务支持能力，开始由引进应用转向自主研发、特色发展。

从市场规模看，2020 年我国工业软件产品实现收入 1974 亿元，2012—2020年工业软件产品收入年复合增长率达 20.3%；但市场规模的世界占比仍然不高，也间接表明了我国随着工业经济发展所蕴含的极大发展潜力。

从供给能力看，我国正涌现出一批具有良好研发能力的工业软件企业。例如，广州中望龙腾软件股份有限公司的二维 CAD、三维 CAD/计算机辅助制造（CAM）

软件在国际市场具有一定的影响力；安世亚太科技股份有限公司在仿真软件方向具有持续性积累，自主研发产品已得到应用行业的认可；用友、金蝶、浪潮等品牌的企业资源计划（ERP）软件成为国内市场的主力军，相关产品的云战略转型正在实施。

从发展态势看，工业互联网的带动作用日益显现，国内企业采取加强平台建设、汇聚开发资源、培育并部署工业 App 等措施积极向云服务转型的趋势较为明显。但也要注意到，在面向制造业的产品创新数字化软件方向，相关开发企业的规模较小，还未出现上市公司。

我国工业设计软件的发展目标为：针对存在"卡脖子"风险的研发设计类工业软件，突破关键核心技术，打破国外产品垄断和技术封锁；重点面向 CAD、CAE、EDA 等软件类别，针对三维几何引擎、求解器等共性关键技术开展攻关。相关研究资源投入大、应用壁垒高，而产业收益低、技术差距明显，使得行业用户的投入信心不足，难以通过市场机制解决；需建立长效的协同攻关机制，集中高校、科研机构的优势力量开展联合研究，力争 5 年内形成基本可用的自主技术，10 年内稳步缩小与国际先进水平的差距。此外，复杂工业软件的系统架构、工业技术软件化、复杂工程问题建模、工程化人机交互等也是决定能否形成商品化工业软件的关键要素，应成为重点突破方向。

按照发展目标要求，到 2025 年，率先突破三维显示引擎、约束求解、三维几何建模引擎、通用前处理器/求解器/后处理器和生产控制工艺包等关键核心技术，在高端研发设计类工业软件产品中应用自主开发的内核技术；在关键行业开展试用和示范，基本形成工业软件技术标准与生态体系，缓解"卡脖子"问题。到 2030 年，形成安全可靠的工业软件及其标准体系，在 CAD、CAE、EDA 等核心工业软件产品方面实现突破提升，满足重点行业应用需求。到 2035 年，形成具有完全自主知识产权的研发设计类工业软件产品体系。

### 2. 智能制造与绿色制造技术

先进制造技术总体发展趋势是绿色制造和智能制造，雷达装备的制造技术发展也不例外。其中，绿色制造的理论研究在国内多所高校得以开展，已经初步形成了绿色制造的体系结构。绿色制造的核心是以资源环境为导向的现代制造模式，智能制造是实现绿色制造的重要手段或模式的一个方面。当前，各主要国家都在制定和实施制造业发展的新战略，如"工业 4.0"等，其核心目标是建立高度灵活的个性化和数字化产品与服务的生产模式，实现智能制造，其影响将是巨大和深远的。因其重要性和颠覆性，学术界和产业界称之为第四次工业革命。雷达装备的研制需要紧密结合绿色制造和智能制造的发展趋势，围绕绿色资源、绿色生产和绿色产品三项核心内容，以资源保护、资源优化为目标，面向物料转化和产品生命周期两个过程开展研究。基于当前雷达装备的制造技术与相关工业技术水平，可在以下几方面提升雷达装备绿色制造、智能制造的能力。

① 建立智能化 SMT（表面贴装技术）生产线，提升雷达多品种、小批量电子电路的制造效能。

② 采用低残留成分的免洗焊剂、无铅焊料、惰性气体保护的免洗焊接设备等，推进无铅焊接系列技术全面实用化，促进板级电路绿色制造。

③ 在微波器件、组件的电子功能电镀方面，以日趋成熟的智能化无氰电镀技术逐步取代传统人工有氰电镀线。

④ 在电子电路组装、封装和微电子元器件制造过程中，采用新型无氟溶剂和干法清洗技术（如离心清洗技术和等离子清洗技术等），实现绿色清洗。

当前，雷达装备研制尤其要结合制造业发展的新规划，针对系统规模"极大化"的新一代相控阵雷达核心组件的制造需求，围绕中大批量的"极小化"射频前端及阵列组件单元的智能制造技术实现，开展智能组装单元、智能生产线构建、生产线智能决策与调度、生产线物料智能配送、基于工艺知识库的生产过程。

积极开展实时感知与控制技术等多项共性技术研究。在现有自动化生产线的基础上建成智能制造线，以有效提高多通道阵列组件一次试制成功率、生产效率、混线生产能力、组件装配自动化程度和组件调试成功率，有效提升相控阵雷达核心组件智能制造技术水平，为智能制造技术在军事电子装备领域的推广应用奠定基础。

### 3. 智能复合材料

智能复合材料的概念来自自然界的启示，从工程角度来说，智能复合材料结构是将特殊功能材料（如传感和驱动材料）与芯片集成于基体复合材料中，组成仿生结构系统。先进复合材料技术的发展使这些元件与结构基体的集成成为可能。

由于天线通信功能的日益增加，对机载天线的配置结构研究有了新的进展，可以设想，在飞机设计和制造期间就能将天线、传感器、发射机、接收机、信号和信息处理机、射频电缆、电力电缆、控制电缆及温控设备等嵌入飞机蒙皮内。此时，某些结构表面对各种射频信号来说应该是透明的，或者具有可控属性，以方便信号发射和接收。各种有源和无源传感器不一定只给单一的通信、电子战、雷达、敌我识别或导航系统提供信号。天线和传感器分布可能覆盖了75%的飞机蒙皮，可以提供从几兆赫到光频范围（光波覆盖的频谱范围，包括红外线、可见光、紫外线等,通常可达到吉赫级、太赫级的孔径)。由于内置的天线和传感器等不是某一设备专用的,而是由中央处理器分配,可进一步完善故障容限技术,从而提高了系统的任务可靠性和保障性。

世界各国均对智能材料与结构的研究给予了高度重视和关注,虽然目前该领域还处于试验探索阶段,但可以预言,智能蒙皮技术能够真正实现装备的结构-电子一体化,其在军事上必将有广泛的应用前景。

**4. 数字样机技术**

"数字化"是先进制造技术的重要发展方向之一。雷达装备产品开发的短周期、低成本要求决定了其制造过程必须采用数字化制造技术,以实现快速响应。雷达装备数字化制造技术的发展大致可分为 CAX/DFX 单元技术、信息化集成制造和数字样机三个阶段。数字样机技术是以并行工程思想为指导,以 CAX/DFX 单元技术为基础,以协同仿真技术为核心的先进工程数字化技术,是数字化制造的高级阶段,其核心内容包括数字化理论与技术基础、数字化设计技术、数字化制造系统、数字化管理技术和数字化运行环境等。数字样机技术对提升雷达系统的快速研制能力具有重要意义,是雷达装备先进制造技术发展的必然方向。

在雷达装备研制领域,数字样机技术的推广应用还需探索一系列关键技术。这些关键技术包括:数字化样机标准体系框架构建、全流程三维协同设计技术及协同仿真技术等。

为推进数字样机技术的应用,首先需结合电子装备行业的研发特点,建立全三维设计管理顶层纲领性文件进行全三维设计管理,之后需对数字化样机的设计过程、工具和数据进行规范管理,构建结构数字化样机标准体系框架。主要包括全三维设计标准、全三维工艺标准和仿真分析标准,每个标准详细分为规范类、指南类和手册模板类三类,每一类分别针对设计、制造和仿真的细节进行规范、指导并提供模板。

全流程的三维协同设计是以三维模型为基本载体,在各系统之间和生命周期各环节之间完成协同设计信息传递的设计模式。复杂电子装备研发制造过程中的主要协同对象包括:系统与分系统的快速协同、设计与制造的并行协同。

通过计算机虚拟模型模拟产品的运行状况,在一定程度上代替物理样机,可大大缩短研制周期,减少物理样机的试验次数,提高新产品的研发设计效率。传统以试验驱动的串行设计流程已无法满足现代复杂电子装备的设计要求,迫切需要转变为仿真驱动的并行协同研发模式,即在产品设计的不同阶段,根据几何模型的成熟度采取不同颗粒度的仿真模型优化设计和进行仿真验证。通过持续的性能仿真验证和优化设计迭代，使设计风险在前期得到充分的暴露和排除。

此外，数字样机技术在雷达装备制造领域的深入应用还需要以下几方面的进一步发展。

**数字化检验技术。** 探索如何结合设计端的数字化模型实现与制造实物的快速对比检验，如数字化三维检测技术、测试模型与设计模型的快速对比技术等。

**虚拟现实技术。** 目前，虚拟现实技术在电子装备研发流程中发挥的作用有限，主要呈现了视觉体验方面的效果，后续需探索人员通过虚拟现实系统去"真实"体验新研发电子装备的可操作性、可维护性等。

**数字孪生（Digital Twin）技术。** 数字孪生也可以称为"数字双胞胎"。它是充分利用物理模型、传感器更新和运行历史等数据，集成多学科、多物理量、多尺度、多概率的仿真过程，在虚拟空间中完成映射，从而反映相对应的实体装备的全生命周期过程。它将物理世界的参数重新反馈到数字世界，从而可以完成仿真验证和动态调整。数字孪生实现了现实物理系统向赛博空间（Cyberspace）数字化模型的反馈，基于数字化模型进行的各类仿真、分析、数据积累、挖掘，甚至人工智能的应用，都能确保它与现实物理系统的适用性。未来，数字孪生技术必将在智能制造领域发挥重要作用。

# 参 考 文 献

[1] 张润逵, 戚仁欣, 张树雄. 雷达结构与工艺（上册）[M]. 北京：电子工业出版社, 2007.

[2] 平丽浩, 黄普庆, 张润逵. 雷达结构与工艺（下册）[M]. 北京：电子工业出版社, 2007.

[3] 张鹏翼, 黄百乔, 鞠鸿彬. MBSE：系统工程的发展方向[J]. 科技导报, 2020,38(21):21-26.

[4] 李涅, 章婷, 罗威. 大型舰船全三维总体设计的数字化质量管理实践[J]. 船舶标准化与质量, 2021(1):54-59.

[5] 黄昌彬. 基于 MBSE 的导弹测试流程设计与优化仿真[D]. 哈尔滨：哈尔滨工业大学, 2019.

[6] 刘子贤. 基于 MBSE 的机载地面测试系统模型验证研究[D]. 成都：电子科技大学, 2021.

[7] 贾馥源. 基于 MBSE 的机载通信系统建模研究与验证[D]. 成都：电子科技大学, 2020.

[8] 谷家毓. 基于可靠性约束的某型军用无人机 MBSE-LCC 优化技术[D]. 南京：南京航空航天大学, 2020.

[9] 罗威, 邢小平, 国占东, 等. 基于全三维数字化设计的大型舰船设计质量管理实践[J]. 船舶标准化与质量, 2022(3):63-68.

[10] 孙宁, 周红桥. 军用电子装备三维数字化技术标准体系研究[J]. 中国标准化, 2018(3):107-113.

[11] 周红桥, 张红旗. 全三维数字化研发模式下产品数据集成研究[J]. 制造业自动化, 2013,35(18):80-82.

[12] 庞可, 张先俊, 潘诚, 等. 三维数字化 GIS 与电力规划设计集成平台[C]//电力行业信息化优秀成果集（2013）, 2013:513-517.

[13] 倪维根. 薄壁工件高速铣削路径优化与工装设计[D]. 南京：南京理工大学, 2007.

[14] 陈陆帮, 伍万斌, 余洪利, 等. 高速切削加工在平板裂缝天线中的应用[J]. 制造技术与机床, 2012(9):97-99.

[15] 汪振华, 赵成刚, 袁军堂, 等. 高速铣削 AlMn1Cu 表面粗糙度变化规律及铣削参数优化研究[J]. 南京理工大学学报（自然科学版）, 2010,34(4):537-542.

[16] 潘斌. 铝合金弱刚度构件的高速铣削加工技术研究[D]. 南京：南京理工大学, 2011.

[17] 刘胤. 弱刚度结构件的高速铣削及变形控制技术研究[D]. 南京：南京理工大学, 2008.

[18] 温晓波, 李金山. 弱刚度结构件的高速铣削及变形控制技术分析[J]. 中国设备工程, 2020(22):188-189.

[19] 杨生. 铸钛合金切削试验及其在雷达底座加工中应用[D]. 上海：上海交通大学, 2011.

[20] 于俊英, 连岳. 大型天线关键零件柔性制造过程质量管理[J]. 航天制造技术, 2004(4):29-32.

[21] 朱春临, 汪方宝. 平板裂缝天线的精密制造[J]. 电子工艺技术, 2006(1):47-49,52.

[22] 公艳庆. 柔性制造系统在工程机械产品制造中的应用[J]. 中国设备工程, 2022(18):87-89.

[23] 何巨林. 柔性制造在微波天线制造技术中的应用[J]. 现代电子技术, 2004(10):85-87,91.

# 第 12 章
# 雷达天线超精密加工与装配技术

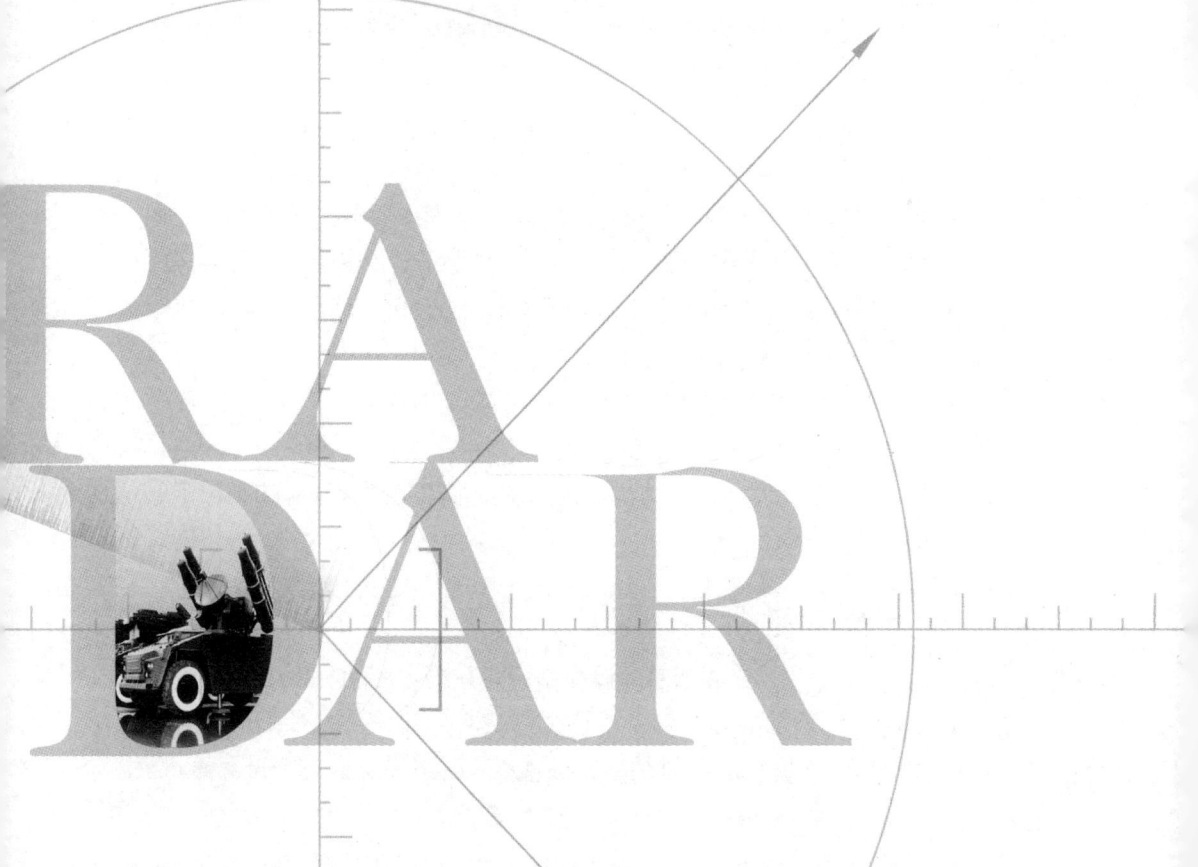

【概要】

本章阐述了雷达天线超精密加工与装配技术。首先，结合平板裂缝天线、超宽带天线、圆锥喇叭天线、大型天线骨架四个典型案例，介绍了雷达天线的精密加工，进而论述了雷达天线的超精密加工与装配；其次，阐述了 QTT 110m 天线主动主反射面零部件的精密加工与装配；最后，给出了共形承载天线案例。

## 12.1 概述

雷达天线是精密的电子装备系统，其最终的电性能不仅与机电耦合设计密切相关，而且受零部件加工和装配精度的影响。尤其是雷达天线机械结构的精密加工与装配效果，既要保证天线以高精度按照预定的规律精确运动，又要具备良好的可靠性和互换性。

长期以来，雷达天线加工与装配固定采用一些成熟的工艺和流程，如车削、焊接和涂镀等。随着雷达天线功能拓展的需要和制造技术的发展，一些特殊需求的天线加工与装配技术，如共形天线 3D 打印、基于机器视觉的机器人柔顺装配技术在研究与实践中也获得了成功应用。这些新兴技术的发展与大规模应用，将会有效提高特种天线的制造效率，逐渐改变雷达天线精密加工与装配的格局。

鉴于此，本章探讨雷达天线超精密加工与装配技术的几个主要问题，其中包括雷达天线加工与装配技术特点，以及 QTT 110m 天线和共形承载天线案例。

## 12.2 雷达天线加工与装配技术特点

### 12.2.1 雷达天线精密加工及典型案例

精密加工工艺是指加工精度和表面光洁程度高于各相应加工方法精加工的各种加工工艺。精密加工工艺包括精密切削加工（如金刚镗、精密车削、宽刃精刨等）和高光洁度高精度磨削。精密加工的加工精度一般为 $10\sim0.1\mu m$，公差等级在 IT5 以上，表面粗糙度 $Ra$ 在 $0.1\mu m$ 以下。

精密切削加工是依靠精度高、刚性好的机床和精细刃磨的刀具，用很高或极低的切削速度、很小的切深和进给量在工件表面切去极薄一层金属的过程。显然，这个过程能显著提高零件的加工精度。由于切削过程残留面积小，又最大限度地排除了切削力、切削热和振动等的不利影响，因此能有效去除上道工序留下的表面变质层，加工后表面基本上不带残余拉应力，粗糙度也大大减小，可极大地提高加工表面质量。

高光洁度高精度磨削可以达到表面粗糙度 $Ra \leq 1.6$，不圆度可达 $0.1\mu m$，不柱度为 $1\mu m/300mm$，不同轴度小于 $1\mu m$，平面工件的不直度小于 $3\mu m/1000mm$，适用于内圆、外圆、平面及无心磨削等工序。根据加工光洁度，高光洁度高精度磨削一般划分为精密磨削、超精磨削与镜面磨削。

采用精密加工技术的雷达天线典型案例如下所述。

### 1. 平板裂缝天线

平板裂缝天线具有副瓣小、增益高、体积小、质量轻和抗干扰能力强等显著优点，因此在各类机载及星载雷达领域中得到广泛应用。它是雷达信号传播、发送、接收和合成的关键设备，其设计及制造精度的高低将直接影响雷达电性能指标的实现。近年来，随着加工技术的不断进步，平板裂缝天线的研究热点已从 Ka、Ku 等较低频段延伸至 W 波段。

平板裂缝天线结构多由一种多层、空腔、薄壁的复杂焊接体形成，内部腔体的形位、尺寸精度直接影响天线的电气性能指标，其三维结构如图 12-1 所示，其对零件的加工、装配及焊接过程都提出了严格要求。大尺寸、高集成度机载平板裂缝天线的制造过程工艺技术种类多，实现难度大。

（a）平板裂缝天线正面　　　　　　（b）平板裂缝天线背面

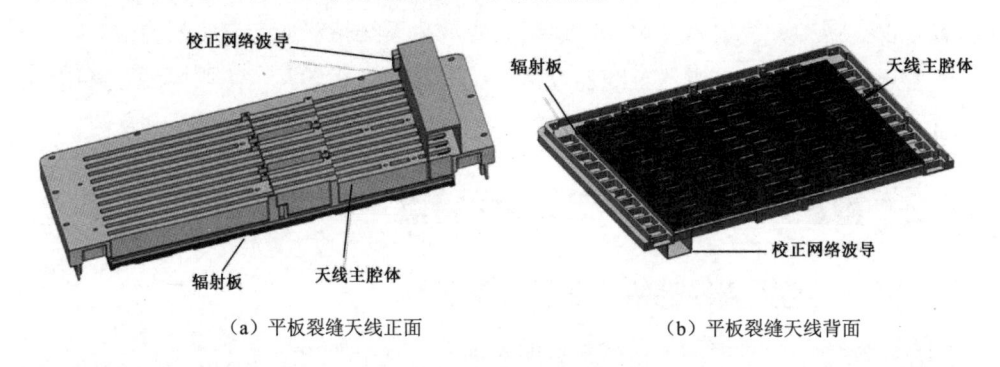

图 12-1　平板裂缝天线三维结构

精密焊接、高速切削加工、真空钎焊、碳纤维复合材料成型和分析仿真设计是当前平板裂缝天线制造中采用的最新技术。

精密焊接加工精度高、尺寸稳定，与常用的螺钉连接相比，操作简单且成本低。因此，对 W 波段平板裂缝天线而言，因受限于相邻两阵列波导的中心间距仅为半波长，没有布置连接螺钉的位置，只能采用精密焊接技术。

高速切削是利用高速机床主轴的高转速和工作轴的高进给速度，实现工件材料的高去除率，阻隔工件的切削力和热应力，可有效减小薄板类零件切削加工的变形。高速切削加工具有表面质量高、精度高、效率高以及切削力小和切削温度低的优点。与传统切削相比，高速切削的平均切削力可减小30%以上，同时切屑带走的热量在90%以上，传给工件的热量大幅度减少，进而减小了加工零件的内应力和热变形，提高了加工精度，适用于刚性较差零件的切削加工，是此类平板裂缝天线加工的理想手段。

天线阵面成型采用真空钎焊工艺。天线真空钎焊属于多层、高质量和高精度精密焊接范畴，是天线研制过程中最重要的一道工序，在该工序形成了馈电腔、辐射板、检测波导相互定位精度（±0.05mm），决定了天线阵面的精度能否一次达到设计要求。

**2. Vivaldi 超宽带天线**

超宽带天线具有传输速率高、发射功率低、多极分辨率高、电磁兼容性能好、系统安全性好及成本低等优势，因此随着通信系统和移动平台的发展，社会对超宽带天线的需求也不断增加。Vivaldi 天线作为一种典型的超宽带天线，具有端射、工作频带较宽、增益较高和方向图波束对称等特点，在微波和毫米波波段得到了广泛的应用。

Vivaldi 天线的振子分布式安装在反射板上，反射板安装在天线骨架上，振子采用金属 Vivaldi 结构形式，天线阵面布局如图 12-2 所示。为了减小天线的质量，天线振子内部设计了大量的减重孔，同时还要保证天线振子制造的一致性和密封防护要求。

图 12-2 Vivaldi 超宽带天线阵面布局

反射板整体通过螺钉连接的方式安装在天线骨架上，并且反射板上加工了大量的安装接口和孔位。为防止辐射缝积水造成天线振子短路，设计时用填充物填充辐射缝。天线振子安装板全部采用高速铣精密加工成型，精密加工方法主要包括去应力热处理和粗精铣，其中去应力热处理是去除零件加工过程中产生的残余内应力，避免精铣后的尺寸变形。加工时除了要选用高速加工设备，同时还应采用精密零件程序设计、程序仿真和切削参数优化等技术手段来保证零件需要的加工精度。

反射板需要在大型数控加工中心上整体加工成型，目的是保证各个安装接口的形位精度和加工后整体平面度满足设计要求。反射板工艺方案设计的关键是零件加工过程的均匀加载和翻转、运输过程的保形，采取的技术措施主要有：设计高平面度工装平板，采用螺钉密集压紧方式实现铣削过程的均匀可靠装夹；设计保形工装、专用吊具和运输保形工装，控制零件翻身、吊装、运输等过程的变形；采用高速铣粗加工和精密加工的方式实现低应力、微变形材料切削，加工过程中通过合理设置工艺装夹位置，以及多种工艺装夹方法，实现零件加工过程的稳定和受力均匀；采用高精度垫板固定，分次切削逐渐实现一面高精度成型，并同时完成安装孔加工和两面共用测量基准加工。

### 3. 圆锥喇叭天线

喇叭天线分为矩形喇叭天线和圆锥喇叭天线，其中圆锥喇叭天线具有工作频段宽、功率容量大、辐射特性好、方向性适中、构造相对简单和制造成本低等特点，应用比较广泛。常见的圆锥喇叭天线如图12-3所示。圆锥喇叭天线通常在雷达和微波辐射中用作定向天线，在抛物面天线等大型天线结构中用作馈源喇叭，在其他天线的测试当中用作校准和测试工具等。

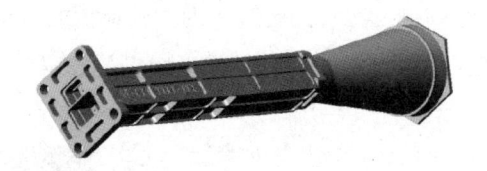

图 12-3 常见的圆锥喇叭天线

限于结构的特殊性，圆锥喇叭天线的波导腔内壁焊接后无法加工。因此，应在焊前各层零件加工时设计出完善的加工方法，以保证各波导腔尺寸精度和焊接质量的要求。所以，此类天线加工需要经过焊前零件单层精密加工、真空精密焊接和焊后精密加工三个阶段。

圆锥喇叭天线的上、下层天线板加工属于厚板类零件高精度加工，各层板波导腔上平面的平面度决定了波导腔尺寸的精度。上、下板定位孔的位置精度是保证喇叭天线焊后质量的一个重要因素，需通过合理的加工方法进行控制。另外，腔体内精密加工时的表面粗糙度及定位销孔的最佳配合间隙也是必须考虑的重要因素。

圆锥喇叭天线的中层板精密加工工艺要点，主要是在保证其平面度的基础上，控制定位孔与波导槽的位置精度，保证定位孔与喇叭外形尺寸的对称度等要求。

在喇叭天线真空焊接过程中，重点关注焊接后的焊缝强度和焊缝的熔化漫溢情况。所有的钎缝边缘均应形成连续、均匀、圆滑的焊角，不允许有外部未钎透的情况。并且，焊接接头应无起皮、起泡、残余钎剂，外部气孔的直径应小于钎缝表面平均宽度的 50%。

喇叭天线焊后精密加工应重点关注连接器孔端的加工及其基准找正问题。另外，应关注圆锥喇叭的薄壁变形开裂问题以及圆锥角度保证情况。

此外，精密加工过程中应当注意零件的平面度。采用热处理去除应力，真空吸盘装夹，高速铣反复多次翻面加工上、下平面等方式，保证零件上平面的平面度控制在 0.01mm 以内。同时，保证中板定位孔与喇叭尺寸对称度，采用专用工装装夹，孔和零件外形采用慢走丝线切割一次加工成型的方式保证对称度要求。通过焊接试验确定销孔的最佳配合间隙，在上、下层板定位孔加工时采用加刀补精铣定位孔及与波导腔一次成型的方式，同时配合在线塞规自检，保证定位孔的位置及尺寸精度，确保销孔最佳配合间隙。最后，在焊接之前确认喇叭微细特征表面质量。采用高速铣设备，通过控制切削量及走刀速度保证波导腔内侧壁光洁度，同时配合放大镜去除毛刺。

真空焊接质量由焊缝强度、焊缝漫溢、喇叭圆锥度和加热、降温过程温度等因素来保证。焊缝强度主要取决于焊片牌号的选择。在装炉数量及炉温等参数固定的前提下，焊缝漫溢多基于焊片厚度的选择。对于在真空焊前喇叭内圆已加工到位，后期将不再加工喇叭内锥孔的情况，为了保证焊后喇叭内孔的圆度要求，在真空焊接时应考虑焊片的厚度补偿问题。常用三种方法进行补偿：波导腔表面抬高补偿、中层板加厚补偿、内喇叭孔焊片替代垫片厚度补偿。外形减轻腔设计一般要求规则均匀，以便于后续均匀加压，加热、保温及降温各阶段焊接时间曲线应根据材料种类、装炉量、工件壁厚、结构复杂度和温度均匀性等多方面影响进行综合考虑与设置。

焊后精密加工关键技术包括：薄壁锥面车削防止变形、喇叭天线波导腔内部多余物防护。在对天线进行精密加工时，要设计制作专用刀具，采用低速小切削进刀方式车削，喇叭内腔采用胶木棒辅助支撑，防止喇叭薄壁面变形扭裂。同时，通过设计制作专用堵头防止机械加工中切削屑进入，在中转过程中波导腔两端头应进行封堵，焊接前采用专业清洗等方式，避免喇叭天线波导腔内有多余物进入。

**4．大型天线骨架**

天线骨架是相控阵雷达天线系统的关键结构部件，具有承载大、精度要求高和制造难度大等特点。天线骨架是相控阵雷达天线系统的主要承力载体，其加工精度和整体刚度要求很高，加之外形尺寸较大，给制造装配带来较大困难。天线骨架通常由铝合金板材和型材焊接而成，之后在大型数控镗铣床上进行机加工。关键加工技术主要包括：大件焊接装配、热处理时效、蒙皮整形和大件机加工等。

图 12-4 所示的天线骨架属于大型焊接结构件，焊接中的难点为装焊几何尺寸的控制和焊接变形的控制。各部件的尺寸精度满足要求后再进行骨架的装焊，通过合理的焊接顺序将焊接变形控制在机加工允许的范围内。首先将各零件预装配，定位焊各零件后检查部件的装配尺寸，如不满足设计图纸要求，进行局部矫正；其次将部件固定在装配平台上，由里向外对称焊接；尺寸检测后进行部件的整体矫正；最后将部件固定在装配台上，进行低温退火处理。天线骨架粗加工前需焊接蒙皮，并对蒙皮进行整形，随后进行天线骨架机械加工。采用大型数控落地镗铣床，骨架机加工分为粗加工和精密加工，以保证正面倾斜面板的加工精度满足设计要求。

（a）设计图 　　　　　　　　（b）产品样机图

图 12-4　某新体制雷达天线骨架

可以看出，精密加工是现代制造技术的基础，是国际竞争中取得成功的关键技术。雷达天线的精密加工技术水平对雷达天线技术的发展创新具有重大支持意义，是一个国家实力与能力的象征。

## 12.2.2　雷达天线超精密加工

超精密加工技术（Ultra-precision Machining Technology）是为了适应核能、集成电路、激光和航天等尖端技术，于 20 世纪 60 年代在传统切削加工技术的基础上综合应用现代科技的工艺成果发展而来的一种先进制造技术。它综合运用了计算机技术、自动控制技术、微电子技术和激光技术等多种技术，使机械加工技术得到了跨越式发展。超精密加工技术的精度相比于传统的精密加工来说提高了一个数量级，即由微米级加工进入了纳米级加工的范畴，并逐渐向着原子级的加工范畴逼近。

载人航天、深空探测、远程预警，以及大科学装置等国家重大工程的建设与发展，对雷达天线提出了一系列前所未有的性能要求。高性能雷达天线的研制所需的核心部件要求更高的精度，且具有更高的耐热性和抗疲劳特性。同时，装备的长期运行要求其超大型锻件、高速运动部件等具有优异的抗磨损、耐腐蚀、耐疲劳特性，即具备超高可靠性。在轻量化设计方面，雷达天线的设计中存在大量的宏观、细观甚至微观的几何特征，影响整体的电性能，这对制造技术提出了更高要求。

超精密加工技术目前已经应用于多种先进的雷达天线生产加工中。例如，在无线电导航和探测方面，为满足隐身、轻量化等要求，设计中需采用与蒙皮一体化的共形天线取代依靠俯仰扫描运动的导引天线；在电磁波传输方面，为提高雷达搜索效率和精度，需要使用具有频率选择功能、带通/带隙功能，甚至遵从左手定则的非常规电磁材料；高精度、高灵敏度水声探测需要大幅度提高压电陶瓷传感器机电转化效率，并能够实现对嘈杂环境中特定音频信号的快速定位；在太赫兹频段，由于工作频率和结构尺寸的影响，馈源既要能够实现圆极化功能，又要满足超宽带高增益的辐射性能要求，同样对加工精度提出了很高的要求；在未来飞行器设计方面，隐身、主动气动弹性、智能蒙皮等概念的提出，要求飞机能够将传感、使能、承载等功能与结构完美结合。传统装备及零件的设计与制造是在选定材料的基础上进行零件几何设计、公差确定与制造实现的过程，零件的性能与其尺寸精度往往表现为线性相关。传统制造方法按精确设计的零件几何尺寸及公差要求制造出零件，即可满足零件性能要求；但仅以几何尺寸公差为关注点的传统设计制造理念，难以满足高性能制造的需求。

在雷达天线研发制造过程中，对主要指标性能要求特别高、以性能为第一制造指标的超高性能要求的精密复杂零件，有高性能天线罩、雷达导波管、探测系统束控元件和轻量化天线基座等。类似天线罩、轻量化天线基座等高性能零件，其制造已形成了综合考虑材料、结构与性能耦合关系调整修正性能误差的制造方法。

高性能天线罩的精密制造采用面向电性能的逐点可控去除的精密修磨新工艺，即根据每个天线罩的实际电性能误差，通过精密修磨加工陶瓷天线罩内廓面，逐点调整各点的几何厚度，实现对电性能误差的修正补偿。在实际加工的过程中，任意区域去除精度可达微米级。人们研发出了几何和电性能测试、逐点可控精密磨削的成套工艺技术和系列装备，已用于多种产品的研制和批量生产，电性能计算模型与反求软件已应用于十多种产品的设计和研制之中。

具有表面宏微跨尺度结构的宽频天线，是新一代高速飞行器接收电磁波的重要部件，为满足电气对称等高性能要求，需要零件具有复杂曲面表层宏微跨尺度结构特征。超宽频复合螺旋天线具有典型的复杂曲面表层宏微跨尺度结构，如图 12-5 所示。此类零件的特点是：特征尺寸跨度大，从数十微米至数百毫米；立体三维结构，零件设计复杂；几何精度要求高，需要控制在微米级；边缘轮廓度质量要求高。锥台天线的覆层厚度为 10μm，最小特征尺寸为 80μm，对称度与尺寸误差要求小于 20μm。传统采用光刻-粘接工艺制造锥台天线，粘接对接误差达 0.5~1mm，产品合格率仅为 10%~20%。对此，采用"宏微组合式"复杂曲面表层宏微跨尺度结构制造新工艺加工出的超宽频复合螺旋天线零件达到了技术指标要求，利用超精密加工对天线零件进行再次处理，产品合格率由 10%~20%提升到 100%。

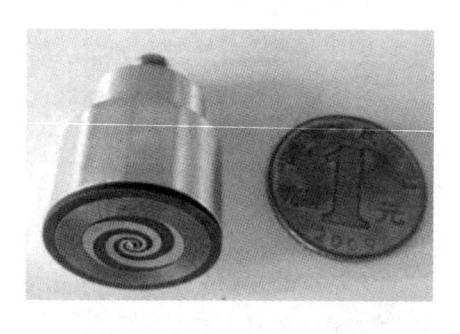

图 12-5 超宽频复合螺旋天线

太赫兹波比毫米波具有更好的方向性和更高的空间分辨率，而且比红外光具有更大的带宽和容量，在反隐身等领域具有广阔的应用前景。束控元件为大口径太赫兹波探测系统的关键功能部件，常采用铝等金属基材料。由于太赫兹波束控元件的特性，其设计日趋复杂，如非对称赋形自由曲面等开始得到应用，这对超精密加工技术提出了更高的要求，因此必须解决大口径太赫兹波探测系统束控元件加工精度差、效率低的问题。传统的光学精密加工技术已无法满足现实需求。通过超精密切削、磨削和研抛加工，可直接加工适用于太赫兹波段的高面型精度的反射及透射类元件，得到面型精度高、表面光洁度好的太赫兹波束控元件，可实现太赫兹波探测系统的高精度和低成本目标。

精密加工技术和超精密加工技术都是国家科学技术发展的重要基础。超精密加工技术与雷达天线的设计制造息息相关，为高性能天线的实现提供了保障。同时超精密加工的技术进步与成本降低也扩大了其应用范围，未来的雷达天线零件加工将逐步迈入超精密时代。

### 12.2.3 雷达天线装配

信息化战争需求和雷达探测技术的发展，对现代军事装备的性能提出了更高的使用要求，地面雷达也正朝着阵面大型化、单元密集化、高机动性和高可靠性的趋势发展。为了提升雷达天线的电气性能，对雷达天线的装配也提出了更高的要求。

天线座是雷达天线的支撑和定位装置，天线座方位轴与俯仰轴的正交精度对雷达的测角精度影响很大。影响天线座正交精度的因素主要有两方面：一方面来自天线座的设计和加工制造精度；另一方面在于天线座装配过程中的数据测量、分析，以及装配调整。由于加工设备精度、加工成本及加工技术水平等方面的原因，在已加工完的零部件精度的前提下，通过合理安排装配关系、准确测量数据及进行装配调整等方法，可以减小甚至抵消加工精度带来的影响，满足设计精度要求，所以天线座的装配工艺过程也是影响雷达精度的关键环节之一。

对于方位-俯仰型天线座的装配而言，为了保证天线座的正交精度，在装配过程中要合理分配各结构部分的装配误差范围，通过精确的测量、计算分析和装配调整，将影响精度的误差严格控制在一定范围内，最终保证正交精度满足设计要求。另外，针对不同结构的天线座要设计合理的测量方法和测量工装，要让正交测量方法建立在理论的基础上，保证每一步测量都合理可靠，有理论支撑。

天线阵面往往以天线骨架为基准进行安装，装配精度决定天线的电性能指标是否满足要求。大阵面雷达经长时间使用后，天线骨架发生变形，不能继续作为装配基准。在丧失原有基准的情况下如何进行高精度装配成为一项技术难题，此时需要重新合理选择基准，确定最优装配顺序，设计工装及工艺装配件，合理选择靶标点，并使用激光跟踪仪等设备实时监测装配精度。

随着相控阵雷达的发展，天线阵面尺寸越来越大，天线单元数量越来越多，阵面结构安装精度要求越来越高，而天线阵面的装配精度又直接影响着相控阵雷达阵列激励的精度。目前，关于大阵面雷达天线高精度装配技术方面的研究，多在产品生产首次装配中进行。因各种结构件均是新生产出来的，其各项结构类指标均满足设计要求，如何进行合理化装配就成为影响天线性能的关键因素。

大阵面相控阵雷达在设计之初，为了满足刚度强度、轻量化设计、低设计成本等多方面的要求，其天线骨架采用钢结构框架式设计。在初次装配时，以天线骨架为基准，可保证天线的安装精度要求，使天线的电性能满足使用要求。但在长时间使用后，天线骨架逐渐变形，各天线单元之间逐渐错位，阵面平面度降低，天线的精度及电性能无法满足使用要求，需要对天线阵面进行拆分、校准并重新装配以满足指标要求。拆分下来的天线阵面经过校准可达到设计时对单块天线单元的指标要求，而天线骨架经过校准却无法恢复到初始状态，不能继续作为天线单元安装时的基准。通过重新选择基准，确定装配方案，增加工艺装配件，以定制工装进行辅助，装配时实时监测各项指标，这样才能实现天线阵面高精度再装配。

由于骨架变形，水平安装面与水平基准、垂直安装面与垂直基准不再平行，因此考虑在不影响整体性能的前提下，分别在天线单元的上固定面与天线骨架的上固定面之间、天线单元的下固定面与天线骨架的下固定面之间增加一定厚度的定制垫片，以保证天线单元安装到此处后的水平度和垂直度。

在装配过程中将天线单元各孔位固定好后才可进行测量，确定指标是否满足要求。若不满足要求，则需重新调整垫片规格和数量，利用一种夹具固定，确定垫片规格与数量后去除夹具重新安装，并采用激光跟踪仪作为测量设备，检测天线单元的垂直度、水平度及平面度。最终实现天线阵面的重新校正装配。

目前，我国大型雷达天线装配过程主要采用吊车吊装、人工辅助对接的方式，安装效率低，精度和质量难以保证，已不能满足现代雷达高机动性、高精度、高作战效能等要求，分块天线自动对接过程成为制约雷达机动性能的重要因素。

飞机等大部件对接技术通过高精度设备测量大部件关键特征点位置，使用计算机控制柔性定位工装自动调整大部件位姿，实现"测量-调姿"全闭环控制，这属于室内环境下数字化装配的范畴。大型雷达天线自动装配技术在技术要求、使用环境、对接任务上具有以下新的技术难点：

① 复杂服役环境下的精确调姿问题。
② 长期服役条件下的多次重复拆装问题。
③ 地面室外环境下的精确测量问题。

雷达天线自动调姿系统在脱离人工干预的情况下，自动调节雷达天线的相对位姿，对于复杂服役环境下的雷达而言，绝大多数情况下需要调整六自由度位姿。自动调姿机构的核心在于调姿机构的设计，按照组合形式的不同，调姿机构可分为串联调姿机构、并联调姿机构和混联调姿机构。其中，串联调姿机构通过关节串联的形式实现自由度调节，结构简单、运动空间大、易于控制，但难以承受大载荷，限制了其在动态对接中的应用。并联调姿机构相比于串联调姿机构，具有承载能力强、刚度高、精度高和动态性能好的优势，特别是对于大尺寸、重载荷部件的装配或对接，故工程上广泛采用并联调姿机构进行位姿调节；但并联调姿机构作为一个多输入多输出的复杂系统，具有高度非线性和多参数强耦合的特性，给其精确的动力学建模带来了极大的困难，因而也严重制约了控制策略的工程实现。串联调姿机构工作空间大、末端执行器灵活，并联调姿机构在刚度、精度和动态性能上具有极大的优势，因此将串联调姿机构和并联调姿机构结合起来，形成混联调姿机构，两者优势互补，兼具串联、并联机构的优点，在雷达天线等大尺寸、重载荷部件对接中有极大的应用优势和发展前景。

为了获取待装配工件的位姿信息，目前市场上已经出现了基于不同的测量仪器研发的各种测量系统，主要包括激光跟踪仪、电子经纬仪、iGPS 和视觉传感器等。

柔顺控制的概念最早来源于机器人研究领域，主要包含被动柔顺控制和主动柔顺控制。被动柔顺控制通过被动柔顺机构来实现，在致动器和操作器之间增加弹簧等柔性环节，通过弹性元件的变形来引导操作器的顺应运动，一般不需要通过传感器来检测接触力，而是通过机械柔顺装置来提高柔顺性。主动柔顺控制也就是力反馈控制，通过在操作器末端或关节加入力传感器，在位置控制的基础上引入力信号的反馈，得到位置环的修正量，使执行机构表现出对环境的适应性。结合雷达天线的特点，柔顺控制技术已经逐步应用于雷达天线的自动装配过程中。

有源相控阵天线（Active Phased Array Antenna，APAA）的自动化装配目前已经成为热门研究领域。在 20 世纪 80 年代，洛克希德·马丁公司和 Advent 公司合作开发的机器人装配系统（由一个 Staubli 公司的 6 轴机器人、两套 Cognex 公司的视觉系统、一套黏合剂涂敷子系统组成），实现了宙斯盾级武器系统 AEGIS 的自动化装配，该系统用于将约 4000 个 $1\times3in^2$ 的方陶瓷片插入 $12\times12in^2$ 的铝面板。过去的装配系统需要 8 名人员操作，返工量大，同时操作工人必须跪着工作，并通过舰桥上的孔才能接触到低于脚部的铝面板。通过机器视觉引导机器人系统来完成宙斯盾巡洋舰主控雷达阵列面板的安装，该系统在无人条件下完成雷达阵面安装所用时间和过去所耗时间相差无几。2005 年初 Advent 设计公司采用机器人和新的机器视觉技术，完成了对移相器芯插入工艺过程的研制。对 SPY-1B/D 雷达天线完成了 4000 个移相器芯的插装，准确率达 100%，且器芯无损伤。机器人系统的应用，减少了 1~2.5 个劳动力，缩短了工作时间，减少了手工劳动。机器视觉技术使芯插入更容易，提高了装配质量，改变了洛克希德·马丁公司的移相器芯插入工艺过程。

目前，我国部分型号雷达的相控阵雷达天线的研制方式仍然是单一的设计—工艺—装配串行工作模式，相控阵天线的装配过程主要依靠装配工人、工艺人员和设计人员一起通过协调反复摸索和试装，很多问题在实际装配时才发现，然后反馈给工艺人员和设计人员，再进行协调重新装配，造成周期延长、成本升高等问题。在目前的工作方式下，雷达天线装配周期为 4~5 个月，其中装配反复率约为 30%，设计返修率约为 15%，协调等待周期约占 30%，极大地影响着研制周期和装配质量。因此，提高雷达产品的装配能力迫在眉睫。

传统的人工装配，其质量和精度都不尽如人意，无法保证组件的间隙和一致性要求，难以达到相控阵天线的电气性能指标要求，需采用自动化装配技术来提高雷达天线装配的质量、精度和效率。在自动化装配过程中，机器视觉技术是确保高精度装配的关键。利用标定好的视觉系统，基于 OpenCV 和 Halcon 等完善的标准的机器视觉算法包，可以实现相控阵天线自动化装配技术，作为我国新的雷达研制的技术支撑。APAA 自动化装配设备如图 12-6 所示。

图 12-6 APAA 自动化装配设备

在天线的装配工艺流程中,装配顺序也很重要。以超宽带天线为例,首先应通过定位销定位,将天线振子安装到安装板上,再安装固定支撑板;其次将天线振子安装到反射板上,其中安装两个相邻天线振子时,螺钉暂不拧紧,采用游标卡尺测量间隙,依次拧紧螺钉,直到所有天线振子安装测量完毕;最后安装支撑块,保证天线振子悬臂处的刚性。天线振子与连接器内导体连接处采用密封防水设计,防止雨水侵蚀导致电性能衰减。连接器选用防水密封连接器,底部有密封圈,安装在安装板上后,可保证连接器密封可靠。天线振子连接器和电缆连接器之间的连接采用螺纹连接方式,外表面加热缩套管保护。

综上可知,雷达天线的装配工艺目前正朝着自动化、标准化、智能化、高效率和高精度的方向发展,各种天线的不同装配流程均采用了大量自动化设备和智能设备代替人工操作。装配技术的进步解放了生产力,大大提高了雷达天线的装配质量,保证了雷达天线设计性能的实现,是我国雷达天线技术快速发展的基础。

## 12.3　QTT 110m 天线案例

### 12.3.1　QTT 110m 天线概述

如本书第 1 章所述,QTT 是一架口径为 110m 全可动的通用型射电望远镜,主要用于射电天文观测,工作波段覆盖 150MHz～115GHz,波长覆盖 100cm～3mm。QTT 的台址位于新疆奇台县,工程正在建设中,QTT 建成后将是世界上口径最大的全可动射电望远镜,其高灵敏度、大视场和宽频段覆盖的特点,可满足射电天文学多种实测研究的观测需要,可显著提升我国天体物理、天体测量和空间探测水平。QTT 110m 天线的设计效果图参见图 1-17。

由于主反射面在望远镜系统中是汇聚接收电磁波的主要部分,因此反射面的表面误差就成为影响望远镜性能的关键因素。对于天文观测而言,为了能够使望远镜提供较好的工作性能,需要使天线反射面变形误差保持在相对于波长较低的水平,进而能够保证高效的天文观测。根据经典的 Ruze 公式,望远镜表面精度应小于最短工作波长的 1/16,通常约为 1/20,如工作波长 7mm 需要表面精度约 0.35mm(rms)。对于 QTT 而言,其最短工作波长为 3mm,考虑到天线结构尺寸、环境影响和观测情况等因素，表面精度基本要求为 0.2mm（rms）。对于这样庞大的百米级天线来说，环境载荷（重力、温度、风载）的影响非常显著，要实现如此高的表面精度将是一项巨大的挑战。为了满足 0.2mm（rms）表面精度的要求，QTT 除采用"保型设计"原理对天线结构进行优化设计来减小"保型变形"误差外，还将采用主动补偿技术（如主动主反射面调整和副面位置调整等）来进一步减小结构变形。

### 12.3.2 QTT 110m 天线主动主反射面零部件的精密加工与装配

想要实现如此高的反射面面型精度，常规固定式分块反射面是无能为力的，主动主反射面是必由之路。主动主反射面调整（简称主动面）技术是通过对分块拼接而成的主反射面面板进行位置调整来修正表面型状，补偿因重力、温度和风载等造成的面型误差。当前全世界应用主动面技术的全可动射电望远镜主要有美国 GBT 100m、墨西哥 LMT 45m、意大利 SRT 64m、中国天马 65m 天线等。经过几十年的发展，主动面技术已成为提高大口径高精度全可动射电望远镜表面精度的必备手段之一。主动面系统主要由位移促动器、多节点控制网络和面型测量系统等组成，其中促动器作为面板的位置调节驱动部件，是实现反射面误差主动修正的关键基础。表 12-1 列出了当前国际上使用主动面系统的射电望远镜所采用的促动器的主要技术指标。

表 12-1 国际上主动反射面系统的促动器主要技术指标

| 指标名称 | 指标 | | | |
|---|---|---|---|---|
| | GBT | SRT | 天马 | QTT |
| 天线口径（m） | 100 | 64 | 65 | 110 |
| 行程（mm） | 51 | 30 | 30 | 50 |
| 速度（mm/s） | 0.25 | 0.36 | 0.36 | 0.36 |
| 定位精度（μm） | <50 | ±15 | ±15 | ±15 |
| 轴向工作负载（kg） | 481 | 250 | 300 | 300 |
| 径向工作负载（kg） | 481 | 100 | 150 | 180 |
| 轴向极限负载（kg） | — | 1000 | 1000 | 1000 |
| 径向极限负载（kg） | — | 700 | 700 | 700 |
| 工作温度（℃） | — | −10～+60 | −10～+60 | −40～+60 |
| 保护等级 | — | IP65 | IP65 | IP65 |
| EMC | ITU-R RA.769 | — | GB/T 17626.6 | ITU-R RA.769 |
| 寿命（年） | 20 | 20 | 20 | 20 |

对于 QTT 主动面系统而言，其要在克服环境因素影响的条件下，实现反射面

全天候高精度调整功能，因此要求位移促动器具有高可靠性、高精度、长寿命等特点。此外，为了减小促动器的电磁辐射干扰，还要求促动器具有较低的电磁辐射。对于应用于新疆地区的促动器而言，全年环境温度变化大的特点对其环境适应性提出了特殊要求，进而对促动器的研制提出了新的挑战。

本案例主要描述了QTT位移促动器的设计与实验测试。根据参数指标要求进行了促动器方案设计，对位移促动器关键部件进行了详细设计与分析，并对所设计的QTT促动器样机进行了包括定位精度、电磁兼容性和可靠性等指标的实验测试。

促动器是一种高精度的直线位移机构，能将电动机的旋转运动转化为直线运动，并实现高精度位移定位。QTT促动器的特点主要有：运动精度要求高，运动速度较低，承受轴向压力或拉力作用，承受较大的侧向力作用，使用寿命长，能够进行自锁。促动器伺服系统通常由机械执行元件、传动单元、检测单元和控制单元构成，其中机械执行元件通常由电动机提供驱动力矩和转速；传动单元主要由减速机构和螺旋传动机构构成；检测单元主要由传感器构成；控制单元主要由功率驱动器和运动控制器构成。为了实现促动器高精度的运动要求，需要在传动链的中间或末端增加运动特性检测与反馈装置。促动器进行位置控制的电动机主要有伺服电动机和步进电动机两类，其中步进电动机比较符合促动器低转速、大扭矩和高精度的要求。

促动器检测单元主要进行机械执行机构的精确位置信息检测与反馈，直线位移传感器和角度传感器都可以实现该功能。直线位移传感器的种类众多，其结构尺寸由机械执行机构运行长度决定，运行的距离越长，尺寸越大。角度传感器结构形式简单、体积小、质量轻，可安装于丝杠的末端或底部，通过它可测量出丝杠的旋转角度，进行计算可得到丝杠螺母的直线运行位移。由于角度传感器安装在丝杠末端，通过对其实施防护可以很容易地实现防护性和电磁兼容性。综合考虑，促动器位置检测单元选用角度传感器。

步进电动机驱动单元实现将控制信号转换成电动机需要的电流信号，电动机驱动可将输出电流反馈给控制单元，实现电流环控制。根据主动面系统的工作特点，选用CAN总线作为促动器控制总线。传动单元将电动机的旋转运动转换为直线位移运动，提供所需的力矩及速度，并通过蜗轮蜗杆副作为减速机构实现自锁功能及满足额定速度下的承载能力的要求。丝杠螺旋传动可实现运动方向的转换，其中滚珠丝杠螺旋副的运动效率较高，成本适中，且具有较好的维护性，可满足促动器的技术要求。综合上述考虑，如图12-7所示，促动器基本方案为：机械执行元件采用步进电动机，检测单元采用角度传感器，传动单元采用滚珠丝杠+蜗轮蜗杆，控制/驱动单元采用CAN总线作为控制总线并进行电流环控制。

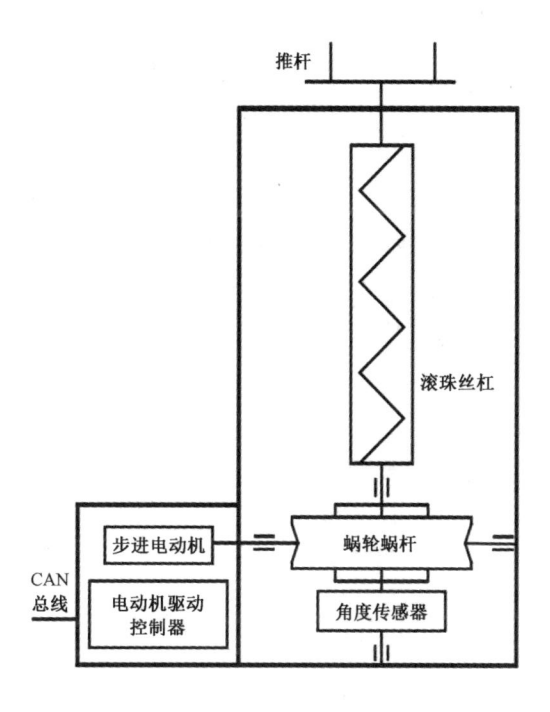

图 12-7　QTT 促动器方案示意图

根据 QTT 促动器设计方案对其机械结构进行了详细设计，如图 12-8 所示。为了实现促动器高精度的要求，需要在传动链末端增加反馈；步进电动机前端设计驱动单元，该单元主要是将控制信号转化为电动机使用的驱动电流；驱动单元前端设计数据控制逻辑，实现对促动器位置信息的采集、上位机的控制命令和电动机控制指令的发出。位移传感器是决定系统精度的关键因素。根据 QTT 促动器技术指标和应用环境，对传感器的选择具有较大局限性。由于设备的使用环境为室外，而高精度传感器主要的使用环境为实验室条件。根据使用环境、测量行程和测量精度，采用直线位移传感器如磁致伸缩、线性可变差动变压器（Linear Variable Differential Transformer，LVDT）传感器等无法满足应用要求，因此考虑选用可靠性较高的角度传感器。综合考虑系统精度要求、使用环境、使用寿命、安装方式及成本控制等多种因素，选用了电感式角度传感器作为位移检测元件。选用分辨率为 12 位的角度传感器，测量范围为 0°～360°。将角度传感器安装于蜗轮蜗杆的输出端，即丝杠的输入端。通过角度检测，蜗轮蜗杆到电动机的机械误差由传感器精度决定，丝杠的误差靠其自身的机械精度来保证。由于角度传感器的分辨率为 12 位，换算成角度误差应为±360°/4096，即±0.0879°，而 A/D 采样最高精度可达到 12 位，换算成角度误差应为±0.0879°，故最大误差可控制在±0.1758°范围内。

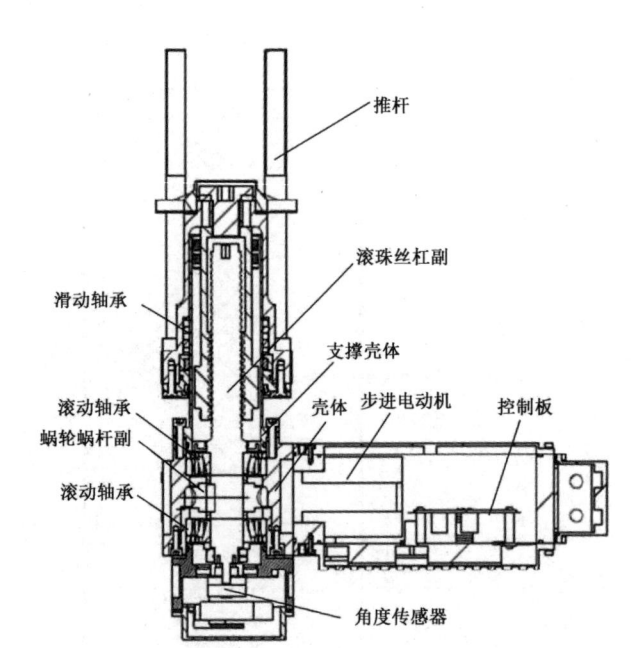

图 12-8 QTT 促动器结构示意图

为了提高促动器的精度，从控制器的采集精度、传感器的输出精度和丝杠的传动精度三个方面进行了保障。控制器采集精度主要由电气设计来予以保证，选取 AD7683 进行采集电路设计，并对参考电路、电源电路和信号调理电路进行了特殊设计。

传感器的输出精度是促动器精度保证的关键环节。虽然采用的电感传感器的精度较高，通过校准可达到 13 位，但促动器控制不是位移检测的全闭环控制，其精度无法反映真实的机械精度。为了提高传感器的反馈精度，本设计利用误差补偿的基本思想，通过设计传感器标定的工装和制定标定方法来提高传感器输出精度。丝杠传动精度主要是由生产、装配决定的，为了保证传动精度，采用了高精度的丝杠，但相应会带来成本较高的问题。在长期测试过程中，丝杠的预紧力出现了变化，导致回差增大，最终影响了促动器的定位精度，因而需要定期对其进行维护。

为了检验促动器研制情况，研究人员基于设计方案进行了促动器样机加工与性能测试。采用光栅尺进行精度测量，对促动器样机进行了定位精度测试。光栅尺测量精度为±0.5μm，满足促动器（±15μm）的精度测试要求。控制促动器在 0～50mm 全行程范围内往返运动，测量实际位置与指令位置的偏差。其结果表明，促动器定位误差在往返运动中基本上小于 15μm，满足设计要求。为了测试促动器样机的环境适应性，在新疆搭建了促动器测试平台，模拟促动器实地工作情况，

图 12-9（a）和图 12-9（b）所示分别为促动器在秋季和冬季的测试情况。测试平台由底座和促动器支撑架构成。促动器支撑架由 9 个促动器支撑 4 块面板组成，支撑架下端装有电动缸，可推动支撑架进行 0°～45°倾斜调节，由此来模拟天线反射体不同角度的俯仰运动。通过 9 个促动器的推杆上下运动来调节面板角位置，模拟主动面的调节功能。为了测试促动器全季节的环境适应性和工作寿命，对促动器样机进行了长期实地测试，测试持续超过 1 年。

(a) 秋季测试　　　　(b) 冬季测试

图 12-9　促动器样机实地环境适应性测试

整个测试过程经历了新疆全年自然环境的春、夏、秋、冬四季，9 个促动器样机的防护均满足现场环境适应性要求，没有影响性能的不良现象出现。促动器样机累计测试时间约 6500h（不包括主动停止测试时间），实际运动时间超过了 2500h（促动器进行间歇运动），接近 3000h 的使用寿命设计要求。在整个测试过程中，促动器样机未出现故障和机械卡死现象，电气控制硬件系统工作稳定，满足可靠性和寿命设计要求。

## 12.4　共形承载天线案例

随着现代电子装备朝着小型化、高精度和轻量化方向发展，装备上的各类电子器件集成度越来越高。以机载天线为例，飞机上的天线种类已多达几十种，与此同时，根据隐身无人机等作战飞机的具体应用场景与发展方向，飞机需要朝着小型化、轻量化方向设计，这些相互矛盾甚至冲突的需求使机载天线阵的设计与布局异常困难。制约飞机雷达探测距离的参数有两个：天线孔径和功率。功率是与能耗息息相关的，对于机载雷达，无法一味提升其发射功率；而又因飞机上用于天线布局的空间有限，天线孔径也不可能太大，因此雷达的探测性能提升受到一定限制。针对上述问题，共形承载天线结构（Conformal Load-bearing Antenna Structure，CLAS）的问世提供了一个合理的解决方案。

共形承载天线就是一种既能与载体共形且具备承载能力，又能实现优异电性能的天线形式，不会向其搭载对象引入额外的负担，这种天线或天线阵可增强结构的适应性，和平面阵天线相比有很大的优势。共形承载天线广泛应用于航天领域及军事领域，其中由于微带阵列天线具有高增益、形状灵活和波束形状可控且易于与其他物体的表面共形的特点而备受关注。共形承载天线一般是指共形阵列天线，就是将阵列的每个单元都包裹于同一个曲面上，使得天线阵列能够与其轮廓保持一致。与平面阵列相比，其优点就是提高了载体的空间利用率，大幅度提高了隐身性能。例如，飞行器的天线由反射面卫星天线转换为机翼上的共形承载天线，极大地减小了飞行器的空气阻力，便于隐身，并增加了天线孔径，其原理示意图如图12-10所示。

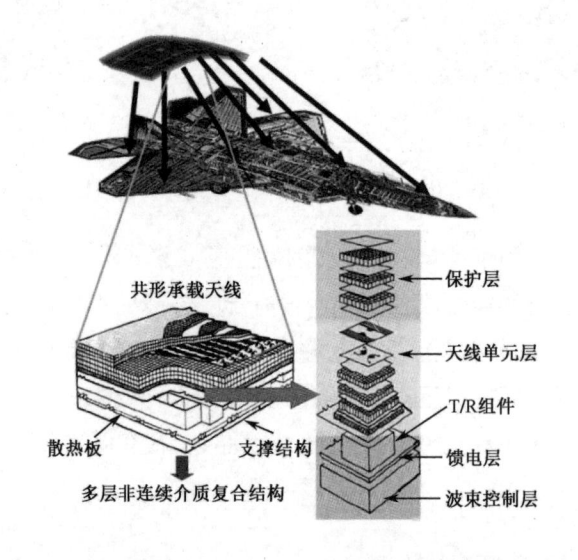

图12-10 共形承载天线原理示意图

将天线与机体结构件共形，能够大幅度实现对天线性能的提升，不仅能扩大天线有效辐射的覆盖面积，同时也能降低载机气动性能对自身的限制。传统共形承载天线的制造方法是机电分离的，即分别制造结构、电磁和散热部分，然后组装到一起，最后通过多轮调试及改进设计与工艺的方法逐步解决其中的不匹配问题。具体来说，对于结构部分，通常采用复合材料热压成型的方法进行制造；对于电磁部分，首先采用特定的介质材料（低温共烧陶瓷或树脂材料）制造出具有辐射单元、馈电网络的基板，然后在其表面焊装由放大器、移相器等电子器件构成的 T/R 组件；对于散热部分，采用切削加工及焊接方法制造冷板和散热器。这三部分完成后，再通过焊接或粘接/热压等方式将其组装到一起，最终构成具有承载和电磁辐射功能的天线。但该方法对于结构、电磁与散热部分高度集成的共形承载相控阵天线而言存在以下缺陷。

① 制造步骤多、工艺复杂、装备昂贵、成品率低、成本高。

② 电磁部分难以构成复杂的曲面，虽然可采用附加的天线罩实现与载体共形，但会对天线的性能造成显著的影响。

③ 电磁部分无法与承载、防护结构同步成型，需要采用特殊的粘接、热压工艺将其联结起来构成一个整体。但一方面要保证具有足够的联结强度，另一方面又要保证已装联的电子器件不至于损坏，因此工艺难度大，天线性能和可靠性难以保障。

为了解决上述共形承载天线机电分离制造方法的缺陷，目前人们考虑利用三维打印技术研究共形承载天线的机电集成制造方法，采用多自由度机械臂搭配阵列喷头，通过机械臂精确的轨迹规划运动实现打印材料在机翼等复杂曲面上的均匀覆盖，该过程也被称为共形打印。一体化喷射成型方式是一种极具潜力的机电集成制造方式，它将带状线、同轴线等构成的馈电网络与天线辐射单元、散热通道等支撑、防护结构同步喷射并固化成型，不但可简化制造流程，降低制造成本，而且便于实现天线的共形，提升天线设计的灵活性，简化天线结构，并最终提高天线的性能。

共形打印过程能够有效地简化加工步骤，减少材料浪费，增加零件成型的可靠性及稳定性，其中对打印路径进行合理的规划是该过程的关键性技术，路径规划的好坏不仅决定了工件的成型效率，更决定了工件的精度。基于工业机器人的共形打印路径规划方法是在打印装置、打印材料、加工特性等约束条件下得到打印喷头在基体表面的运动路径，目的是控制喷头在基体表面的位置和姿态，以保证微滴能够均匀覆盖打印区域。通过建立阵列喷头在基体表面打印的路径规划方法，实现了馈电网络和支撑、防护结构一体化的微滴喷射成型过程，该过程不仅大大简化了共形天线的制造过程，还极大地提高了天线性能和制造效率。

最初的共形天线是针对特殊曲面进行研究的，如圆锥面、圆环面等，这为共形天线的发展找到了相应的突破口。随后微电子技术发生翻天覆地的变化，超大规模集成电路也成功面世，这意味着微电子时代的序幕正式拉开。片上系统、系统集成技术的进一步发展也令微电子技术提升了一个档次，其相应的产业层次也得到提升，与此同时出现了一系列新工艺技术及新器件等，使其在更多的领域得以运用，如通信系统、探测雷达、电子战系统等，这为共形天线发展提供了助推剂。美国纽约大学 Sung 博士等人研究的 3D 打印技术在分形腕戴式无线通信共形天线中的应用，替代了传统的增材制造方法，用于开发定制 3D 打印零件上的共形分集天线，解决了天线金属层沉积在使用熔丝制造手镯上的疑难问题。基于 3D 打印手镯制作的共形天线如图 12-11 所示。

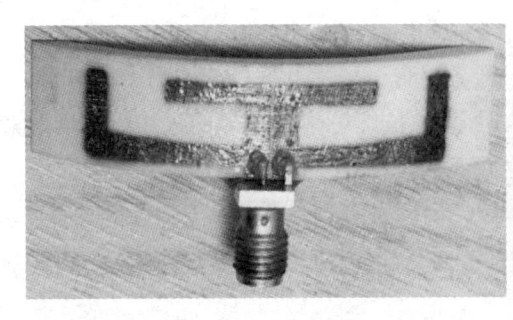

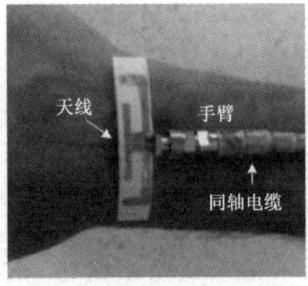

图 12-11　基于 3D 打印手镯制作的共形天线

美国气溶胶喷射高级应用实验室利用气雾喷射打印技术结合电子封装制造，使共形相控阵天线可在刚性的圆柱表面上进行打印，如图 12-12 所示。

图 12-12　共形相控阵天线打印在刚性的圆柱表面

Syeda 提出的柔性毫米波阵列天线如图 12-13 所示。

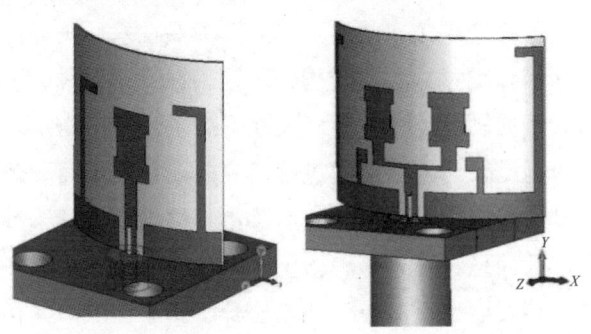

图 12-13　柔性毫米波阵列天线

印度安得拉邦理工学院 Bidisha Hazarika 等人提出可穿戴共形天线对人体负载有

较高的抗扰度，可极大地降低天线的输入阻抗，并降低辐射效率，如图12-14所示。

Braaten 等人研究了用于改变球形表面的自适应共形天线，开发了关于球面半径共形阵列的元件间距和所需的相位补偿之间的理论，可以方便地将单个贴片放置在球形表面，并且能精确地进行相位控制。中国电科第 38 研究所在其自行研制的"结构一体化 X 波段阵列"项目中设计并制造了一款主要应用于飞机的机翼且长约 6m 的共形阵列，如图 12-15 所示。

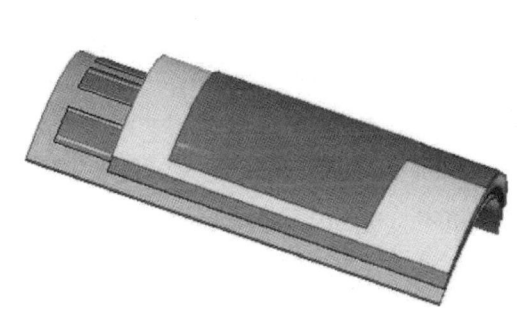

图 12-14　曲率半径为 15mm 的可穿戴共形天线　　图 12-15　共形阵列在飞行器上的应用

共形承载天线相比于传统天线的最大不同，在于共形承载天线兼具天线和结构承载功能，同时依附在载体平台上。一方面，结构部分与天线部分相互耦合，相互影响，制约着天线本身的电性能；另一方面，载体平台在实际服役环境中承受外部载荷作用，引起阵列天线的整体变形，导致阵元自身结构变形和阵元位置及指向发生变化，从而影响天线电性能。上述结构变形和结构参数（包括结构几何尺寸、材料物性参数等）统称为结构因素。对于超宽带共形承载天线，因其工作带宽较宽、结构因素众多，承载部分和天线部分的耦合关系更为复杂。

共形承载天线是当前天线领域的热门产品。因其结构的特殊性，在加工、装配、服役等过程中会产生各种误差和变形信息，这些误差又将导致天线无法达到预期的设计指标，尤其是阵元之间的互耦问题。针对这一问题，在设计时需要建立包含表面实际误差信息和变形信息的共形承载天线多尺度误差模型，分析各误差类型对天线电性能的影响程度，同时采用矩量法求解精确的天线表面电流，运用表面电流变化表征误差对各天线单元电性能的影响，探究误差对阵列互耦系数的影响。

根据高超声速飞行器外部载荷环境特点，对共形承载天线还需要考虑耐高温和抗变形的设计。高超声速飞行器在飞行过程中，空气与机体表面发生摩擦，机身蒙皮表面将会产生高温，并且温度会随马赫数的提高而急剧上升。当飞行马赫数为 2 时，前端温度超过 100℃；当马赫数等于 3 时，前端温度大约为 330℃；当马赫数为 5 时，其气动加热引起的飞行器表面及邻近表面的温度会急剧上升，前端温度约达 1000℃。这样的高温环境，一般的飞行器结构、天线系统都难以承受。

# 参 考 文 献

[1] 张润逖, 戚仁欣, 张树雄. 雷达结构与工艺（上册）[M]. 北京：电子工业出版社, 2007.

[2] 平丽浩, 黄普庆, 张润逖. 雷达结构与工艺（下册）[M]. 北京：电子工业出版社, 2007.

[3] 黄金海, 左防震. 一种大尺寸高集成机载平板裂缝天线的集成制造技术[J]. 电子工艺技术, 2017,38(2):110-113.

[4] 赵平. 一种平板裂缝天线制造技术[J]. 机械制造, 2012,50(9):69-70.

[5] 史宇航, 姜兴, 孙逢圆, 等. 小型化超宽带对拓式 Vivaldi 天线[J]. 微波学报, 2022, 36(1):36-40.

[6] 辛永豪, 包晓军, 李琳, 等. 一种串联馈电式 Vivaldi 阵列天线[J]. 无线通信技术, 2022,31(2):37-40.

[7] 宗锦辉, 杨亨勇, 余安达, 等. 超精密加工技术综述[J]. 中国科技信息, 2021(22):34-36.

[8] 简金辉, 焦锋. 超精密加工技术研究现状及发展趋势[J]. 机械研究与应用, 2009,22(1):4-8.

[9] 盛家坤, 李小玲, 文春华, 等. 超宽带复合平面螺旋天线[C]//2015 年全国微波毫米波会议论文集, 2015:261-264.

[10] 周宇戈, 张海涛, 黄进, 等. 天线 3D 打印技术中的闪光烧结工艺[J]. 电讯技术, 2020,60(11):1378-1383.

[11] 徐常有, 宫剑, 谢鹏志, 等. 基于五轴联动曲面 3D 打印设备的纳米银导电材料固化工艺研究[J]. 塑料科技, 2019,47(2):20-23.

[12] 赵家勇, 刘大川, 赵鹏兵, 等. 基于五轴平台的非展开曲面导电图形 3D 打印方法[J]. 现代电子技术, 2018,41(8):10-12,16.

[13] 唐积刚. QTT 110m 主动面系统促动器方案设计[D]. 西安：西安电子科技大学, 2018.

[14] 吴江. 110 米高精度全可动反射面天线轨道不平度及其对指向精度的影响[D]. 西安：西安电子科技大学, 2016.

[15] 项斌斌, 彭海波, 王娜, 等. QTT 高精度位移促动器设计与测试[J]. 中国科

学：物理学 力学 天文学, 2019,49(9):41-49.

[16] 项斌斌, 薛飞, 刘璇, 等. QTT 主动面系统控制网络初步设计[J]. 电子机械工程, 2018,34(6):51-54,64.

[17] 程亮, 薛一凡, 周建华. 机载有源相控阵雷达天线自动化测试方法研究与实现[J]. 现代雷达, 2021,43(4):59-64.

[18] 许群, 王云香, 刘少斌, 等. 飞行器共形天线技术综述[J]. 现代雷达, 2015, 37(9):50-54.

[19] KAZEEM A Y. A dual-band conformal antenna for GNSS applications in small cylindrical structures[J]. IEEE Antennas and Wireless Propagation Letters, 2018, 17(6): 1056-1059.

[20] RONALD F G. A review of recent research on mechanics of multifunctional composite materials and structures[J]. Composite Structures, 2010, 92:2793-2810.

[21] FANG X, WANG H, HUANG Y, et al. A LTCC Ka-band conformal AMC-based array with mixed feeding network[C]. Proc. Cross Strait Quad-Regional Radio Science and Wireless Technology Conference, 2013:257-260.

[22] ZHOU J Z, CAI Z H, KANG L, et al. Deformation sensing and electrical compensation of smart skin antenna structure with optimal fiber Bragg grating strain sensor placements[J]. Composite Structures, 2019, 211:418-432.

# 反侵权盗版声明

电子工业出版社依法对本作品享有专有出版权。任何未经权利人书面许可，复制、销售或通过信息网络传播本作品的行为；歪曲、篡改、剽窃本作品的行为，均违反《中华人民共和国著作权法》，其行为人应承担相应的民事责任和行政责任，构成犯罪的，将被依法追究刑事责任。

为了维护市场秩序，保护权利人的合法权益，我社将依法查处和打击侵权盗版的单位和个人。欢迎社会各界人士积极举报侵权盗版行为，本社将奖励举报有功人员，并保证举报人的信息不被泄露。

举报电话：（010）88254396；（010）88258888
传　　真：（010）88254397
E-mail：dbqq@phei.com.cn
通信地址：北京市万寿路173信箱
　　　　　电子工业出版社总编办公室
邮　　编：100036